へ

熊楠が愛用した単式顕微鏡

粘菌の登場

粘菌は十九世紀の半ば頃、生物学界に登場して、そこに混沌を投げ込んだ。動物か植物か、進化の系統のどこに位置づけたらよいのか。奇妙な生態を生きるこの生物をめぐる論争は、百五十年以上もたった現代にいたっても、いまだに結着を見ていない。南方熊楠は、文字通り生涯を費して、この生物の謎を追い求めた。いかにも熊楠らしい話ではないか。人間たちはいまだに熊楠という生物の謎に、首をかしげ続けているからである。

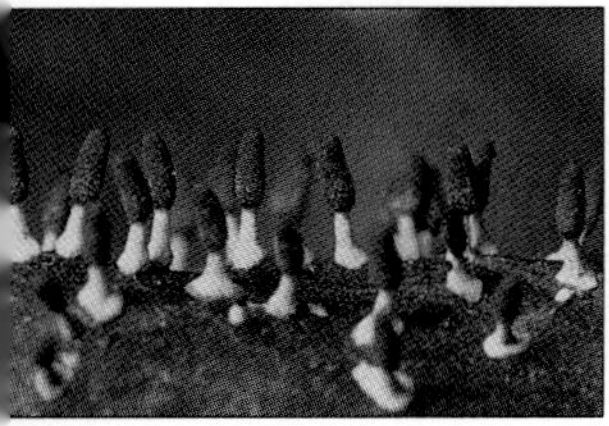

ツノホコリ(*Ceratiomyxa fruticulosa*)高さ1〜2ミリ(右上)。
シロジクウツボホコリ(*Diachea leucopodia*)高さ1〜2ミリ(右下)。
ツヤホコリ(*Lamproderma arcyrionema*)高さ2ミリ(左上)。
ウツボホコリ(*Arcyria denudata*)高さ1〜2ミリ(左下)。

分解者——キノコ

キノコ（真菌類）は、生態系の中で、物質の分解・還元という重要な役割を果たしている。菌類の働きがなければ、地球は動植物の死体や排泄物で埋まってしまうだろう。


枯れた樹木を分解するツキヨタケ（右）。

落葉を腐らせ分解するハイイロナメアシタケの一群（中央）。

針葉樹を分解するヒメカバイロタケ。腐った倒木（マツ）から新しい植物の芽ばえが始まっている（左上）。

マツカサに生えるニセマツカサシメジ（左下）。

森の生態学

自然の生態系の中では、生物はその役割によって“生産者”“消費者”“分解者”の三つに区分される。光合成を行う植物、ほかの生物を食べる動物、そして生物の遺体を簡単な物質に分解するキノコやバクテリアである。私たちの生を育んできた森、熊楠が身を挺して守ろうとした手つかずの森の自然はこの三者が形づくる複雑な一つの宇宙である。

消費者としての粘菌

粘菌は主としてバクテリアを捕食する。このとき粘菌はまぎれもなく動物として行動している。そのライフサイクルの一時期に、菌類に類似の生命形態をとりながら、粘菌は分解者である菌類まで食べてしまう、徹底した消費者ぶりを発揮してみせる。そのため、分解のサイクルが遅れ、森の生態系は一層複雑なものになってしまう。粘菌は森の中で、きわめて特殊な自分の位置を楽しんでいるかのようだ。

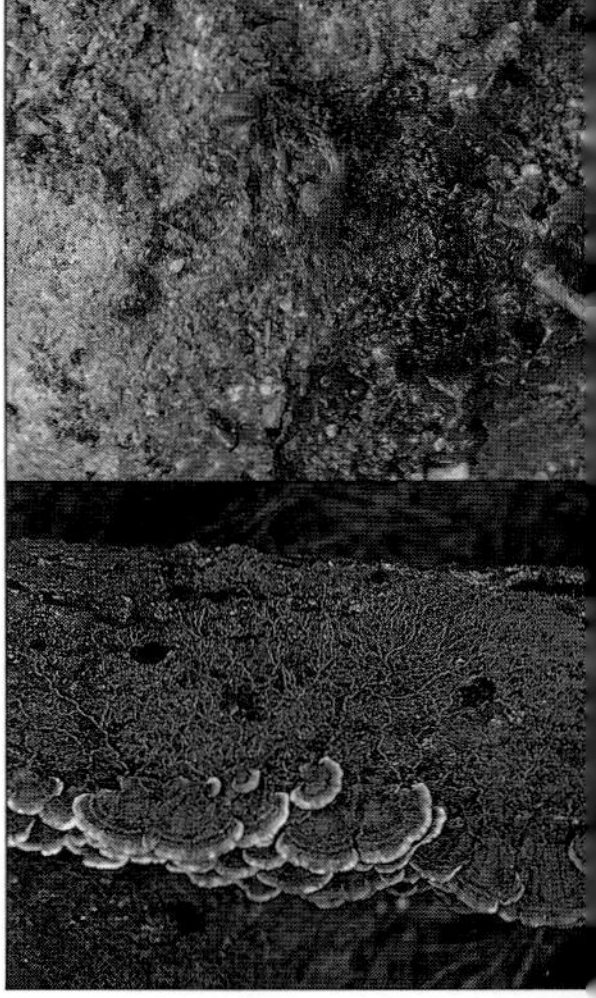

栽培ナメコを食べるキノコナカセホコリ（*Badhamia utricularis*）（上）。
キノコを食べるアオモジホコリ（*Physarum viride*）（下）。

粘菌の生育場所

粘菌は、原野や林など、私たちの身近のいたる所に生育する、汎世界的な生物である。

腐朽木などの高等植物の上の細菌・酵母などを捕食して成長するため、その生活の場は、湿ったうす暗い場所となる。

ほの暗い森の倒木や落葉の陰などの他、林内のごみ捨て場、芝生、石や生きた木の上にさえ這え上がり子実体をつくる。

倒木の上に子実体をつくったヘビホコリ（*Hemitrichia serpula*）（右）。
シイタケの榾場に発生したマンジュウホコリ（*Reticularia lycoperdon*）（中央上）。
沢沿いの落ち葉や枯木の上に這い上がるススホコリ（*Fuligo septica*）の変形体（中央下）。
生きた植物にさえ這い上がるウリホコリ（*Leocarpus fragilis*）の子実体（左）。

色彩の魔術師

粘菌が変形体としての活動の絶頂期に示す色彩の鮮やかさは、多くのナチュラリストに深い感動を与えてきた。自然界に存在しうる色彩のうちでも、もっとも鮮やかなものの一つだろう。真青な半流動体が、時間を追うごとに赤色に変化し、ついには暗紅色に沈んでいくフィサルム・ギロスムの生態を観察しながら、熊楠はこの生物の奇態に、深い感動を表わしている（本書「フィサルム・ギロスムの色彩」参照）。

変形体から子実体までの成長期は、色も形も華やかに変化する。

アミホコリ(*Cribraria*)属の一種の変形体。成長がおわり成熟したので、子実体をつくるために倒木の表側にでてきた。

粘菌の移動——変形体について

成長期の粘菌は、形を変えながら移動するため「変形体」と呼ばれている。

変形体はあたかも動物のように餌をあさりながら移動し、移動しながら刻一刻と形を変え、次第に成長する。ただ、その速度は遅く、人間の目では動いているように見えない。一時間に数ミリという緩慢な動きである。

内部の原形質流動とあわせて、移動するということが粘菌の大きな特徴となっている。

倒木や落ち葉だけでなく、時には生きた植物の体や葉に這い上がることもある。
シダの葉を這い上がる　シロジクウツボホコリ（*Diachea leucopodia*）（上）。
スギの木に登り、子実体をつくったウリホコリ（*Leocarpus fragilis*）（下）。

変形体の移動。ホネホコリ（*Diderma*）の一種。経過は約
4時間。

粘菌の変貌
——変形体から子実体へ(1)

サビホコリ（*Stemonitis axifera*）のライフサイクル。夕方6時頃に子実体を形成するために場所を定めた変形体が、22時間後に、胞子を飛ばせる状態にまで成熟する様子を連続的に示す。動物から植物へ、形と色の変化、わずか一日のスペクタクルである。

粘菌の変貌——変形体から子実体へ(2)

粘菌のライフサイクルは、単細胞のアメーバの時期、多核性の変形体の時期、そして胞子形成期の子実体の三段階をもつ。

ある時は裸の原形質のまま動きまわり、またある時は厚膜に包まれた不動の胞子となる。そのため粘菌は生長している時には動物のアメーバの仲間と見なされ、胞子をつくると植物の菌類として扱われる。

変形体から子実体への変化は、夕方にはじまり、一日の中でもっとも環境的に安定している夜中に進行する。しかも短時間で完成にむかい、翌朝には森の小さな宝石が誕生する。

フィザルム・ロゼウム（*Physarum roseum*)のライフサイクル。変形体から子実体形成まで、*10*時間の経過を示す。

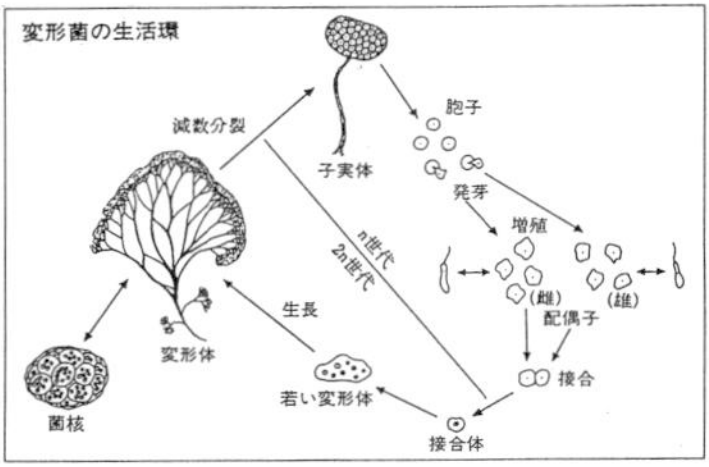

変形菌の生活環
減数分裂
子実体
胞子
発芽
増殖
(雌)
(雄)
配偶子
接合
接合体
若い変形体
生長
変形体
菌核
n世代
2n世代

子実体の完成

変形体は成熟すると、湿った環境を嫌うようになり、堆積した落葉の上、倒木の表側といった乾いた環境に急速に移動してゆく。餌をとるのに都合のよいように網目状に広がっていた変形体は凝集しはじめ、たくさんの塊にわかれる。一つ一つの原形質の小塊から、数十万から数百万個の胞子がつくられ、この胞子の塊は共通の膜でつつまれる。これを「子実体」という。未熟な子実体は、やがて胞子を飛ばせるまでに完成する。

子実体の構造

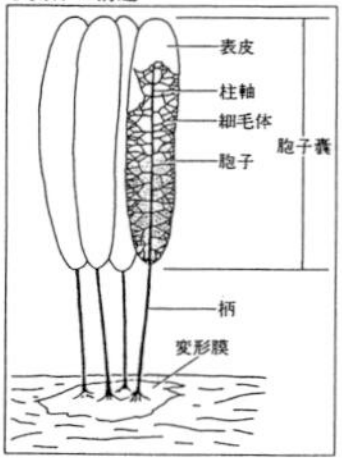

クダホコリ（*Tubifera ferruginosa*）の未熟体と完成体（左頁上段）。
ホソエノケホコリ（*Hemitrichia calyculata*）の未熟体と完成体（左頁中段）。
シロサカズキホコリ（*Craterium leucocephalum*）の未熟体と完成体（左頁下段）。
ツノホコリ（*Ceratiomyxa fruticulosa*）の変形体と子実体の共存。子実体形成は非可逆的な過程である（右上）。

熊楠の見た宇宙

熊楠の発見したさまざまな粘菌。上段左よりヘビホコリ（*Hemitrichia serpula*）、アオモジホコリ（*Physarum viride*）、イクビホコリ（*Lycogala conicum*）。中段左よりマンジュウホコリ（*Reticularia lycoperdon*）、アミホコリ属の一種（*Cribraria purprea*）、キララホコリ（*Lepidoderma tigrinum*）。下段左よりクモノスホコリ（*Dictydium cancellatum*）、ケホコリ属の一種（*Trichia favoginea*）、キウツボホコリ（*Arcyria nutans*）。

熊楠と粘菌

コロデルマ・オクラートゥム(右)――「黒き胞嚢の外皮がゼラチンとなり白色、さて最も外のへりが緑色なるゆえ、鰯や蝦の眼が抜け出て落ちあるごとく、幽谷などに見当たるとき、はなはだ気味悪き怪物のようなり」(伊藤誠哉宛書簡)。

フィサルム・ギロスム(左)――「栓の全体を被《おお》った青色の粘液様のものが湧きかえり、そのうち、諸処より本当の人血とかわらざる深紅の半流動体を吐き出す。灰茶色が尋常なれど、……」(履歴書)。

この２種の粘菌は絶えず熊楠の興味をひいたようである。コロデルマ・オクラートゥム（*Colloderma oculatum*）は熊楠が日本の第一発見者である。この緑色ににぶく輝くめずらしい粘菌は、水を吸って外皮が膨れあがる。また、フィサルム・ギロスム（*Physarum gyrosum*）については、その原形体の色彩の変化に強い関心を寄せていた。履歴書（第４巻「動と不動のコスモロジー」345～348頁）や上松蓊宛書簡（本書「フィサルム・ギロスムの色彩」参照）に詳細な記述がみられる。

ミナカテラ・ロンギフィラ

熊楠は、一九一七年八月にこの粘菌を自宅の庭の生きた柿の木の幹上で見つけ、大英博物館の粘菌学者グリエルマ・リスター女史に送った。リスターは、この粘菌を新属新種と認めて*Minakatella*と命名し、一九二一年にイギリスの植物学雑誌*Journal of Botany*に発表、『粘菌図譜』第三版にも三色刷で掲載した。「十一年めにミナカテルラただ一つ見出で申し候。この分ならばこのミナカテルラも人目に立たぬがどこかに多くあることと存じ候」。

ミナカテラ・ロンギフィラ（*Minakatella longifila*）

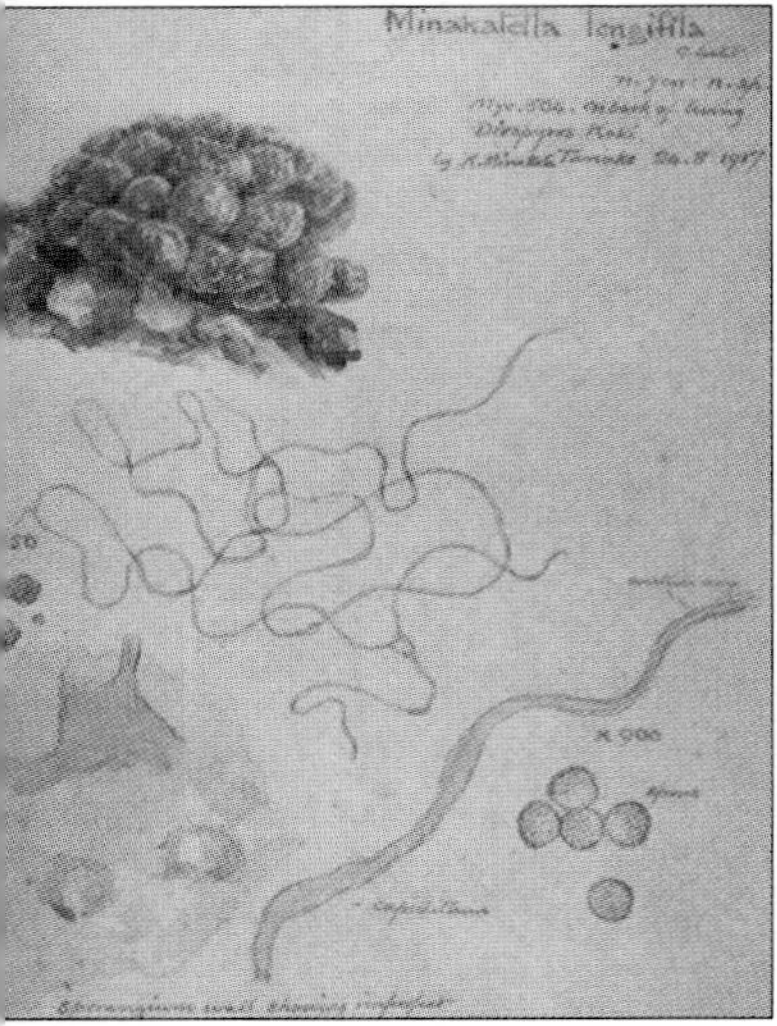

ハドリアヌスタケ

「……家累と老齢衰弱のため、精査を遂ぐるに由なく、久しく打ちやり置きたるもの多し。その内に必然、無類の新属と思う*Phalloideae*の一品あり。記憶のままに申し上ぐると、上図のごときものなり。生きた時は牛蒡の臭気あり、全体紫褐色、陰茎の前皮がむけたる形そっくりなり。インドより輸入して久しく庫中に貯えられたる綿《わ》花《た》の塊に生えたる也」（本書「ハドリアヌスタケ」参照）。

ハドリアヌスタケ（スッポンタケ）

酒泉（樹液酵母）

「予は熊野の山野でしばしばシュロ等の切株に柿のごとく赤くて柿が腐ったような臭ある半流動体湧き出づるを見、その標本は現に座右にあり……、去年七月拙宅の裏なる苦竹《まだけ》の藪辺にシャンペンとサイダーを合わせたような香気鼻を衝き、酒嫌いな拙妻などはその藪に入るを嫌うほどだったので、よく視ると、前年切った竹株から図のごとく葛を煮たような淡乳白色無定形の半流動体がおびただしく湧き出で……」（本書「酒泉等の話」参照）。

オニゲナ菌（ホネタケ）。「当時小生自宅の庭にオニゲナと申す希有《けう》の菌《きのこ》あるを見出だし、その発生成長に関し、欧州学者の説を試みるため実験に掛かる」（本書「オニゲナ菌」参照）。

冬虫夏草

熊楠は、常にこの冬虫夏草のような、動物とも植物ともつかない、そして単なる菌以上の意味を担わされた生物に関心を抱いていた。

「この山（田辺の闘鶏権現のクラガリ山）、古来有名の冬虫夏草（西インドの guêpe vegetale と等しく、上図のごとき大冬虫夏草を生ず。この他ミミズ、ムカデ等にも、それぞれ別種の冬虫夏草を生ず）は、今日ははなはだ少なくなれり」（本書「南方二書」参照）。写真はセミの幼虫に寄生するセミタケ、昆虫のサナギに寄生するサナギタケ、カメムシに寄生するミミカキタケ。

牛肉蕈（一般にカンゾウタケと呼ばれる）。「古来肉を忌んだ山僧が種々の菌《きのこ》を食ったことは、『今昔物語』等に出で、支那の道士仙人が、種々芝《し》と名づけて、菌や菌に似た物を珍重服餌した由は『抱朴子』等で知れる。紀州の柯《しい》樹林に多く生ずる牛肉蕈は、形色芳味まるで上等の牛肉だから、予しばしばこれを食う」（本書「牛肉蕈」参照）

山婆の髪の毛

「山婆の髪の毛と那智辺で呼ぶ物、予たびたび見たり。水で潤《ぬ》れた時黒く、乾けば色やや淡くなって黄褐を帯び、光沢あり、やや堅くなる。長きは七、八寸または一尺にも及ぶ。杣人などに聞くに、ずっと長いものあり、と。予が見たるは木の枝に生え垂れかかる状、女の髪のごとし……わが邦の山人もかかる物を多少の身装《かざり》としたかもしれぬ。例の七難の揃毛《そそげ》も異様に光るというが、こんな物で編み成したのではないか」（本書「山婆の髪の毛」参照）。

山婆の髪の毛。その正体はマラスミウス属の帽菌の根様体《リゾモルフ》、傘状体《ピレウス》であるという。

ヒョウタケ。熊楠はこの菌に胞衣《えな》を頭に被った小児の姿を二重写しにする。「熊楠いわく、豹蕈《ひょうたけ》など申す菌がaより開裂してCになるとき、全く外被層を脱し出ずるは稀にて……」（本書「カウルとヒョウタケ」参照）。

きつねのちんぼ

「田辺辺で『きつねのちんぼ』と呼ぶ菌がある。秋日砂地を掘ると蛇卵と間違うべき白い卵形の物がある。それが久しく砂中にあるところへ雨が降ると、蛟竜豈《あに》久しく地中の物ならんや、たちまち怒長して赤き長き茎が延び立ち、頭に臭極まる粘液潤う」（本書「情事を好く植物」参照）。

学名チノファルス、すなわち犬の陽物という。熊楠はこの菌の内部構造の観察から人身秘部の海綿体の運動が類推できることを説く。

河出文庫

南方熊楠コレクション

森の思想

南方熊楠
中沢新一 編

河出書房新社

目次

神社合祀に関する意見（白井光太郎宛書簡）

481

語注——西川照子
写真——伊沢正名

森の思想

解題　森の思想

中沢新一

粘菌とサド

今も残されている南方熊楠の遺品を調べてみると、野外に出て調査や研究をおこなうとき、彼がとても性能の良い単式顕微鏡を愛用していたことがわかる。注① 単式顕微鏡は、一枚の単レンズだけでできた顕微鏡で、今のように子供でも複数のレンズを組み合わせた複式顕微鏡を、気軽に使えるようになっている時代からみるとなんとなく粗末な感じがしてしまうけれど、意外なことに、この単式顕微鏡は驚くほど高い性能をもち、十九世紀も半ば頃まで、多くのナチュラリストは、この単純な顕微鏡を使って、複雑な観察をおこなっていたのである。たとえば、ダーウィンがビーグル号の航海に携帯したのも、この単式レンズの顕微鏡だったし、ロバート・ブラウンが有名なブラウン運動や細胞核の発見や原形質流動の観察をしたのも、このタイプの顕微鏡だった。熊楠は、この古風な単式顕微鏡の便利さを知っていたので、新式の顕微鏡が全盛になっていた時代になっても、まだレーウェンフック以来の、この古式な道具を愛用し続けていたのだ。注②

たしかに単式顕微鏡は装置が簡単だし、また想像以上に性能も良かったのだけれど、その操作にちょっとした名人芸が必要とされるという欠点があり、しかも値段が高いということも考えあわせると、なかなかポピュラーにはなりにくい悪条件もそなわっていた。いまのような複式顕微鏡の開発が進むのは、一八三〇年代にはいってからだ。ロバート・ブラウンが一八三一年に細胞核を発見し、それが大きな関心をひきおこしたことが、その引き金になっている。解像率をあげるために、複数のレンズを組み合わせたアクロマート顕微鏡の設計と開発が、急ピッチで進んだのである。値段もずっと手頃になって、一般のアマチュアでも、ちょっとお金をためれば、手に入れることができるようになった。こうして、十九世紀も後半に入ると、アマチュアもプロもすべての研究者が、以前のものよりもずっと性能が良く、しかも操作が手軽で価格も手頃な、すてきなデザインをした複式顕微鏡を手にするようになっていたのである。

顕微鏡がポピュラーになったことで、いちばん大きな影響があらわれたのは、下等生物の研究分野である。この分野は、当然のことながら、ナチュラリストがこれまで無視せざるをえなかったものだ。ところが、顕微鏡の発達によって、この分野はにわかに脚光をあびることになる。苔、地衣類、キノコなどの隠花植物や、さらにはもっと原始的な真菌類が、ナチュラリストたちの目の前に、新しい世界を開いたのだ。植物学のつわものたちはこぞって、隠花植物の分野に関心を集中しはじめた。ことに優秀な顕微鏡の製造会社が、技術をきそいあっていた英国では、その傾向はあきらかだった。一八三三—三五年に出版されて、大きな影響をあたえたスミスの『英国植物誌』には、すばらしい真菌類の項と、隠花植物についての緻密な補遺とがつけられ、そのことで注目を集めていたし、グレビルが著した『スコットランド隠花植物』も、新しい領域を開拓する名著として広く読まれていた。しかもこの時代には、隠花植物だけを専門にした『グレビル』という季刊雑誌まで創刊され、この雑誌は二十年間もの間、黒字を続けたのだ。英国では隠花植物の研究は、植物研究の花形となりつつあった。そのことは、ヴィクトリア朝期だけで、英国で発見された真菌類の数が、四倍にもなったことによっても、知られる。

それればかりではない。顕微鏡の普及は、ナチュラリストたちの「審美観」にも、大きな変化をもたらすことになったのである。彼らは、美しいのは、なにもあでやかな顕花植物の花弁だけではない、ということに気がつきはじめたのだ。くすんだ色をして、見たところなんの魅力もないように思えた隠花植物が、顕微鏡をとおして、いままで見たこともなかったような、新しいタイプの美の世界を、あらわにしはじめたからだ。顕微鏡は自然にたいする感受性に、確実な変化をつくりだした。英国博物学の社会史をあつかったすぐれた本の中で、D・E・アレンは彼が「顕微鏡ロマン主義」と名づける、その感受性の変化について、つぎのように書いている。

このように顕微鏡が一般に用いられるようになったことは、さらに幅広い効果をもたらした。つまり、繊細な形と鮮明な色彩という思いもよらない領域を人々の視野に持ち込んだのだ。くすんだ色をしてつまらないと思われていたものが、いまやその華麗な姿をあらわし、見る人々をとりこにした……シダ類は、まるで魔術にでもかかったように、それまでの退屈な存在から一変して「絶妙な華麗さをもつもの」として立ち現れた。シャーリー・ヒバードにとっては、それらは「植物の宝石」、あるいは「健康とあたたかな露のビーズできらめく羽毛で飾られたエメラルド・グリーンのベッド」に見えたのだ。J・E・ボウマンは、「非常に微細な標本のいくつかの構造と仕組みの前では、私は完全に驚異の念に満たされ、喜びで恍惚となった……私たちはなんと多くの美しい興味深い自然の産物を、日々踏みつけ、気づかずに通りすぎているだろうか」と述べている……顕微鏡によって、ヴィクトリア時代の人々は自然の最も深い奥底に達する方法を見つけ、自然現象の新しい側面を露にした。注③

顕微鏡の普及が、十九世紀のナチュラリストたちの前に、隠花植物の世界の驚くべき美と、魅惑的な生態を、出現させたのだ。そこにナチュラリストたちはいずれ、植物の生態について蓄積されてきた常識を大きくはずれた、キノコや苔やシダ類などの、まるで気まぐれとしか思えないやりかたで、生殖の方法を変えたり、性を二つだけではなく、いくつにも分裂させたりする、奇妙なライフサイクルを発見することになるはずである。またその世界は、植物と動物とでできた自然世界という、従来の分類の秩序をかき乱し、十八世紀のリンネたちが打ち立てた生物分類の体系を、最後まで決着のつかない（じっさいそれは、現代になっても決着をみていないのである）動揺の中に、導いていくだろう。さらにナチュラリストたちは、生物の可視的な構造の下に、抽象と具象の中間にあるような、新しいタイプの美の構造が存在していることを発見することによって、自然にたいする感受性を、根本的に変化させていくことになるだろう。十九世紀とは、また複式顕微鏡と隠花植物の浮上の時代でもあったのだ。

＊＊

粘菌は、このような時代に、生物学の世界に登場してきた。もちろんそういう奇妙な生物が存在していることは、もうずっと前から気がつかれていた。しかし、粘菌の形態と生態が注意深く観察され、その異常な生態が、ようやくバイオロジーと呼ばれるようになった新しい生命の学問にとって、きわめて重要な意味をもっているという事実に、ナチュラリストたちが注目するようになるのは、やはり複式顕微鏡の設計と製作が急ピッチで進歩し、隠花植物に関心が集まりだした、一八三〇年代にはじまることなのである。

一八三〇年代の初期、フリースは粘菌の生態を観察して、はじめてそれに「腹菌(Myxogastres)」という、科学的な命名をあたえた。菌類学者であったフリースは、粘菌が菌類であるのは当然であると考えていた。そのために子実体の柄の形が、まるで胃袋のようだという理由から「腹柄菌」と名づけられた菌の仲間に、この粘菌を入れて、それにミクソガストレスという名前を、あたえたわけである。

しかし、フリースは自分がおこなったこの分類に、それほど強い自信をもっていたわけではなかった。不思議なのは、胞子の中から出てきた微小なものが、いつの間にか大きなかけらに成長し、しかもそれはいつもぬれていて、動いてさえいるようなのである。この菌はまるで動物のような行動をしている。単式顕微鏡下にこのことを見ていたフリースは、しかし粘菌のしめすこの疑惑にみちた行動のことは、無視することにした。これは菌類なのだ。それがしめす行動はたんに動物のように見えるだけであって、分類学はそれによって矛盾をきたしたりはしない。フリースは、そう思い込むことにした。

それにしても、「腹菌」とは。この命名には、フリースが感じていた無意識の疑念が、はからずも露出しているのではないかとさえ思えるほどだ。ガストレス、胃袋、腹部——ここからガストロノミー、食べることを好む、などという言葉までは、ほんの一歩ではないか。

胞子を破って出た粘菌のつくる、大きなかたまりが湿って、ネバネバしていて、動いていく。しかもそれが動いていった跡の木の表面には、明らかな変化があらわれている。「腹菌」の命名がなされてから、わずか二、三年の間に、粘菌をめぐるこのような疑念は、生物学者たちの間に、ますます広がっていった。この生物を、菌類に分類してしまうことは、不可能なのではないか。それは独立した生物としてのあつかいをしなければならないのではないか。

植物学者たちは迷っていた。このような生物は今まであらわれたこともないので、どうあつかっていいのか、誰もが手をこまねいていた。そこで一八三三年、リンクがまず粘菌を、菌類から分離して、ミクソミケテス（Myxomycetes）属として、独立させることを提唱し、一八三六年にワルラスがそれを追認した。ミクソミケテス、粘る菌である。植物学者たちは、変形体の状態の粘菌の行動の意味を、はっきりと動物としてのそれである、と言いきることはできなかったし、まだ観察もよくおこなわれていなかった。そこで、とりあえず、湿り気をもって、粘っているという特徴だけをとり出して、いちおうミクソミケテス属の独立をはかったわけであった。注④

しかし、観察が進むにつれて、さらにやっかいなことがわかってきた。苔やキノコのようなふつうの菌類の場合には、胞子は菌糸をつくる。ところが粘菌の場合には、菌糸をつくらずに、その中から単細胞のアメーバがあらわれ、そのアメーバはさらに寄り集まって大きな「変形体（plasmodium）」をつくりだし、この変形体は原生動物そっくりの行動をおこなうのである。そしてこの変形体が成長すると、そこから下等な菌類の子実体そっくりの子実体が生じてきて、アメーバは胞子への分化をおこすのだ。つまり、今度は菌類として振舞うわけである。粘菌は、このように原生動物と菌類の特徴を合わせもっている。

「食菌」という名前は言い過ぎにしても、この生物をただ「粘菌」と呼ぶだけでは、あきらかな原生動物としての特徴を無視してしまうことになる。この生物を、もう一回植物から動物のほうに、近づけてくる必要がある。そこで、ドゥ・バリーが、一八五八年に「動菌（Mycetozoa）」という、決定的な名前をあみだした。mycetoは菌類のことで、zoaは動物のこと、これならばふたつの特徴を、ひとつに結合できるわけである。植物学者の中には、分類学の秩序を乱すこんな命名には不平で、ワルラスのつけた古い名前に固執しつづけようとしたものもいたけれど、大勢は「動菌類」とすることに同意をみた。

ミケトゾア？　けっこうな命名だ。だが、このミケトゾアすなわち動菌類（私たちは、日本の慣例にしたがって、あいかわらずこれを粘菌とよぶことにしよう）を、分類学上のどこに位置づけたらいいのか、ということが、今度は大問題になってきた。分類学のオーソドックスな考えに従えば、多細胞生物は外から有機体をとるやり方の違いによって、植物と菌と動物の三つの界（キングダム）に、分けることができる。植物は光合成をおこなって、有機体を自分の中でつくりだすことができる。これにたいして、クロロフィルをもっていない菌は、他の有機体を分解して、吸収することで、生きている。そして、動物は他の生物を捕食する機能を発達させている。この三つの界は、おたがいに進化の系統におけるつながりをもっている。この考えを使うと、粘菌はまず菌から出発した生物で、そのうち進化の袋小路に入ってしまい、動物と菌の境界に歩みだしてしまった、変わり者の生物だと考えてみることもできる。

ところが、困ったことには、菌の仲間の中には、他の生命を破壊して、捕食の機能を発達させ、動物に近づいていこうとするような進化の道に踏み込んだものは、粘菌の他には発見することができないし、動物の世界にも、そのライフサイクルの一時期にせよ、ただの有機体の分解者の地位に甘んじて、菌に近づいていこうとした生物など、発見することもできないのだ。粘菌は、進化の系統の中の、どこにも位置づけることができない。それは、形態を基準にした分類学にとっても、目的因や機能をもとにした分類学にとっても、また進化論にもとづいた分類学にとっても、アノマリー（異者）のままだ。ミケト＝ゾアは、ミケト（菌）でもなければ、ゾア（動物）でもなく、最初から最後まで、結局はミケト＝ゾアという特異体のままなのである。そこで、現代の生物学者でさえ、つぎのように書かざるをえなくなる。「植物界、菌界、動物界のいずれを見渡しても、粘菌のもつ形質を発達させたと思われるような生物群は見当たらない。このことから、粘菌は、粘菌として地球上に誕生して以来、進化の行き止まりのなかを、今日まで生きのびてきた生物群であるように思われる注⑤」。

こんな生物は、他にはめったにいない。粘菌は、分類したり、体系づけたりする知性にとっては、まことに手ごわい生き物なのだ。十九世紀に、顕微鏡を使って、この生物の奇妙な生態をはじめて観察したナチュラリストの多くは、面白いものが登場してきたものだとは思いつつも、粘菌の存在が、未来の科学にとってまで、やっかいなものになるとは、想像していなかったかも知れない。しかし、その当時からすでに、科学啓蒙家のランカスターのように、粘菌は他の惑星から飛来したETにちがいないとにらんでいた人もいたぐらいなのだ。エキセントリックなもの、例外的なものをこよなく愛する英国人にとっては、粘菌はまさに、その嗜好にうってつけの生物だったのである。

＊＊

だが、十九世紀前半のナチュラリストの世界に、粘菌が登場してきたことには、重要なもうひとつ別の意味も、ふくまれている。それは、認識論（エピステーメー）上の問題に関係している。つまり、粘菌の奇妙な生態は、その当時の西欧に進行しつつあった、認識論的な大きな構造転換と、みごとな対応関係をしめしているのである。

粘菌が何か捕食活動めいたことをしているらしいという観察は、十九世紀のナチュラリストの世界に、少なからぬスキャンダルをひきおこした。それは「食べる」という動物にふさわしい定義を植物のそれに混同しかねなかった。この時代には、まだ隠花植物の体系的な研究ははじまったばかりで、菌類についての知識も、まだ限られたものでしかなく、そのライフサイクルや自然界の分解者としての働きについても、詳しいことはよくわかっていなかった。菌界はひとつの独立した「キングダム」として、あつかわれることは少なく、昔からの生物界を動物と植物に分ける分類法では、あきらかに植物の中に、分類されていた。ところが顕微鏡観察は、動物と植物の境界的生物としての粘菌の本質を表現しようとして、変形体がおこなう、動物的な破壊者としての側面に、スポットライトを当ててしまった。

だから、粘菌の存在はスキャンダラスだったのである。動物は食べることによって、他の生命を破壊して、生きる。動物の中には、たえず生命自身による、他の生命の食いつぶしがひそんでいる。動物は内側からも、外側からも、死におびやかされた生命体であり、生命の世界に死の担い手として、その姿をあらわしている。「つまり動物は、みずからの内部に反＝自然の核を秘めることによって、はじめて自然に所属するのにほかならない」のである。

動物は自分の内部に、暗い不可視の死の深淵をかかえこんでいる。ところが、植物のほうは、それに較べればはるかに透明な性格をもっている。植物においては、重要な器官は外にあらわれて、それを観察する人間の視線に、みずからの本質をひとつの可視的な構造として、おしみなくさらしている。人間はそれらの「特徴」を細かく観察し、それをシステマティックな言葉で表現し、分類することができた。生命の学問が、分類学であった時代には、植物こそが、まず一番のスターであった理由は、そこにある。植物は、目で見ることのできる特徴と、分類する言葉の体系とを、じょうずに重ねあわせることができる。そのために、植物研究をもとにして、リンネの分類体系も生まれることができた。十九世紀以前の、古典主義の時代の博物学にとっては、植物のもつ視線にたいするこの透明さは、じつに重要な意味をもっていた。だからその時代には、動物的な生命のあり方は、学問にそぐわない、どこか不透明な闇をかかえているように、ナチュラリストたちには、感じられていたのだ。内側からも外側からも、死の影にとりかこまれ、物事を透明にする視線の力の侵入にたいしても、根強い抵抗をしめしつづけていた動物の世界は、博物学にとって、どことなく違和をはらんでいた。

そのあたりの事情を、ミッシェル・フーコーは『言葉と物――人文科学の考古学』の一節で、つぎのようにみごとに表現している。

そこから、植物学の認識論的な優位がもたらされる。というのは、語と物とに共通の空間が構成する格子は、動物よりも植物をはるかによく受けいれるし、植物の場合のほうがはるかに「暗い」ところがすくないからだ。動物の場合には目に見えないおおくの本質的器官が、植物では目に見えるため、直接知覚できる可変要素から出発する分類上の認識は、動物の領域よりも植物の領域においてはるかに豊富かつ整合的だったのである。したがって、ふつう言われていることは逆転されなければならぬ。十七、十八世紀において植物に関心が寄せられたから、分類の方法が検討されたのではない。可視性の分類空間においてしか知ることも語ることもできなかったからこそ、植物についての認

識が動物についてのそれにたいして優位に立たざるをえなかったのだ注⑥

植物学に優位をあたえる、こういう認識論的な構造に、はじめて大規模な変化がもたらされるのが、十九世紀のはじめなのだ。動物のからだの中に、可視の光が注がれるようになった。解剖学が発達して、いままで暗い闇の中に置かれてきた、動物のからだの器官が、視線の前にさらされるようになった。そして、それと同時に、内部空間の闇の中から「機能」という目に見えない、ひとつの統一する力の原理が、浮かびあがってくることになったのである。

比較解剖学の方法を押し進めたキュビエやジョフロア・サン＝チエールにとって、生命の秩序はもはや、表層の目に見えるさまざまな形態のうちに潜んでいるのではなく、生物の目に見えない内部空間の働きを統一している、隠された力の原理のうちにこそ、みいだされるはずのものだ、と考えられた。こうなると、分類学の基準も変わってくる。いままでは、生物のからだの表層にあらわれていた「諸特徴」を解読して、それをよくできた分類体系の格子にあてはめていけば、その生物が分類体系の中のどこに位置しているのかを、正確につかむことができると考えられてきた。

しかし、十九世紀のはじめにおこった認識論の根本的な変化のあとでは、そのような分類は、生物どうしにおたがいの違いをつくりだしている、より本質的な相違を、たんに二次的なスクリーンに投影したものにすぎないように、思われてくるのだ。こうして、キュビエは、リンネが「昆虫」と「蠕虫」の二つの綱にしか分けていなかった無脊椎動物の世界を、内臓の解剖比較によって、軟体動物、甲殻類、昆虫、蠕虫、棘皮動物、植虫類の六つの綱に、分類しなおしてみせた。いままでは、生物の世界は「とうぜん分類されるはず」のものだった。ところが、近代のはじまりを告げるこの変化のあとでは、分類されるような特徴を、からだの表層や器官の形にあらわすことになる「機能」の違いのほうが、より本質的で、分類されるということは、言ってみれば生物の「一特性」にすぎなくなってくる。「相違性は、表層で増殖しながら、深層では、消去しあい、混りあい、たがいに結ばれあい、不断の分散によってでもあるかのように多様なものがそこから派生すると思われる、大きな、神秘的な、目に見えぬ焦点の統一性に近づいていくのだ[注7]」。

古典主義時代の博物学の女王は、植物だった。とくに顕花植物こそが、選ばれた女王だった。顕花植物は、茎や葉や花の構造の中に、みずからの生命活動を誇らしげに、おしげもなくさらしてみせてくれる。博物学は、顕花植物の表層にあらわれた特徴を「読む」ことによって、自然を意味の世界として、とりあつかうことができたのだ。ところが、十九世紀にはじまる近代の新しい「生命の学（バイオロジー）」にとっての中心点は、動物に移行する。この「バイオロジー」にとっては、分類することは、もはや二次的な重要性しかもたなくなる。より重要なのは、生命体の奥底で、生命を維持しているにちがいない、

「ある種の力」の原理をとりだし、それをもとにして進化という名前の、自然の「歴史」を探っていくことなのだ。解剖学（キュビエ）と生理学（ベルナール）が、この「ある種の力」に近づいていく手段となる。それは動物のからだの内部空間から、目に見えないその力の原理を抽出してくるのを、助けるだろう。これ以後、生命は歴史のために捧げられることになる。そして、それはつねに動物性という形態のもとに描きだされることになる。顕花植物は女王の座を降り、かわってそこに隠花植物と動物とが、登座する。

　面白いことに、世間一般の人々が、博物学の世界に劇的な変化がおこっているらしい、ということに気づいたのは、フランス七月革命のさなかの一八三〇年に、パリの自然誌博物館でくりひろげられた、キュビエとジョフロア・サン＝チエールによる激烈な「アカデミー論争」による。この論争は、古い博物学の内部から、すでに新しい生命の学が生まれ出てしまっていた事実を、人々に強く印象づける効果をもっていた。[注⑧]そして、同じ頃、英国では複式顕微鏡革命がおこり、植物学の前面に隠花植物が浮上しつつあり、新しく発見しなおされた粘菌は、そのなまなましい動物性をあらわにしめしはじめていたのだ。隠花植物の浮上と粘菌の再発見は、このようにして、近代の真のはじまりをしめす、生物をめぐる認識論上の大きな転換点に、正確に対応しているのである。

　十九世紀のはじめ頃に、さまざまな形の生気論が流行ったのも、この認識論上の変化に関係がある。それ以前の、古典主義時代における博物学的な秩序の世界では、語られることの少なかった、生命を突き動かし、その活動に統一をあたえている「目に見えない力」について語ることは、解剖学と生理学と複式顕微鏡が開く新しい時代にとっては、それほど異端的な思いつきではなくなってしまったからだ。生命の本質が、顕花植物がしめす形態の秩序の中にではなく、内と外から死におびやかされる動物的な生のうちにこそ、みいだされる、と考えられるようになったときに、生気論はようやくバロック時代の夢を、ふたたび語ることが許されるようになったのだ。

それればかりではない。これ以後、近代においては、生命を語るとき、つねにそこには死と反＝自然のテーマの影が、つきまとうことになったが、それも植物から動物への（あるいは顕花植物から隠花植物への）、中心点の移行と、密接なつながりをもっているのである。もう一度、フーコーの語るところを聞こう。

もっとも秘められたその本質を植物から動物に移行させることによって、生命は秩序の空間を離れ、ふたたび野生のものとなる。生命は、おのれを死に捧げるのとおなじその運動のなかで、いまや殺戮者としてあらわれる。生命は、生きているから殺すのである。自然はもはや善良ではありえない。生命は殺戮から、自然は悪から、欲望は反＝自然からもはや引きはなしえぬということ、それこそ、サドが十八世紀、さらに近代にむかって告知したところであり、しかもサドはそれを十八世紀の言語《ランガージュ》を涸渇させることによって遂行し、近代はそのためながいこと彼を黙殺の刑に処していたのである。牽強付会のそしりを免れぬかも知れないが（もっともだれがそれを言うのか？）、『ソドムの百二十日』は（キュビエの）『比較解剖学講義』のすばらしい、ビロード張りの裏面にほかならぬ。注⑨

こうしていまや私たちは、一八三〇年代のはじめ頃に、ナチュラリストたちに少なからぬスキャンダルの感覚をもたらした、粘菌の登場の意味を、はっきりと理解することができるようになった。粘菌は、秩序にみちた植物学の世界にたいする、破壊と欲望に深くつながれた動物性の、あからさまな形の侵入を意味するものにほかならなかったのだ。十九世紀のナチュラリストにとっての、粘菌の生態の魅惑は、ひとつのアンビバレントをはらんでいる。目にもあざやかな子実体を形成し、胞子をとばすまでの粘菌は、典型的な隠花植物として、おだやかな植物学の秩序の中に、安定した居場所をみいだすこともできるだろう。ところが、この胞子を破って、その中からアメーバーがあらわれ、集合して変形体をかたちづくるにいたるやいなや、植物学的秩序の世界に、動揺がおこり、非連続な裂け目が走ることになるのだ。アメーバ状の集合体は、「食べる」ことをはじめる。植物的な菌の外殻を食い破って、中からひとつの動物があらわれるのだ。動物と化した粘菌は、他の生命の食いつぶしをはじめる。粘菌の動きにつれて、あたりは静かな殺戮の現場と化していく。しかし、ひとしきり動物の生を堪能したあと、粘菌はふたたび植物的な形態をとりもどして、秩序の空間の中に帰還していくのだ。

粘菌は、清澄な植物の世界に、異様な動物性の匂いを、運び込んでしまったのだ。植物学者たちは、はじめそれを否定しようとした。彼らはまず菌に分類した(しかし、「腹菌」という命名はまずかったかも知れない。ここには、粘菌がその後たどることになる、ガストロノミックな運命が、予告されてしまっているからだ)。しかし、疑惑は大きくなる一方だった。そこで、植物学者たちは、この生物に独立の属をあたえ、分離しておくことで、菌界に生じた不吉な匂いを消し去り、そこをふたたび清明な空間として、取り戻そうとしたのである。だが、より詳しい観察は、それを許さなかった。粘菌の生態から、動物性を消し去ることは、不可能であることに、ナチュラリストたちは気づくようになる。「粘る菌」は、境界をこえて「動物めいた菌＝ミケトゾア」へと前進し、原生動物と菌との境界上に、奇妙な位置をあたえられ、生物学はかろうじて、粘菌から殺戮者の印象を消し去ることだけはできた。

この意味において、粘菌の生命形態を、ナチュラリストの世界における、真の近代の出現を象徴するものと、考えることもできるのだ。この時代、生命をめぐる学問は、その中心点を植物から動物へと移行した。つまり、植物的な生が代表していた分類的な秩序をあつかう学問から、自分の内部に動揺をはらんだ、目に見えない生命的力動を、真実の主題とする学問へと、近代の認識論が大きく転換していった、まさにその時代に、植物学の世界にあらわれた粘菌は、植物的形態を破って、内側から動物的な生命形態が出現するさまを、あらわにしてみせることによって、その転換の本質を他のどの生物よりも鮮明な形で、ナチュラリストたちにしめしてみせたのである。牽強付会な言い方が許されるならば、粘菌は生物界におけるサドなのである。

南方粘菌学

南方熊楠は、植物学のアマチュアとして出発したが、二十代の前半、自分の関心の方向を見定める頃には、すでにその関心を隠花植物と粘菌に、集中するようになっている。その時代が求めているものにたいしても、彼がきわめて敏感な感覚の持ち主だったことが、これからもわかる。

彼ははじめから、動物学にはあまり関心がなかった。とくに、当時の「動物学化された生物学」では、解剖学や生理学が重視されはじめ、生命をひとつの機能的なシステムとしてとらえようとする、現代の生物学にも通ずるような視点が、しだいに有力になりはじめていたために、熊楠のような野外の自然を愛する、ナチュラリスト的な体質をもつ人間には、あまり魅力を感じさせるものではなかったのかも知れない。

いずれにしても、彼は植物に関心をもった。しかも、キノコや苔や藻のような、隠花植物に深い関心をもった。隠花植物は、植物でありながら、顕花植物のように、重要な器官を、表面の可視的な構造として、しめすことがない。隠花植物では、生命現象は、不可視の内部空間でくりひろげられることになる。しかも、その内部空間は、動物のように、解剖によって光と視線の中にあらわになることもない。隠花植物は分類学的な秩序をもとめる知性にこそ、ふさわしい生物だった。これにたいして、動物では生と死をめぐる、たえず動揺と変化をはらんだ不可視のプロセスが、知性に主題をあたえる。ところが、隠花植物は、そのどちらでもない領域を、開いてみせる。隠花植物の内部空間に、ナチュラリストたちが見ようとしていたのは、近代の生命の学（バイオロジー）が、動物の研究を通じて探究している生命の本質にもよく似た、「植物的生命の本質」とでも言うべきものにほかならなかったのである。

熊楠の学問的修業時代、西欧のナチュラリストたちの関心は、隠花植物に集中しはじめていた。この領域は、いまだに未踏の分野であり、顕微鏡の開発とともに、アマチュアとプロとを問わず、ここは先端の研究分野となっていたのである。熊楠は、鋭敏にそういう動向を察知していたとみえる。アメリカに滞在している間の、野外での彼の採集目標は、もうすでにはっきりと隠花植物に注がれていた。そればかりか、彼は早くも、粘菌に深い関心をいだいている。粘菌という生物の研究が、どんな世界を開くことになるのか、彼はもうその頃から、かなり明確に理解していたように思われるのだ。そのことは、南方が在米時代の二十五歳頃、同郷の羽山藩次郎（彼については、第三巻『浄のセクソロジー』を参照）へ書き送った隠花植物採集依頼の書簡から、はっきりわかる。熊楠はそこでこう書いている。

　また貴君も医学の下ごしらえと、ちょっと生物学も御学習のこと、定めて御知りならんが、右菌類に似たもので Mycetozoa と申す一群、およそ三百種ばかりあり。これははなはだけしからぬものにて、(1)のごとく幼時は水中を動きまわり、トンボがえりなどし、追い追いは相集まりて(2)のごとく痰《たん》のようなものとなり、アミーバのごとくうごきありき、物にあえばただちにこれを食らう。然るのち、それぞれ好き好きにかたまり、(3)より(7)に至るごとくいろいろの菌状のものとなり、いずれもたたくときは煙を生ず。これは

砕けやすくして保存全きことは望むべからず。しかし不完全でもよし。紙につつみ保存下されたく候。(7)のごときは、饅頭のごとき形にてははなはだ大なるものにあり。Fries以下この類を菌なりと思い、植物中に入れしが、近年は全く動物なることという説、たしかなるがごとし。(レイ・ランケストルの説には、最古の世の生物はこのようなものなるべしという)。

(羽山蕃次郎宛書簡、本コレクション第四巻『動と不動のコスモロジー』154～155頁)

生命の本質が、外側に可視的構造となってあらわれることのない、より「密教的な」隠花植物に関心をもっていた熊楠は、その中でも、とりわけ粘菌に早くから注目している。しかも、この書簡からもわかることは、彼が粘菌に関心をもったのは、それがたんに隠花植物であるからという理由だけではなく、むしろその生物が同時に動物でもあるためなのだ。

この当時には、粘菌が植物か動物かという論争が、真っ盛りだった。フリースのように粘菌はあきらかな菌であり、また生物界を動物と植物に二分する、当時の常識的な分類の考え方にしたがえば、粘菌は植物だと断定しながら、その動物めいた行動に疑惑をいだいていた人から、いや粘菌は「動物のように」食べているのではなく、やり方はちょっとユニークすぎるが、それでも菌のように分解しているのにすぎないのだから、これはもっとはっきり植物としての性格を出すために、「粘る菌」と命名したほうがいいと考える人まで、十九世紀の半ば頃までは、粘菌は植物としてあつかわれていた。ところが、顕微鏡による研究がさらに進むと、変形体の状態で粘菌がおこなっている行動を、分解者としての行動であるとは、ちょっと主張できないような雰囲気になってきた。それでも、論争はまだ続いていた。粘菌をミケトゾアと呼んで、原生動物と菌の中間的な生物とし、さらには菌界を独立したキングダムとして設定して、植物から分離したとしても、粘菌の進化の系統上の位置は、あいかわらず謎のままだったからである。

ところが粘菌のあつかいをめぐって、生物学界が迷っている時期に、熊楠はすでに粘菌は動物であると、はっきり確信していたのだ。若い時に得たこの確信は、その後も揺らぐことはなかった。一九二六年に、弟子の小畔四郎が皇太子時代の天皇裕仁へ、粘菌の標本を献上したさいに、熊楠が表啓文を書き、その冒頭で「粘菌の類たる、原始動物の一部に過ぎずといえども……」と書いた。これを読んだ生物学御用係の服部広太郎は、この「原始動物」という表現は、まだ決定したわけではないから、「原始生物」と改めたほうがよいのではないか、と指示した。これにたいして、熊楠は猛烈に反対した。熊楠の考えでは、粘菌をあいまいに「原始生物」としてしまったら、この生物の研究がもっている意味がなくなってしまう、と思われたからだ。粘菌を「原始動物」としたときに、はじめてこの生物の存在の、生命論上の大きな意味が浮かびあがってくるはずだ、と彼は考えたのである。

平沼大三郎にあてたつぎの書簡には、その間の事情がこう記されている。

進講は十日朝十時ごろすみたるらしく、その旨電報来たり申し候。しかるに昨日着せし九日出小畔氏の状を見るに、服部博士は進献表の発端に小生が「粘菌は原始動物の一部」とかきしに反対にて、原始生物と直したらよきようの指示ありしようにて、小畔氏は電信にて小生に問い合わされしも、依然原始動物で押し通すべしと小生返事せしよりやや不快らしく、これがため進献に故障を生じはせずやと心配のあまり発病し、進献の当日このことが出たら原始生物と書き替える旨申し来たり候。十日の朝果たしていかが処理せしか、いまだ承らねども、日本にはこの類のこと多きゆえ、止むを得ぬことと存じおり候……粘菌、これは古くて今日用いぬ語に候（Myxo《粘る》＋mycets《菌類》）。今日はもっぱらロスタフィンスキーの菌虫《きんちゅう》（Myceto《菌類》＋zoa《動物》）なる語を用い候。現に進献品の印刷目録にも粘菌（ミクソミケテス）となくて、ミケトゾア（菌虫）と致しおり候……粘菌という名は廃止したきも、日本では故市川延次郎氏がこの語を用い出してより、今に粘菌で通り、新たに菌虫など訳出すると何のことか通ぜず、ややもすれば冬虫夏草などに誤解さるべくもやと差し控いおり候。

（平沼大三郎宛書簡、本書152～153頁）

熊楠は、粘菌が動物であると断定できる理由を、つぎの二つの点に求めている。ひとつは胞子の中から出てきたアメーバ状のものが、たがいに寄り集まって変形体（プラスモディウム）をつくるという粘菌特有の行動パターンは、原生動物にはみられても、植物界にはみることができない（藻や下等植物の中には胞子からアメーバ状のものが出てくることはあっても、それが移動集合して、大きな変形体をつくるということはない）、という点であるが、やはり重要なのは、粘菌が捕食をおこなうという第二の点だ。

文久三年（一八六三年）露人シェンコウスキは初めて粘菌の原形体は固形体をとり食うを観察致し候。これは小生等毎《つね》に見るところにて、主としてバクテリアを食い、食った滓は体外へひり出し候……いわゆる食肉植物なるものあり、葉や茎に触れた虫や肉を消化し食うなり。食うというも口はなし。葉や茎より特種の胃液ごとき汁を出し、それで肉や虫（固形体）を流動体に化してすいとるなり。故に実に流動体となりたる虫や肉をすいとるばかりで、虫や肉を口に入れ、もしくはアミーバ状に偽足をのばしてとりこむには無之候。

今粘菌の原形体は固形体をとりこめて食い候。このこと原始動物にありて原始植物になきことなれば、この一事また粘菌が全くの動物たる証に候。

（平沼大三郎宛書簡、本書154〜155頁）

熊楠は、粘菌が指揮官のいない強力な軍隊のような変形体をつくりだし、バクテリアのような他の生命体を破壊し、殺して食べるという点を強調して、この生物はあきらかに動物であると、断定しているわけである。この熊楠の表現は、とてもニュアンスに富んでいる。彼とて、ミケトゾアが菌的な生物であることを認めているのであり、菌類をかりに植物界から分離させたとしても、それが動物でないことは、もっとはっきりしている。粘菌は、菌類と原生動物の境界的な生物であるか、それとも、菌類とも原生動物とも別な独立したグループをかたちづくっている生物なのか、どちらかなのである。粘菌は動物であると断定することによって、別の難しい問題が発生してくることを、熊楠もよく承知していたはずなのだ。だから、「粘菌は依然原生動物で押し通すべし」と主張するとき、熊楠は言葉の表面で語られていることとは、別のことを表現したがっているのではないかと、私たちには予想されるのである。

熊楠が生物の研究に興味をもったのは、それをとおして生命の深い本質にまで、至りたいと考えていたからだ。そして、あらゆるものごとにたいして「密教的」な感受性をもっていた彼は、その本質を、生物の不可視の内部空間にもとめようとしていたのである。これは一方では、新しい「動物学化された」生物学が、その主要な関心を植物から動物に移行させることによって、遂行しようとしていた課題にも、共通性をもっている。当時の生物学には、機能とか構造という言葉を使って表現された、生気論的な傾向がつきまとっている。生物の眼に見える形態的特徴にもとづいて、生命の本質を考えるのではなく、不可視の内部空間に活動しているはずの、ひとつの統一的な原理を、新しい生物学は、発見しようとしていた。そのために、新しい生命の学にとっては、分類のためにみごとな秩序を差し出してくれる植物よりも、他の生命の殺戮者であり、内側からも外側からも、死の可能性にとりかこまれている動物こそが、より重要な存在となってきたのだった。

だから、熊楠は、粘菌の動物としての側面を、強調したのである。もしも、それを菌類に分類して、植物化してしまうとすると、この生物がもっているなまなましい「現代性」は、失われてしまうのではないか。この生物の存在そのものが重要なのは、それを分類学上のどこに位置づけるかなどという、「古典主義的関心」にあるのではない。生物形態の内部の空間に、目で見ることはできないが、それによって生命の活動が統一を得ているにちがいない、ひとつの力の場が実在するにちがいない。西欧の近代生物学は、そのことを動物の体を通して、探究している。ところが、そのことを、弱肉強食めいたイメージがまとわりついている動物ではなく、ひとつの植物が、もっとエレガントなやり方でしめしているとしたらどうだろう。それが、粘菌なのだ。現代の生命探究にとって、粘菌のもつ重要性は、まさにそこにある。だからこそ、それは「動物」と言わなければならないのだ。粘菌のもつ動物性こそが、この生物の現代性と魅惑の源泉なのであるから。

ここには、南方熊楠のアジア人的な感受性を、はっきり感じとることができる。東アジアの人間は、植物をとおして、生命の本質を考える傾向をもっている。しかも、西欧の伝統のように、植物の観察から分類の体系を学問としてつくりだすことよりも、植物の中に秘められている、目に見えない「気」によって、動物のからだに健康と活力を得させるための実践の学問を、本草学としてつくりだしてきた。こういう感受性に恵まれていた熊楠は、当時の西欧の「バイオロジー」が、おもに動物の研究をとおしてあきらかにしようとしていた生命の本質を、殺戮や死の担い手である動物ではなく（それではあまりにあからさまではないか、と考えるのが、東アジア的感受性というものである）、エレガントな植物的生命の中にみいだしてみたい、と考えたのではないだろうか。

植物といっても、分類に奉仕する植物ではなく、不可視の空間で生命を統一している力の原理を明らかにする、ある種の「生気論」に、インスピレーションをあたえるような植物。それは、粘菌のほかには考えられない。植物（または菌）でありながら、原生動物そっくりの活動をおこなう粘菌は、熊楠にとっては、生命の本質を沈思するのにうってつけの、まさに形而上学のための生物であったのだ。

＊＊

それならば、熊楠は生物の分類ということについて、一体どんな考えをもっていたのだろうか。生命論の本質にとっては、生物のからだの外側の形態の違いとしてあらわれるものなどは、いわば二次的なもので、本質はむしろ不可視の内部空間を統一している力の中にこそ探究すべきである、というふうに考えるとすると、分類学のレゾン・デートルは、大いに揺らいでこざるを得なくなる。とりわけ、新種の発見という、アマチュアといわずプロといわず、ほとんどのナチュラリストの関心と野心を引きつづけてきたテーマなどについて、熊楠はどんな考えをもっていたのだろうか。そのことをよくしめしているのが、つぎのような書簡群だ。

小生および小畔氏進献品の中には、一見して誤謬らしく見ゆるも少なからず。しかしこれは小生特に鏡検に念を入れて、粘菌類は只今も盛んに変化し行くこと姑《しばら》くも息《や》まざるを御覧に入れんがため、特に撰入せるものに御座候……判然たる本種とすべきものは少なく、どちら付かずの中間物ははなはだ多く、また *Stemonitis fusca*; *St. splendens*; *St. ferruginea* 等の内には本種とすべきか変種とすべきか異態とすべきか去就に迷うものははなはだ多く、変種同志の間にまた無数の中間変種あり。故に多く見れば見るほど、天地間にこれが特に種なりと極印を打ったような品は一つもなく、自然界に属の種のということは全くなき物と悟るが学問の要諦に候。

（前半部・服部広太郎宛書簡、平凡社版全集九巻571頁、後半部・上松蓊宛書簡、本書174～175頁）

「自然界に属の種のということは全くなき物と悟るが要諦に候」とは、まったく大胆な考え方ではないか。熊楠にとって、言葉（分類学の体系）と物（生命活動）の二つの系列は、たえざる動揺のうちにある、と確信されているのだ。粘菌類は、生物界の特異点として、たったいまも変化のさなかにある。それは、自分とは異なる生命形態を、自分の内部から生み出し続けようとしている。粘菌は、進化の袋小路にあるものらしく、そのためにその生命活動は、強力な「目的因」による拘束を受けていない。つまり、どちらへ向かわなければならないという指令を失った状態で、進化はいわば「戯れ」の状態を享受していることができるのだ。そのために、こと粘菌にあっては、これこそが種であるという、決定的な形態やライフスタイルにたどりつく必要がない。すべてが変種、すべてが中間種、すべてが異態というのが、粘菌類の実態なのである。こういう世界では、新種の発見などということは、あんまり意味をもたない。変わった粘菌が発見されたとしても、それはまた一つの異態にほかならず、それを新種と銘打ったところで、そんなものはおよそ幻想にすぎないのではないか。

粘菌の世界が、人間の前にはっきりと告げていることは、固定化と金太郎飴のようなホモジニアスな体系内増殖に向かおうとする、分類という言葉の体系と、生命体の内部でおこっている活動や変化とは、おたがいにもともと違和的な関係にあるもので、けっして二つが一致するなどということはありえないという事実なのである。熊楠は、ここですでに完全に近代的思考の側にいる。彼には、いまだに多くのナチュラリストが、古典主義時代以来の、分類学の幻想にとらわれているように、思えてしかたがなかったのである。分類学は、生命の本質にせまるための手段ではあっても、けっしてそれ自体が目的となることはありえない。生物を研究しながら、我々は今もたえざる変化を続けている、生命の内部空間を凝視しなければならないのだ。そして、そのことは、粘菌だけの問題ではなく、生物界全体にあてはまる、重要な事実なのである、と熊楠は考えた。

友人や弟子たちに宛てて、熊楠は繰り返し、このことを力説した。

> 粘菌の新種というものは、リスターの『図譜』序の終りに（p.20）見えた通り、この上世界中にもあんまりなかるべきはずなり……故にこの上新種を見出だすよりは、なるべく多くの異態を見出だして粘菌の形態学を開進せしむることが、もっともわれらの務めに御座候。すなわち *Arcyria Koazei* ごときあやしき新種を見出だすよりは *A. incarnata* var. *olonifera* ごとき異態（または変種）を見出だす方が、粘菌の変化を研究する上にその功大なり……貴下は人に研究材料を与うるよりは、閑暇に片はしから鏡検して一々写生し、胞壁の条《すじ》とか茎に含める汚物や石灰結晶の形とかいうことを一々ひかえて比較し、何ごとにまれ、発見、発明されんことを望む。これが本当の粘菌学に候。新種の発見などということはほんの児戯に過ぎざるなり。

（上松蓊宛書簡、本書179～180頁）

またつぎのようにも語る。

小生はもと新種の新変種のということを好まず。故フッカーが植物の数を多く見れば種の変種のということが一切ないように見ゆると言いしを信じ候。いわんや粘菌類は唯今も変化進退して一日も止まざるものなれば、実際判然たる新種などいうものはなきことと存じ候……小生は故アーサー・リスターが粘菌の種や変種がむやみに増加され行くを遺憾とし、日夜精査して種数、変種数を刪正するを当務としたるを賛し、もっぱらその刪正事業に参加したるも、かの人死してのちは、リスター女史またおいおい世間なみに新種、新変種を増加するを事とし、亡父が刪除せるものを再興すること多し。小生このことを快しとせず……粘菌の新種、また、ことに新変種などいうものは実は異態formaに過ぎずと知らる。

（服部広太郎宛書簡、本書186～188頁）

南方熊楠がいだいていたイメージの中では、粘菌はたえまない変化の「途上」にあるものだった。そのために、未発見の新種という考えそのものが、うさんくさいものに思えたのである。[注⑩]新種としての確定を受ければ、それはただちに分類体系の中に、しかるべき場所をみいだすことになる。生命活動が、生物の表面にあらわにした「特徴」が、分類体系の要請しているようなやり方にしたがって言葉化され、その言葉化されたものが、今度は分類体系の中で、場所をみいだす、という仕組みによって、分類学はできている。

ここでは、前後二度にわたって、同一化の操作がほどこされる。最初は、生物の「特徴」を言葉で表現するさいである。そのときに使われる言葉は、すでに分類体系全体の側から、決められているから、それだけで「特徴」は平準化の操作を受ける。つぎに、そうやって記述された「特徴」を、分類体系の中に位置づけるときである。その体系の中に位置づけられたとたん、新種はもはや新種ではなく、体系がその存在を予測し、しかるべき空白をあけておいた場所におさまった、「あらかじめ見いだされたもの」に変貌してしまうのだ。これは、「途上」にあるものを、たえず「既知」のものに還元していく知的なシステムにほかならない。新種の発見に夢中になっている間に、ナチュラリストは、知らず知らずのうちに、驚異を凡庸に変えていく、巧みなシステムの虜になってしまっている。熊楠の粘菌学は、粘菌をまず驚異にみちた生物として、知性のたくらみから奪還するものとして、構想されていたのだ。

そのために、南方熊楠と彼の弟子たち（小畔四郎、上松蓊、平沼大三郎）は、まずたんなる作業用の「仮のもの」としての、おびただしい数の新種、新変種、新品種を設定することにした。これは、どのようなささいな変異をも見落とさないようにするための、一種の予備的な処置として考えられ、あくまでも仲間内だけの私的な取り決めとして、学術的な発表はおこなわないものと、決められた。こうして得られた膨大な変異の観察記録をもとにして、熊楠たちは、異態の可能性をできるだけ細かく調べあげ、それによって、種の定義をより精密なものにしていく、という作業をおこなおうとした。だから、最初に設定された新種や新変種は、いずれは、より精密にされた種の概念を中心テーマにして展開される、巨大な変奏曲の変換群のひとつとして、異態としての独自性を輝きださせるはずのものだったのである(熊楠は、おなじ発想を神話学、民俗学の領域にも適用しようとしている。『南方民俗学』の解題を参照されたい)。

南方熊楠は、この構想を実現するために、全力を注ぎ、命を削った。しかし、南方粘菌学のラディカルで雄大な構想は、未完成に終わった。ここでも、彼は早すぎた。

オートポイエーシスとマンダラ

十九世紀の末から二十世紀のはじめにかけて、生物学はしだいに、近代的な生命の学としての性格を、はっきりとしめしはじめていた。そこでは「歴史」と「システム」の二つの考え方が、中心になりつつあった。古典主義の時代に大いに発達した分類学は、そういう時代にあっても基礎学としての重要性を失うことはなかったが、そこでは二重の意味で、かつて享受していたような絶対的な優位性は、失われつつあった。生命は進化という歴史的変化の相のもとに、とらえられるようになった。分類学の成果は、そのような進化の過程をあきらかにする基礎となるものではあっても、かつてリンネたちが考えていたような、創造の昔から変化しない、確固としたひとつの秩序であるとは、もはや考えられなくなっていた。

それればかりか、新しい生命の学は、伝統的な分類学が、それにもとづいて自分を組み立てている、生物のからだの可視的な「特徴」にたいする関心をしりぞけて、目でみることのできない生物の内部空間に、生命現象を統一している力の原理を、機能や構造として、とりだそうとしていたのである。新しい生物学は、生命をひとつのシステムとしてとらえる視点を確立しつつあった。きれいな図表を思わせるような、分類学のシステムではなく、生物をひとつの機械として作動させているシステムの仕組みのほうに、生物学の興味は移っていった。

新しい生命の学（バイオロジー）は、生命とはそもそも何かという問いはさておいて、まずそれが自然界の中で、精妙な機械として作動している、その仕組みをあきらかにしようとしていたのである。そこではまず、生物はひとつの「自律体」として、あつかわれようとしていた。外部の環境と自分の内部環境とを明確に区別して、内部の環境をいかにして安定したものとして維持しているかという問題を、ホメオスタシスの機構としてあきらかにしようとした時、生理学者ベルナールの頭には、生物はどうやってみずからの同一性をつくりだしているか、という問題意識があった。生命はいかにして、自己をつくりだすか。ここにある問題意識は、西欧形而上学の生物版にほかならない。注⑪

生物学者たちは、生物をひとつの「主体」として、構成しようとしていたのである。つまり、内部から外部を区別し、内部の自己は、ホメオスタシスの機構をとおして安定した同一性を確保し、外部からは栄養となる有機物やさまざまな感覚情報をインプットし、それに反応して行動や情報をアウトプットする生命システムというイメージの原形が、この頃には、すでにできあがりつつあったのだ。十九世紀の生物学の主体論的な視点は、基本的なかたちでは、二十世紀にそのまま受け渡され、ついにはそれは、サイバネティックスや一般システム論として生命をとらえようとする、現代の科学的生命論にまで、展開していくことになるだろう。

キュビエの解剖学が、動物のからだの闇の中から思考のうちに引き出した、生命の不可視の内部空間に、近代のバイオロジーは、ひとつの自律体を構成しようとしていたのだ。その自律体は、内部／外部の区別をもち、内部の同一性を保ちつつ、インプット／アウトプットによって活動し、そのすべての過程は因果論によって決定されている、ひとつのシステムである。ようするに、主体としての生命システムである。そのようなシステムが、サドの期待を裏切ってと言おうか、近代をつくりだす認識論的な転換のカオスの中から、生まれ出ようとしていた。南方熊楠は、そういう時代に、生命の本質を、東アジア的な思想を背景にしながら、探究しようとしていたのである。

＊＊

熊楠の分類学にたいする考え方は、彼の思考が、すでに完全に近代の空間に属するものであることを、はっきりとしめしていた。彼は、新しい生命の学たるバイオロジーが、生物のからだの表層にあらわれた「諸特徴」の解読から解き放たれて、生物体の目に見えない内部空間に踏み込んでいったことの意味を、高く評価していたのである。熊楠は生物、とくに粘菌のような生物の活動の中に、不断に変化をとげながら、たえざる「途上」にある力の活動を、とらえようとしていた。それを生気と呼ぶか、生命力と呼ぶかという問題は、彼にとっては、たいした意味はもっていなかった。大切なのは、分類であれ概念であれ、とにかく動き流れるものを固定する、すべての知的な構成物とは異質なものが、生命現象の本質をなすものとして、生物体の中で不断に活動を続けているという、まぎれもない事実から出発することだった。

しかし、熊楠は西欧の近代生物学の方向に、追随することはなかった。つまり、十九世紀のなかば頃から明確になりはじめて、ついには二十世紀の後半に、サイバネティックスや一般システム理論の形に結晶してくるような、自己維持する有機的システムとして、生命を考える思考法とは、およそ異質な考え方にしたがって、生命の本質を考えようとしていた。近代の認識論的な転換が開いた可能性にしたがいながらも、南方熊楠は西欧の科学思考を導いていったものとは別の道に、踏み込んでいったのである。彼がそのとき、どのような生命論を構想していたのか、現代の私たちには、そのおおよその輪郭をつかみとることができる。熊楠は自分の考えていた生命論を、体系だてて語ることはなかった。それは、書簡や断片的な記述の中に、散りばめられている。そこで、私たちはここで、それらを拾い集め、つなぎあわせ、思想の種子はその成長の最後の帰結にまで展開していくというやり方で、南方熊楠の生命論を再構成するという試みに、取り組んでみることにする。その結果あきらかになってくるのは、東アジア的発想に立つ生命論が、意外なことに、現代のもっとも先端的な生命思想のいくつかと、きわめて多くの共通点をしめすという、興味深い事実なのである。このことをとおして、私たちは、彼の生きていた時代における、彼の孤立の、真の意味を理解することができるのではないか、と思う。

すべての鍵は、熊楠の粘菌研究の中に、隠されている。彼は生命の本質に接近していくための、最良の手だてとして、粘菌を選んだからだ。柳田国男に宛てて、彼は本気でこう書いている。

粘菌は、動植物いずれともつかぬ奇態の生物にて、英国のランカスター教授などは、この物最初他の星界よりこの地に堕ち来たり動植物の原《もと》なりしならん、と申す。生死の現像《げんしょう》、霊魂等のことに関し、小生過ぐる十四、五年この物を研究罷りあり。

（柳田国男宛書簡、本コレクション第二巻『南方民俗学』435頁）

生物が生きているとは、どういう状態のことをさしているのか。また生物が死んでいるとは、どのような現実をさしているのか。人々がふつう、生や死としてとらえている現象は、はたしてそのものとして意味をもつことなのか、それとも、より本質的な現象の二次的な射影にすぎないのではないだろうか。また生物にとって現実の世界とは何か。それに幻想や非現実の世界や霊魂の世界などは、生命にとって、どのような意味をもっているのか。こうした難問を、熊楠は本気で考えぬこうとした。そして、そのとき、もっとも深遠なる洞察のヒントを、彼に与えてくれたものこそ、ほかならぬ粘菌だったのである。そのことを見事に表現したのが、つぎの文章だ。そこに書いてあることは、一字一句が私たちにとっては重要なものなので、長さに頓着しないで、全文を引用しておこう。

もと当国在田《ありた》郡栖原《すはら》の善無畏寺《ぜむいじ》は明恵上人の開基で、徳川の末年より明治の十四、五年まで住職たりし石田冷雲という詩僧ありし。あんまりよく飲むので割合に早世されたれども、就いて漢学を受けし弟子どもが明治大学長たりし木下友三郎博士、郵船会社の楠本武俊（香港《ホンコン》支店長またボンベイ支店長）、その他十をもって数うべき知名の士あり。

その冷雲師の孫に陸軍大学教授たりし日本第一の道教研究者妻木直良師あり。二十二年前、例の小生が炭部屋で盛夏に鏡検最中のところへ来たり、いろいろと話す。ちょうど小生粘菌を鏡検しおりしゆえ、それを示して、『涅槃経』に、この陰滅する時かの陰続いて生ず、灯生じて暗滅し、灯滅して闇生ずるがごとし、とあり、そのごとく有罪の人が死に瀕しおると地獄には地獄の衆生が一人生まるると期待する。その人また気力をとり戻すと、地獄の方では今生まれかかった地獄の子が難産で流死しそうだとわめく。いよいよその人死して眷属の人々が哭き出すと、地獄ではまず無事で生まれたといきまく。

粘菌が原形体として朽木枯葉を食いまわること〔図(イ)参照〕やや久しくして、日光、日熱、湿気、風等の諸因縁に左右されて、今は原形体で止まり得ず、(ロ)原形体がわき上がりその原形体の分子どもが、あるいはまずイ′なる茎《くき》となり、他の分子どもが茎をよじ登りてロ′なる胞子となり、それと同時にある分子どもが(ハ)なる胞壁となりて胞子を囲う。それと同時にまた(ニ)なる分子どもが糸状体となって茎と胞子と胞壁とをつなぎ合わせ、風等のために胞子が乾き、糸状体が乾きて折れるときはたちまち胞壁破れて胞子散飛し、もって他日また原形体と化成して他所に蕃殖するの備えをなす。かく出来そろうたを見て、やれ粘菌が生えたといいはやす。しかるに、まだ乾かぬうちに大風や大雨があると、一旦、茎、胞子、胞壁、糸状体となりかけたる諸分子がたちまちまた跡を潜めてもとの原形体となり、災害を避けて木の下とか葉の裏に隠れおり、天気が恢復すればまたその原形体が再びわき上がりて胞嚢を作るなり。原形体は活動して物を食いありく。茎、胞嚢、胞子、糸状体と化しそろうた上は少しも活動せず。ただ後日の蕃殖のために胞子を擁護して、好機会をまちて飛散せしめんとかまうるのみなり。

故に、人が見て原形体といい、無形のつまらぬ痰《たん》様の半流動体と蔑視さるるその原形体が活物で、後日蕃殖の胞子を護るだけの粘菌は実は死物なり。死物を見て粘菌が生えたと言って活物と見、活物を見て何の分職もなきゆえ、原形体は死物同然と思う人間の見解がまるで間違いおる。すなわち人が鏡下にながめて、それ原形体が胞子を生じた、

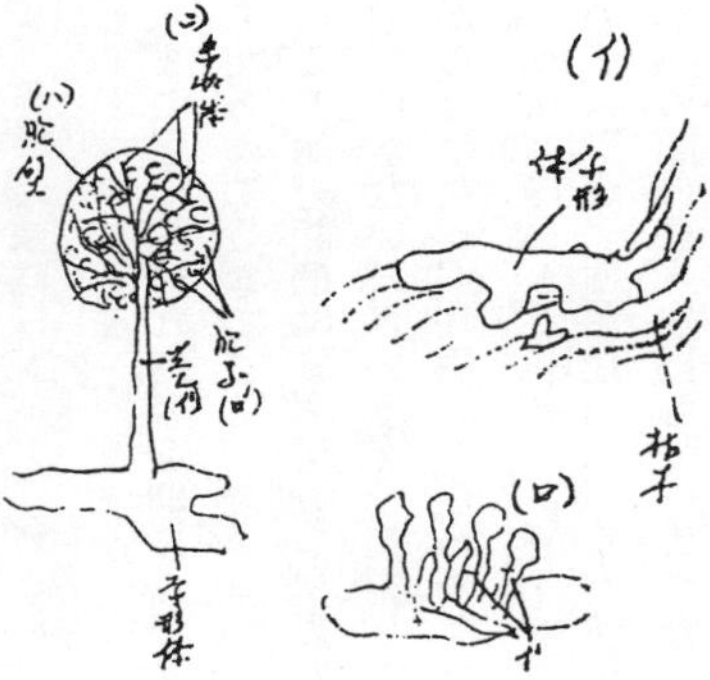

それ胞壁を生じた、それ茎を生じたと悦ぶは、実は活動する原形体が死んで胞子や胞壁に固まり化するので、一旦、胞子、胞壁に固まらんとしかけた原形体が、またお流れとなって原形体に戻るは、粘菌が死んだと見えて実は原形体となって活動を始めたのだ。今もニューギニア等の土蕃は死を哀れむべきこととせず、人間が卑下の現世を脱して微妙高尚の未来世に生するの一段階に過ぎずとするも、むやみに笑うべきではない。

(岩田準一宛書簡、本コレクション第三巻『浄のセクソロジ

┘』334〜337頁）

まことに深遠な内容をはらんだ文章だ。ここからは、いくつもの重要な視点を、とりだしてみることができる。

（1）南方熊楠はまず、この文章の中で、生命現象にとって、観察者の立場は相対的なものにすぎない、という点を強調している。生物を観察している人間は、それを生命の内側からではなく、外側にあらわれた行動を観察して、さまざまな判断や推測をおこなっているのにすぎない。しかし、それは生命の実相を、ゆがめることになってしまっている。そのいい例が、粘菌なのである。粘菌では、胞子からあらわれたアメーバ状のものが、おたがいの間に信号を出して、大きな集合体をつくり出す。これが変形体だ。変形体は、まったく動物としての行動をおこなう。それは動き回りながら、バクテリアなどの他の生物を、殺して食べるのだ。このとき、粘菌はそのライフサイクルにおける、活動力の頂点に達している。変形体の状態にある粘菌は、生と死のなまなましい交換がおこなわれているまっただ中で、まさに「生きている」。ところが、生物学を知らない観察者は、一見すると無構造に見えるこんな「痰の様な」生き物が、生き生きとして生きている、とは思わず、むしろそれを「死物同然」と思う。

そして、その逆に、変形体から子実体の「茎」が伸びてきて、その先端部分に、胞子や美しい胞壁が形成されてくるプロセスを、顕微鏡でながめては、粘菌が活発な活動をしていると言って、悦ぶのだ。だが、このとき実際におこっていることは、活動的かつ動物的な変形体が死んで、それが胞子や胞壁のような植物組織に変容しつつあるのであって、実は粘菌は死物にむかって、接近していこうとしているのだ。その見方で言えば、いったん子実体の形成に向かっていた変形体が、環境の変化によって、ふたたび「お流れとなって」、ドロドロの痰のような変形体にもどっていくのは、それを外側から観察している人間が、まるで生命の流産のように考えるのとまるきり反対で、粘菌はふたたび活動力を回復していこうとしているのだ。

粘菌の例が、はっきりとしめしているように、生命のプロセスは、それを外側から観察するだけの観察者の理解や推論によっては、実相をとらえることはできないのだ。しかも、それは一般の観察者がおかす過ちに限られるのではなく、「科学的生物学」のすべてが、陥りがちな誤りでもあるのではないか。近代の生物科学においては、自然環境の内部に入りこんで自然の一部と化していたナチュラリストの場合とは違って、生命のプロセスにたいして、外側からの観察者の立場で介入していこうとしている。これは、生命の学が、物理学のようなハード・サイエンスのやり方にならって、自分を客観科学として打ち立てようとする要請の中から、強化されてきた立場だ。

この立場がもっとつきすすめられてくると、観察者は生物を外側から観察して、そこにひとつの有機的なシステムが活動しているというふうに考える。環境から自分の内部と外部を区別した、「主体」としての生物のイメージが、そこにあらわれるようになる。「主体」として行動する、この有機的システムは、外部と内部の間で、情報や栄養のインプット／アウトプットをおこなう。これが、サイバネティックスや一般システム理論のつくりあげた、生命システムのイメージであるが、その原型はすでにキュビエやベルナール以来の十九世紀バイオロジーの中に、出来上がっていたものなのだ。

そうして見ると、熊楠が粘菌をとりあげて論じている、この観察者の相対化という視点は、きわめて革命的な生命システム論に、私たちを導いていくという可能性を秘めているのではないか、と思えてくるのだ。熊楠は、生命プロセスに客観的な観察者なるもの（これは同時に、世俗的であり科学的でもある、物事にたいするなんらかの「偏見」に拘束された知性でもある）の介入しない、未知の生命論を模索していた。彼はそういうものは不可能ではない、と考えていた。しかも、その鍵が、東アジア思想たる仏教の中に隠されてあることを、予感していた。

（2）南方熊楠は、生命にとって、現実と幻想のあいだの違いはない、と考えている。

彼は自分の得たこの生命直観を、仏教の表現をかりて、論理化しようとしている。

「……有罪の人が死に瀕しおると地獄には地獄の衆生が一人生まるると期待する。その人また気力をとり戻すと、地獄の方では今生まれかかった地獄の子が難産で流死しそうだとわめく。いよいよその人死して眷属の人々が哭き出すと、地獄ではまず無事で生まれたといきまく」。この仏教的な世界のイメージでは、この世と地獄が鏡の像のような、対称関係にあるものとして、描かれている。この世で罪を重ねて、死んでのち地獄へ行くべき因縁を重ねてきた人の生命は、この世の中だけで完結するものではなく、死に瀕しては、それは地獄の生命の状態に、反転鏡像のようにして、反映されていく。それはちょうど、この世で灯火がひとつ点けば、あの世で闇がひとつ増える、と描いた『涅槃経』の世界イメージと、同じことをあらわしている。

このイメージを、もっと深く探究してみよう。この世に生きている人間は、人間としての生命システムをもち、そのシステムに特有の感覚器官や幻想力や思考力をもって、自分のまわりに、「現実」をつくりあげている。この「現実」は、時代によっても、また社会によっても変化する。しかし、その変化はあくまでも、人間としての生命システムの条件に拘束されている。ところが、この世の人間と、灯と闇の関係のような、深い「縁」で結ばれた地獄の住人にとっては、同じ世界がまったく違う光景として、とらえられているのである。仏教思想の中では、この世と地獄が、違う空間にあるとは、考えられていない。まったく同じ場所で、この世の人間と地獄の住人は、それぞれがまったく違う世界を見、人間が食事をつくるための火と思っているものが、同じ場所にいる地獄の住人にとっては、恐ろしい業火と見えるのだ。それは、地獄の住人に特有の生命システムによる。この世の人間の生命システムには開かれている、真性に向かう知性の窓が、地獄的生命システムでは、閉ざされているのだ。彼らは、同じ場所、同じ世界にありながらも、そのために違う現実、違う幻想を見ていることになる。

この世の人間のあり方と、地獄の住人のあり方とは、たがいに鏡像のように、つながれている。もっと正確に言うと、この世の人間も、地獄の住人も、それ自体として完結している現象ではなく、より根源的な何ものかが（仏教は、その根源的な「何ものか」のことを、空、真如、心そのもの、連続するもの、などといった、さまざまな名前で表現しようとしてきた）、生命システムの条件に拘束された時にあらわれる、現実であり、幻想であるものとしてとらえられている。つまり、それぞれの生命システムにとっての現実は、幻想と一体であり、また生物が抱く幻想もまた、現実をつくりだすのと同じ生命システムの条件から、つくりだされてくるということになる。生物にとって、現実と幻想の本質的な違いはない。あるいは、こう言ってよければ、現実なるものは、幻想と同じように、ない。

仏教では、こういう思考を極限まで展開してみせた。この世の人間と地獄の住人の間にみいだされた関係が、六道を輪廻する有情（神、阿修羅、人間、餓鬼、動物、地獄）のすべてにわたって、なりたっている様子を、論理をつくし、表現をつくして、描ききろうとしたのだ。灯火と闇の関係は、さらに複雑に、高次元的にとらえられるようになる。現実なるものは、いよいよ多次元（マルチ・ディメンショナル）になり、各生命システムごとの現実に対応した、幻想の構造が、明確にしめされるのだ。

生命にとって、現実と幻想の区別は意味をもたない。これは有情を六つのタイプに大別する、仏教思想の設定する、生命システムの「大構造」について言えるだけではなく、さらに細かいそれぞれの生命種の内部の「小構造」にたいしても、あてはまる。同じ動物に属するミミズと犬は、それぞれの生命システムに拘束された「彼らの現実」をもち、またその現実の構造に規定された「彼らの幻想」をもつことになる。これは、生命をたんに観察者の立場で、有機的システムとしてとらえるいままでの視点からは、理解のできない問題だが、現実的に「生きているもの」にとっては、そのことこそが、もっとも重要な生と死の主題となっている。

（3）生命にとって、内部と外部の区別は意味をもたない。それは客観的な観察者によって「発見された」、ひとつの二次的な現実なのだ。さらに言えば、内部と外部はない。

これは、現実と幻想の違いはない、という視点から、導き出される考え方である。地獄を訪れた生物学者は、そこで人間とよく似た、しかしどことなく荒廃した生物をみいだすことになるだろう。生物学者は、この地獄の住人を、ひとつの主体としてあつかい、からだの表面を境にして、この生物の内部システムを決定する。この生物は過剰に敏感な感覚器官をとおして、外部の世界をとらえている。しかし、このとき、観察者である生物学者と地獄の住人が見ている世界は、あきらかに違う構造をしている。観察者が、主体である地獄の生物の外部だととらえているものが、地獄の住人にとっては、自分の体内に燃える火と同一の業火として、ひとつながりになっているからだ。生物は、みずからの内部をみずから創り出すのと同じに、みずからの外部を、みずからの能力で創出するのだ。言いかえれば、彼らは自己の境界を、自分自身でつくり出していることになる。だから、そうして創出される、内部と外部の境界は、生命システムの外の観察者による観察と、一致しないはずなのである。

生物は、開放的な有機システムとして、外部との間で、インプット／アウトプットをおこなっているわけではない、ということが、ここから導き出されてくる。「輪廻を生きる生物」に、外部はない。彼らにとっての外部は、内部の変形されたものにすぎないのだ。だから、生命システムが外部との間で、情報のインプット／アウトプットをしているように描くことは、観察者のつくった二次的な図式にすぎない、ということになる。

熊楠も熟知していた、仏教の唯識哲学（すべては意識であるという考えに立つ哲学）では、こういう視点が徹底的に探究されている。そこでは、六道を輪廻する有情にとって、客観的な外部というものは考えられず、あると考えるとしたら、それはたんなる「戯論」であると説かれている。この視点に立つと、生命を客観化できる有機的システムとしてとらえる科学的理論など、その「戯論」の最たるもの、ということになるだろう。

（4）南方熊楠の考えでは、常識や科学がとらえている生と死は、生命そのものではなく、生命そのものが頽落して、存在者でできた世界にあらわれた状態をさしているのにすぎないのである。生が灯であり、死が闇であるとしたら、生命そのものとは、同時に灯として瞬き、闇として飲み込む二つのプロセスを一つとして、絶え間なく活動を続ける「何ものか」なのだ。その「何ものか」を、空間的に表象化することはできない。しかしこの「何ものか」である、生命そのものは、生と死の二元論を超えた会域（この会域を、あとで私たちは「マンダラ」としてしめすことになるだろう）で、活動しつづけている。

熊楠は生命の学問をめざすほどの人間には、この「何ものか」にたいする直観力が必要だ、と考えていた。ところが、バイオロジーとなった近代の生命の学問からは、ますますこの直観力は失われつつあった。それどころか、それを考えることを、科学の名のもとに排除する方向に、事態は進んでいた。この「何ものか」が、十九世紀の生気論が描いているような単純で浅いものだとは、熊楠も考えてはいなかった。しかし、現象としての生と死を超えた、生命そのものにみずからを開いていく気構えや姿勢が失われてしまえば、生物学などは、ただの分析者や生命を操作する技術者になってしまうのではないか。偉大な生物学のアマチュアとして、熊楠は生命の学問を、底無しの謎に向かって開いていこうとしたかったのである。

＊＊

熊楠の思想的な資質のバックボーンをなしている、東アジア的な「哲理」が、彼にこのような生命論を着想させていることは、まちがいない。そこで展開されることになる生命論は、西欧の近代に「バイオロジー」として、華々しい発達をとげたものとは、およそ異質なものを生み出すことになるはずだった。彼は、西欧の「バイオロジー」が、博物学の内部から、まるで殻を破って昆虫が脱皮するようにしてあらわれてきた、その革命的な意味を、十分に認識していた。この出発点から、本当の生命の哲学が誕生できるはずだったのである。

しかし、そこで道がふたつに分かれた。「バイオロジー」は、西欧の伝統である主体の概念に強く縛られた、思考の道を突き進んだ。そこからは、必然的にシステムの考え方がでてきた。まわりの環境から自律した主体が、外部とのダイナミックな関係を生きる、という主体中心の考え方からは、生命が自分の内部では動的な平衡システムをつくりあげ、外の環境との間でインプットやアウトプットをおこなっているという、システム論的な生命観が生まれてくるのは、当然のことなのだ。

熊楠は別の道を進もうとした。彼は東アジアの生命思想を尊重したとき、そこからどのような「別の」近代的バイオロジーが生まれ出ることができるか、それを見届けてみたかったのである。そこでは、主体は強調されない。ましてや、思索の中心とはならない。主体は仮に存在するとしても、エッシャーの絵のように、環境世界の中に、メビウスの帯のようにして埋め込まれている。おまけに、そこでは、客観的現実なるものを相対化してみる視点が発達しており、たとえ理性をもった人間が現実と考えるものでさえ、水に映った月の場合のように、それを幻想と区別する根拠や基準など、どこにもありはしないのだ、と言い切ってしまう思想さえ、あらわれてきたのである。そこからは、西欧のようなシステム論の考えは出てこない。ましてや、生命をひとつの自律した主体としてとらえて、それがまわりの環境との間に、ダイナミックな関係をつくりあげるという、生命システムのイメージも湧いてこない。それに仏教の場合には、単純な因果の論理も否定されてしまうから、近代の西欧的な科学がよりどころにしているものは、そこでは、あらかた突き崩されてしまっているのである。

こんな思想世界から、一体どうやって、東アジア思想としての独自性を失わない、近代の生命論などを打ち立てることができるだろうか。それが、熊楠が自分に課した課題だったのだ。その課題に、熊楠はどれほど成功しただろうか。彼は自分の生命思想を、論文や本の形に表現することをしなかった。思索の重要な成果のほとんどが、友人や知人に宛てた書簡の中に、猥談などといっしょに、無造作にばらまかれているだけだ。おまけに、彼はアカデミズムとのつながりを、みずから絶っていた。そのために、彼の思索が、多くの日本人の知性によって共有され、他の人間を巻き込みながら、発展し、深化していくという機会も、得ることはできなかった。すべては、断片と孤立の中に、放置されたまま、それが、世界の「現在」と実りある対話をおこなう機会は、いままでついに訪れたことがなかったのだ。

南方熊楠は、失敗したのか。いや、そうではない、と私は思う。彼がおびただしい断片の中に散布しておいた、思想の種子を育て、そこから未知の生命論を成長させていくことは、けっして不可能な夢ではない。私たちの多くが、まだその記憶を失っていない、生命世界への東アジア的直観を基礎にして、それを西欧的な科学が発達させてきたシステム論的な表現と結合して、西欧でもなければ、東洋でもない、いままでどこにもあらわれたことがないような、深遠な生命論を、その中から生まれ出させることも、夢ではないのだ。そのためには、彼がそれらの断片の中で表現しようとした思想を、徹底した一貫性をもつものとみなして、それを最後の帰結まで、成長させてみることが、必要だ。

それればかりではない。彼の思想は、現代においてけっして孤立してなどいないのだ。現代では、多くの先端的な生物学者が、自分たちを育て、ここまで導いてきた従来のシステム論から、脱皮しようとしている。そのために、彼らは、いま多くの試みにとりくんでいる。そして、興味深いことには、そうした試みの中からあらわれてきたいくつかの考え方は、熊楠が構想していたような生命論との、驚くほどの類似性をしめしているのである。

ここでは、特にひとつだけ、その一例として「オートポイエーシス論」をとりあげることにしよう。オートポイエーシス論が、私たちのテーマにとって興味深いのは、それが多くのニューサイエンス思想の場合のように、あからさまな（時には、まったく表面的な）

東洋思想との連想の中から生まれてきたものではなく、純然たるシステム論の内部から、むしろシステム論を極限的なかたちに徹底させようとする試みとして、出現してきたものであるからだ[注⑫]。それはある意味で、西欧的なるものの、ひとつの極限をあらわしている。西欧的な思考法の極限で、生物学者たちが触れようとしている、生命の世界の姿が、そのような西欧科学の発達の端緒の時期に、別の思索の未知へと踏み込んでいった熊楠の生命論と、驚くほどの共通性をしめしている。これほど大きな現代的な意味をもった出会いが、はたして他にもあるだろうか。

　オートポイエーシス論は、まだ形成の途上にあるが、特徴はすでにはっきりしている。その特徴を、つぎのような四つの点にまとめることができる。

（1）生命システムは自律性（オートノミー）を備えている。システムは自分におこるどのような変化にたいしても、自分自身によって対処できる能力をもっている。

（2）生命システムは、自分の構成素をみずから産出しながら、自己同一性を維持することができる。生命においては、自己組織する能力において、個体性が維持されているのである。

（3）生命システムは、自己の境界を、産出のネットワークの中から、自分自身で決定している。この境界は、観察者が空間の中に見るような（動物の皮膚、眼球の表面、細胞膜などのような）、空間的な境界とは違う。オートポイエーシスとしての生命システムでは、産出関係の中から、自己の境界がつくりだされるが、その境界は空間として表象することができない。

（4）オートポイエーシスとしての生命システムでは、インプット（入力）もアウトプット（出力）もない。神経システムを例にとろう。「神経システムは、感覚器表面において、絶えることなく環境世界からの刺激を受容している。しかし神経システムの作動でおこなわれることは、神経システムの構成素を、産出、再産出するだけであり、システムはそれ自体の同一性を保持するよう、自己内作動を反復するだけである。たとえ感覚器表面に環境世界からの刺激があたえられようと、この刺激に対処するよう神経システムが作動しているわけではない。さらに神経システムの側から見るなら、このシステムの作動をひきおこしている要因が、観察者から見て内的なものであろうと外部に由来するものであろうと、神経システムはこれらを区別しない。神経システムにとって、それが作動する要因は区別されないのであり、作動の要因については、内部も外部もないのである」(注⑬)。

オートポイエーシス論は、こうした結論を、神経組織や眼球の仕組みの、詳細な研究をもとにして、引き出してきた。はじめの二つの基準は、生命を主体としてとらえる、いままでの生命システム論の延長として、見ることができる。つまり、自律性とか個体性という考えを維持することで、オートポイエーシス論は自分が西欧的なシステム思考の内側から出発したものであることを、はっきりとしめしておくのである。ところが、この自律性や個体性の考えを極限まで押し進めた時に、驚くべき結論が導きだされる。それが（3）と（4）の基準だ。

いままでの生命システム論では、環境世界の中にある生命を、観察者の位置から見て、客観的にとらえようとしている。オートポイエーシス論は、それを生命システム自身の側から、とらえようとするのだ。自律性をもち、個体であるという生命システムの条件を、内側から徹底したときに、一体どんなものが見えてくるか。そこでは、境界はあらかじめ観察によって決定することはできない。それよりも、生命システムが環境との境界を、どのようにして自分自身で画定し、創出してくるのか、環境世界との関係をどうやって自分自身の力でつくりだしてくるのか、ということに、オートポイエーシス論は関心をもっているのだ。

ここから、生命システムには、インプットもアウトプットもない、という結論が引き出されてくる。生命は自己の境界を、構成素を産出しながら、自己決定している。しかもこの構成素の産出自体が、生命システム自身によって、自己組織的におこなわれているのである。そうしてつくりだされた「外」は、じつは「内」と見分けがつかないものだ。二つの領域は、メビウスの帯のようにつながっている。だから、生命システムというのは、どこからどこまでも自己言及的で、「外」のないトポロジーとしてつくられている、と言い切ることもできるだろう。

このような生命観は、南方熊楠の生命論をすでに知っている私たちには、むしろなじみの深いものである。仏教的な表現をすれば、熊楠の考えている生物の世界にあっては、六道を輪廻するものたちには、まことの「外」は存在しないのである。世界システム（三千大千世界）にありとある生命は、すべてが自己言及的で、「外」をもたないトポロジーを生きている。それが「輪廻する」ということの意味だ。彼らは、それぞれにあたえられた条件にしたがって、餓鬼は餓鬼、地獄の住人は地獄の住人の自己同一性を維持しながら（それは、強力な幻想の力による。細胞の内部にまで浸透した、強力な幻想なのだ）、自己の境界をつくりだし、みずからの生命システムにとってだけ意味をもつ、外部の世界を産出していく。そこには、インプットもアウトプットもおこっていない。餓鬼は餓鬼システムの同一性を保ち続けるように、構成素を産出したり、再産出しながら、自己内動作を繰り返しおこなうことによって、その世界に留まりつづける。どのような生物も、そうやって、自分の世界を生き続けようとする。オートポイエーシス論がとらえる生命の世界は、まさしく輪廻の別名なのである。

オートポイエーシス論は、観察者の位置を徹底的に排除することによって、西欧思想のすべての産物に潜在している、絶対的な観察者としての「神」を、生命論の中から、排除してしまったのである。そうすると、極限的な考察の果てに、オートポイエーシス論は、仏教のような東アジアの生命思想と、きわめてよく似た構想をいだくことになってしまったのだ。これが、現代というものだ。南方熊楠の思想のもつ、とびきりの現代性の源泉もまた、そこにある。

＊＊

現代のオートポイエーシス論をなかだちにすることによって、私たちは、いよいよ南方熊楠の構想していた生命論の、核心の部分に踏み込んでいけそうな気がする。それは熊楠の表現の中では、あまり強調されることがなく、潜在的なままにとどまっていたいくつかの視点に、明確な論理をあたえてくれる。私たちは、その論理を使って、南方熊楠の「語られなかった部分」に表現をあたえてみようと思う。そうすると、水中に没していた巨鯨のからだが、海面に浮上してくるようにして、私たちの前に、彼の構想していた巨大な生命論の全貌が、いきおいよく浮上してくるように、思われるのだ。

そこで、私たちはここで、熊楠が粘菌の研究を通して得た、観察者の位置を排除して、内在の視点から生命をとらえるという考えに、オートポイエーシス論の強調する生命システムの自律性と個体性の問題意識をドッキングし、その上でさらにその全体を、熊楠が来るべき学問の方法論として構想していた「マンダラの構造体」として、描きだしてみるという試みを、おこなってみようと思うのだ。

生命システムを、ひとつの主体としてとらえるという視点は、西欧の思考法を、根底で規定してきた考えだ。ここから、自律性や個体性についての、問題意識が発生してくる。

そして、それを徹底することによって、オートポイエーシス論は、いままでの主体のイメージを強くもった、生命システム論を、内側からくつがえそうとしているのである。これにたいして、東アジアの生命論は、環境の中に入れ子になった生命システムというイメージを、強調してきた。それぞれの生命体にとっての外部は、生命システム自身が自己創出してくるものなので、自己と環境とは、たがいにメビウスの帯のような関係をもつことになっている。そのために、東アジア的な生命観では、生命システムをひとつの自己として、環境から引き離して、それだけで自律させようとは考えなかったのだ。そこでは、主体の考えは、あまり育たなかった。そのかわり、生命を巨大な全体的連関の中でとらえようとするような思想が、ユニークな展開をした。

こうしてみると、オートポイエーシス論と東アジア的生命論とは、たがいを鏡のように写しだす関係にあるのだ、ということが理解される。そのふたつの鏡像が、いまひとつの共通の像に、収斂していこうとしているのである。現代のオートポイエーシス論は、西欧的な論理を極限まで押し進めることによって、しだいに鏡の表面に近づいてきた。それといっしょに、反対側からも、共生の東アジア的生命論が、彼のほうに歩み寄っているのがわかる。そのときである。東アジアの生命論は、生命が環境の中に埋め込まれながら、自律性をもったひとつの個体として生きている、という事実の重大さにも気がつき、たしか自分の仲間にも、そういうことを強調しながら、生命の全体像を描こうとしていた思想仲間がいたことを、思いだすのである。

それが「マンダラ」なのだ。マンダラを、生命論の強力なモデルとして、考えることができる。また実際に、それは自己と他の生命の本質を考えながら、この世界を豊かに生きるために必要な、実践のための道具として、利用されもしてきたのである。南方熊楠は、このマンダラの思想が、人類の来るべき学問や生き方すべてにとって、きわめて重要な意味をもつことになるだろう、という確信を抱いていた。彼は、マンダラの中に、西と東をつなぐ「ちょうつがい」が隠されていることを、発見していたのである。それは、マンダラが、生命が個体であり、自律体であるという視点と、それが環境の中に多次元的に埋め込まれてあるという視点を、総合できる力をもっているからだ。またそれは、科学的な認識と、存在の真性（まこと）に接近していこうとする哲学的な思惟とを、対立させることなく、おたがいの間に、実り豊かな対話の状態をつくりだしていくための、現実的な条件をつくりだそうともしている。

だから、それは「ちょうつがい」となって、歴史を未来に開いていくことができるのである。西と東の「壁」を崩壊させて、世界を一元化していくことが、豊かな未来を開く道なのではない。それよりも重要なのは、いたる所にたくさんの「ちょうつがい」を発見し、異質なもの同士が、自分の独自性を保ったまま、おたがいの間に真の対話がつくりだされていくことだ。私たちは、ここで、そういう熊楠の思想に忠実に、マンダラの可能性を開くという作業をはじめてみようと思うのだ。手はじめとして、マンダラを生命論化する試みに取り組むことにしよう。注⑭もちろん、私たちはそれをとおして、熊楠のいだいていた生命論に、さらに明確な輪郭をあたえてみようと、もくろんでいる。

（1）マンダラには、ふたつの種類がある。ひとつはニルヴァーナ・マンダラであり、もうひとつはサンサーラ・マンダラと呼ばれている。ひとつはニルヴァーナ・マンダラは、私たちやこの地球上に生息している、すべての生命が触れることのできない、絶対的な「外」を開き、あらわすマンダラだ。ここには、生命ということすら存在していない。当然のことながら、そこには死もない。ニルヴァーナ・マンダラに「集合」している力は、いかなる意味でも境界をつくりだすことがない。境界がないから、そこには内部も外部もない。そのため、ニルヴァーナ・マンダラには、自己もなければ、世界もないのだ。

熊楠は、大日如来を、そういうニルヴァーナ・マンダラとして描いている。彼は、大日如来の大不思議は、人智ではとらえることが不可能だと語っているが、実際にそれは、いかなる生命システムによっても、触れられることが不可能な、絶対的な「外」をしめしていることになる。オートポイエーシス論に結晶化された、西欧的な生命論では、生命システムにとっては絶対的な「外」がない、あるいは不可能であるという点が強調されるが、面白いことに、仏教のようなアジア思想では、サンサーラ（輪廻）にあるすべての生命システムには、そのシステムの絶対的な「外」であるニルヴァーナ・マンダラに触れることができないと断定しながら、同時に、生命システムにはそのような「外」に向かって、自己を開いていく可能性が閉ざされてはおらず、特に、人間として実現されている生命システムにはそのような「開け」が、つねに可能性としてあたえられ、「開け」に向かったそういう「道」を歩んでいくことが、生命システムに豊かさをもたらす、と語られている。

ところがこのニルヴァーナ・マンダラは、生物的生命の中に「堕ち込んだ」瞬間から、サンサーラ・マンダラに変貌する。哺乳類ならば、母親の胎内で受精がおこった瞬間からサンサーラ・マンダラの活動がはじまるのである。このマンダラの土台になるものは、アーラヤ識と呼ばれている。それは、生命システムの意志と表現することもできる。そこには、自己というものを形成し、その自己を維持しようとする、強力な意志が内蔵されているのだ。アーラヤ識は、みずからに内蔵された潜勢力によって、自己の形成をはじめる。自己の境界が、これまたアーラヤ識みずからの力によって、つくりだされてくる。それと同時に生命システムにとっての外部が、生まれてくる。しかし、この外部は生命システムに内蔵されてあるアーラヤ識の自己組織活動によって、かたちづくられてきたものであるから、いわば「幻影」として、つくられている。だから、生命には、本当の「外」はないのである。

こうして、生命システムは、自己を中心にしながら（この「自己」は空間化されない、トポロジカルな点のようなもので、仏教では「種子」と表現されてきた）、自己と世界をつくっていくマンダラ（サンサーラ・マンダラ）としての活動をはじめるのだ。この生命体のマンダラは、本質的にはニルヴァーナ・マンダラと同一である。大日如来というニルヴァーナ・マンダラが、生命体の中で、生命体をとおして、絶え間なく活動しているのである。だが生命システムは、自己をつくりだす意志をもたず、境界をもつくりださないニルヴァーナ・マンダラが、自分の本質をなしていることが、まったく見えない。アーラヤ識の「雲」が、その認識をはばんでいるからだ。こうして、輪廻にある生命システムは、内部と外部がメビウスの帯状につながった、絶対的な「外」に触れることができないサイクルの中を、生きることになるのである。

（2）マンダラという言葉は、ひとつには「本質をあつめたもの」という意味をもっている。この言葉は生命体であるサンサーラ・マンダラでは、あらゆるものが、本質的な関連のもとにある、という意味をもつことになる。空間の中にあらわれて、おたがいの連関を失ってしまった状態ではなく、生命システムをかたちづくるすべてのものが、本質的なつながりのもとにある状態が、マンダラなのだ。そうなると、マンダラは空間化されているものの秩序を示しているというよりも、生命システムの内部空間にあって、全体の活動を統一しているトポロジーのことを言っているのだ、ということがわかってくる。この考えをつきつめていくと、生命の本質を考えるためには、生物のからだとして空間の中に実現されているものを、いくら客観的に研究してみても無駄なのであり、オートポイエーシス論のマトゥラーナやヴァレラが考えるように、それはまず空間的な直観がとらえることのできない、ひとつのトポロジーとして探究してみなければならなくなるはずだ。「マンダラには大きさがない。宇宙大であることができると同時に、原子のように小さくもなれる」と仏教が語っていることは、このことに関係をもっている。

ところが、マンダラにはもうひとつ、中心と周縁という意味がある。これは空間的な中心／周縁という意味はもっていない。生命論化されたマンダラでは、それはむしろ生物の個体性にかかわっている。サンサーラ・マンダラは自己とその維持への意志を内蔵した、アーラヤ識を土台にしている。生命体は自己に執着している。そのために、それは自己の境界をつくりだそうとする。中心と周縁をもったトポロジーとしてのマンダラは、生命体におけるこの事態を表現しようとしているのだ。

（3）このように考えることによって、私たちは生命システムがもつ自律性の、マンダラ論的な本質に近づいていくことができるのだ。生命は自己創出の欲望を内蔵していることによって、個体性を維持しようとしている。それが生命がマンダラであることの、ひとつの意味だった。ところが、その個体性の根源において、マンダラである生命システムは「本質をあつめたもの」でもなければならないのである。生命はどのような変化にたいしても、自分自身で対処することができる。つまり自律性をもっている。その生命システムの自律性は、どこからやってくるのか。それは、生命体をかたちづくっているあらゆるものが、本質的なつながりをもっている「マンダラ」の状態から、もたらされる。生命のようなサンサーラ・マンダラにあるものは、おたがいにばらばらで、外側からの力によって非本質的に結びあわされているのではなく、みずからの能力によって、おたがいの間に本質的な連関をつくりあげている。生命にそんなことが可能なのは、サンサーラ・マンダラが、自分の真実であるニルヴァーナ・マンダラと、つねに一体の活動をおこなっているためなのである。そのために、個体性は、容易には破壊されないようになっている。生命システムがマンダラであることによって、はじめてそれは個体性を維持し、破壊をまぬがれていることができる。この意味でも、生命は慈悲と愛に守られているのだ。しかし、生命体を守っている慈悲と愛は、ニルヴァーナ・マンダラに根源をもっている。とすると、生命が直観している慈悲と愛とは、本来、境界をもたない、無限なのだということが、わかってくる。

(4)このようなマンダラとしてつくられている生命の本質をとらえるのに、因果論は不完全である。マンダラとしての生命システムは、全体がおたがいに本質的なつながりをもって、活動している。だから、そこにおこるどんなことも、他と多次元的なつながりをもってしまっている。ひとつの出来事は、重層的な変化を生み出していく。またどんな変化も、複数の出来事を巻き込みながら、進行していく。つまり、物事は因果ではなく、縁によって、かたちづくられていく。こういう変化が、マンダラの全域でたえまなくおこっているのだ。それによって、生命は、つねに「途上」にあることができるわけだけれど、そのたえまない変化と生成は、つねに複雑なネットワークをなすマンダラの全体構造を巻き込みながら、おこなわれている。もしも、そういう全体的なプロセスを、因果論によって理解できたと思っても、それは残念ながらひとつの理論的なフィクションでしかないのだ。マンダラにおこることを、決定することは、誰にもできない。神にさえ、それはできない相談だ。

同じことは、生物の内部と外部の関係についても言える。近代の科学的な生物学は、生物をインプットとアウトプットの関係として、とらえようとしてきた。そして、外側からの情報のインプットが、生物の行動のどのようなアウトプットとしてあらわれてくるかを、因果論的に決定しようとしてきたのである。ところが、オートポイエーシス論とマンダラ論が教えるように、生物にとっての外部は、その内部とメビウスの帯のようにして、ひとつながりになっている。したがって、生物が自己の境界の外につくりだす世界もまた、つねに縁によって、動き、変化していることになる。いずれにしても、因果による推論は、生命にとっては不完全なものでしかない。

（5）マンダラはまた「幻影のネットワーク」とも呼ばれる。これは、生命システムの本質をよくあらわした表現だ。マンダラでは、すべてのものが、本質的な出会いをとげ、本質的なつながりをもっている。オートポイエーシスとしての生命システムの本質は、このようなマンダラの構造をなしている。ところが、輪廻にある生物は、そのようなマンダラ構造から、自己をみずからによって創出し、今度はそれに執着するあまり、自己維持の欲望につきうごかされることになるのだ。生物が発生した瞬間から、この意志の活動ははじまり、アーラヤ識の土台の上に、それぞれの生命システムにふさわしい「幻影」の世界が、つくりだされてくるようになる。そこでは、自己も幻影のようにつくられているし、その自己とメビウスの帯状に一体である外の世界もまた、幻影としてつくりだされる。だから、生命システムとしてのマンダラを、「幻影のネットワーク」と呼ぶのだ。

(6)マンダラはスケールを異にする、たくさんの層をなすような重層構造をもっている。これを、生命の立場で見てみると、個体のレヴェルでは、ひとつの生命体は、ひとつのマンダラをなしている。しかし、生物の身体構造のさらに小さなレヴェルに、目を転ずると、そこにも、私たちは無数のマンダラ構造体を、みいだすことになるのである。人間の生命システムを例にとってみると、心臓の近くの神経組織の焦点には、穏やかな波動をもったひとつのマンダラが、静かに生命体の活動を統一し、維持しているのが、みいだされる。これにたいして、大脳を中心にして、破壊的なより抽象的な波動を発する、別の種類のマンダラ構造体が、存在している。静寂と破壊のふたつのマンダラは、たがいに神経組織によって連結されている。心臓の近くにある静寂のマンダラは、ニューロン組織をとおして大脳に移されると、そこで破壊的、抽象的なリゾーム・マンダラに、変換されるのである。

さらにスケールを小さくしていこう。私たちは、そこにも、いたるところにマンダラ構造体が活動しているのを、見つけ出すことができるのだ。細胞のひとつひとつが、マンダラとして、全体的な活動をおこなっている。そして、それらの小さなマンダラは、たがいに連結されて、その全体が、より高いレヴェルのマンダラによって、統一をあたえられている。生命システムが複雑になればなるほど、マンダラの重層構造は複雑になっていく。しかし、そのすべてのレヴェルで、「本質を集めたもの」であり「自律性をそなえたもの」としての、マンダラの特徴は変わることがない。しかも、それら無数のサンサーラ・マンダラは、本質においては自己の幻想にとらわれず、境界もつくりださない、ニルヴァーナ・マンダラと同一なのである。仏数思想が、生命体は、もともと悟ったもの、本来ブッダであるものと説くのは、このためなのである。

胎蔵部・曼荼羅図

生命は、自分がマンダラの本質をもっていることを知ることによって、落ちつきとやすらぎをみいだすことができる。そのときには、自己と世界のすべてが、あるトポロジカルな「会域」において、本質的なつながりを再発見するようになるからだ。物事の真実の姿が、そこにあらわれてくる。輪廻にある生命は、自分がサンサーラ・マンダラとしてつくられており、それはニルヴァーナ・マンダラと同一のものでありながら、同時に「堕ち込んだもの」でもあることを知ることによって、はじめて自由を得ることができる、と東アジアの思想は語る。生物学におけるオートポイエーシス論が、押し開こうとしているものも、生命にとっての自由の意味をあきらかにする、新しい認識の空間なのだ。

秘密儀としての森

南方熊楠は、このようなマンダラを、粘菌の活動の中にみいだしていたのである。恵まれた環境が訪れたことを察知した粘菌は、胞子を食い破り、アメーバ状の動物となって、外にあらわれ出る。粘菌の生命活動の土台である、彼のアーラヤ識に内蔵されていた、自己創出への意志が、アメーバの中で、むくむくと起き上がってくる。粘菌は自他の境界をつくりだし、彼の「外部」から、バクテリアを捕獲し、自分の体内に取り入れて、食べ殺し、そうやって自己を維持していこうと欲望するのだ。これを効果的におこなうために、アメーバはたがいに信号を送りあって、しだいに集合し、大きな変形体（プラスモディウム）をつくりだす。生命活動の「灯」は、いよいよ明るく、アーラヤ識からは、ますます強力な自己への意志力が、立ち上がってくる。

マンダラとしての生命は、このとき彼の本質をなすニルヴァーナ・マンダラから、もっとも遠く、かつもっとも近くにある。もっとも遠いというのは、この活発な動物的な生命活動によって、アーラヤ識の雲はますます厚く、ニルヴァーナ・マンダラの上に覆い被さり、ますます深く輪廻の中に巻き込まれていくことになるからである。もっとも近くにあるというのは、生命体の中にいよいよ明るく、ますます力強く立ち上がってくる、この自己への意志力こそ、ニルヴァーナ・マンダラそのものである大日如来の英知の力の、サンサーラ・マンダラへの変換にほかならず、それによって生命は、真実の認識にもっとも近い地点にまで、接近することができるからなのだ。

動物的な生命は、こうして、マンダラの本質からもっとも遠くにあるようなやり方で、もっとも近くに立つことができる。そういう可能性が、植物的な生命の中から、ここには立ちあらわれてきているのだ。しかも粘菌にあっては、そのとき、マンダラとしての生命システムの本質は、「まるで死物も同然の、痰のような流動体」の内部空間に隠されて、外からは、そんなことがおこなわれているとも、見えないのである。これが植物ならば、生命機能は外側の構造として、空間化されて、目にも見えるものとして、あらわれてくる。そのために、粘菌が色あざやかな子実体を形成してみせれば、人々はそこにまぎれもない生命活動のしるしを、みいだそうとするだろう。しかし、そのときには、実際には、粘菌は確実に死に接近していこうとしている。

粘菌にあっては、マンダラが活発に活動すればするほど、それは生物の内部空間の中に深く隠されていき、外側にあらわれる表現が美しく、明確なものになればなるほど、生命システムの本質は、静止に向かおうとしている。なんと、密教的な生物ではないか。ふつうの動物では、こうはいかない。自己維持への欲望は、あからさまな欲望として、行動の表面にあらわれてくる。動物は自分の内部に秘められている「秘密」を、あまりにも安易なかたちで、表象に移してしまうことによって、たえず神聖を冒瀆している。ところが、粘菌は、世にもエレガントな生物として、「秘密」をまさに「秘密」にふさわしく、とりあつかおうとする奥ゆかしさを備えている。マンダラがそこにある。しかし、人々はそれに気がつかない。マンダラはとるにたらない「痰」のような姿をまとって、この世にあらわれ、生と死をめぐる凡庸な常識にとらわれて生きる生物に、警告を与えようとしているのだ。美しいものだけが、真実なのではない。真実は、しばしば、もっともとるにたらないものの姿をまとって、この世に出現する。粘菌のライフスタイルのしめす、この聖者風のユーモアに、熊楠はこよない親近感を抱いていたのである。

このようなものの見方ができるためには、生命をその内側から見るという、認識の離れ業ができなくてはならない。たんなる観察者の立場にとどまっているかぎり、マンダラとしての生命システムの本質は、ついに理解することはできないだろう。生命システムを外側から記録し、計量し、分析する観察者は、生命のプロセスについての二次的なフィクションをつくることによって、それを認識したと信じているが、熊楠の考えでは、それはたんなる「戯論」にすぎない。マンダラに「入る」ことができなければならない。存在と生命の秘密をにぎるマンダラに、みずから入っていくのだ。南方熊楠は、あるときから、そのようなマンダラに入壇したのである。誰が、彼の導師をつとめたのか。粘菌と森が、彼をして、生命の秘密をにぎるマンダラの中心部へと、導いていった。そのイニシエーションの儀礼は、どこでおこなわれたのか。鬱蒼と生い茂る熊野の森。そこで、熊楠は生と死の向こう側にある、マンダラとしての生命の本質を見たのである。

＊＊

森は、その中に踏み込んだ人間に、容易に観察者の立場に立つことを、許さない。森の全体を観察しようと思ったら、小高い山にでも登り、木々の高さをこえでて、あたり一面を眺望できる場所に立つことをしなければならないだろう。観察者は、こうして、森の全体像を手に入れることができる。ここから彼は、森の一般理論などを、考えだすかも知れない。しかし、そのとき、もはや森の中にいない観察者は、小さな谷の襞や、山の上からは見分けることもできないほどちっぽけな小川の中でおこっている、不思議に満ちた生命の世界を知ることができなくなっている。彼は、ますます一般理論にむかっていくだろう。だが、生命の真実は、鳥瞰する者にはけっして見ることのできない、微細な襞や谷や湾曲部の中に、隠されていってしまう。

そこで、彼はふたたび山を降りて、森に入っていくことに決める。おびただしい木々が彼を覆う。前方の見通しさえ、なかなか開かれてこない。道はまがりくねり、突然水しぶきをあげる滝が、眼前に出現する。動物が、木々の陰から、こちらをうかがっている気配がする。さて、この森の中で、どこから観察をはじめるか。森の中からでは、鳥瞰はできない。したがって、森の全体を、ひとつの像としてとらえることは、放棄しなければならない。それに、彼が動けば、動物はかすかな足音を立てて去り、足の下では、未知の植物が、彼によって踏みしだかれていく。ここでは、観察者は自分もまた、森の一員として、その大きな全体の中に、深く巻き込まれてしまっていることに、気づかざるを得なくなるのだ。注⑮

そのときである。彼の中に何かの決定的な変化がおこるのだ。観察の行為が、彼の中で意味を変化させていく。彼は森を内側から生き、呼吸するようになる。彼は周囲にひろがる生命の世界を、自分から分離してしまうことができないことを、知るようになる。ほの暗い森の奥にどんな世界が秘められているのか、彼には知ることもできないが、その闇の中に隠されてあるものもまた森であり、彼自身もまた森の一部なのだから、それはもはや分離された外部などではなく、森の奥に隠されたものと彼の生命は、いまやひとつながりになっていることが、深く自覚されるようになる。このとき、森は自分の本質を、観察者の立場を放棄した彼の前に、おもむろに開くのだ。イニシエーションがはじまる。なんという爽快。なんという深さ。マンダラとしての、オートポイエーシスとしての生命だけが知ることのできる、神秘の体験だ。

三年余の長きにわたって、那智の森の中に生きた南方熊楠は、そのようにして、森の秘儀に立ち入ることを、許された。森の中で得たその感覚と認識を、彼は秘密儀（ミステリー）と呼んでいる。神社の森にからめながら、彼はそれについて、つぎのように書いている。

プラトンは、ちょっとしたギリシアの母を犯したり、妹を強姦したり、ガニメデスの肛門を掘ったり、アフロジテに夜這いしたり、そんな卑猥な伝話ある諸神を、心底から崇《あが》めし人にあらず。しかれども、秘密儀 mystery を讃して秘密儀なるかな、秘密儀なるかな、といえり。秘密とてむりに物をかくすということにあらざるべく、すなわち何の教にも顕密の二事ありて、言語文章論議もて言いあらわし伝え化し得ぬところを、在来の威儀によって不言不筆、たちまちにして頭から足の底まで感化忘るる能わざらしむるものをいいしなるべし。小山健三氏かつて、もっとも精神を爽快ならしむるものは、今日休暇日に古神社に詣り社殿の前に立つにあり、といえりと聞く。かくのごときは、今日合祀後の南無帰命稲荷祇園金毘羅大明権現というような、混雑錯操《さくそう》せる、大入りで半札《はんふだ》をも出さにゃならぬようにぎっしりつまり、樹林も清泉もなく、落葉飛花見たくてもなく、掃除のために土は乾き切り、ペンキで白塗りの鳥居や、セメントで砥石を堅めた手水鉢多き俗神社に望むべきにあらざるなり。

（松村任三宛書簡、本書422頁）

熊楠はこの文章を、日本の伝統的な神社の森にからめて書いているが、ここに書かれていることは、人間の不必要な管理の手の入っていない自然の森については、さらに真実である。そこに深く踏み込んだ人間に、爽快と秘密儀（ミステリー）の感覚をあたえる森の特徴として、熊楠はここで、作為がないということと、自発的（スポンテニアス）であることという、ふたつの条件をあげている。

作為がない、自然のままであるということを、彼は「混雑錯操せる」ものと区別している。これは、自然森が単純であるということを、意味しない。自然森は、人間がつくりだすどのような作物よりも、複雑な構成をもっているからである。森は、カオスなのだ。もっと正確に言うと、それは秩序をもったカオスだ。カオスと「混雑錯操したもの」とは、違う。「混雑錯操したもの」は、おたがいの間に本質的なつながりをもたないもの同士を無理やりにくっつけてできあがったものだから、そこには全体性が存在することができない。全体性がある場合、ひとつの構成素におこった変化は、複雑な「縁」のネットワークをとおして、他の構成素に波及し、ついには全体の変化を、引き起こしていくだろう。ところが「混雑錯操したもの」では、それがおこらない。歴史的、伝統的、意味的に、真の連関をもたないものを、無理にくっつけても、構成素同士の間で、対話の状態がはじまらないのだ。それに、「混雑錯操したもの」は、分析を深めていくと、すぐに単純なものにたどり着いてしまう。表面的には、謎をはらんでいるように見えて、実際にはすぐに謎の深みを失って、単純な実体をあらわにしてしまう。そのために、それはいたずらに混乱した印象を与えはしても、秘密儀の感覚をもたらすことはありえないのだ。

ところが、秩序をもったカオスの場合には、どんな微小部分の変化も、全体とのつながりをたもっているのだ。カオスの中では、いたるところで複雑な動きがおこっているが、どの動きや変化も、「縁」の関係をとおして、他の部分に影響をおよぼし、ついにはそれは全体の変化につながっていく。そして、全体の動きが、今度は微小部分の変化を、決定していく。ここでは、全体と部分は「自己言及的」な関係をもっているのだ。そのために、どんなに複雑な変化や乱れや動きであっても、そこにはなんらかの秩序が存在している。つまり、でたらめではない。その秩序は複雑すぎて、表現するのは不可能に近い。しかし、秩序をもったカオスでは、構成素同士はたがいの間に、たえず対話の状態をたもっているために、そこには全域にわたって、何かの「同意」が実現されている。

そればかりか、秩序をもったカオスでは、どこまで進んでも、単純でのっぺらぼうな地層に、たどり着いてしまうことがない。ひとつの謎を開くと、さらに深いレヴェルから、また新たな謎が出現してくる。どこまで行っても、そこには理解が足を着けるべき、足場がないのだ。足場がないから、これが根拠だと言って、しめすものもない。ギリシャ語の「カオス」の古い意味では、それは足場をもたないもの、底無しのもの、という意味があたえられていた。カオスがしばしば知性に恐怖をかきたててきたのは、それがたんなる混乱をあらわしているからではなかったのだ。カオスは足場をあたえない。奥の方にあるはずの底が見えない。そのことが、カオスへの恐れを生んできた。

自然森は、あきらかに秩序をもったカオスとしての特徴をそなえている。自然森には、たくさんの種類の植物が、動物とともに、共生しあっている。特に、熊楠が歩いた熊野の原生林は、熱帯や亜熱帯のジャングルと同じ植物生態系をもっている。ここでは、広い範囲を単一の植物種が占領しつくすことがない。同じ種類の植物は、たがいに離れて、生存しあっている。隣にいるのは、別の種類の植物だ。そのために、一カ所におこった変化は、群れの中で平準化されてしまうことがなく、その特異性をたもったまま、複雑な植物間ネットワークをとおして、全体の個体におよんでいくことになる。それぞれの植物は単独にふるまい、そのふるまいは、同一種の群れの論理からではなく、森全体を貫く大きな「ロゴス」によって、拘束されている。自然森の美しさは、秩序をもったカオスに特有の美なのだ。

自然森に「秘密儀」の感覚を醸しだしている、もうひとつの原因は、そこが自発性（スポンテニアス）の空間としてつくられていることにある。自然森は、大地に落ちたわずかな数の植物の種から、成長をとげてきた。しだいにそれは厚みを増し、植物の種類を増加させることによって、複雑さを増大させてきた。その成長のすべてが、大筋では、自然の自発性にゆだねられてきたのだ。火災や災害に見舞われても、森はふたたび、みずからの自発性にしたがって、その全体の補修にとりかかろうとした。そのために、自然森に生きる植物のすべてが、ひとつの「森の意志」に貫かれながら、たがいの間に本質的なつながりをたもち続けているように、感じさせるのだ。ここは、生命のひとつの「会域」なのである。ひとつひとつの生命が、みずからの生命システムとしての本質に立ち帰って、この「会域」に集合し、たがいに対話を実現している。

だから、自然森をマンダラと呼ぶことが、可能なのだ。森の中のどこが中心で、どこが周縁なのかは、問題にならない。ここでも、空間化された森が、問題ではないのだ。そこに生きるすべてのものが、本質的なつながりをもって集合し、それぞれの個体が自発性にしたがって生活しながらも（あるいは、自発的であることによって）、全体にはロゴスの活動が貫かれている。森の中の、どんな小さな場所でも、生命活動が営まれ、そのすべてが「縁」によって、結ばれている。森というマンダラの全域を、「縁」のネットワークが覆い、それによって、自己への意志につきうごかされて生命活動をおこなう生き物たちすべてが、「森の倫理（エチカ・フォルムス）」にしたがって、生きるようになる。オートポイエーシス論は、森の中で、倫理への可能性を発見するだろう。ひとつひとつがマンダラである生命システムの、生きた集合体である森は、そこにより高度なもうひとつのマンダラを産出する。この自然森マンダラにおいて、生命システムにとっての倫理の問題が、はじめて明確な表現を得るのだ。カオスに根拠をもつ倫理。これは、まことに東アジア的な主題である。

そのような森だからこそ、熊楠はそこを「秘密儀」の場と呼んだのだ。森に踏み込み、森を深く生きることができるようになったとき、人はそこに、生命にとって本質的である「何ものか」が、立ちあらわれてくるのを、全身で知る。森の深さが増せば増すほど、今度は逆に、その奥のほうから、明るい何かが、みずからを開きながら、こちらに向かってくるのがわかるのだ。それを自然（ピュシス）の玄旨と呼んでもいいし、森の秘密儀と言ってもいい。しかし、「頭から足の底まで」全身を巻き込む、この秘密儀の体験にたいしては、どのような表象を立てることも不可能だ。表象化とは、自分の「外」に何かを立てることだ。それならば、秘密儀の表象化を企てるものは、森の外へ出るしかない。すると、たちまち直接性は失われる。森の奥から、こちらに向かってみずからを開いてきた、あの明るい光は、凍りつき、ふたたびみずからを閉ざしてしまう。

だから、森にあっては顕教は不可能なのだ。顕教は、いわば思想の顕花植物だ。それは自分の内部空間に秘められてあるものを、言葉を使って表象化し、概念の運動にゆだねながら、それを表面にあらわれ出させようとする。だが、このやり方は、実用とアカデミズムの世界には役立っても、森の深さを生きようとするものの体験には、ふさわしくない。ここには、隠花植物のやり方、密教のやり方こそが、ふさわしい。生命の奥底から、明るさにあふれた何ものかが、人間に向かって、みずからを開こうとしている。そこに踏み込んでいくことだけが、思惟という言葉にふさわしい、深々とした人間の行為なのではないだろうか。深い那智の森の中で、隠花植物の採集にふける熊楠の姿には、ほんとうにものを考えるとは何かという問いへの答えが、あざやかに象徴されている。

南方熊楠から、このような森を奪うことはできないだろう。森こそが、彼にとっての実存の場所であるからだ。森の樹木に包まれて、生命の秘密儀に向かって自分を開いているときにだけ、熊楠は実存の輝きを体験することができたのだ。もしも、このような森が人間の力によって破壊されようとしたならば、熊楠は自分の生命を賭けてでも、それと闘うことになるだろう。そして、それは、現実におこったことなのである。

森は闘争する

もちろん、自然の森に踏み込んだときに、深い神秘の感情をおぼえるというのは、なにも南方熊楠だけに特殊な感覚ではない。多くの日本人が、熊楠と同じような感情を、味わってきたし、いまも感じつづけている。森の樹木に囲まれてあるときの爽快感、心の落ちつき、自由な感覚、神秘感などについて語るときの熊楠は、むしろ日本人の伝統的な森林観を語っているにすぎないとさえ、言えるだろう。

じっさい、自然の森が、日本人の自然感覚と宗教思想の形成にとって、きわめて重要な働きをしてきたことは、よく知られている。特にそれは、神社の聖域に守られた、鬱蒼たる森の存在をとおして、日本人の宗教的な意識に、絶大な影響をおよぼしてきたのである。神社というものが、古い日本語では、神のヤシロとか、神のモリとか呼ばれていたことにも、それはよくしめされている。ヤシロというのは、儀礼を執りおこなうために、仮にしつらえられた（屋代）設備のことをさしている。つまり、それはいま見るような社殿ではなく、祭にあたって神を迎えるための聖所だったのである。そして、その儀礼がおこなわれる場所こそ、神のモリだった。モリは言うまでもなく樹木の森のことをさしている。こんもりと盛り上がった樹木の群落こそ、神々の鎮まるにふさわしい空間なのであり、もっと言えば、神社自体がもともとは、神の鎮まる森そのものを、さしていたのである。

だから、神社には社殿をつくる必要がなかった。こんもりと鎮まりかえる森があり、その森の中に、儀礼をおこなうための空き地がありさえすれば（そこにヤシロがつくられる）、古代の日本人にはそれでよかったのである。日本人の宗教感覚のこういう側面を、ここではかりに原神道と名づけることにしよう。原神道は、森の宗教だった。これは実存的な意味をもっている。つまり、森が神聖だと考えられたから、そこに宗教感情がかたちづくられてきたのではなく、人が森に踏み込んだときにおぼえる「秘密儀」の感情がベースになって、その感情にフォルムをあたえるものとして、宗教が形成されるようになったのだ。

それは熊楠の言う「秘密儀」をもとにした、自然密教的な宗教だった。そのために、原神道ではもともとは、神は表象される必要がなかった、あるいは表象化を避けるべきものとされていたのだ。神々には、ただ名前だけがあたえられれば、それで十分だったのであり、その名前が、何かの権力をバックにして、「神々の体系」などに組織されてはならないものだった。神話でさえ、そこでは二次的なものでしかなかった。原神道の神は、つねに表象の向こう側にあった。人はそれを、ただ全身で生きることによってのみ、「知る」ことができるものであり、その実存の体験の「外」に、表象を立ててしまえば、たちまちにしてその神は消え失せてしまうような性格のものだったのである。

神々が森に住んでいるのではなく、森そのものが神だったのである。森は原神道にとっては、神聖なるカオスとして、神が生まれるトポスだった。古い日本人は、この森の体験をベースにして、それをきわめて自然な形態の宗教にまで、洗練したのである。つまり、森の中から、彼らは秘密儀の体験と倫理の根拠をつかみだすことに、成功したのである。

森の中では、あらゆるものが自然成長の状態に、置かれている。土や水や火や空気は、渦巻きや乱れの動きの中から、複雑に変化するすばらしい地形をつくりだしてきた。そこには、無数の生命が営まれ、それぞれの生命は自己への意志に導かれながら、自発性をもって成長してきたもの同士を、おたがいが自己調節しあいつつ、秩序をもったカオスとしての森を、つくりだしてきたのだ。原神道は、その森に自分たちの倫理思想の原型を、みいだしてきた。あらゆるものが本質的なつながりをとりもどしているように感じられる、この森というマンダラの中に、日本人は人間の社会が学ぶべき、ひとつの「ロゴス」を発見したのだ。

森の中で、あらゆる生命は、自己の欲望にすなおに生きている。生命たちの、自然で自発性にあふれた活動に手を加えたり、切り整えたり、抑えたり、統制を加えたりする外からの力は、自然の森の中には一切およんでいない。局所的な闘いは、いろいろなところで発生している。ところが、それはめったなことでは破局にいたらない。ここでは、ひとつひとつの生命が、自己にすなおでありながら、おたがいの間にすがすがしい倫理の関係が築かれているように、感じられるのだ。私たちは、それを、オートポイエーシス・システムがみずからの全体秩序を、自己組織的につくりだして来ているからだ、と表現することもできるし、あるいはまた、自然森はマンダラのトポロジーを母型（マトリックス）として、つくりだされているので、この神聖なカオス（カオスモス?）の全域にわたって、ある深遠なるロゴスが貫かれているからだ、と語ることもできるだろう。いずれにしても、森は神聖だ。原神道を生きていた日本人は、森に秘密儀と倫理の源泉をみいだしてきた。

森が彼らの宗教だ。神社に森があるのではなく、古くは、森こそが神社だったと言われるのは、そのためなのである。

　この感覚は、日本人の中に一貫して流れている。そのために、神社の森や自然森に入って、そこにたたずむことのできた人の多くが、解き放たれた、自由の感情をおぼえることになるのだ。人間の世界でごちゃごちゃと混乱した感情と思考が、森の中に踏み込んだとたん、すっと雲が晴れていくように、浄化されていくのがわかる。カオスには「混雑錯操せるもの」を、浄化していく力が宿っているのだ。自然の森は、人為でできた社会と歴史を動かしている力の影響を受けない。日本人は、そのような森を聖域として護ることによって、真性に出会える場所を、手つかずの空域として、この世の中に残しておこうとしてきたのである。森は日本人にとっての、もっとも重要な「公界」だったわけだ。[注⑯]

　だから、中世になって、こうした原神道の思想が、仏教とくに密教と深い結びつきをつくりだし、神仏習合と呼ばれる宗教形態が成長してきた理由も、十分に納得がゆくのである。この動きは、中世の伊勢神宮外宮の神官たちを、中心にしてはじまった。彼らは、自分たちが伝承してきた神道の思想を、密教のマンダラの理論などを使って、理論化するという試みに着手した。このころには、土着の宗教と外来の宗教は、しだいに融合しつつ、ジャパナイゼーションが静かに進行しつつあったから、彼らの「理論」はそれなりの影響力をもつようになった。こうして、土着の神々は、密教のマンダラの構造にしたがって、組織されるようになった。神と仏は、本来同体なのだ、という教えが広まりはじめた。民衆の間では、もともと神と仏の区別など、あいまいなものであっただけに、この神仏習合の動きは、急速に広まっていくことができたのである。

しかし、そういう現象面のことはさておき、宗教思想の内部にまで立ち入って検討を加えてみるとき、そこでおこった習合現象には、じつに深いレゾン・デートルがあるのだ、ということがわかってくる。原神道は、森に踏み込んだときの、実存的体験をひとつのベースにして、かたちづくられてきた。森は深い秘密儀（ミステリー）の感覚と、倫理性のモデルを、原神道の日本人にあたえてきたのである。森の中で、彼らは、そこにあるもののすべてが、自然であり、自発的であり、すべてがおたがいの本質的なつながりをたもっている「会域」となっている、という直観にみたされていた。そのために、原神道思想は、たとえ仏教によるマンダラ論を知らなかったとしても、潜在的にはすでに、根源的なマンダラ思想を生きていたことになるのだ。真言密教をとおして、日本人が知ることになったマンダラ論だけが、マンダラ思想ではないのだ。たしかにそれは強力な表現力をそなえた図像や、インド以来のがっしりした論理構造を備えているから、表現としては優れている。だが、そんなものはしょせん表象である。表象の体系をいくら勉強したところで、人は深い森の体験がひらく、秘儀に触れることなどはできないだろう。

密教のマンダラを知る以前から、原神道はすでに、その本質を知っていたのだ。ここでは、描かれた図像ではなく、生きた森が、そのままマンダラだったのだ。そこでは、あらゆるもの、あるゆる生命が、本質のつながりをとりもどし、全域が「縁」のネットワークによってつながれ、自発性と拘束が矛盾なくたがいを生かしあい、その「会域」の中心からは、存在の秘密が不思議な明るさとなって、みずからを開いている。原神道は、そういう森の実存体験を、理論的に表現してくれるものを、たえず求めつづけていたとも言えるのだ。だから、密教と原神道との出会いは、けっして偶然のもの、非本質的なものなどではなかったのである。それは土着が外来に屈したことを、意味しない。たしかに、それによって原神道の思想が深まったわけではないけれど、この出会いによって、日本人は自分たちの体験に、輪郭のはっきりした、強い表現をあたえることができた。そして、その中から形成され、明治維新にいたるまで、日本人の宗教思想に大きな影響をおよぼしてきた神仏習合の思想もまた、日本的ならざるものであるどころか、かえって日本人の自然な宗教感覚を、まるごとすなおに表現することができていたのだ。

＊＊

森の深さに神聖を感じるこのような宗教感覚は、長い間、日本人の精神の構造に、大きな影響をおよぼしてきた。中世以来、封建体制の中でも、それが大きな変化をこうむるということはなかった。宗教の統制に、あれほど力を注いだ江戸の王権でさえ、小さな村々や奥深い山中に息づいている、こうした宗教感覚を、ほとんど手つかずのままに放置しておいてくれた。多くの神社は、中世以来の伝統を受けついで、習合的な形態を保ち続けていた。神々は仏をなかだちにして、みずからの思想に表現を与え、仏たちは、神々の好意によって、大地に根を下ろすことによって、生きた思想となることができた。

村々には、共同体ごとに小さな神社が祀られ、人々はそこを自分たちの生きる「実存的なテリトリー」の中心とすることで、落ちついて豊かな「故郷」を形成することができたのだ。[注⑰] 村の外にも、たくさんの神々が祀られた。神聖を感じさせる地形のスポットや、村の歴史にとって重要な意味をもつ事件のあった空間などには、きまって小さな祠が祀られ、その中には、稲荷や秋葉や、そのほか由来のはっきりしない小さな神々が、ひっそりと鎮座ましましていた。

このようなまどろみにも以た状況に、劇的な変化をもたらしたのが、明治維新である。この「革命」は、三百年も続いた徳川の封建体制を変革する、近代化革命としての意味をもっていた。しかし、アジアの一角で孤立して開始された、その近代化革命は、弱小な一民族が国際社会の「力と力の闘技場」に加わるという目的のために、神経症的に強力な精神的アイデンティティを、無理やりつくりださなければならない、という矛盾をかかえていた（この点は、西欧の内部でのドイツの立場とよく似ている。『南方民俗学』の解題を参照）。そのために、近代的であるべき政体の頂点には、天皇を頂点にいただく祭政一致の古代的な理想が掲げられ、日本人をひとつの「国民」として形成するための、さまざまなイデオロギーの装置が、それをささえるという、きわめてアンバランスな状況をつくりだしてきたのである。「この力の闘技場へ加わるためには、私たちの民族は、みずからの内的な弱さと不安に対応して、その弱さと不安をいっきょに代償する精神の内燃装置を必要としていた。秘められた弱さと不安のゆえに、かえって神経症的に持続する緊張と活動性とを生みだしてゆくような精神の装置。だが、そのためには、どんなに大きな飛躍と抑圧が必要だったことだろう。伝統は、この課題にあわせて分割され、再編成された」のであった。

このような精神の内燃装置をつくりあげるために動員されたのが、国家神道のイデオロギーだった。明治のはじめに、つぎつぎと発布された布告の中でも、とりわけ私たちの目を引くのは、神道の地位にかかわるものである。そこでは、近代の国際世界の中に形成されるべき、新しい日本の国家体制（国体）の原理を表現するものとして、唯一神道をひとつの国体神学の地位にまで高めようとする、異様なまでに高揚した意識が、あらわにしめされている。神道は、この当時の政治イデオロギーの指導者たちの頭の中では、ほとんど国教の位置にまで、駆け上がろうとしていたのだ。

彼らは、まず神道の「純化」に取り組んだ。そのために神仏分離や廃仏毀釈が、国家の政策として布告された。一見すると、これは純粋な民族的宗教である神道の中に、長い間に混入した仏教の影響力を除去して、神道を純粋なものとしてとりもどすことのように思える。純粋な神道がどのようなものであるかは、ほんとうのところは、よくわからない。もしも、それが私たちの言う原神道を指すものだとすると、このような分離は、ほとんど不可能なくらい困難だろう、と予想される。そこでは原神道と仏教のある部分は、本質的な結合をはたしてしまっている。そのために分離は純化ではなく、実際には破壊しかもたらさないだろう、と思われるからである。

しかし、このとき明治のイデオローグの指導原理となったのは、そのような原神道ではなく、江戸時代の水戸学や後期国学に由来する国体神学だった。ここには、一定の「神々の体系」が、確立されていた。それはおもに、記紀神話や延喜式神名帳に記載されることによって、権威づけられた「由緒のある」神々だけからなる、ひとつの統一された体系だった。したがって、神道の純化と言っても、実際にはそれは国体神学の体系によって、ふくよかな全体性を保ちつづけてきた日本人の神仏の世界を、引き裂き、選別と排除のプロセスをとおして、有用なものとそうでないものに分割し、有用なものは単一の体系に組み込み、不要なものは、「遅れたもの」「迷信」「有害な旧慣」などとして、否定してしまうという、暴力的な効果をはらんでいたのだ。その意味でも、見かけの古代主義にもかかわらず、明治におこなわれた神道化の政策は、まぎれもない「権力の近代性」をあらわしていた。安丸良夫は、神仏分離とか廃仏毀釈とかの言葉の表面にとらわれていると、このときに実際におこったことの、本当の意味をとりにがしてしまうだろうと、つぎのように忠告している。

神仏分離や廃仏毀釈という言葉は、こうして転換をあらわすうえで、あまり適切な用語ではない。神仏分離と言えば、すでに存在していた神々を仏から分離することのように聞こえるが、ここで分離され奉斎されるのは、記紀神話や延喜式神名帳によって権威づけられた特定の神々であって、神々一般ではない。廃仏毀釈といえば、廃滅の対象は仏のように聞こえるが、しかし、現実に廃滅の対象となったのは、国家によって権威づけられない神仏のすべてである。記紀神話や延喜式神名帳に記された神々に、歴代の天皇や南北朝の功臣などを加え、要するに、神話的にも歴史的にも皇統と国家の功臣を神として祀り、村々の産土社をその底辺に配し、それ以外の多様な神仏とのあいだに国家の意思で絶対的な分割線をひいてしまうことが、そこで目ざされたことであった。注⑱

このときにおこった「転換」には、近代なるものの特質が、ほとんどあからさまな形で示されているのだ。そこには、さまざまな意味が含まれている。それは、まず近代型の権力の特徴を、よくあらわしている。近代社会では、人々の生活の細部にまで、権力が浸透してくるという事態がつくりだされる。こういうことは、それまでの世界ではおこらなかったことだ。それまでの世界では、「公（おおやけ）」の権力が浸透できる場所と、浸透できない場所とが、注意深く分離されていた。山や森や寺院の内域には、公の権力の浸透できない空間が取り残され、神仏がそれを聖別していた。それに、権力は人々のプライベートな生活にまでは、タッチしようとしなかった。それがたとえ宗教生活にかかわることであれ、人々が集団をなして現実の力とならないかぎりは、心の内面のこととして、放置されていたのである。

ところが、近代社会の権力は、生活の細部、心の内面にまで、深く忍び込んでくる性格をもっているのだ。近代型の権力は嫉妬深い。それは、自分の内部に「公の権力」がおよばない、自由の空間が残されてあることを、好まない。それがたとえ宗教のように、心の内面にかかわる領域であったとしても、そこにおこっていることを、たえず知っておきたいと、この嫉妬深い権力は欲望するのである。そのために、いちばん有効な方法は、権力の力によって、社会と人々の精神構造を、理解のおよぶような形につくりかえておくことである。こうして、近代型権力は、教育を発達させる。人々を集団で訓練する。そして、宗教の領域では、そこをあらかじめ「登録ずみ」の神々だけで構成された、体系の世界につくりかえておくのがよい。そうでない部分は、遅れたもの、有害なものとして、切り捨ててしまえばよい。そうしておけば、権力は精神の見えない闇の中にまで、その力を浸透させておくことが可能になるだろうし、人々の精神に、いっせいに強力な方向づけが必要なときにも、その下ごしらえは、絶大な効果を発揮することになるはずだ。神と仏が分離されるだけで、日本人のメンタリティには、このとき引き返しのできないほど大きな変質がもたらされたのである。

では、そのとき、私たちの森には、一体どのような変化が、引き起こされることになったのだろうか。神聖な森は、そのとき、さまざまな意味の破壊に直面しなければならなかったのである。

それまで、長いこと人々は、神社の森そのものに、神聖を感じとっていた。それは全身を巻き込む体験としてあたえられ、神域である森の全体が、マンダラ状の神々の世界を、つくりなしていたのである。ところが、森のマンダラにつどっていた神々の多くが、そのとき、廃滅の危機にさらされた。記紀神話や延喜式神名帳に名前を載せられていた、有力な神々だけが残され、残りのおびただしい数の神々は、名前が忘却の闇に沈んでいくと同時に、人間たちには見えない存在になってしまった。残された神々は、国家の管理する「体系」の中に、組み込まれた。この体系は垂直的なヒエラルキー構造をもっている。そのために、体系に組織された神々は、そこでひとつの強力に統一されたコスモスをつくりだすことを、求められたのである。

マンダラは解体の危機に瀕していたのだ。秩序をもったカオスは否定され、その上に単一の方向づけ、均質化を押し進める単層の組織原理、自律性の剝奪などによって特徴づけられるハードな体質のコスモスが、築きあげられようとしていた。マンダラが崩壊していくと、森に生きるすべての生命、すべての自然現象の間にあった、本質のつながりは、失われていってしまう。かわってそこには、歴史的にも本質のつながりをみいだすことのできないものを、無理やり寄せ集めたような、「混雑錯操せるもの」が、まぎれこんでくることになる。森から、秘密儀の感覚が奪われていく。すがすがしい倫理の源泉であったものが、水を失って枯れ果てていく。神と仏が分離され、国家神道がいままで権力によって注目されたこともない小さな神々の場にまで、その影響力をおよぼしはじめたとき、日本の森は、深い精神的な危機に直面していたのである。

それればかりではない。この世に自分の力のおよばない聖域が残されていることを嫌うことにかけては、近代の資本主義は、国家にまさるともおとらない嫉妬深さを示す。それは、貨幣に計量化できないもの、自由な交換に投げ入れることのできないもの、資本として増殖していく価値に自分を譲り渡していかないものなどが、この世に存在していることが許せないのだ。その資本主義は、長いこと森に立ち入ることができなかった。そこが日本人の精神にとって、きわめて重要な「聖域」として、慎重に守られてきたからだ。森の神聖の根源は、そこが秘密儀にみちたマンダラであったためである。ところがいまや、国家が神道の名において、その森の内部空間のマンダラの解体を、押し進めようとしているのである。かつては、森そのものが神社だった。だが、これからは神社のまわりに森が残るだけなのだ。明治の資本主義は、舌なめずりをした。神々の守護を失ったはずの森の樹木は、ただの商品と化していくだろう、と彼らは見越した。日本の森には、野放図な伐採の危機が、迫っていた。

森は精神的であると同時に、生態学的な危機にも、直面しようとしていたのである。

＊＊

南方熊楠が、日本の森に進行していたこのような危機に、直接ぶちあたることになるのは、彼が四十代に入った頃である。彼は田辺町に、暮らしはじめていた。長いこと海外で暮らしていたことと、日本にもどってからも、孤独な森の隠棲者としての三年間を送っていたために、熊楠はこの問題に直面することを、猶予されていたのである。田辺に住むことで、彼はひとつの「家郷の空間」の住人となった。そのとたんに、彼の前に、日本の森が直面していた深刻な危機が、なまなましいかたちで、大きく立ち上がってきたのだ。このことにも、森の破壊の問題が、たんに生態学の問題ではなく、「家郷の空間」の精神的な危機に深くつながるものであったことが、はっきりと示されているのではなかろうか。

それはまず、田辺町の中で発生した、台場公園の売却問題としてあらわれた。田辺町の表玄関ともいえる、海辺に面したこの美しい公園が、大阪の実業家に、売却された。町ではこの公園を売って得た金を、高等女学校の建設費用にあてようとしていた。この公園は町の人々に愛されていたし、歴史的に重要な遺物もある。そのために、この問題は町全体を巻き込んだスキャンダルとなったのだ。

熊楠もこれを由々しいことだと思った。「借家住まい」で、町の住人として発言するのはちょっと気もひけたが、彼は牟婁新報につぎつぎと長大な論文を投稿して、さかんにこの売却に反対の論陣を張ることになったのである。彼の反対の理由は、当時としてはまったくユニークだった。他の反対論者たちが、問題を政治の次元でだけとらえているのにたいして、熊楠は問題は「菌類学上のもの」である、と説いたからである。実際、彼は家からも近いこの台場公園で、多くの植物学上貴重な採集をおこなっていた。ここは、菌類の宝庫だったのである。そこが破壊されてはたまらない、と彼は思った。[注⑲]

彼は、台場公園がキノコや苔の貴重な宝庫であることを、強調した。わずかな金で、それを売り渡したが最後、その豊かな生命の世界は、跡形もなく消え去ってしまう。それで一体、何を得ようというのか、すぐに儲けにならないものの中には、貴重なものがいっぱいあるのだ。生命の世界もそう、それに景色だってそうだ。いまは景色なんて、なんの儲けになるかと思っているかも知れないが、それが今に一番の貴重品になる時代がやってくる。景色を護らなくっちゃいけない。その景色の中に生きている、生命の世界を金儲けの魔力から護らなくてはいけない。ようするに、自然を保護するという考えが大切なのだと熊楠は力説したのである。

自然を保護するという考えは、当時の日本人には、ちょっと思いつきにくいものだと思う。人為を離れたところで、自然は生きてきた。人間は母親のようなその自然のふところに、優しくまもられてきたのだ。その自然を、今度は人為によって護らなければいけないというのだ。護られてばかりいる子供は、往々にして、自分を護ってくれている母親の苦悩を知らない。母親は子供を護る。だが、その母親は、一体誰に護ってもらえばいいというのか。自然保護の思想は、産業化された人間の力が、いち早く自然を圧倒しはじめてしまった英国に発生している。彼らは、母親である自然からの分離を、早くから実践してきたために（おかげで、自然は開発と探究の対象となってしまったが）、自分たちの文明によって苦悩する自然の姿を、客観的にとらえることができたのである。熊楠は長いこと、海外で生活した体験から、一切の母親的なるものからの自立を果たしていた。そのおかげで、彼には自然が苦悩しているさまが、よく見えたのである。

牟婁新報における、熊楠の舌鋒は鋭かった。公園売却を論じながら、すでに熊楠はこのときから、神社合祀の問題に説きおよびはじめていた。明治三十九年十二月、当時の西園寺内閣の内相であった原敬は、一町村につき、神社は一社にまとめよという、いわゆる神社合祀令を出した。明治政府は、日露戦争後の危機の時代に、ますます国民の民族的アイデンティティを強化する必要を、感じていた。そのために、国家による神社保護を徹底させようとしていた。そこで、各神社に国家からの保護金を支給しようとした。ところが、全国にはおびただしい神社が存在して、明治初年のさまざまな布告にもかかわらず（実際それらは、日本人の精神には大きな転換をもたらしたが、政策的には失敗していたのである）、由来のはっきりしない、ときにはいかがわしいものまでが、同じ神社として祀られていたのが、現状だった。政府は保護すべき神社の数を限定し、いわゆる淫祀小社の類を駆除しようと図った。そのために、原敬は神社合祀令を出した。だが、その訓令は彼の予想を裏切って、恐るべき結果をつくりだしてしまったのである。注⑳

はじめの頃、原敬内相は、訓令にはたしかに一町一村一社と定められてはいるが、実際の運用にあたっては、地方の実情にそって、かなりの幅をもたせるべきで、合祀にあたって破壊的な行動は慎むべきだ、と通告していた。ところが、内相が平田東助に代わると、事態は一変した。彼はこの訓令を厳格に実施せよ、と命じたのである。しかも、どの神社を残すべきかの判断は、なんと府県知事の権限に委ねるという、お墨付きまであたえてしまったのだ。「自治の実をあげるべく知事は郡長を督励し、郡長は町村長と図って、あたり構わぬ合併促進を行うようになった。廃社となった神社の樹叢は、民間に払い下げられ伐採されてしまうのみか、その売却によって私腹を肥やす官吏や神職まで現れた注㉑」。

ことに、合祀による神社の廃止と神林の伐採は、三重県と和歌山県で猛威を振るった。合祀は、そこではほとんど無差別におこなわれた。いちじるしい数の神社が廃社となり、そこからはたくさんの良林が切りだされ、鬱蒼たる神の森の跡には、殺風景な畑が開かれた。古い由来をもつ神社であっても、無格社の判定を受けた小さな村社が合祀されてしまったために、産土《うぶすな》の神社を失った村人は、遠い道のりをかけて、合祀先の大社にまででかけていかなければならなくなった。産土社を失った村は、同時に彼らの歴史をも、奪われようとしていたのである。その土地だけに実現された、かけがえのない固有の歴史は、「神々の体系」が語りだす国家の歴史の下に、埋もれてしまうようになった。そして、歴史意識を奪われた村は、その自律性をも、奪われていった。神社合祀が強行に実施された地方では、文字通り、人々の精神的な荒廃が、確実に進行していたのである。

この神社合祀にたいして、南方熊楠は文字通り命を賭け、みずからの生活を危機にさらしながら、孤軍奮闘して闘った。重要な研究は中断をよぎなくされ、たえず非難と中傷に脅かされ、家庭は荒れすさみ、怒りの発作に翻弄され、熊楠はこのとき、ほとんど狂気の淵にいた。ときには、大胆な行動で、人々を驚かせることもあったが、農民たちや官吏の無知を啓蒙するためには、彼は長い道のりをも苦にせず、説得にでかけた。このときの熊楠のおこなった、すさまじい反対運動の姿は、いまでは伝説となって、語りつがれてさえいる。彼の運動は、たしかにある程度の実りは、得ることができた。神社合祀令は、おびただしい無残な破壊のあとを残したまま、廃令に追い込まれていったからである。

しかし、南方熊楠のこのときの行動の意味は、はたして本当に理解されてきたと言えるだろうか。現代人は、そこに、エコロジー思想に裏打ちされた、現代の自然保護運動の先駆者をみいだそうとするだろう。だが、彼は本当に、エコロジストだったのだろうか。エコロジーには、「よいエコロジー」と「悪いエコロジー」がある。注㉒ 私たちは、ひょっとして、「よいエコロジー」としての熊楠の思想と行動を、誤って（それもたいがいは好意から）、「悪いエコロジー」につながる道に導くような、口あたりのいい理解に閉じ込めてしまおうとしてきたのではないか。私たちは、もう一度、神社合祀に反対する熊楠の思想の、奥底にまでたどりつく努力をおこなってみる必要があるのだ。

南方熊楠による三つのエコロジー

神社合祀令に反対する彼のエコロジー思想は、明治四十五年の『日本及日本人』に、三回にわたって掲載された「神社合併反対意見」や、東京帝大の白井光太郎に宛てた書簡に、きわめてコンパクトな形で表現されている。その中で、彼は反対の理由として、八つの項目をあげて、それぞれについて詳しい議論を展開している。そこで彼があげた八つの項目は、どれもが今日から見ても、きわめて重要な内容をもっている。そこで、私たちはそれらを一つずつとりあげて、入念な検討を加えていってみることからはじめることにしよう。

熊楠はつぎのように議論を展開していっている。

（1）「第一、神社合祀で敬神思想を高めたりとは、政府当局が地方官公吏の書上《かきあげ》に瞞《だま》されおるの至りなり」（本書498頁）。

敬神の念というのは、一体どこからやってくるものなのか、ということを、熊楠はまず問うている。彼の考えでは、敬神の念のもっとも素朴で、もっとも純粋な形態は、まず

「大地」からやってくるのである。生まれた土地は、人間の実存にとっては、きわめて重要な意味をもっている。母親のからだから生まれた人間は、その母親のからだとの関係をとおして、まず最初の空間形成をおこなう。言葉もしゃべれない、からだも満足に動かせない子供は、自分の欲望（生物システム論的に、これを自己への意志と呼んでもいいだろう）を受け止めてくれる、柔らかくて、温かいクッションである母親のからだに触れるたびに、そこに彼にとっての最初の「空間」をつくりだすのだ。この空間はしだいに発達して、子供のまわりには、「実存のテリトリー」とでも呼ぶべきものが、つくりだされてくる。そこには家族とそれをとりまく故郷の世界が、出来上がってくる。「家郷」の母型（マトリックス）である。

ここにあるとき、人は落ちつきと安心を感じることができる。それは、自分が生命を生かしているある根源的なものに触れている、という感覚をもつことができるからだ。その根源的なものは、母親のからだと同じように、彼に包み込まれている感覚をあたえる。自分が大地に所属しているかのような、土着の感覚であり、また人の世を超えた何ものかによって愛されている、という不思議な親しみの感情が湧いてくるのだ。家郷の空間と結びついた、そのような感情こそが、敬神の念の源泉となる。

信仰のもっとも素朴な形態のひとつは、このような大地への所属の感情から発生する。人々は、大地に直接造形を彫りつけるようにして、そのような信仰に表現をあたえようとしてきた。その中心に氏神があったのである。またそれは産土（うぶすな）でもあった。産土という言葉には、この信仰が、大地のような根源的な何ものかに所属している感情に基礎づけられていることが、よくあらわされている。こうして、日本の村々には、字《あざ》の共同体ごとに、それぞれの氏神が祀られてきた。それは家郷という実存のテリトリーの、ひとつの中心をあらわしていた。

実存のテリトリーの内部では、人々は「すさんだ」気持ちに陥らずにすんだ。何かどっしりした、温かい、根源的なものに触れ得ているという感情が、素朴な人たちにある種の心の優雅さをあたえてきたのである。熊楠は、それをつぎのように書いている。

田舎には合祀前どの地にも、かかる質樸にして和気靄々《あいあい》たる良風俗あり。平生農桑《のうそう》で多忙なるも、祭日ごとに嫁も里へ帰りて老父を省《せい》し、婆は三升樽を携えて孫を抱きに娘の在所へ往きしなり。かの小窮窟な西洋の礼拝堂に貴族富豪のみ車を駆《は》せて説教を聞くに、無数の貧人は道側に黒麪包《パン》を咬んで身の不運を嘆《かこ》つと霄壌《しょうじょう》なり。かくて大字ごとに存する神社は大いに社交をも助け、平生頼みたりし用談も祭日に方《かた》つき、麁闊《そかつ》なりし輩も和熟親睦せしなり。只今のごとく産土神が往復山道一里乃至《ないし》五里、はなはだしきは十里も歩まねば詣で得ずとあっては、老少婦女や貧人は、神を拝し、敬神の実を挙げ得ず。

（白井光太郎宛書簡、本書498頁）

ここには、いささかユートピア的にすぎる光景が描かれているが、政治的なパンフレットなのだから、これぐらいは書いても許されるだろう。それでも、重要な部分に関しては間違っていない。それは、信仰心の母体とも言うべき「敬神の念」は、家郷の空間という実存のテリトリーと結びついているもので、それが大切にされている間は、人間同士の結びつきにも暖かさがあり、人々の間には質朴な倫理が保たれていた、という点だ。

そういう村の氏神を廃止して、それを距離的にも心理的にも遠く離れた土地にある神社に合祀強行したら、どうなるだろう。大地から無理やり切り離された神々もまた、本質を失う。よその村に、居候のようにしているわびしげな氏神の姿を見るにつけ、人々からは敬神の念の源泉が失われていってしまう。それといっしょに、倫理観や友愛の感情も、損なわれていくだろう。それは遺憾なことだ、と熊楠は主張する。

(2)「第二に、神社合祀は民の和融を妨ぐ」(本書500頁)。

神社合祀は、もともと神々の世界に国家が干渉して、さまざまな分割線を入れることを意味していた。「国民」なるものをつくりだすために必要と考えられた、精神の装置をつくるために有用と認められる神々は、分割線の上の方にある「神々の体系」に組み込み、そうでないものは、分割線の下に埋没させてしまう、というやり方である。これは、当然のことながら、神々の世界に不和の種を蒔くことになるだろう。もともと、神々はマンダラ状の全体構造を生きていた。そこには、中心と周縁という違いは存在しても、その違いは相対的なもので、どこにも分割線らしきものは、存在していなかった。それぞれの神は、それぞれの場所で、全体を担っていたとも言えるし、そのことが彼らに誇りと融和の精神をあたえていたのである。

ところが、神社合祀はそこに決定的な分割線を入れてしまおうとした。これによって、マンダラの構造は本質的なダメージを受けることになった。差異のかわりに、区別が導入されたからである。神々の間に、ジェラシーや反目の感情が生まれるようになった。そして、それと同時に、神々に護られてある人民の間にも、不和と反目の種が蒔かれてしまったのである、と熊楠は言う。

それればかりか、共同体のネットワークの中に、このような分割線を導入することによって、さらに悪いことには、そこを調整していた自律体（自治機関）同士の関係が、ギクシャクしたものになってしまう。これまでは、共同体の内部の問題は、なるべく共同体の中で処理することが、求められていた。こうして、村は大きな問題に発展しないかぎり、多くの問題を、みずからの能力で解決していた。つまりそこには、自律性が存在したのだ。村よりも上の機関は、村の自治能力にあまるものだけを、処理していればよかったから、そこにはおのずと威厳も出てきた。ところが、神社合祀が実行されると、この共同体の自律性が決定的に損なわれることになる。そうなると、その上に立つ機関は、いきおい警察機能を強化しなければならなくなるだろう。そうなれば、些細な事件にも、国家的な警察機能が介入してくるようになって、いままで威厳の対象でもあったものが、ただの抑圧機関に変貌していってしまう。国家の警察機能と個人の間のクッションになっていた、村の自治機能が奪われると、個人は権力に直接触れ合わなければならなくなる。これは、日本の社会をすさんだものにするだろう。氏神が廃止されることで、こういう結果も引き起こされるのである。

(3)「第三、合祀は地方を衰微せしむ」(本書503頁)。

神社合祀の本来の目的(と中央政府が考えたもの)は、神社の数を減らして、その基本財産を確保しようとすることにあった。しかし、神社の基本財産というものは、そんなふうにして外から与えられればいいというものではない、と熊楠は主張する。

従来地方の諸神社は、社殿と社地また多くはこれに伴う神林あり、あるいは神田あり。別に基本財産というべき金なくとも、氏子みな入費を支弁し、社殿の改修、祭典の用意をなし、何不足なく数百年を面白く経過し来たりしなり。今この不景気連年絶えざる時節に、何の急事にあらざるを、大急ぎで基本財産とか神社の設備とか神職の増俸とかを強いるは心得がたし。

(同書簡、本書503頁)

産土の神社は、本来その家郷に生まれた人々によって、維持経営されてきたのである。村々には、そのための特別な田や林が準備されてあった。別に基本財産のようなものを、国家からあたえられなくとも、人々は必要な経費を、自分たちで調達することができた。またそうできるということが、人々にとっては、自分の産土の神を敬うのに、ふさわしいやり方だと、思っていた。目前の利益のためにではなく、この世の外にある価値あるものにたいして、無償の奉仕ができるというだけで、素朴な人は幸福な気持ちになれるものなのである。

ところが、村の神社の基本財産なるものを、いまは人々に強要しようとしている。しかも、自分の氏神にたいする奉仕のように、自然な感情からわきでてくるものではなく、合祀を強制されたよその神社の経費を、調達しなければならないという理不尽が、いまや横行しようとしているのである。これは人々から、おのずからわき出る喜びを奪い、万事を不景気な気分にさせてしまうに違いない。「要するに人民の好まぬことを押しつけて事の末たる金銭のみを標準に立て、千百年来地方人心の中点たり来たりし神社を滅却するは、地方大不繁昌の基なり」(本書508頁)。

(4)「第四に、神社合祀は国民の慰安を奪い、人情を薄うし、風俗を害することおびただし」(本書508頁)。

明治の国家は、神道をもって、国民のアイデンティティを形成するための、精神的装置にしようというもくろみをもっていた。日本文化と神道は一体であり、キリスト教や仏教のように、外からやって来た宗教や、天理教や金光教のような新しい民衆宗教とは、一線を画する必要があった。そのために、神道は宗教ではない、国体と一体になった、国体の表現そのものにほかならないのだから、これを諸宗教と同列にあつかうことはできない、という発言が、しばしばおこなわれた。熊楠は、その発言をとらえて、批判を加えているのである。

神道は宗教ではない、という主張の根拠として、そこには、キリスト教や仏教のような壮麗な建築物や、人目を引く宗教的なシンボルにとぼしい、という点があげられることが多かった。宗教はことごとしいやり方で、人々の心を、超越的な世界に向けようとしている。ところが、わが神道には、そのようなことごとしさがなく、自然な民族的心情をすなおに表現しようとしている。この意味でも、それは国体の自然な表現ではあっても、宗教と同列にはあつかうことはできない、というわけである。

これにたいして、熊楠はこう反論する。宗教の本質にとっては、壮麗な建造物やイコンやシンボルなどは、かならずしも必要なものではない。歴史を見てみろ。バビロニアだって、エジプトだって、マヤやインカだって、偉大なる建造物は残ったが、かつてそこにあったはずの神聖なるものは、もはやどこかへ消え去って、宗教の伝統は、すっかりとだえてしまっているではないか。大事なのは、人々の精神に大いなるものにたいする畏敬が、とだえることなく、連続してあるということだ。その点で言えば、神道は立派な宗教ではないか。神を祀って神社といい、それを崇敬しているのだから、たとえそれが壮大華麗な建造物などをもたなくとも、これが宗教であることはあきらかなのだ。それを宗教ではない、などと言いくるめるのは、神道にたいしても失礼ではないか。

それに、そんな立派な建物はなくとも、神道には森があるではないか。そこには、驚くほどの老大樹がそびえたち、稀観の異植物が鬱蒼たる森をつくりなしている。日本人は、この森の中にたたずむだけで、深い神秘の宗教感情にみたされてきたのだ。荘厳な神のイコンでもなく、聖人の遺物でもなく、神秘の仏像でもなく、ただ森林の奥深さに、日本人は存在の神秘をおぼえ、神々にたいする畏敬の念を育ててきたのである。これは、宗教の諸形態の中でも、粗末なものであるどころか、きわめて高級なものと言っていい。つまり、神道は真言密教などと同じく、「秘密儀」の宗教、素朴な神秘主義の宗教なのだ。そのため、神道は、きわめて幽玄なやり方で、人々に感化をおよぼしてきた。それは文字を立てず、表象を立てず、森林のもたらす神秘な感情をもとにして、人々に神のありかを語ってきたのである。だから、それはイデオロギーなどとは、もともと無縁のものとして、すばらしいのである。

神社の人民に及ぼす感化力は、これを述べんとするに言語杜絶す。いわゆる「何事のおはしますかを知らねども有難さにぞ涙こぼるる」ものなり。似而非《えせ》神職の説教などに待つことにあらず。神道は宗教に違いなきも、言語理窟で人を説き伏せる教えにあらず。……古来神殿に宿して霊夢を感ぜしといい、神社に参拝して迷妄闢《ひら》きしというは、あたかも古欧州の神社神林に詣でて、哲士も愚夫もその感化を受くること大なるを言えるに同じ。別に神主の説教を聴いて大益ありしを聞かず。真言宗の秘密儀と同じく、何の説教講釈を用いず、理論実験を要せず、ひとえに神社神林その物の存立ばかりが、すでに世道人心の化育に大益あるなり。

（同書簡、本書512頁）

秘密儀の宗教は、表象を立てない。何か本質的なものが、自分の前に開かれてくることを、全身で体験するとき、人々は「何事のおはしますかを知らねども有難さにぞ涙こぼるる」ような、不思議な感覚につつまれるのだ。それは、言語による表現や解説によるのではなく、神社と神林のトポスがつくりだす、ナチュラルな神秘感だ。人の世界を超えた、畏敬すべき何かの力の存在を感じ取る、このような自然な感動が、日本人に謙虚さと落ちつきをあたえてきた。そのことを忘れて、神林を伐採し、古い神社を廃止して、人工的な施設や口のうまい神主をいくらたくさん揃えたとしても、日本人の宗教感覚の土台は、むなしく崩壊していってしまうだろう。そして、その宗教感覚が失われるとき、日本人からは、人情もなくなり、奥ゆかしい風俗もなくなっていってしまうにちがいない。

(5)「第五に、神社合祀は愛国心を損ずることおびただし」(本書513頁)。

シラーが語っているように、家郷を愛する心がすべての土台となって、ついには諸家郷を集合した国を愛する心が生まれるのであって、その逆ではない、と熊楠は語るのだ。人は家郷にあるとき、みずからの実存的カテゴリーに落ちついて、この世界に生きてあることを、いとおしいと思い、地上への愛を芽生えさせる。それがより上位の共同世界である国家への、肯定的な感情になっていくのである。ところが、いまや日本では、おおもとの家郷空間を景観的にも、精神的にも破壊しながら、抽象的な愛国心を国民に吹き込もうとしている。国家への愛とは、きわめて観念的な愛であり、家族や家郷にたいする実存的な愛とは、本質的に異質なものだ。実存的な愛を土台にして、民族や国家にたいする愛が成長してくることはあるかも知れない。しかし、その逆に、観念の愛が、実存的な愛に変質することは、まずありえない。ところがその土台を破壊して、いま自分への愛を国民に強いようとしている。それは、この国をひどくすさんだものにしかねないのだ。

(6)「第六に、神社合祀は土地の治安と利益に大害あり」(本書515頁)。

都会には都会の美があり、田舎には田舎の美がある。人間は、どこを自分の生活の場所として選ぶにせよ、その空間を人間にとって美と秩序をもったものにつくりだそうとする努力をつづけてきた。人間が集合しはじめた当初は、殺伐としていた都会が、しだいにしっとりとした趣を備えるようになるのも、人々が集合的におこなう努力によるのだ。これは田舎の場合には、もっと重要な意味をもつ。村のその独特の風景は、数百年をかけて、ゆったりとした歴史の中で形成されてきたのである。そこには、独特な落ちついた美がある。そして、その美的な秩序の中心に、神社が存在してきたのである。

ところが、神社合祀によって、神社が破壊され、すさんだ荒地になってしまったとき、村全体の景観もすさんだものになっていく。景観というのは、たんに眺める景色として、そこにあるのではない。村の人々の心の中の構造と、景観とはひとつの連続体になっているからだ。つまり、景観もまた客観的な空間の現象ではなく、その中に生きる人々がオートポイエーシス的につくりだす、ひとつの生命体の現象なのだ。だから、景観が破壊されていくとき、その中に生きる生命たる村人の心も、手ひどいダメージを受けることになるのである。

そればかりではない。景観の美的秩序は、生物界のエコロジカルな相互関係によって、支えられてもいる。そこが美しくいられるのは、そこでおこなわれている生命同士の関係が、上手に調節されているからだ。そうでないと、自然の景観全体の美は、維持されるはずがない。この生態学的秩序の維持に、神社の森は、きわめて重要な働きをしてきた。生態の秩序は、水田が開かれただけで大きな損傷を受けるものだ。そこに鬱蒼たる神社の森があることによって、人間の世界はどんなに救われてきたことか。いまや、その森が破壊されようとしている。それは景観を二重の意味で破壊する。まず、精神の内部の景観を破壊することによって、人々の心を荒廃させる。そしてそれといっしょに、生態学的なバランスを崩すことによって、害虫などの異常繁殖する、壊れた世界をつくりだすことになる。

（7）「第七に、神社合祀は史蹟と古伝を滅却す」（本書519頁）。

神社合祀を強引に推進しているのは、歴史学や考古学に無知な、官吏や実業家たちである。そのために、記紀神話や延喜式には出ていなくとも、歴史的にはきわめて重要な意味をもっている神社が、紀州ではつぎつぎに廃止に追い込まれている。この訓令がひきおこした混乱は、貴重な史跡まで灰塵に帰そうとしている。

しかし、それよりも由々しいことは、文書記録に残らない、村々の口碑や伝承が、無残にも破壊されようとしているという事実のほうだ、と熊楠は強調する。

　また一汎人は史蹟と言えば、えらい人や大合戦や歌や詩で名高き場所のみ保存すべきよう考うるがごときも、実は然らず。近世欧米で民俗学《フォルクスクンデ》大いに起こり、政府も箇人も熱心にこれに従事し、英国では昨年の政事始めに、斯学の大家ゴム氏に特に授爵されたり。例せば一箇人に伝記あると均しく、一国に史籍あり。さて一箇人の幼少の事歴、自分や他人の記憶や控帳に存せざることも、幼少の時用いし玩具や貰った贈り物や育った家の構造や参詣せし寺社や祭典を見れば、多少自分幼少の事歴を明らめ得るごとく、地方ごとに史籍に載らざる固有の風俗、俚謡、児戯、笑譚、祭儀、伝説等あり。これを精査するに道をもってすれば、記録のみで知り得ざる一国民、一地方民の有史書前の履歴が分明するなり。わが国の『六国史』は帝家の旧記にして、華冑《かちゅう》の旧記、諸記録は主としてその家々のことに係る。広く一国民の生い立ちを明らめんには、必ず民俗学の講究を要す。

（同書簡、本書520頁）

来るべき学問である民俗学は、このように歴史書や公式の記録類、都会の文化人が著した随筆類などに記録されていない、日本民族の形成の跡をたどるために重要な多量の情報を内蔵した、おびただしい「歴史資料」を提供してくれるのである。いままでの歴史学はただ書かれた記録だけをもとにしてきたために、この列島に生息してきた民族の、生きた姿を伝えることができない。ところが、民俗学の資料の中には、それを知るための、膨大で貴重な事実が隠されているのである。神社合祀は、こういう大切な資料を、わけもわからずに、破壊してしまう。そうすると、言葉に記録されていないそれらの資料は、もう跡形もなく消え去ってしまい、後世の人間には、うかがい知ることさえ、できなくなってしまうのである。

熊楠は、民俗学の重要性について、ここで語っている。民俗学的な材料は、どこの土地へもっていっても意味のある文書や芸能として、伝えられていないもののほうが多い、ということを、熊楠はここで強調したいのである。多くの伝承は、土地の具体的な地形や景観と結びついて、伝承されている。それらの伝承は、土地から引き剝がされたとたんに生命を失ってしまうような性格をもっている。伝承にも、生命システムと同じような、実存のテリトリーというものが必要な場合があり、しかも、それぞれの村の人々がいだく、自分たちの村の歴史にかんする歴史意識に関しては、こういうポータブルでない伝承のほうが、はるかに重要な意味をもつケースが多いのである。民俗学の大いなる任務は、具体的な村の歴史意識と結合した、こうした「実存的な伝承」を記録し、それを村の歴史意識全体の中で解読することにある。

つまり、柳田国男がかつておこなったような、仕事が必要なのだ。彼は、民俗学をこの国においてはじめるにあたって、まず『遠野物語』を出版したが、その意味でもこの出版は、意味深長なものであった。『遠野物語』に採録された伝承の多くは、すべてが遠野の具体的な土地に結びついて、語られている。それらの伝承を土地から切り離してしまえば、そこにこめられた歴史的な意識の大半が、失われていってしまうような、性格の話ばかりなのだ。柳田国男は、こうした「実存的な伝承」の記録出版によって、民俗学の構築をはじめようとした。これは、民俗学という学問が、言葉と大地のつながりを破壊していこうとする、近代という時代にたいするアンチテーゼとして創出されようとしている、という意志を表明しているのだ。

そういう来るべき学問にとっても、この神社合祀は大敵である。それは景観を破壊するばかりではなく、具体的な土地と結びついた伝承から、意味を奪っていくだろうからである。

（8）「第八、合祀は天然風景と天然記念物を亡滅す」（本書524頁）。

熊楠は言う。「小生思うに、わが国特有の天然風景はわが国の曼陀羅ならん」。自然森は、一般人にとっての真如の感覚の基礎である、と彼は語っているのだ。「凡人には、景色でも眺めて彼処《かしこ》が気に入れり、此処《ここ》が面白いという処より案じ入りて、人に言い得ず、みずからも解し果たさざるあいだに、何となく至道をぼんやりと感じ得（真如）」というわけである。これは、霊妙なる天然風景がおのずと、人々のうちによびおこす感情に、もとづいている。

だが、天然自然の破壊によって、生物界には、もっと深刻な激変がおこる。生態の微妙なバランスの中でだけ生息することができていた、めずらしいたくさんの生物が、これによって、絶滅の危機に瀕していくからだ。そういうめずらしい動植物は、水田開発が進んだ時代にあっても、かろうじて、手つかずの神林の中に生息できたのである。日本のような、豊かな生物種にめぐまれた国土で、そのような破壊がおこなわれることは、人類的な損失である、と彼は力説する。

＊＊

南方熊楠が、神社合祀にたいする反対運動を開始した直接の原因は、その訓令によって、彼の大事にしていた貴重な森の動植物の生態が、とりかえしのつかない破壊をこうむろうとしていたからである。その意味では、ナチュラリストの自然への偏愛に発する、エゴイスティックな動機から出発した、と言えるかもしれない。しかし彼は、運動の展開の中で（その運動は、紀州においては、ほとんど孤軍奮闘のような形で進められたのだけれど）、反対運動の論理を成長させ、ナチュラリストの狭い視野をはるかにのりこえて、前代未聞の深まりをもったエコロジー思想を展開させることに、成功したのである。彼のエコロジー思想は、たんに自然生態系にたいする配慮（生態のエコロジー）にとどまるものではなく、人間の主観性の生存条件（精神のエコロジー）や、人間の社会生活の条件（社会のエコロジー）を、一体に巻き込みながら展開される、きわめて深遠な射程をもつものだった。すべての土台には、この地上に生きる生命システムにたいするマンダラ的ないしはオートポイエーシス的な発想がすえられていた。そこから、どのようにして人間の実存するトポスが形成されてくるかの洞察が生まれ、それは人間が豊かに生きるにふさわしい共同性の条件は何かという問いかけに発展し、それが景観と生態系のバランスとのかかわりの中で、どのような環境を構成しうるか、という狭い意味のエコロジカルな問題に接続していくのだ。熊楠にとっては、エコロジーは、生存の条件をめぐる、一種の全体理論としての意味をもっていた。彼が書いた「神社合併反対意見」や白井光太郎宛書簡などには、こうした彼独自のエコロジー思想の特徴が、あますところなく、みごとに表現されている。私たちは、そこに彼のエコロジー思想を構成する、三つの側面を明確にとりだしてみることができる。

それは、まず社会のエコロジーの側面から、とらえてみることができる。南方熊楠は、広く地球を放浪する体験をもっていたが、いわゆるコスモポリタンにはならなかった。彼は、人間の生存する空間には、地盤が必要であると考えていたからである。彼は精神の植物学者らしく、私たちが空に向かって伸び、花を咲かせ、実を結ぶためには、どこかに根をはって土の中から生い立つ草木のようでなければならない、と考えていたのだ。その地盤とは、どこに存在するか。彼はそれを一種の「実存のテリトリー」の中に、みいだそうとしている。地上の環境の中に生まれ出た人間という生命システムが、みずからの自己への意志を出発点にして、オートポイエーシス的に創出する空間が、この実存のテリトリーというものの原型をかたちづくる。人間の場合、生命システムとしての自己への意志は、まず母親のからだに接触することによって、彼のまわりに優しさをもったひとつの空間をつくりだす。それはさらに家族やまわりの共同社会にしだいに拡大しながら、落ちつきをとりもどすことのできるテリトリーをつくる。かつて「家郷」と言われた、民俗的な共同社会がこれにあたる。熊楠は、そこに落ちつきと相互の思いやりと、倫理感や謙虚さや、さらには奥ゆかしさをもった、人間にとっての望ましい世界の、ひとつの姿をみいだそうとしている。

しかし、このことによって、熊楠を土着主義者のように考えてはならない。別に彼は、歴史的な過程の中で、民俗社会として実現された共同社会が、唯一可能な望むべき世界であるなどとは、考えてはいなかったからである。それは、たんに実存のテリトリー（これはもともとトポロジーとして、空間化されていないものだ）の、空間化のひとつの可能性を示しているのにすぎない。熊楠が、探究していたのは、たとえこのような古い形態の土着性が失われていったとしても、人間が希望を失ってしまう必要のない、実存のテリトリーの条件そのものであったように、私には思われるのだ。熊楠は、都市にだって、土着性をもった豊かな世界の形成が可能であることを、よく知っていた。彼は田舎だけが素晴らしいなどと考えたがる人間のタイプの対極にいた男だ。私の考えでは、社会のエコロジーの思想家としての彼はつぎのような主題を、潜在的にかかえていたのだと思う。

それ故、今や私どもは問うのであります、すなわち、たとえ古い土着性が失われて行くとしましても、人間にある新しい根底と地盤とが、すなわち、そこから人間の本質と彼のすべての仕事と作品とが、ある新しい仕方で、しかも原子時代の内においてさえも生い立つことのできるところの根底と地盤とが、くりかえし贈られることは、不可能であろうかと。注㉓

その社会の中に生きている人間が本質を失わず、豊かな仕事と作品をつくりだすことのできるような「根拠と地盤」に、くりかえし触れることができることこそ、来るべき共同性のよりどころとなるものであり、そのためには、人間は「来るべき土着性」をもたなければならないのである。そのような土着性をもった、実存のテリトリーを出発点にしたとき、人間ははじめて落ちつきと優雅さをもった、社会をつくりだすことが可能になるだろう。近代の「混雑錯操せる」、本質とのつながりを失って、人間関係が貨幣的な原理で媒介されていく社会にたいする批判は、ここからくりかえし出発しなければならない。

熊楠は「家郷の世界」が、そのような近代によって解体させられ、その跡にはすさんだ貧しい田舎しか残されない現実に、由々しいものをおぼえたからこそ、「家郷の世界」の豊かさをほめたたえた。しかし、熊楠は、けっしてそこにとどまっていた人ではない。彼は、そこからさらに進んで、来るべき土着性がどのような空間にすえられなければならないか、その主題に心をこめていたのだ。

熊楠の考えでは、そのような空間は、それぞれの個人が、マンダラ的ないしはオートポイエーシス的な構造に、みずからの主観性をつくりかえることができたとき、そのような新しい共同性に土台をすえることができるはずだった。「主体」を全面に押し立てていく社会では、それは原理的に不可能だからである。主体を中心とする世界では、生命の奥深いレベルですでに、客観的な観察者の位置というものがセットされてしまっているから（そして世俗化されたキリスト教と科学主義は、それを補強してきた）、世界は生命システムみずからの能力において創出されるものではなく、生命システムの外にある「法」がそれを決定しているような幻想ができあがる。このような幻想は、人間という生命システムから、「根拠と地盤」を奪っていく。つまりは、生命としての自律性を奪っていくことになり、「社会のエコロジー」は、致命的な危機をかかえることになるだろう。

したがって、「社会のエコロジー」のためには、個人の主観性の構造深くにまでおよんでいくような、「精神のエコロジー」が必要なのだ。それは、生命を内側から生きていくような、オートポイエーシス的な視点を身につけた主観性を、つくりだしていこうとするだろう。さらには、その視点は、この世界に生起するあらゆる物事が、本質のつながりを実現している状態にたいする認識を生み出していく、マンダラ的主観性の形成につながっていく。このような精神のエコロジーが欠けているかぎり、社会のエコロジーも、つぎに述べる生態のエコロジーも、不完全なものにとどまらざるをえない。社会的につくりだされた危機の土台のひとつは、個人の主観性の構造そのものに、根ざしているからである。

この二つのエコロジーとのつながりが実現されることによって、動植物の生存条件と自然環境の状態をめぐる「生態のエコロジー」は、はじめてほんとうの意味で、可能になっていく。なぜなら、景観は生命システムすべてにとって意味をもち、その意味は客観的にではなく、生命システムごとに、オートポイエーシス的に、決定されているからだ。人間にとっての景観は、人間という生命システムにつくりだされる主観性の構造との深いかかわりの中で、はじめて意味をもつ。それは、他の生命システムにとっても同じで、彼らは彼らの「景観」をもつのである。したがって、自然は無数の異なる構造をもつ「景観」の、複雑な組み合わせとして、つくりだされているわけだ。それらの複雑なネットワークをとおして、生態系はつくられている。だから、生態のエコロジーが実現されるために、主観性の構造をめぐる精神のエコロジーや、そこから共同的な力がつくりだされてくる社会のエコロジーとの結びつきが、重要な前提条件となるのである。生命をつねに観察者の立場からみる、客観科学からでも、もちろん生態のエコロジーは可能だ。だが、それは、本質的な矛盾を、かかえることになる。この矛盾は、自然にたいするセンチメンタルな感情によって、ごまかしてすませることではない。

神社合祀反対の運動をとおして表明された、南方熊楠のエコロジー思想においては、これら三つのエコロジーが、ひとつに結合されようとしていた。ナチュラリストとしての熊楠は、生態のエコロジーにたいする危機感から立ち上がったが、同時に民俗学者としての熊楠は、それが社会のエコロジーの問題に深くリンクしていることを理解していた。そして、森の秘密儀に通じたマンダラの思想家としての熊楠は、その問題が精神のエコロジーと結びつかないかぎりは、けっして豊かな未来を開くものではないと見抜いた。彼は、東アジア的な生命論から出発して、未踏のエコロジー思想の存在を、はっきりと予告したのだ。南方熊楠は、いまだに、私たちの前方を歩んでいる。注㉔

注① 熊楠はみずからの単式顕微鏡について次のように述べている。「この簡単なる顕微鏡……フィラデル・フィアにて作れり。その会社は今なし。またかかる簡単強固安値なる好顕微鏡は今どこにもなし。かつ小生南米までもち行きその後も今に不断役に立ちおるものゆえ、雄鹿の角の束のまも身《みずか》ら離すに忍びず……小生の眼に多年もっとも馴れたるものにて、菌や藻の外形を通過光線にても反映光線にても、咄嗟の間に用い得る結構にてなかなか便利なるものなり」本書「フィラデル・フィアの顕微鏡」参照)。

注② B・J・フォード『シングル・レンズ——単式顕微鏡の歴史』(伊藤智夫訳、法政大学出版局、一九八六年)

注③ D・E・アレン『ナチュラリストの誕生』(阿部治訳、平凡社、一九九〇年)、209頁。

注④ 粘菌の発見から属としての独立までの歴史は以下の書物を参照とした。Fries, Elias. *Systema*

Mycologicum, Uppsala, 1832. De Bary, H, A. *Die Mycetozoen* (*Schleimpilze*), Leipzig 1859. Lister, A and G. A *Monograph of the Mycetozoa* (3 ed.), London, 1925. Gray, W. D, Alexopoulos, C. J. *Biology of the Myxomycetes*, New York, 1968.

注⑤ 前田みね子、前田靖男『粘菌の生物学』（東京大学出版会、一九七八年）、19頁。

注⑥ ミッシェル・フーコー『言葉と物』（渡辺一民・佐々木明訳、新潮社、一九七四年）、160頁。

注⑦ フーコー、前掲書、288頁。

注⑧ トビー・A・アペル『アカデミー論争』（西村顕治訳、時空出版、一九九〇年）。この論争は、独自の植物形態学を構想してきたゲーテにも、強烈な印象をあたえた。その様子は『ゲーテとの対話』に次のように記録されている。

七月革命がぼっ発したというニュースが今日ヴァイマルへ届き、すべてが興奮のるつぼに投げこまれた。私は、午後のあいだにゲーテのところへ行った。「さて、」と彼は私に向かっていった、「君は、この大事件についてどう思うかい？ 火山は爆発した。すべては火中にある。もはや非公開で談判するようなときではないよ！」

「恐るべき出来事です！」と私は答えた、「しかし、情勢はよく知られているとおりですし、ああいう内閣では、これまでの王家を追放して、事を収めるよりほかに手はないでしょう。」

「どうも、とんちんかんだ、君」とゲーテは答えた、「私が話しているのは、あんな連中のことじゃないよ。私が問題にしているのは、ぜんぜん別のことだ。私は、学士院《アカデミー》で公然と持ちあがった学問にとって重要な意義のある、キュヴィエとジョフロア・ド・サン・ティレールのあいだの論争のことをいっているのだよ！」

このゲーテの言葉は、私にとってはまことに思いもよらなかったので、私は、どう答えてよいやらわからず、二、三分のあいだはすっかり思考が停止してしまったように感じた。

（『ゲーテとの対話』岩波文庫版、下巻290頁）

ゲーテはキュビエともジョフロア・サン＝チエールとも違う植物形態学のアイデアをあたためていた。「原植物」をめぐるその思考は、近代生物学の開始の時点で、ゲーテがすぐにこのあと支配的となる科学的視点とは異質な、生命の学の道に踏み込もうとしていたことをよく示している。

注⑨　フーコー、前掲書、298頁。

注⑩　熊楠は粘菌がいまも変化の「途上」にあることを示すために、異種の粘菌どうしをかけ合わせて、ハイブリッドな変種をつくりだす実験を試みていた（荻原博光による『南方熊楠菌誌1』変形菌部の解説を参照）。この実験は成功しなかったが、彼が分類学の深層に何を見ようとしていたのかを示す、興味深いエピソードである。

注⑪　クロード・ベルナール「動植物に共通する生命現象」（小松美彦他訳、『科学の名著』II－九、朝日出版社、一九八九年）などによる。

注⑫　オートポイエーシス論は、いまだに議論のまっ最中にあるが、そこに生物学にとって、何か本質的に革新的な、ちょうど量子論が物理学にとってもったような意味をもつものらしいという認識は、しだいに確かなものになりつつあるようだ。これについてはこの理論の主導者であるH・R・マトゥラーナと、F・J・ヴァレラの共著『オートポイエーシス』（河本英夫訳、国文社、一九九一年）にまとめられている。

注⑬　マトゥラーナ、ヴァレラ、前掲書所収、河本英夫による「解説」。

注⑭　私たちはここで、インド、チベット、中国、日本で発達したマンダラ論の全体を踏まえて、その中からのエッセンスの抽出作業をおこなってみた。

注⑮　中沢新一『蜜の流れる博士』（せりか書房、一九八九年）に所収の南方論に、この「眼の位置」をめぐる問題を語ったことがある。

注⑯　森が「公界」だったことを、網野善彦は『無縁・公界・楽』の中で次のように語っている。「私は、中世前期には、山林そのものが——もとよりすべてというわけではないが——アジールであり、寺院が駈込寺としての機能をもっているのも、もともとの根源は、山林のアジール性、聖地性に求められる、と考える」（網野善彦『増補　無縁・公界・楽』平凡社、一九八七年、134頁）。

森はヨーロッパでも、同じような「公界」としての意味をもっていた。森は「自由空間」「開放空間」として、世俗の法とは異質の法が支配する場所だった。しかし、無法ではなく、法の誕生の瞬間の記憶を保存するような空間だったのだ。

注⑰　「実存のテリトリー」という言葉を、私はフェリックス・ガタリの研究から借りている。これについては本コレクション第四巻『動と不動のコスモロジー』の解題を参照されたい。

注⑱　安丸良夫『神々の明治維新』（岩波書店、一九七九年）、6～7頁。

注⑲　台場公園売却問題にたいして熊楠のとった行動については、中瀬喜陽らによる南方文枝『父南方熊楠を語る』（日本エディタースクール出版部、一九八一年）に詳しい。本書365～378頁参照。

注⑳　大濱徹也「家郷社会と神社」『講座神道』第三巻（桜楓社、一九九一年）、には、神社整理にいたる過程の思想的な意味づけが、詳しく論じられている。

注㉑　中瀬喜陽による「解説」、南方文枝、前掲書、85頁。

注㉒　グレゴリー・ベイトソンが『精神のエコロジー』で、「誤った思想のエコロジー」について語っているが、この視点はガタリ『三つのエコロジー』（杉村昌昭訳、大村書店、一九九一年）にもうけつがれて、展開されている。

注㉓　マルチン・ハイデッガー『放下』（辻村公一訳、理想社、一九六三年）、24頁。

注㉔　マックス・リヒナーはそのトーマス・マン論の中で、「ゲーテに近づくことはゲーテに帰ることではない。ゲーテはまだ追い越されていない。ゲーテに近づくことは前進することだ」と語っているが、私たちの熊楠論も、ここまで、それと同じ精神に導かれてきた。つまり、熊楠に近づくことで、私たちは前進するのである。

第一部

謎としての生命——植物学論文集成

フィラデルフィアの顕微鏡

大正十三年二月十五日夜九時前

上松蓊様

拝啓。一月二十七日付御状二十九日に拝受。ちょうどその翌三十日午後一時に拙妻の母死亡（拙妻は一月二十二日朝和歌山へ参り、二十七日夜帰宅、それより三日めに死亡せしなり）、和歌山で火葬致し、拙妻の妹夫妻その骨を持ち来たり、二月十日に葬埋、十二日に和歌山へ帰り候。これらのことのために拙妻いろいろ取り込み、それがため御返事後れ申し候。

小生は英国にて緊要の学問上の題目出で、小生にあらざれば答うるものなき様子に付き、ちょっと二週間ばかりかかりて認め、ようやく一昨日（十二日）出し申し候。これはスイス国のチューリッヒ市の中古の伝説にて、シャーレマンがフェリッキスおよびレグラ二尊者殉教の遺跡に鐘楼を立て鐘を懸け、誰でも冤訴あるものはこの鐘をつけば大王みずからその訴えを聞き、判官をして再審せしむる定めとす。しかるところ諫鼓《かんこ》苔蒸して鶏驚かずの例で、誰も冤訴のものなきほど太平なりしにや、この鐘の下に◆1蛇が住み子を生む。ある日天気晴朗に乗じ母子つれて散歩に出る。帰り見れば蟾蜍《ひき》がその巣を押領しおる。（御存知通り欧米では古今蟾蜍を大毒物として悪《にく》むなり。）蛇如何ともする能わず、その鐘を鳴らし大王みずから訴えを判じ、これは蟾蜍がよっぽど悪いということで兵士を召して蟾蜍を誅戮す。その礼として蛇が◆2玉をもち来たり王に献す。この玉を持つものの一身に王の寵愛集まるはずで、大王この玉をその后に与うると、それからちうものは大王后を愛することはなはだしく、他の諸姫妾はことごとく非職となる。後年、后病んで崩ずるに臨み、もしこの玉が他の女に伝わることあらば大王またその女を后に冊立し自分のことは忘失され了るべしと思いて、その玉を舌の下にかくして崩ず。さて、大王后の尸《しかばね》をマンミーに作り一度は埋めたが、何とも思い切れず、またこれを掘り出し自分の室に十八年の長い間安置して朝夕これを抱懐す。内竪の少年不審に堪えず、いろいろ考えて后の尸を捜すと舌根に件の玉あり。それを盗み持つとそれより大王の寵幸この少年に集まり、后の尸を一向見向かず。不断常住この少年を愛することはなはだしく、少年も追い追い年はとるが元服も許されず、毎夜毎夜後庭を弄ばるるをうるさくなり、ついに温泉のかたわらなる沼沢中に玉を棄てると、それより大王またその沼沢を好むことはなはだしく片時もその辺を去らず、ついにアーヒェン Aachen 市をその沼に建てて永住した、という話で、教授ベンスリー、この話原を十二月十五日の『ノーツ・エンド・キーリス』で論じたが、十分に分からぬらしい。

この話の前半分は鬻子《いくし》（春秋の楚王の先祖で、夏禹王の姉たりという）の書に見える。すなわち夏禹王は五声を判して天下を治めたというので、王宮の入口に鐘、磬、鐸、鼓、鞉（フリッヅミ、西洋になきが古ユダヤ人の用いし tympanon《チンパノン》 に一番近し）の五楽器を具え、それぞれ用事に随い特別の楽音をたたかしむ。かくて遠慮なく王を見て小言をのべ異見を言わしめたるなり。『管子』には、禹王宮前に鐘をかけ、冤訴あるものにこれをたたかしめた、とあり。『呂覧』には、堯帝が諫鼓を宮前に立て諫言を進めんとする者にこれをたたかしめた、とあり。日本では、孝徳帝大化二年の 詔《みことのり》 に、宮前に鐘を懸けて諫言を欲するものにたたかしめた、とあり。支那書にはあまり実際用いた由は見えぬが、九世紀（唐末）に支那に遊んだアラビア人紀行や明《みん》のころ支那に遊んだ宣教師の書を見るに、実際かような鐘をそなえあったらしい。（アラビア人の紀行には、その鐘をダラと呼ぶとあり。これはドラにて、日本で銅鑼をドラと呼ぶは唐のころの通用の音という証拠になる。車などもシャと訓《よ》ませある。故に今の北京音ツンロ、シェなどよりは、日本に伝わる漢呉音の方ずっと古く正しき発音と判る。）この支那の諫鼓や鐘のことを西洋へ伝訛せしなり。

後半の、ある物（玉なり何なり）を蛇が礼にもちくるということは、支那、インド共にその話あり。アラビアにもあると思う。もっとも名高きは、『荘子』に見えたる隋侯の珠で（多く費やし少なくもうけることを、隋侯の珠を千仞の雀に抛つという）、そのわけは晋のころ出来た『捜神記』に出づ。隋侯が斉国へゆく途中、熱沙上に小蛇が頭より血出て苦しむを愍れみ水中に入れやると、二月へて帰途そこを過ぐる際、小児あらわれ珠をくれる。小児より物を貰うは大人気ないとて辞し去ると、その夜また夢に見え、われは前々月援《すく》い下された小蛇なり、ぜひこの珠を受けたまえとてのこし去る。眼さむれば床頭にその珠あり、希有の明珠なり。持ち帰り王に奉り、それに対する下賜金で一生安楽に暮らした、とある。

最後の、ある物（玉等）を持つと人に愛せられ、その玉を他人に伝うると愛もその他人に移るという話は、ずいぶんありそうなことながら今に一つも見出ださず候。ただし、ある物をもつと人にきらわれ、その物を他人に移すとその人がまた嫌わるる話は、『宋書』にあり。休祐という人毎度宋の明帝の前で失言して怒らる。不審に思ううち庾道愍という笏の相師が、その笏を見て、この笏は貴人のもつ物ながらこの笏をもつ人は必ず帝王に嫌わるる、というた。休祐感心して、褚彦回は非常に謹密な人なれば試みにその笏を換えてもらうと、さしも謹密なる彦回が笏を換えて数日ならぬに帝の前で失言して大いに不快を招きしところへ休祐来たりて、実は試みにこの笏を取り換えたからと解いたので帝の怒りも釈けた、とある。

この論かくに三十七部の書しらべ、ずいぶん骨折れ申し候。

ベンジャミン・キッドの語に social efficiency と申すことあり。西洋の人みな東洋の人に優れるにあらず。しかるに今日西洋の人が東洋の人よりえらいように西洋人がもっぱら思うは、たとえば小生ごときものが、そりゃ隣町に事が起こったと聞いても、火事なら消防器、大水なら防水具、訴訟なら弁護士、つかみ合いなら侠客を、さっそく遣わし治めるという力なきに反し、三井とか三菱とかいう大家ならば、それぞれ無事を計るべき備えがちゃんとととないおる。そのごとく、文事に武備に工事に商事に済世に衛生に、西洋にはその機関準備しおり、東洋にはどうもそろわぬ。兵事のみは日本の誇りだったが、これも華府会議で腕をぬかれ了り、医術くらいが少しましなれど、それも金がなくて思わしくもならず、学問に至っては彼方の人もっともおのれを空しうして推尊自他を分かたぬところなるが、かなしいかなわが邦にあんまりこの準備のある人を聞かず。不敏ながらその方に永年準備しあるゆえ、時にふれ折に臨みかようのことを論じて示すも止むにまさるの効はあるべしと、右様の頼まれもせぬことに骨折り申し候。『ノーツ・エンド・キーリス』などは、かの邦には図書館ごとに備えらるる必読のものなれども、日本には名号さえ知った人はなく、わずかに京浜間の洋人が読む由、それも十人はなき由に候。田中長三郎氏に聞きしに、米国などにはクラブごとにこの雑誌をそなえある由。

小生和歌山へ上ったら、高田屋寓居のとき同前非常にゆるりと長くなるかも知れず。貴書にも示されし通りむやみに事を破壊するは易く、悠々事をとりまとめるは気を長くもたねばならず。小生はそのためにずいぶん修養致し、ギリシアのゼノクラテス同様夢をもって自分の試金石と致し候に、このごろに至りようやく夢中に怒りても多少制抑すると夢みるようになり申し候。されば右様の論文今二つ終えた上、いよいよ上り申すべく候。和歌山辺は当地とちがい、淡水藻の産地はなはだ多ければ、その間に淡水藻の図を生品より製せんと欲す。これは集金まとまらばさっそく出版するためなり。しかるに前年貴下が下されしカメラ・ルシダのワクは、小生もっともしばしば使用するわずかに五十倍―二百倍くらいの簡単なる顕微鏡にどうしても小さ過ぎて合わず、何とぞその簡単なる顕微鏡の筒にあうようにワクを作らせんと思えど日本では出来ず、貴下より下されしカメラの製造元（米国）では寸法さえ書き付けておくれば作りくれる由広告あり。この筒を東京へ送り、万一途中紛失また損害あってはこの簡単なる顕微鏡（フィラデルフィアにて作れり。その会社は今なし。またかかる簡単強固安値なる好顕微鏡は今どこにもなし。かつ小生南米までもち行きその後も今に不断役に立ちおるものゆえ、雄鹿の角の束のまま身《みずか》ら離すに忍びず）は、その用を全くなさぬに至る。小生の眼に多年もっとも馴れたるものにて、菌や藻の外形を通過光線にても反映光線にても、咄嗟の間に用い得る結構にてなかなか便利なるものなり。（只今は弁慶の七つ道具◆3のごとくいろいろと付属器多きほど事がむつかしくなり、咄嗟の間に合わず。）故にこの顕微鏡の筒の直径を小生精細に画きかつ測度し、書き付けてそれに合うワクを注文せんと思うが、カメラをあのワクよりこのワク、このワクよりかのワクと、はずしたり加えたりすることが阿漕が浦のたび重なれば、また必ず珍事出来《しゅったい》して棹がゆがんだり、鏡がはね落ちたりするものなれば、いっそこの簡単なる顕微鏡の筒相応のワクを作り、それに前年貴下より下された通りのカメラ・ルシダ一切一揃いを揃えて注文せんと欲す。このこと貴下おついであらば御聞き合わせ、大抵いかほどなりや、またその代金は前納すべきや否をも御聞き合わせ下されたく候。

小生顕微鏡多くもつが、右の簡単なる顕微鏡は日夜入用にて、例せばこれほど（1）の大きさにカビの全体を図するはこの顕微鏡に限り、他の顕微鏡を用うればいずれも大きすぎてかくのごとく（2）そのカビの一部分しか写し得ず、不用のことに力を尽すこと大にして結局精細に過ぎ大体のことが分かり難きこと多し。自在画法にてやってのけおるが、それでは諸部の大きさを精細に観測すること成らず、大きさの観測にはぜひカメラ・ルシダを用うるを要し申し候。筒の大きさを測るは必ずしも筒を東京まで送るを要せず、当方にて精測し、またその確かな図、すなわちかくのごとく紙の上に筒をおき、精細に鉛筆にて輪をえがけばよきことと存じ候。少々実物とちがうともその差《ちが》いはわずかなことで、ワクの一方にこんな口あり、ねじののびちぢめで多少ワクの径が広くなり、狭くなりして筒に合うものと存じ候。

前日御恩賜のやつのワクは、その直径が小生顕微鏡の大抵のやつに合うが、ただ右に申す簡単なやつの直径より狭くて、どうしても合わぬなり。(イ)なる径が(ロ)なる径より短きなり。いかに(イ)なる口をひろむるも(ロ)なる径の長さほどに広まらぬなり。右当用のみ申し上げ候。　早々以上

尚々

政友会われたに付いて、当県撰挙界も事むつかしくなり、数日前人力車より落ち負傷ときく中村啓次郎氏は、和歌山市より打ち出る久世豊忠とやりあうらしい。また、岡崎邦輔氏従来の独占地よりも今二名候補者出で、岡崎氏をたたき落としにかかるらしい。こんな騒動にて毛利氏も和歌山市まで還りあれど今に当地へ帰らず。新聞社の職工六名ストライキを起こし、数日前騒動、ようやく二名帰り来たり、昨夜出すべき新報を今夜配達せしようのことなり。故にこの際小生和歌山へ上り

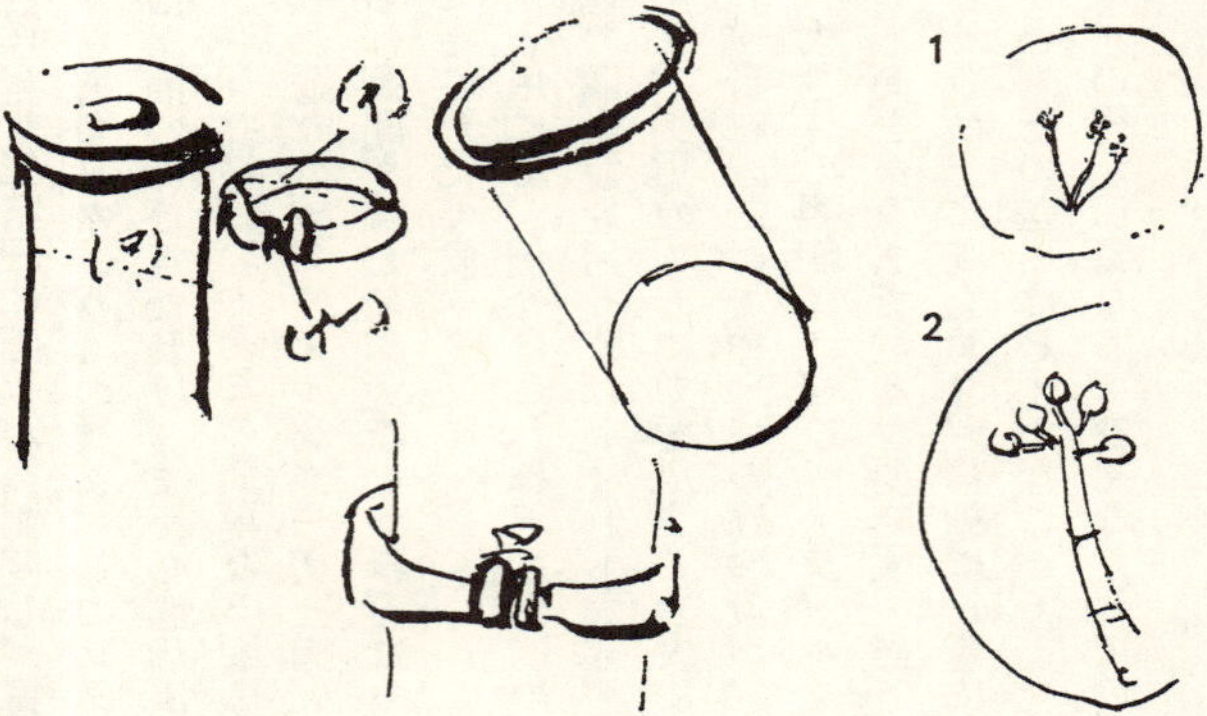

ても、撰挙のために、小生の集金などに骨折りくれる人はなかるべし。しかしながら小生は要は家弟の方の方を付けるが第一義の専要事なれば、その方さえ方付かばよきにて、その他の分の集金は後日としても宜しく、あまりに家弟の方をすておきて、そのうちに不慮の災難など起こらば、全然とり返しの付かぬこととなるべければ、とにかく和歌山辺の淡水藻や地衣視察かたがた上り申し候。

チョコレートは小畔氏神戸より拙妻の妹方へ多くおくりくれあり。食事等のことは小生幼時よりの好友あればその方にてどうともなるべし。貴下は何とぞ本文申し上ぐるカメラ・ルシダの件御かけあい下されたく候。

二白

（平凡社版『南方熊楠全集』別巻一93〜99頁）

《語注》

◆1　蛇（へび）――蛇の神性は、熊楠が『十二支考』で言うように、〝邪視〟にあるかも知れない。「強い邪視力」があるということは、普通の眼ではない。高崎正秀流に言えば、必ずや隻眼《せきがん》の蛇というものがいるに違いない。神の眼は、眇《すがめ》あるいは隻眼と信じられて来た。尊い御方が、植物によって目を傷付けられたという伝説には必ずや山の民が介在している。そしてその御方を神として祀ったのも山の民である。この話と蛇体と化して神となる貴人の話とは、どこかで繋がっているように思われる。

◆2　**玉**（たま）——玉の持つ呪力は女性のものである。記紀神話に出づる天皇の祖母たる人の名は「豊玉姫」であり、叔母であり母である人の名は「玉依姫」である。そして彼女たちの本性は「蛇」である。即ち、蛇の化身の姿が、美しい処女《をとめ》であり、「玉」、それ自体なのである。伊勢の女神を「玉女」というのは、それ故か（『東大寺要録』）。アマテラスは太陽神として天《あめ》の石屋戸《いわやと》で再生するが、それは蛇の脱皮の行為に似る。ギリシアの女神・メデューサの髪は蛇であり、眼は邪視力を持っていた。原始の女神たちは多く蛇性なのである。アマテラスもかつては沖縄の「テダ＝太陽神」と同じく、「穴」に住んでいたのである。『おもろさうし』の「テダが穴」はその証《あかし》である。

◆3　**弁慶の七つ道具**（べんけいのななつどうぐ）——『義経記』では、大刀、刃、鉞《まさかり》、薙鎌《ないがま》、熊手、撮棒《さいぼう》（櫟《いちい》の木を鉄伏せにした棒）が江戸時代の『鬼一法眼三略巻』では、熊手、薙鎌、鉄の棒、木槌、鋸、鉞、刺股《さすまた》となる。共通の「熊手」「薙鎌」「鉞」は、各々神事と関係深い。例えば、熊手は、今でも神を天降らした後、神の通り道＝筋《スジ》をつける道具であり、薙鎌は魔を祓う。また、鉞は「金太郎」の持ち物である。金太郎は山童、神の御子である。弁慶の七つ道県は総て祭具であったと思う。熊楠は弁慶に強い感心を示す。それはそこに〝山〟が見えるからだ。

粘菌、動植物いずれともつかぬ奇態の生物

本邦産粘菌諸属標本献上表啓

粘菌の類たる、原始生物の一部に過ぎずといえども、その大気中に結実するの故をもって、一見植物の一部たる菌類の観あり。これをもって動植物学者輩互いにこれを自家研究域内の物と思わず、相譲り避けて留意せざりしこと久し。西洋にありては、承応三年（西暦一六五四年）ドイツ人パンコウがルコガラ属一種の発生する状を図して速成菌と名づけたるが粘菌最初の記載なるも、その後二百年間著しき科学的研究をなさず。安政六年（西暦一八五九年）ドイツ人デ・バリー粘菌説を著わしてその本性を論じ、その門に出でたるポーランド人ロスタフィンスキーが明治八年（西暦一八七五年）粘菌譜を作ってその分類を講じ

てより、諸国ようやくその専攻の学者を出し、研究随って盛んなるに及べり。支那にありては、唐の段成式の『酉陽雑俎』◆1に、「鬼矢は陰湿の地に生じ、浅黄白色にして、あるいは時にこれを見る。瘡《いや》を治すに主《よろ》し」の短文あり。その詳を知るに由なしといえども、多分はフリゴ属の粘菌の原形体が突然発生して形色すこぶる不浄に似たるより、この名を負わせしなるべく、果たして然らば西洋人に先だつことおよそ八百年、支那人すでにこの一類を識りて記載したりしなり。しかるに爾後一千年の間、東洋人が一言を粘菌類に及ぼしたるを聞かず。帝国産するところの粘菌に至りては明治の初年外人が小笠原島に産する僅々数種を採り去って調査定名せしことあるも、明治三十五年理学博士草野俊助集むるところの十八種をケムブリッジ大学に贈り、故英国学士会員アーサー・リスターがその名を査定して発表せしを、秩序整然たる本邦産粘菌調査報告の嚆矢とす。和歌山県人南方熊楠は、明治十九年海外に渡り欧米諸国に遊ぶこと十四年、その間西インド諸島◆2に粘菌等を採集して創見するところあり。故英国学士会員ジョージ・モレイの勧めにより、帰朝後粘菌の研究を続けて倦まず、新種新変種は固よりその発生、形態、畸病等についても創見するところ少なからず。大正二年「訂正本邦産粘菌類目録」を出して一百八種の名を列し、大正十年かつて英国菌学会長たりしグリエルマ・リスター女は南方発見の一種に拠って新たにミナカテルラ属を立てたり。臣四郎熊楠の指導により内外諸国に採集すること歳あり。よって獲しところに右の「目録」出でてのち熊楠および同志諸人が集めしところを合わせ現時帝国産粘菌を点検するに、実に三十八属一百九十三種を算し、うち外国に全くなきもの約七種あり。現今世界中より知られたる粘菌すべて五十三属約三百種の中に就いて、英国は四十四属二百種ばかり、米国は四十一属二百二十三種を出だすに対して遜色ありといえども、帝国にこの類の学開けて日なお浅く人少なきを稽うれば反ってその発達の著しきを認めずんばあらず。

今回台覧の恩命を拝戴し、一種あるいは数種の標本をもって邦産粘菌の各属を表わし、すべて九十品を撰集して献じ奉る。ただし邦産三十八属の内、ラクノボルス属の標本は解剖し尽したるをもってこれを闕き、オリゴネマ、ジアネマの二属は邦産の標本きわめて微少なれば英国生の品を代用せり。冀くは嘉納あらんことを。臣四郎恐惶謹んで言す。

大正十五年十一月　　従七位勲五等功五級　小畔四郎

標本献上者　小畔四郎　品種撰定者　南方熊楠

邦字筆者　上松蓊　欧字筆者　平沼大三郎

（大正十五年十二月『植物学雑誌』四〇巻四八〇号）

（平凡社版『南方熊楠全集』第五巻620〜621頁）

粘菌は原始動物の一部

大正十五年十一月十二日朝十時半

平沼大三郎様

南方熊楠再拝

拝啓。十日正午出御状今朝九時拝見。折から小生大阪毎日社へ進献のこと認めており、失敬。只今その文発送して直ちに御受書相認め申し候。

信託預金の儀は、御来下相成り候までは、銀行小口預金に相成りおり候儀と心得おり候ところ、信託会社へ御預け入れ下されある由、今回の御状にて相分かり、大いに安堵仕り候。大枚の御寄付金、今に御受取証も差し上げず、右の次第ひたすら重々恐れ入り申し候。金銭に関する諸文献は一切倉庫に入れおり、それを取り出しにかかると、拙児万一倉庫に入り栖籠るようのことあらば(槍、薙刀等も倉に入れあるより)、大事に及ぶべしと慮り、一切倉を開かぬことに致しおり候ため、かくのごとく延引致しおり候。娘こと学校試験明後日済み候上は、拙妻とつれ、しばらくどこかへ寄寓致すべく、然る上は拙児もおいおいさびしくなり、あまり勝手なこともできず、自然拙妻の所へゆき、ついには村部の閑静なる処へ移るべきかと申すことに有之。明後日あたり、とにかく試むるはずに有之。またそれより乱暴など仕出だし候わば、小生警察権の施行を乞うてまで、みずから京都へつれ上り、入院せしめんと存じおり候。只今のところただただ口やかましく罵り、また邸内を走り廻るのみにて、一向外人を困らすことなきゆえ、むやみに監禁の拘束のと申すことは成らず、もっともこまり入りおり申し候。昨日ごときは邸内にて午下《ひるさがり》より夜の七時ごろまで走り通しにて、見ておりしものの詞に、五里ばかり走ったはずと申しおり候。右の次第にて小生は午下より夕まで熟眠し、それより明日の正午まで学事をするという、へんな境涯に有之候。

進献品一件のため徹底的に取り調べ、邦産粘菌現在種数百九十三と分かり、進献表にかき入れ申し候。証拠なくては日本人の癖としていろいろの口をきかるるものゆえ、いっそこの際徹底的にしらべ、種名と創見者の名と所を書きたるが、前回差し上げたるものに御座候。小生は進献のこと全くすみ候わば、表啓文と共に現在粘菌の種と変種と異態の総目録を小畔氏に送り、印刷して諸方へ配布せんと存じおり候。然るときは *Physarum nutans* var. *robustum* Lister（赤石沢）、*Stemonitis herbatica* var. *confluens* Lister（長者丸）、*S. ferruginea* var. *flaccida* Minakata（日光白雲滝下）、*Lycogala epid endrum* var. *tessellatum* Lister（駿河田代）等、貴下の創見はまだ若干あることに御座候。

黒部川へは画師ども前日上り候由、『大毎』紙にて一見、貴下もたぶんこれに加わられしことにや。二種の粘菌は少数ながらかかる時候にかかる所にありしものゆえ、必ず創見は一つくらいあることと察し上げ候。

　進献は十日朝十時ごろすみたるらしく、その旨電報来たり申し候。しかるに昨日着せし九日出小畔氏の状を見るに、服部博士は進献表の発端に小生が「粘菌は原始動物の一部」とかきしに反対にて、原始生物と直したらよきようの指示ありしようにて、小畔氏は電信にて小生に問い合わされしも、依然原始動物で押し通すべしと小生返事せしよりやや不快らしく、これがため進献に故障を生じはせずやと心配のあまり発病し、進献の当日このことが出たら原始生物と書き替える旨申し来たり候。十日の朝果たしていかが処理せしか、いまだ承らねども、日本にはこの類のこと多き◆3ゆえ、止むを得ぬことと存じおり候。しかしながらこれは大いに不条理なことにて、皇太子が粘菌を学ばるるは宜しくないとか、粘菌を研究する前に一通り他の原始動物をさるべしとか、乃至帝系とか宗旨とか宗廟とかのことに関しなにか申し上げたるならば、相応に警句も必要なれど、粘菌、これは古くて今日用いぬ語に候（Myxo《粘る》＋mycetes《菌類》）。今日はもっぱらロスタフィンスキーの菌虫《きんちゅう》（Myceto《菌類》＋zoa《動物》）なる語を用い候。現に進献品の印刷目録にも粘菌（ミクソミケテス）となくて、ミケトゾア（菌虫）と致しおり候。

　虫とはむかし周漢のころの支那人が、倮虫（人）、毛虫（獣）、羽虫（鳥）、鱗虫（魚や蛇）、昆虫（いろいろのムシ）、介虫（亀や蟹や螺蛤等）などに動物を分類し、すなわち動物のことを虫と申し候。

粘菌という名は廃止したきも、日本では故市川延次郎氏がこの語を用い出してより、今に粘菌で通り、新たに菌虫など訳出すると何のことか通ぜず、ややもすれば冬虫夏草などに誤解さるべくもやと差し控いおり候。

粘菌が動物にして植物にあらざることは、第一にデ・バリーが論ぜし通り、粘菌の胞子（イ）が割けて（ロ）（ハ）なる浮游子を生じ、おいおい前端に一毛を生じて游ぎ進む（ニ）。次に毛がなくなり游ぐことは止めてはいありく（ホ）。そんなものが二つ（ヘ）寄り合い三つ寄り合いて融合してだんだん大きくなる（ト）。ついに（チ）なる原形体をなしてそれより胞囊や茎を生ず。（ホ）（ヘ）（ト）（チ）みな体の諸部がアミーバ状に偽足となり出で食物をとりこむなり。

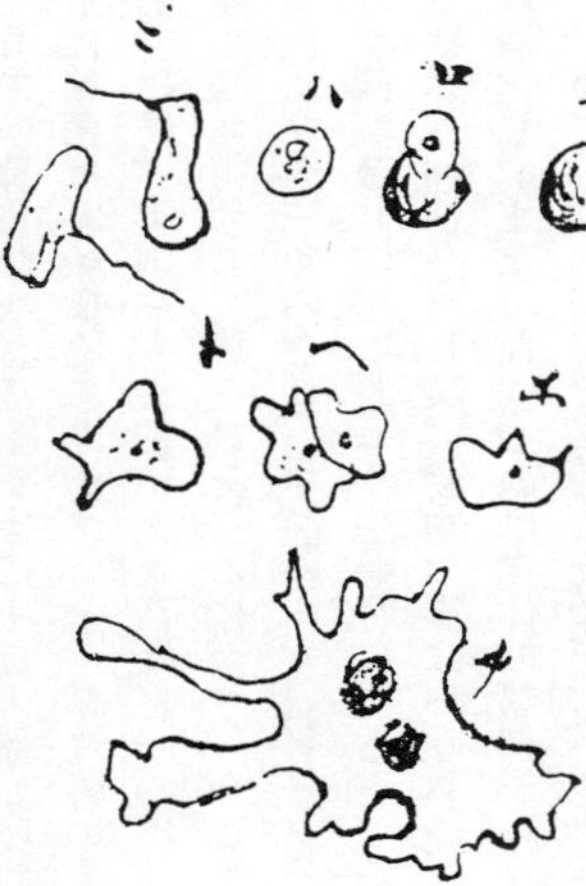

原始植物やアサクサノリ等の藻またキトリジア類の菌には、胞子が（ロ）ごとく裂けて中より出たものが（ホ）ごとくアミーバ状に動くもの少なからず。しかしながら、このアミーバ状に動くものが二つ以上より合い融和してだんだん大き

くなり、原形体を作るということは、原始動物にはあれども植物界には全くなきことなり。故に粘菌は原始植物にあらず、全く植物外のものにて、原始動物たりとは、デ・バリーの断言に候。英国にも最初はクックなど一心不乱に粘菌は動物にあらずと抗論したるが、事実に勝ち得ずして声をひそむるに至り、今は誰も粘菌を植物というものなくなり候。

次に文久三年（一八六三年）露人シェンコウスキは初めて粘菌の原形体は固形体をとり食うを観察致し候。これは小生等毎《つね》に見るところにて、主としてバクテリアを食い、食った滓は体外へひり出し候。動物の皮はわりあいに柔らかなるゆえ、口で物を食い、内腔に入れ消化し、また口なきものは自体の諸部がみな突出して固形体をとりこめて食い候（アミーバのごとし）。植物の皮は比較的に堅きゆえ破りては損となるゆえ固形体をとらず、固形体が溶解腐化等で流動体となりたるのち、皮よりこれを滲《しみこま》せて吸いとり申し候。

ただしサナダ虫等は寄生する主の腸内の汁を身体の全部の皮よりすいとり候。しかしサナダ虫は身体が動物組織のものにて動きもするゆえ、これを植物というもの一人もなし。全く寄生生活を営み堕落退化したるなり。またイシモチソウ、ミヤマミミカキグサなど申し、いわゆる食肉植物なるものあり、葉や茎に触れた虫や肉を消化し食うなり。食うというも口はなし。葉や茎より特種の胃液ごとき汁を出し、それで肉や虫（固形体）を流動体に化してすいとるなり。故に実に流動体となりたる虫や肉をすいとるばかりで、虫や肉を口に入れ、もしくはアミーバ状に偽足をのばしてとりこむには無之候。

今粘菌の原形体は固形体をとりこめて食い候。このこと原始動物にありて原始植物になきことなれば、この一事また粘菌が全くの動物たる証に候。

紀州の北・南牟婁郡は、古え人間のすむ所とせぬほど化外の地たりし。和歌山、田辺等と全く関係なく、人情風俗何から何まで伊勢に近し。故にこの辺に生えるハマユウという草を伊勢のハマユウと詠ぜし歌などあり（ハマユウは本当の伊勢にはなし）。それゆえ、維新後紀州の内ながら北・南牟婁郡を三重県につけ申し候。この方天理にもあい、地理にも叶い、人情にも合うゆえなり。しかるに中古来、北・南牟婁郡は紀州の首府たる和歌山辺より（名前上だけ）治めたるゆえ、北・南牟婁郡に関する文献や履歴をしらぶるにはやはり和歌山辺の文書によらざるべからず。この因縁によりすでに三重県に入って六十年近くなれる今日も北・南牟婁郡というと（紀伊の内なるゆえ）紀伊の首府たる和歌山を連想し、昨今の『大阪朝日』、『大阪毎日』ごとき大新紙にすら、三重県内たる北・南牟婁郡の出来事を、ややもすればその和歌山号に載せ申し候（実は和歌山辺とは何の関係痛痒なき所なるに）。これと等しく粘菌類は一八五九年にデ・バリーがその動物たるを言い出してより始めてその学大いに開けしものなるにより、それ以前の関係文書とてはみなこれを菌の一部と見立てたるときの菌学書に含まれおり候ゆえに、純正学上の研究は別として、第一各種の名前とか名前の沿革とか分類の履歴とか、古今産地の同異とかを調ぶるには、必ず多大の菌学書や菌学雑誌報告を見ざるべからず。一つの大学や研究所や博物館に、植物部に菌学書等をそろえある外に、いかに粘菌が動物と確定したればとて、動物部にまた粘菌のことをいささかも記したる古えの菌学書や、菌学雑誌を備えおくとあらば、費用はもとより置き場所にもこまり申し候。よって便宜上粘菌は動物と十分承知しながら、その文献しらべは植物学部に就いてすることに候。北・南牟婁郡は今日三重県で和歌山県にあらざるを十分知りながら、むかし和歌山よりこれを治めしときのことをしらぶるには、その文書の一々三重県へ買いこみ写しとりおくことはならぬから、和歌山県の文書について調ぶると同様に候。この理由によりて、デ・バリー、シェンコウスキーに後るること六十年以上なる今日までも、粘菌は植物なりと教導する者あらば、それはちょうど三重県の内に相違なき北・南牟婁郡のことを、漠然たる旧慣薫習によりて和歌山号に載せて職責をはたしたと想いおるようなものに候。なにか朝憲に逆らうとか帝室の威を損するとか、殿下に漫辞を吐くとかならば、進献を遮らるるも致し方なきも、粘菌のことは小生一日の長あり、リスター父子のごとき事ごとに相談をかけられたる小生なるにおいてをや。第一こんなことが英国などへ聴こえたら往年宮中で漢法医を専任したときのごとく、バルフォール、バートッグ、ケント、シレック等粘菌の動物たることを主唱せし人々が輩出したオクスフォード、ケンブリッジ諸大学（秩父宮様御留学の）ではよき物笑いの種と存じ候。

ドイツには専門専攻のためでなくて、書籍でもうけるために作る書籍多し。書籍が一廉の商品になりおるなり。故に事理は別とし、なるべく便宜を与えて買い手を多くするために、エングレールおよびプラントルの『自然分科篇』には粘菌のみか鞭毛虫《フラゲラタ》（これは動物たること疑いなきもの多し）までも収め入れあり。ただ多少植物に近しというのみにて、判然植物たりということは少しもいいおらず。粘菌が菌に似たりとはほんの肉眼で見た外貌だけのことで、内実少しも似たところなし。それを植物といわば、海綿類、珊瑚、ウミマツ等も、珊瑚樹といい、ウミ松というから、木や松の類というような全くの素人論《しろうと》となり申し候。

博士などいうもの大抵こんな人と思うとあいそがつき申し候。しかし「ままならぬこそ浮き世なれ」で、世は心に任せぬものに御座候。小生はこの上あまり宮廷の御用などを承るよりは、何とぞ尊母よりの御寄付金を活用し、早く粘菌新種だけの図説にても出板発表致したく候。

草々敬具

（平凡社版『南方熊楠全集』第九巻454〜459頁）

《語注》

◆1　酉陽雑俎（ゆうようざっそ）――中国九世紀の説話集。段成式の編になるという。「雑俎」の名の通り、その構成は、いかにも熊楠好みの〝ごった煮〟。内容は日本の中世の説話集に似る。この書に収められたシンデレラの話に熊楠は特に興味を持つ。「継子出世の話。これはシンダレラの話なり。小生、『東京人類学会雑誌』「西暦九世紀の支那書に載せたるシンダレラ物語」に引きたる『酉陽雑俎』の文など然り。御伽草子の『鉢かづき』、また、「日本文学全書」にも、『落窪物語』、『住吉物語』等に、多少似たことありしと存じ候」（『高木敏雄宛書簡』全集八巻所収）。また『南方随筆』に収められる『西暦九世紀の支那書に載せたるシンダレラ物語』では、この物語を『酉陽雑俎』から発見したのは、自分であるとし、中国の人もこれを知らぬ故、このまま埋もれてしまう恐れあり、それが惜しい、と、この物語を詳述している。シンデレラの話は世界に分布するが、日本では特に好まれたのか、先の熊楠の文章にあるように、長い時代を経て愛されて来た。これは一言で言えば、処女《おとめ》が神女であったという物語である。処女が神になるための儀式が「継子《ままこ》いじめ」であろう。高崎正秀の『皿々山《さらさらやま》の話』、『皿屋敷説話の研究』、『落窪物語に見る民俗』に日本でのシンデレラが詳しく語られる。

◆2　西インド諸島――熊楠は明治二十四年（一八九一）、菌類採集の目的でフロリダに向かう決心をする。出発は四月二十九日。十月二十七日、曲馬団の曲芸師・川村駒次郎、ハバナの熊楠の宅を訪問。これより二か月あまり、曲馬団に加わり、西インド諸島を巡行する。「明日当地出発、いよいよ西インドに渡航仕り候。幸いなることには、小生スペイン語ちょっとやらかし、また顔貌は少しもたがわず候ゆえ、大いに助かり申し候。右旅行見事に相すみ候後は、北カロリナ州のブラック・マウンチンと申す高山に登り、地衣類採集、それより尻に帆かけてニューヨークより英京ロンドンに渡航仕り候」(『喜多幅武三郎宛書簡』本コレクション四巻所収)。「顔貌は少しもたがわず」というのは、熊楠自身、自らの異相・異形を知っている。やはり彼は〝天狗〟なのだ。

◆3　皇太子(天皇)──熊楠と大正十年より「東宮陛下」として父・大正天皇の摂政であった、迪宮《みちのみや》裕仁親王(昭和天皇)との出会いを情愛をもって描いているのが、水木しげるの『快傑　くまくす』と思う。

「昔、このあたりに南方熊楠というおもしろい人がいたが……。あの人のくれた標本はみなキャラメルの古箱にはいっていてね……。はは、あの頃はたのしかった。どうだろう、昔、南方と二人で行った神島に行ってみたいが……」

「陛下、この雨ではすこしご無理かと……」

「あ、そう」

天皇はじーっと神島をみて、御製をよまれた。

「雨にけふる神島を見て紀伊の国の生みし南方熊楠を思ふ」

田辺市高山寺にある熊楠の墓からは、田辺湾に浮かぶ神島がよく見える。当時の「皇太子」というのは、奈良時代「養老律令」で規定された〝親王〟と似ている。彼は、政治とは無縁に生きなければならなかった。それは天皇となってからも変わってはならなかった。彼らは学問に生きた。北朝の天皇は特に文学的才を発揮した。

粘菌の神秘

大正十五年二月十三日夜十二時過認、十四日早朝出

上松蓊様

南方熊楠再拝

拝復。二月十一日午後二時出御状今日午後三時拝見。前状申し上げ候通り、渡辺邸の *Diderma* はいずれもみな *D. deplanatum* Fries に御座候。元来この種は(1)図のごとく胞嚢内に円柱体なく、その代りに胞壁（二重になりおる）の内側の壁が底の方に至って厚くなりおり、茶色がかりおり候。（底に遠き内壁は無色に近く虹光を放つ。）しかるに渡辺邸のは(2)図のごとく底の方の内壁がもちあがりて多少の円柱体をなしおり、その円柱体は(3)図のごとく饅頭をおしひらめたるごとくにしてすこぶる *D. effusum* Morgan に似るが、その円柱体の表面平滑なるに似ず、ザラザラと、かの一件の三十四、五のやつのごとく、

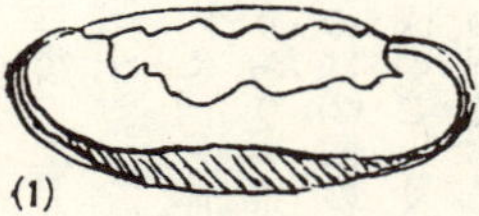
(1)

(2)

(3)

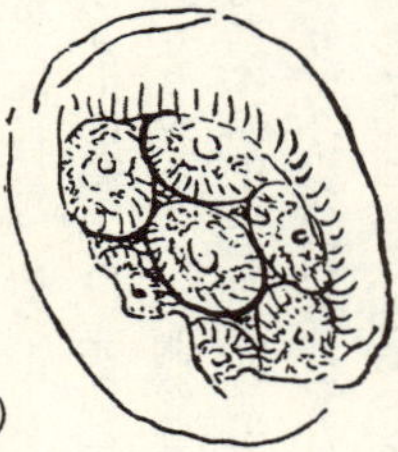
(4)

カズノコのごとき雑物多く、ちょっと猫の舌のごときゆえ、こんなやつにかかったら、下村宏氏が村井花子娘（例の高田屋の女将の末妹）になめられたごとく田も畔もなげ出すことと存じ候。しかしてまた不思議と申すのは、この渡辺邸の物、ことに今年一月小畔氏もち下られしものの多くは(4)図のごとく、帝釈天◆1が瞿曇仙人の苦行に乗じその妻を盗みしを怒り、仙人が呪すると帝釈たちまち女体に変じ、全身に千個の牝戸を生じ、始終それぞれの牝戸をやり通しに男子にやりつづけられ大いに苦しみ、とある、

これはヒンズ教◆2説なり。仏教は諸天の内ことに帝釈を尊ぶゆえこのことを忌み、翻訳して、帝釈常に千の陽物を具え、不断一千の玉女を犯すに、玉女おのおの他の九百九十九茎と九百九十九門を見ず、おのおの自分一人、ハアハア、スウスウ、フンフン、あれさそんなにまたやるのかえ、ウムウムウムと、帝釈とことしなえに歓楽しやりつ

づけると思う、と説きおる。

そのごとく、一つの円柱体に多くの円柱体を現じ、円柱体一つごとにそれぞれ中央あり、またそれよりザラザラした突起粒を射出しおり申し候。「津の国のなにはのことやのりならぬ、うかれたはぶれまでとこそきけ」とか申すが、まことに左様で、一事が万事でこんな処にまで法相が現わることとそぞろに感涙を催し申し候。

小生去る大正十年十一月末、高野山一乗院の裏の小山に誰か折箱にヘドをはき入れ棄てたる内より、きわめて小さきこの粘菌を始めて見出だせし。その多くはこんなに胞嚢の内壁が底の方やや厚くなり、茶色になりたるまでにて、あるいはイごとく小さき円柱体様のもの一つあるのみなりし。よって考うるに、この粘菌は前生に仏など少しも念ぜず、かの一件ばかり念じて死んだ人の生れかわりで、かようの微小なる胞嚢にすらかの件の形を多少現ずるが、それが大きくなると、例の勢力を徒労せずという節約法により、かの件の形を団体的に現出し、さて一件ごとに一胞嚢を作らず、多くの一件を群成してその外に一大胞嚢をとりまわせることと存じ候。似たる例は、*Didymium crustaceum* Fries と申すは左図〔次頁〕甲のごとく、見たるところは一個の大胞嚢ごときも、それを開くと図乙通り、内に多くの胞嚢が茎を分岐して群集しおることに候。とにかく貴集の *Diderma deplanatum* は従前欧州産（米国には今になし）とかわり非常に生態学上面白きものに御座候。なお諸国学者へ配りたく、また今後大王〔小畔四郎のこと〕

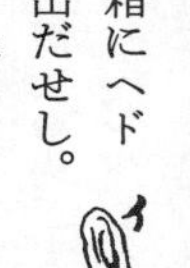

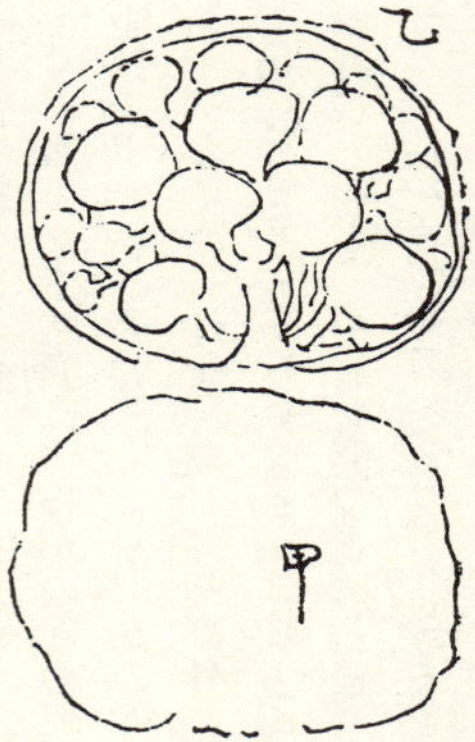

と協力して、七、八十種の日本粘菌集彙を発行し、野次さん連予防のためと称し眼の飛び出づべき高価で売り出す際入れたく候間、なるべく多く御とりおき下されたく候。かかるものは matrix（付着する本主物）が年をとるとたちまちまたはえなくなり申し候間、今のうちに多くとりおき下されたく候。しからずんば火の留まる齢の者がいろいろと菜食しても何の甲斐なきの嘆あらん。

次に大王今日申し越せしは、服部とかいう博士毎週摂政宮殿下に生物学の御講釈を申し上ぐる由、その人大王の高名を欽し、所集の粘菌拝見ときたので（博士の甥が大王の幕下の由）、この機を逸せず粘菌四、五十種集め、殿下へ奉献の儀を申し出づべしとのことなり。付いては貴下先年湯本にて成熟品、それから数日後小生鉢山麓にて未熟品を発見せる *Cribraria* の新種は一所に奉献しては如何とのようのことなり。よって小生これを nov. sp.（新種）として台覧に供し（図説共に）、台覧すみの上これを *Cribraria gratiosissima* Minakata et Uematsu として発表印行せんと欲す。どうなるか知れぬが、大王より指図あり、台覧許下あり次第、さっそく図説を仕上げ、大王までおくり届けんと存じおり候。

命名には、発見者の同意を諮問するが正式なり。故に貴意を問い上ぐるに候。ラテンの形容詞 gratiosa（enjoying favour すなわち恩を戴《いただ》く）の superlative（最多級）が gratiosissima（最も多く恩を戴く）という語になり申し候。松永貞徳の著に『戴恩記』というも有之候。西洋にては尊勝高貴の名を物に命じ得々たる風あり。睡蓮の一属にブラジルの *Victoria*《属名》 *regia*《王の》 というがあるごとし。女皇ヴィクトリアの名をそのまま属名にせしなり。わが邦には八幡鳩、清正人参[3]（セレリーのこと）、景勝団子、信玄袋などの名あれど、その人々在世中にその民子がかかる名称を口にせりと覚えず、皇家の御諱を物に付く等は憚るべきの至極と存じ候。さて帝室の御紋章たる桐（紫桐すなわち紫の花さくキリ）は近ごろまで *Paulownia*《バウロウニア》 *imperialis*《帝家の》 Siebold & Zuccarini なる学名で通称されしが、その後 *P. tomentosa*《茸毛ある》（Thunberg）H. Bn. と改められ、今はそれでもっぱら学者間にとおりおる。前名は帝室の植物と見立てたる名で、むろん日本帝室に因める名とわれも人も思いおりし。それを植物命名会議にて、シーボルドとツッカリニ両氏より前にチュンベルグがこの物をカミナリササゲと同属と見て *Catalpa tomentosa*（茸毛生えたるカミナリササゲ）と付けおきたることが分かり、規則に従い *imperialis* の称を止めて、*tomentosa* となされ申し候。規則は止むを得ぬことながら、はなはだ遺憾に思い、何とぞ帝室の御紋章たる紫桐の紫花にちなめる名をこの粘菌の紫色にしてすこぶる艶なるになぞらえて付けたくと存じ *Cribraria imperialis* とつけんかと思いしが、なお調べると、これはしたり、

Paulowna という名はオランダ国に世襲内親王家で家名を Paulown というがあり、シーボルド当時の内親王は露国皇帝の孫女に当たれり。よってその家名をとりて桐の属名をパウロウニア、露帝の女孫の意義で *imperialis* と右の二蘭人が付けたることと知れ申し候。しからばこの名が廃されたりとて日本人に何の痛痒はなかるべきはずなり。

伊藤篤太郎氏、台湾にて紫桐の第二種を発見して、*Paulownia Mikadoa* と名を付けたるも、やはり *imperialis* はもっぱら日本帝室に因める称えで、それが廃されたるを遺憾として命名したるらしく候。しかしそんな遺憾は無用のことにて、ミカドという称は今日の公文になきこととなり。（土《トルコ》帝をPorte（門）というがごとし。）いわんや先年英国で噴飯に値いする日本まがいのやかましき芝居を作り、ミカドととなえ、チョン髷長襦袢で非常に日本人を笑いの的としたようなものを出し、ためにいろいろとおどけたる感じ、嘲謔的の念を生ぜしめたるより、おいおいはわが帝室の金枝玉葉が御成りになる節は、英国にてこの芝居に遠慮を命ずるほどのこととなりおる。なにかの半公式の文にミカドとかきしを増島六一郎氏政府より咎むべしと主張せしこともありたり。さればそんな小むつかしき斟酌多き称を付くるよりは、台覧ありて採集者命名者はもとより本人たるこの粘菌までも鴻恩に感泣すとの意味にて、最も重く恩を戴くの意味で *Cribraria gratiosissima* が一番宜しく、そのわけは記載の始めに短く書きそうれば、外国人にもよく分かり、感心さるるはずと存じ候が如何。

大王台覧に供する献上品五十点と見て、小生はその目録を作り、なろうことなら本邦にある粘菌三十八属（内一は標品残欠にして台覧に供うるに堪えず）の内、三十七属を五十点の標品（四十八種と二変種、この二変種は並びに大王発見の新変種）にて御覧に入るることとし、中に大王の標品乏しく、あるいは極《ごく》少量あるいは不整形あるいは小さ過ぎる等のものは、小生よりましなものを供給することを申し出でたり。しかしていずれも小箱に入れ、種名は印刷にし、採集所と人名は箱上、細字にてかき付くるが宜しからんと申しやりたり。大王これを承知するなら貴下馳せ参じ、誰か細字を書く名筆の人を薦められたく候。人のすることをかれこれ申すべきならねど、小生もなるべく大王の面目を全うするため、手許にいっちょうらいの奇品 *Minakatella* 等までおくることとゆえ、なるべく大王自集のもののみならず、平沼、貴下および小生、また朝比奈博士の所集をも多少編入されたきことなり。日本にある属で、*Dianema* には二種日本にあり、しかるに二種とも標品きわめて小さく、また二つずつしかなく、何ともなりがたし。よってこれのみはその一種をリスター自身の所集品より採用しておくるはずなり。

小生『太陽』へ出せし十二獣の話を五百円に中村〔古岐〕氏にうりしは、前年申し上げしごとし。しかるに中山太郎氏を経てこれを出板せんことを申し出でられたる向きありしも、小生において何ともならず、中山氏より中村氏にかけ合いしもなかなか五百円では手離さぬ由。よってその余の『郷土研究』、『民俗』、『山岳』、『人類学雑誌』、『変態心理』、『此花』、『日本及日本人』、『考古学雑誌』の八種へ出した雑編短文を岡書院（上六番町五番地）の岡茂雄氏より望み来たり、中村氏の際手ごりしたから雑誌はき集めその他一切小生無関係として五百五十円で手を打ち、本月十一日にその金送来、受け取り申し候。この他に、『人性』、『歴史と民族』、『集古』、『現代』、『不二』新聞、『大毎』、『週刊朝日』、『動物学雑誌』、『植物学雑誌』、『土俗資料』、『土の鈴』等に出せし分を合して売るから、今百円出さぬかといいやりしも、頁数が分からぬから五百五十円の分の編纂すむまで保留してくれと申し来たり候付き、よくよく考えると、『人性』以下の分へ出したのが前者（五百五十円で売りし分）の三分の二ばかりもある。前方より断わられたが与三郎のこの創同様勿怪《もっけ》の幸いと存じ候。むかしとかわり近時は車夫馬丁までも（この田辺でも）買い食い◆4や討死の費を節して書を読む風盛んにて、その上、三角関係の、人妻のもちにげの、夜這いの、間違いのなど申すことは何度読んでも趣向が変わらねば、文章もきまりおりてうんざりする、よってこのごろはまたややまじめなものでおもしろみのあるのが大いに人気をとりおると見え申し候。しからば右の『人性』以下のやつも、『現代』に出した「淫学大全」などを書き足して完結せば、また、五、六百円はとれることと存じ申し候。

とにかく右の五百五十円はいったので、只今四万一千八百九十三円八十銭あり。拙児病気も来月十五日で一周年になり、その間の費用もずいぶん多かったが（石友の看護費に出しただけでも飲食の外に六百円ばかりなれば、この病気がなかったら四万五千円近くあることと存じ候）、すなわち大正十一年八月東京より帰りて後一万円近くのばしたるにて、酒を売り付けたり、訴訟を起こして火災後の被難民をこまらせたりせずにかくまでのばしたるは節制と力行のおかげにて、力行とては十円二十円といろいろのものを書き投書したる小生の私得金に御座候。もっとも小畔氏より二、三千円、平沼氏より千円、外に二氏いろいろ書籍代を出しくれあり、また別所影善氏より百円、これだけは小生の私計につかえとのことなりしも、これも基本金の内に入れ有之候。故に和歌山へ行って、金を渡さば使い果たすなどいうものあらば、そのときこそ小生はその者と小生とどちらが金を貯うることが上手になるかを公衆に問わんと欲するなり。

拙児は大略全快せしごとし。しかし記臆力、考察力などは今に十分ならず。徐《しず》かに保養させおり申し候。これがため小生は昼夜まことに暗き長屋におり、夜分拙児が寝た後ならでは自分の仕事ができず、こまりおり申し候。しかしこれは年来拙児をらちもなき中学教育に放棄しおきし年貢を納むるとあきらむべしに候。今日の中学と申すもの、運よく試験に及第せる教員等他郷より流れ来たる輩が、一時間ずつ月俸引き替えにやらかす教育類似のことと申すまでにて、西洋のキリスト教、吾輩若きときの孔孟漢学ごとき、何たる操守鉄心的の素養を少しも与えおらず、実にこまったものにて、活弁の口上や埒もなき軍歌のほか今の青年は何も知らず、心得おらざるなり。　早々敬具

平沼氏一月十九日にその邸内の生きたる柿の木の幹よりきわめて微細なる粘菌をとり

送られ候を鏡検せしに、小生発見、その後英国にのみ見出でたる *Hemitrichia minor* G. Lister と申す希品に候。その変種 var. *pardina*《豹の紋のある》 Minakata も小生田辺および近村より見出だし、その後英国よりのみ出でしものなるが、これは昨年十一月小畔大王箱根塔の沢の旅宿の庭のやはり柿の木の皮に付きたるを多く見出だされ申し候。貴下も何とぞこの冬中を逸せず御採集下されたく候。冬中の粘菌は多くは微細ながら必ず希品多きものに候。

一月に朝比奈博士台湾に趣き採集せる二十五点を数日前大王より受け取り候も、創見も新種も一つもなさそうなり。（あるいは一、二変種はあるかとも存じ候。）手許の東京や長者丸に奇物多く台湾まで往ってもこれなきは一つはその人々の運命とも申すべきか。

（平凡社版『南方熊楠全集』第九巻437～443頁）

《語注》

◆1　帝釈天（たいしゃくてん）――古代インドの民間信仰の中での帝釈天は〝魔〟を祓うものとし

て崇拝された。特に〝病〟から人々を守ってくれる〝医師〟的性格を示す。しかしなぜ帝釈天は瞿曇《くどん》仙人（釈迦）の妻を奪い、そのため、瞿曇に呪われて、女体に変じたり、或いは石に化せられ、或いは去勢させられたり、異形を呈するのであろう。実はこの異形・異相こそが、帝釈天の〝力〟であった。「千個の牝戸」は「千の眼」に通じ、日本の目籠と同じく、千の眼を以て、魔を祓ったのである。帝釈天のこの話は、熊楠の愛読した、アンジェロ・デ・グベルナチスの『動物譚原《ゾーロジカル・ミソロジー》』（原題「la mythologie zoologique」。熊楠はこれを大正十三年五月二十八日付・宮武省三宛葉書では『動物志怪』と訳している）にもみえる。曰《いわ》く「一説には、瞿曇詛《のろ》うて帝釈を去勢したるを、諸神憐れんで羊の睾丸で補充した」と（『十二支考』「猴に関する民俗と伝説」全集一巻所収・『「摩羅考」について』本コレクション三巻参照）。また『土宜法竜宛書簡』では、帝釈天は雨請いの神という。

◆2　**ヒンズ教**――インド、特にインダス川流域の「雨や風や酒までを神」とする原始宗教。ヒンズー教。特別な定義はない。根本聖典「ベーダ」の一つ『アタルヴァ・ベーダ』は、医の聖典ともいうべきもので、東洋医術に多くの影響を与えた。薬草と呪文でもって病を癒やす『アタルヴァ・ベーダ』は正に神秘の書である。例えば、その呪文「一　彼は大麦を力強く耕せり、八個の軛《くびき》もて、六個の軛もて。大麦をもちてわれは汝の身体の病患を遠ざけ、露《あらわ》になす」（万病を癒すための呪文　六・九一）。又、「三　千の眼《まなこ》・百の雄力・百の寿命を伴う供物によりて、われは彼を奪いせり、インドラが彼を百年の間、あらゆる危険の彼岸に導かんがために」（長寿と健康とを得るための呪文　三・一一）。ヒンズーの神々は日本では、例えば、聖天（ガネーシャ）、毘沙門天・多聞天（クベーラ）、弁才天（サラスバティー）と名告《なの》る。そして帝釈天は「方位神」で東を司り、「インドラ」がその元の名である。

◆3　**清正人参**（きよまさにんじん）――加藤清正は朝鮮半島へ戦さに出た。この時に、オランダミツバ即ちセロリ（セレリー）を半島より持ち帰ったという言い伝えにより、「キヨマサニンジン」の名がかつてあった。原産地ヨーロッパ。ミツバはギリシア・ローマでは冥府の神々に捧げられるものであった。熊楠は『昔の装甲戦車』（全集五巻所収）で、清正を発明家とみる。清正の虎退治の伝承は、おそらく清正が戦術に独自の智恵を持っていたから生まれたのではないだろうか。それにしてもセロリをなぜ〝人参〟と呼んだのか。人参の神秘をセロリもまた持っていたのだろうか。プリニウスの『博物誌』に依《よ》れば「セロリの性質はそれが色を変えることである」という（巻十九　一五八）。セロリの汁はブドウ酒と混ぜられ、美しく深い髪の色の巻毛を作った（巻二二　六二）。

◆4　夜這い（よばい）――かつてこの儀式は、男女が互いの名を呼び合うものであったかも知れない。それは男女の恋の一形式であったから、その昔は、男性が女性を襲うというような一方的なものではなく、互いのうちに暗黙の了解があった。それでなければ、つい最近までこの儀式が存続するはずはない。しかし「道成寺」のように、一夜だけの契りでは、この儀式は成立しない。あくまで〝結婚〟が前提である。その約束事を破れば、女は蛇にもなる。夜這いはやはり互いに呼び合わねばならない。歌垣にも通づる男女の恋の儀式である。

粘菌の形態学

形態学にむけて

昭和三年三月二十九日早朝五時前

上松蓊様

南方熊楠再拝

拝復。二十三日出御状は二十五日夕五時過ぎ拝受、二十六日出御状は昨二十八日午後二時ごろ拝受、拙方悴またまた病気宜しからず、加之《しかのみならず》一昨二十七日娘こと和歌山へ上り拙妻の妹方へ当分宿り、近処の女学校へ通学することと致し候。また一昨日ごろより拙妻腹痛く臥しおり、医者が昨夕来診しての言には、あるいは黄疸を起こすかも知れずとのこと、それこれ事多く落ちついて何ごとにもかかり得ざるには弱り入り申し候。平沼氏へ出せし状御覧下され候由、その後また二十二日午前十一時付の一状を同氏へ差し上げ置き、昨日受け書着せり。その状は粘菌学を日用に活用する一斑を説きたるものにて、貴殿等にすこぶる要用のものと存じ候間、何とぞ二十二日午前十一時付の拙状と名ざして御借り受け御熟読願い上げ候。小生は故徳川頼倫侯には時々この様の説明を申し上げしことあるも、その他の人々にこんな説法をするは今度が始めに候。

御研究材料を献納することはどうも小生には十分解し得ず。もし名の付きたるたしかな品種を御研究ありたしとの御事ならば、命名者の手許または採集者の手許よりたしかに命名せるタイプスを得て彼研究あらば、その命名せる品に紛れなきゆえ、正当の記図に迷わざる事実を見出だし得らるる御事と存じ候。しかるにそんな物は本邦にははなはだ少なく、十の九まで外国産に拠って外国人が命名せるものは多かれ少なかれ本邦品に合わず。

進献品中、中道氏の所集 *Badhamia macrocarpa* は正品にあらず。var. *gracilis* と本種との中間品なり。全体この種は日本に少なからず出るも、いずれも欧米産のものに比してすこぶる小さく、形色ともに多少ちがいおり、決して正品にあらず。また *Physarum citrinum* として差し上げたる上松氏の品も *Ph. sulphureum* とする方が正当に近きものと思う。例の *Comatricha nigra* と *C. laxa*, *Trichia affinis* と *T. persimilis* と *T. favoginea* と *T. scabra*, *Stemonitis herbatica* と他の数種などときては、判然たる本種とすべきものは少なく、どちら付かずの中間物ははなはだ多く、また *Stemonitis fusca; St. splendens; St. ferruginea* 等の内には本種とすべきか変種とすべきか異態とすべきか去就に迷うものははなはだ多く、変種同志の間にまた無数の中間変種あり。故に多く見れば見るほど、天地間にこれが特に種なりと極印を打ったような品は一つもなく、自然界に属の種のということは全くなき物と悟るが学問の要諦に候。故にいわゆる正品すなわち書物に書いた通りの品を手に入れんと欲せば、その品を命名せし人に乞うてその品を分かちてもらうより外なし。もしまた大要を学びたしとのことならば、吾輩が査定するをまたず、名も何も判らぬなりに、貴集中の諸品を差し上ぐるが一番宜しと存じ候。すなわちこれを査定するためにいろいろと解剖し、図書をしらべ引き合わすのが本当の研究になるなり。故に研究用として差し上ぐるならば、種名などは記し付けずにただ見るばかりの属名を記し付けて上ぐるが最良法と存じ候。

すべて尊貴の方の御事にはあまり立ち入らぬことに候。小生かつて在英中、日本人と交際せず。これは在米中すでに酷い目にあうたこと数度あったからなり。しかるにある貴人来たり宿所に適当の所なく小生をはなはだ懇遇された人を経由して宿所の世話を頼まれ候。よって小生ある海軍佐官と相談の上、英国のある男爵にて学問上声望ある人を当時盛名ありし本邦の軍艦で饗応し、そのついでに宿所のことを頼み承諾さして、右の貴人および随行者をつれその男爵宅にゆき、一見してこれならば宜しとのことでその宅へ移ることと致し候。しかるに公使館の一員がこれを聞いて、その宅はテームス河の南にあるゆえ交際社会であまりもてぬと評せしを、随行員が洩れ聞き帰り主人に話せしより、主人何となく男爵方に移るを躊躇す。いやならいやと言うて早くことわりやればよきに、ことわりもせずに打ちやりおく。その時は女皇即位の五十年の祝いでロンドンへ外国より数万の見物人が入りこむ期も迫り、右の男爵は右の日本貴人が移り来るというので修復をも加えながら他の知人どもが借りたしというを一切ことわりたるなり。しかるに何の理由ものべず、また、もはや移るを好まずと明言してことわりもやらず打ちやりおきしゆえ、その男爵はもとより小生も大いにこまれり。その前にまた貴人をある他の男爵(只今大英博物館長くらいになりおるはずの人)方で饗し、なにか珍物を日本貴人がもらえり。かかる際は大抵相当の礼物をおくるなり。しかるに随行員等は少しもそんなことに気が付かず。よって小生自分でなにか買いておくり置けり。それがそのままになりおるゆえ、小生その由を随行員に話すに、その代価を問い小生に払い、今後かかることをするなといわれたり。さて右の借宅一条もそのままに打ちやりおき、そのままた仏国へ渡り去れり。何とも小生の迷惑ははなはだしく、ただ英国の風習に達せざる人なれば悪しからず解を乞うとのみ言うてすませたものの、男爵および一族ははなはだ小生を面白からず思うらしく、最初右の貴人の世話を小生に頼みし人へ一、二度かけ合いしも、それは貴公の念が入らぬからだというようなことで、小生は英人に対する面目をも全く潰し、日本の貴族というものはあんなやりちらしなものかと英人どもに思わるるも恥かしく、怏々としおるうち、また故国より小生の金を送り来たらず、やけ糞になりて博物館内で大喧嘩をなし、立去に及べり。それが今にこの田舎に浪々して空しく老いたるわけであるなり。

件の日本の貴族は、その人としてははなはだよき人で小生に始終好意を寄せられたが、つまり随行員などいうものは、一文も出すものは主人のために惜しみ、一事も銭を出さずに人をはたらかせるを能事と心得おるなり。（その随行員の一人は後に大臣となりしことあり。この人はどこへ行っても自分の物と間違えて他人の外套、高帽、杖などをもち帰る由。）言わばそんなものが門戸を守ればこそ、貴族などいうものの身代もてることと存じ候。小生はこれに懲りて必ず孫子の末までも貴族交りはせぬつもりなり。その貴族は小生にあうごとに必ず自分方へ来泊して話をきかせてくれなど毎々望まれしも、小生はついに一度も往かずに過ごせり。それが反って双方の間を円満にすませたる所以と小生は悦びおり候。

故に貴下などもなにかその筋から書いたもので依頼でもあらば知らぬこと、どんな容貌の温柔な、言語の丁寧な人が頼まるるとも、口先ばかりでは後日何のききめもなく、事さえ済まば茶屋女が出で行く宿を見送るごとく、たちまち舌を出してそれきりとなるべしと存じ候。小生は、人のせっかく◆1書きたる表啓文を一字でも改竄するようなものは私曲の至極なるを自証するものにて、乞食や非人とかわり、いやしくも尊貴に侍する人がそんなことを敢行して何とも思わぬようなら、その人はいかなる不人情いかなる無義道なことをもなしかねまじきことと存じ候。かつそれ貴下すでに一年半近くも御研究材料を献納せず、今日まで後らせ置いて、今に及び忽然思い出したようにこれを献納し、さてその品が貴示のごとき不完全のボロ品とすれば、先方様の思し召しははなはだ面白からぬことと察し申し候。それよりは、これはこれでそのまま打ちおき、一日も早く小生と連名で図譜を出し、所載の品種をことごとくそろえて図譜に載せたその正品を、そのまままともに大山伯あたりのしっかりした方の世話で再び進献せんこそもっとも望ましきことに候わずや。只今埒もなき不完全に塵埃ごときものを献上せんより、右様の完全にして出所正しく一々の図記と引き合わせて少しも間違いなきものを差し上ぐるが正当のことにて、またその節に取りては大いに事業と図譜の名声をも成すこと、先年の言を忘れずに勉強したとその効果も御目にとまることと存じ候。一合二合の米を小買いして貢ぎにゆくより、多少おくるるとも四斗俵一つかつぎゆき、おそなりましたがと呼ばわって、ドッシと玄関にすえて帰る様に、人々も見て眼がさめることと存ずるなり。

貴下は服部氏にまだ標品を贈りおらざる由、貴書にて分かり申し候。これがすでに勿怪《もっけ》の幸いなり。小生は何分そんな人に私用さるるような惧れのあるものを、この上差し出さぬことを望み申し候。小生はこのことにて脳がはなはだ悪く、今に何もせずに日々ぶらぶら致しおるなり。

御申し越しの未査定品はさっそく送り越したく候。みなまで早急に調べ得ずとも特に珍しそうなものから査定し報告致すべく候。　まずは早々敬具

小生もいろいろ用事多く、こまりおれり。故に粘菌献納のことは当分御打ちきり下されたく候。おかしな者相手に右様のことあらば、ゴマの縄に付かれたごとく始終不安の念を離し得ず候。

昭和三年三月二十九日朝六時半追記

小生は他人が何を発見しようと発表しようと、少しもわれらの関すべきことならずと思えり。ただし何の素質もなき者が小生の査定したる品種を見て誤解したり、また、いわんやそのような人に不正不純もしくは紛らわしきものや間違うた名を付けたものを与え、誤謬に入らしむるようなことあらば、はなはだ相済まざることと思いおり候。

粘菌の新種というものは、リスター『図譜』序の終りに（p.20）見えた通り、この上世界中にもあんまりなかるべきはずなり。日本で出た新種として世界に誇るべきは、*Lamproderma cerifera*; *Arcyria Hiranumai*; *Arcyria glauca*; *Minakatella longifila*; *Cribraria glatiosissima*; それから*Diderma Koazei* くらいのものなり。ずいぶん多年集めてすらこれほどのことなり。リスターの第三板に出た数十種の新種中真に新種というべき十三、四に過ぎざるべし。

故にこの上新種を見出だすよりは、なるべく多くの異態を見出だして粘菌の形態学を開

進せしむることが、もっともわれらの務めに御座候。すなわち *Arcyria Koazei* ごときあやしき新種を見出だすよりは *A. incarnata* var. *olonifera* ごとき異態（または変種）を見出だす方が、粘菌の変化を研究する上にその功大なり。*Diderma lepidobermoides* を見出だせしよりは *D. radiatum* var. *Plasmodiocarpum* を見出だせし方、学問を資《たす》くること大なり。

貴下は人に研究材料を与うるよりは、閑暇に片はしから鏡検して一々写生し、胞壁の条《すじ》とか茎に含める汚物や石灰結晶品の形とかいうことを一々ひかえて比較し、何ごとにまれ、発見、発明されんことを望む。これが本当の粘菌学に候。新種の発見などということはほんの児戯に過ぎざるなり。

（平凡社版『南方熊楠全集』別巻一 149～153頁）

異態と変種

昭和四年九月八日朝七時より認む

服部広太郎様

南方熊楠再拝

拝啓。その後久しく御無音に打ち過ぎ申し候。先日御帰朝の由、新聞にて拝承、一度御伺い申し上ぐべきのところ、拙男児もはや四年以上精神病にて今に少しも快方ならず。しかるに四月二十五日、ちょうど神戸より御行幸の儀に付き小畔氏経由電報を賜わりまた御状到達のその夜より、拙女児盲腸炎にて危篤、御臨幸前後ことに悪く、六月中に恢復候いしも、七月下旬より再発、止むを得ず颱風気候の去るに乗じ、九月末か十月上旬に腹部切開の手術を受くるはずに有之《これあり》。多年永々の介抱に疲れ、拙妻ヒステリーを起こし、下女一人のみ健全。小生は六月一日御前進講の節粘菌二百点を献進せんとあせりしも、いろいろ多事にて百十点しか献進を果たさず。よって今九十点を献上せんと、六月十日来今に四千点ばかりある標品を鏡検中に有之。あまり日夜坐してばかりおるゆえ、足の爪が大地の引力にて反《そ》り返《かえ》り、痛みおり候。こんなことは何の苦にもならねど、妻が不快なるゆえ家内の俗事ははなはだ繁く起こり、手書など認むる暇なく大いに御無音に打ち過ぎ申し候。

御行幸の前に神島◆2へ仮御野立ち所を立てんと天幕など用意候も、県庁よりその儀に及ばずと達せられ、また神島は天然林のままに御覧に供せんと用意候ところに、彼臨幸の前々日、当時の県知事来たり村長に厳命して一部の樹林を伐り開かせ、小路を作らせ候。

聖上、これは天然林にあらず、伐り開きおると仰せられたるを、小生同行の女学校教師が洩れ承りし語りおり候。地方官など申すものはいろいろと入らぬところに力を入れ候こと、嘆息の至りに御座候。粘菌はずいぶん生じありしも、前夜より雨しばしば到りしため十の九は流れ去り、少許の外は御見出だしなかりしことと察し上《たてまつ》り候。小生は雨天となると往年クバ島にて発せし痛風を起こし候ゆえ、当日みずから速やかに御案内申し上げ得ざりしは至極遺憾に存じ奉り候。

四月末および五月上旬に貴殿より小畔氏経由、臨幸の際御召しあるべき旨御通報ありしにかかわらず、五月中旬までは神島に御上陸はあるまじき由もっぱら流言致し候。県知事へ問い合わすも一切そのことは知れずとの返事。小生御召しのことも一向宮内省より達しなしと知事の返事に候。それゆえ家内に病人はあり、小生は確たる奉迎の準備も出来ず、神島を包有する新庄の村民も一同御臨幸の有無を疑い、小生をも疑い候。

これは後日大阪のある新聞主筆（小生面識なき人）より小生友人を通して承りしは、知事は（野手耐とて、馬越恭平の甥または聟と申す）県部長中に東大にて自分より前輩の人々若干あり、その人々が熊楠を推して、生物学に関する奉迎準備を一切熊楠に任さんとせしを不快、また県庁より県下の諸学校に命じて集めたる植物（顕花および羊歯類）までも熊楠に説明申し上げしめては、知事自分は御召艦に上ること能わず、先駆として衆議院や県会の議員と同乗先発せざるべからず。（議員中には政争のことにて知事と不快の者多し。）これをことのほかの恥辱と心得ていろいろと事を起こしたる由承り候。

されど五月も下旬に向かい、躊躇すべきにあらざれば、本山彦一氏に助力を頼みしところ、五月二十三日に同氏みずから宮内省に出頭し、小生御召しになることを確かに聞き知り、即日『東京日々』に出し（加藤海軍大将より直ちに小生へ報知さる。これはロンドンにありし日小生を大英博物館に訪いしことある人なり）、それより知事も止むを得ず二十五日に小生へ移牒して御召しの由を知らされ、その牒は五月二十七日夕に至り初めて拙宅へ居き候。よって病児のことを一切妻に任せ、自分大忙ぎで粘菌標品を箱に貼り付け始め、御臨幸当日（六月一日）朝十一時拙宅出発の少し前に百十品だけ調製し持ち参れり。その間きわめて希有の物を献進せんと、二十七年前自分が見出だし置きたる海生の蜘蛛（*Desis*）を、生死知らずのもの三人同伴し、大風浪中に船を湾外に乗り出し、その産地に至りしも、浪暴くて近付き得ず。いろいろ考えてその付近のやや浪穏やかなる所に上陸し、いろいろと捜索せしめて一時半ばかりの間にようやく八疋および巣を得て持ち帰り、また別に人を遣わし、本州に特有の陸生やどかり（水に入れおけば死す）を少し捕えしめ、進講の節献上致し候。海生蜘蛛をとりに行きし五月三十日の風浪は、漁人も舟を出すを躊躇せしほどのことにて、小生数回船中に顚倒し耳と鼻に海水入り、はなはだ難儀致し候。されども少しも休まず、ようやく百十点だけ粘菌を調え進献致し候。およそ四昼夜の間に二時半ばかり眠りしことゆえ、進講の日は疲労はなはだしかりしことに候て、その夜は帰宅するとすぐさま臥牀、安眠致し候。右の次第にて二百点進献すべかりし内の九十点は今にのこりおり、これは一層精査したる上、要点を書き添えて重ねて進献を願い出づべく候。手前にある「日本粘菌図譜」稿本は、昭和二年に英国にて連掲すべく（「英国菌学会報」等へ）、彩画入りにて出来上がりたるを、発送前に校字のため書斎に持ち出しありしを、五月二十三日午後、精神病者たる拙児が書斎に入りたるゆえ、小生はそれより程遠き室に移り、定めて拙児は心のままに熟眠したることと思いおりしに、夕刻に至り妻走り来たり、書斎にありし書翰を一切拙児が扯《さ》き破りたるを只今気付きたりと告げ来たる。よって行きて見るに、書翰は残らず、右の図譜稿も十の八、九まで微細に引き裂きあり。早速取り納めて七日ばかりかかりいろいろつぎ合わせ試みたるも、紙の表裏共に認めたるゆえ、全譜の半分のみは恢復し得るも、半分は恢復し得ず。またあまりに細かく粉砕せるところは、今さら何とも致し方なし。よって友人どもに通信したる控え文の中より、それこれと写し集めなど致せしも、至細なる胞子、糸状体等の数量的観測の控えは、右の本稿にのみありしものゆえ、今さら再び知るに由なく、これを再検するに多大の時間を要し、只今ようやく十の三、四まで再び検出したり。この数量的観測を再了したる上、英国へおくり、かの地にて出板するはずなり。

　出板前に稿本の幾分たりとも他に示すは一汎に好まぬことながら、バークレイの標本などを見るに、フリース、カーミケール、グレヴィル等の人々より、厚誼上送り来たれる標本多く、名のみ記して記載全からぬもの、仮りに名を付けたるもの、二物を混じて一名を付けたるものすら少なからず。要は自分がすでに見出したものをむやみに秘し置き、ために友人をして無用のことに力を徒費せざらしむる用意と見え候。アルゼンチナ国のスペガッジン氏の記載せし菌類や粘菌中に、小説ごとく聞こゆるもの多し。この人いかなる訳にや記載文を多く出し時に図をも添えたれど、標品を人に与うること少なかりしゆえ、北半球には見るを得ざる樹木等に付く菌や粘菌は、北半球で検出すべき機会に乏しく、ついに虚構のみのように聞こえ了り候。（しかし虚構にあらざるは、氏が記せしまことに啌《うそ》らしき粘菌 *Perichaena pseudoaecidium* を、小畔氏台湾採集品中より見出だし候。胞子橙色にて全く *Aecidium* 属銹菌と見ゆれども、実は *Perichaena* 属の粘菌たること確かなり。）いわんや聖上この一群生物の研究をなさるるに、斯土におりて集めたるものを御参考のために進献しまいらするは、もとより臣等の分なれば、ちと早計のおそれはあるも、出来るだけ精査を尽したる上、出来るだけ多数の品を進献致すつもりなり。ただし小生も小畔もきわめて俗事多忙の男なれば、精査を尽したる品々も、多数の中には、あるいは番号を見過《みあやま》り、あるいは置き処をたがえなどせるよりの混雑誤謬の止むを得ざるもののなきを保せず。とにかく早晩右述図譜の出板をまちて御引き合わせあらんことを望み上ぐるなり。

　進献ののち、多数の標品を片付くるに際し、気付きたる誤謬を左に申し上げおき候。

　昭和元年十一月小畔より進献中の No. 6 *Physarum citrinum* Schum. は *P. sulphur-*

eum Alb. & Schwein. と正誤す。

昭和四年六月一日田辺にて進献せし中、LO: 18 *Arcyria carnea* G. Lister と簽《ふだ》を付したるは *A. denudata* Wettstein と正誤す。真の *A. carnea* G. Lister の標品の側《かたわら》に置きたる *A. denudata* の標品を謬りて箱にはり付けたるなり。真の *A. carnea* は次回に進献致すべく候。

御下問の新種新変種の要点は別紙五枚に図記して差し上げ候間〔別紙省略〕、御笑覧下されたく候。小生はもと新種の新変種のということを好まず。故フッカーが植物の数を多く見れば種の変種のということが一切ないように見ゆると言いしを信じ候。いわんや粘菌類は唯今も変化進退して一日も止まざるものなれば、実際判然たる新種などいうものはなきことと存じ候。リスターの『図譜』をみれば、*Physarum viride* Pers. と *P. nutans* Pers. は区別判然何の疑いを挿むべきにあらざるがごとし。しかるに大正十一年平沼大三郎が駿河国井河村よりとり帰れる本属粘菌に、右二種のいずれとも方付かざるものあり。それより小畔等が東北地方および高野山、また台湾より持ち帰れる内に、右二種の性質を併有していずれとも付かぬものははなはだ多し。(仮に *P. viride* var. *Bethelii* としあれども、時として胞嚢の半分が黄色に半分は白または灰色鼠色のものあり。すなわち半分が *P. viride* var. *Bethelii* にて、半分が *P. nutans* var. *robustum* なり。)この他この類のことははなはだ多し。小生は故アーサー・リスターが粘菌の種や変種がむやみに増加され行くを遺憾とし、日夜精査して種数、変種数を刪正するを当務としたるを賛し、もっぱらその刪正事業に参加したるも、かの人死してのちは、リスター女史またおいおい世間なみに新種、新変種を増加するを事とし、亡父が刪除せるものを再興すること多し。小生このことを快しとせず、この数年黙視しおりたるが、近く右述の日本粘菌稿を贈ると同時に、何とぞ小生の所論を参考して、新種、新変種を設くるよりは、本種従前の定義を増補廓強 emend せんことを切に勧め試みんと存ずるなり。

リスター女史といえども、小生おくれる標品により、「*Diachea* 属中時として石灰分なきものあり」、「*Perichaena chrysosperma* に、時として有茎のものあり」、「*Physarum sinnosum* の胞壁は、時として褐色のものあり」、「*Diachea lencopoda*《白茎》は必ずしも白茎ならず。時として赭き茎のものあり」等の諸字を、従前の解説中に加入したることはあるなり。

只今行なわるる学名、原則としては初めて図記したる人の解説を始終一貫して定義とするなれども、六、七十年前の麁末な顕微鏡で見しことを金科玉条として今日に強行すべきにあらず。ただ当座凌《しの》ぎの便法として、少しく従前の解説に異なる点を有すものにあえば、すなわちこれを新変種とし、異点が多ければこれを新種とする定めなれば、異点の多少は何を標準とすべきか少しも定まらず。故アーサー・リスターすら、*Diachea lencopoda* の胞嚢普通に円柱状なるが、たまたまチリ国とこの田辺で胞嚢円きを見出だしたれば、たち

まちこれを新変種 var. *globosa* とせり。珍しき希品に相違なけれど、形が円きという外に何らかわりたることがなければ、実は forma 異態たるに過ぎず。三年ほど前の七月、東京の小畔宅地とこの田辺の拙宅地と、同月中にたちまち *Trichia floriformis* G. Lister の単生胞嚢にて無茎のもの密生せるを見出だし、var. *suttilis* Mina & Koa. とせり。しかるに、そののち小畔の報告にいわく、この物が木材に付けるを観察せしに、木材の上面に生ぜしはみな無茎なれど、側面に生えたるは長茎あり、と。故にこれもほんの forma に過ぎざるを知れり。また六年ほど前、拙宅の梅の枯幹に多く生ぜる *Physarum vernum* Somrnerfeld は、半数胞壁に石灰多くて白く、半数は石灰なきゆえ暗褐なりし。故に半数は本種、半数は var. *iridescens* G. List. なり。しかるにaごとく一つの胞嚢の半分、三分一、五分一、はなはだしきは十分一だけが石灰あって白く、余分は石灰分なくて暗褐なるあり。これらは本種とすべきか、変種とすべきか、断案に迷う。図に示すごとく密接して叢生せるものが、別々の原形体より生ずるはずなし。しからば一つの原形体より本種と変種と本変半ばする三様のものを生ずといわんも牽強に似たり。要するにこんな例すこぶる多ければ、粘菌の新種、また、ことに新変種などいうものは実は異態 forma に過ぎずと知らる。

しかしながら世間何ごとにもその時々の流行は免るべからず。種数刪減を惟事《これ》としたる人の娘に、ややもすれば父と反対せる方向に種数、変種数を増加して怡《よろこ》ぶ人のあるも、また免れ得ざる流行の響きなるべし。小生も形態学上の議論を出さんに、第百一号とか x の第十一号とか符号を付くるばかりでは、自分のみ別《わか》りて他人にはさらに通ぜず。止むを得ず近来種名や変種名を付くることと致せしが、本志右のごとくなれば、この新種名や新変種名は finale のものとは決して想わず候。

スイス人 Meylan はいささか在来の記載と異なる点あるものをことごとく新植物変種と立てる。他人はこれを承諾せず。毎度立てて毎度取り消さる。増加してゆくものは synonyms のみで終《つい》には synonyms の辞彙を作らねばならず。ただし、この人の説とて十が十まですつべきにあらず。この人の立てたる *Stemonitis fusca* Roth. var. *violacea* Meylan というは、リンネ学会の『ジャーナル』一九三二年六月号九四頁にリスター女史が承認しおきながら（小生へも通知ありし）、三年後に出板せる『図譜』に載せざりしはいかなる故にや。当時はニューカレドニアとスイスにのみ限り生ぜし由なるも、日本にはこの物しばしば見当たり候て、小生は立派確正なる変種と考う。一九二三年ごろ拙宅に生ぜしを初めとし、小畔氏は東京、台北、伊豆湯ヶ島、猪苗代湖畔より見出でたり。これは次回の進献品中に入れてさし上ぐべければ、リスターの『図譜』になければとて、なにかの間違いと御看過なからんことを望む。

Stemonitis ferruginea にも var. *violacea* Meylan あって、この *S. fusca* var. *violacea* Meylan と混じ易きゆえ、また『図譜』に一向見えぬゆえ、特に申し上げおく。

小生昨日来眠らず、ずいぶんくたびれたればこれにて筆を擱《お》き申し候。　早々敬具

当湾内神島の樹林は、多分が青酸を含める毒木バクチノキより成る。かかる毒木に粘菌の原形体が生ずることふしぎなり。（ただし *Stemonitis fusca; Dictydium cancellatum; Hemitrichia serpula; Trichia affinis* 等数種に限りなり。）その木の朽木を御研究所で保存されたら、生物の原形体も必ずしもことごとく青酸に破壊されざる証拠も理由も分かることと申し上げおきしが、その朽木は多少御持ち帰りになりしことにや。海浜まで搬出されたるは小生も見及びしが、果たしてもち去られたるや否は見及ばざりしに候。少しく涼しくならば小生みずから赴《おもむ》き観察致すべく候。

希有に微細なる粘菌 *Hymenobolina parasitica* Zukel は、二十五年前小生当国日高郡川又官林にて発見せしも、ことごとく腐り了る。しかるに三年前より拙宅および隣町友人宅の柿の生幹に、九月ごとに多く生ずるも、柿の木の皮は地に落ちると見出だし難きものにて、この粘菌が生ずる柿の木は一本ずつしかなければ、皮に限りあり、むやみに採り能わず。只今注意して地に落ちぬよう採りおり、次回進献品中に入れおくべく候。リスター女史はこの品のみ原形体が網脈状をなさざるよういえど、小生今日まで知り得たるところは、*Licea* 族の諸種の原形体はみな同様と見え候。これは主と

して樹皮に付かず、藻 *Trentepohlia* 等に生ずるものゆえ、原形体長く暢びては進退不便なり。よって短く生じて藻糸の間に潜在し得る仕掛けらしく候。所詮諸国より汎く乾燥せる標品を見たばかりでは、生きたるものの活きたる状態は分からず候。拙家病人多く費用増すばかりゆえ小生肉食せず、眼力弱くなり、この状を書くに文字が読めず。自分に読めぬほどゆえ定めて御難読と察し候。

（平凡社版『南方熊楠全集』第九巻563〜570頁）

構造の展開

昭和五年十一月二十日朝九時

上松蓊様

南方熊楠再拝

拝啓。十月二十八日および十一月一日拝受の粘菌はすこぶるむつかしき物多く、十一月八日の夜より日夜他事を廃しその鏡検にかかり、ようやく昨夜二時ごろ終結、すなわちか

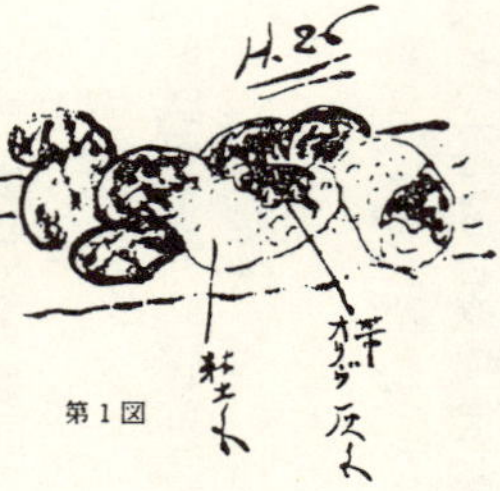

第1図

第2図

a

b

第3図

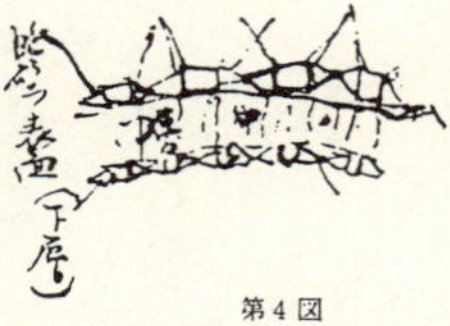

第4図

ねて御送付の目録にそれぞれ書き列べ只今この状と同封して差し上げ候。従来誰にも知れざりし斬新なるものは、四点に有之、内三は異態《フォールマ》と変種 varieties で、ただ一つ新種なり。ただしこの新種は驚き入った新種で従来無先例のものに候。第1図のごときもので小生は一見して *Diderma simplex* List. と思いおりたり。（これは石館守三氏が安房の清澄山で創見、その後二度ばかりどこかより出たり。）しかるに鏡検すると simplex（単一）どころかその胞壁はことのほか厚く、金剛砂をヤスリ紙にはり付けたるごとくザラザラ致しおり、第2図のごとくに諸処にヒビが入りおり候。（透光で見れば橙赤色、ちょうど東京で料理に使う橙の皮を沙糖で煮詰めたるごとし。）その亀甲様の殻皮の上にはイロハに示すような鋭き太き毛がはえおる。一体粘菌に毛がはえるは滅多になきことで誰もこれを公表せしことなし。しかし前年平沼氏がどこか

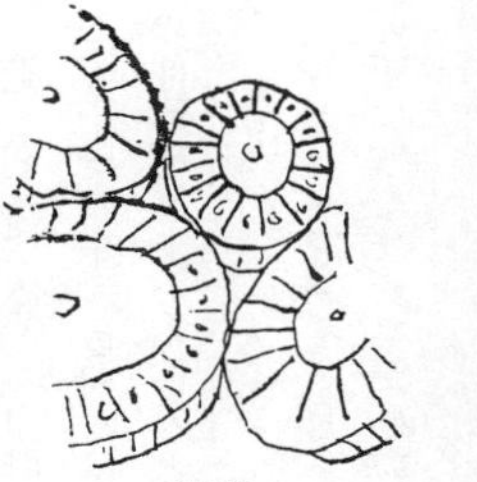

第5図

第6図

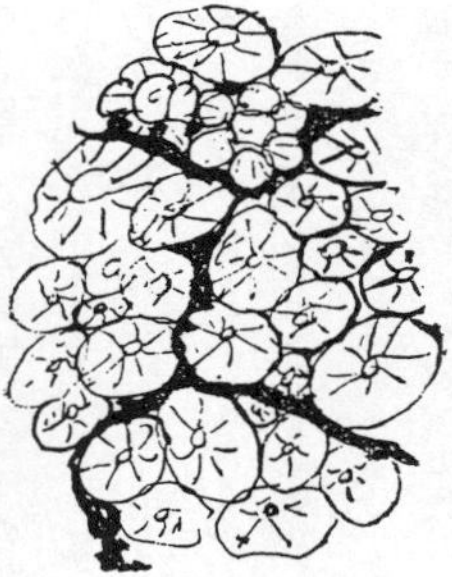

第7図

でとりし *Trichia decipiens* に毛ありしことあり、その外になし。しかるに貴集のH-26には胞嚢の外面に毛が散在し候。よって徐《おもむ》ろに右の金剛砂ごとき粒をはなして取り出し見るに *Didymium* 属

の特徴たる石灰粒（黄赤色）がおびただしくおしあいおり、その一粒はこんなもの（第3図a）なり。横よりその一粒を見ると、ロハ等の短く太き刺《はり》は地平と並行せるに反し、ニホ等の長き刺は斜めに天を指す（第3図b）。それが第4図のごとく胞壁の表面に毛のごとく見えて現ぜるなり。実は弾力なき堅剛なる長き刺なり（石灰より成る）。ウニの刺に同じ。さて胞壁の表面の金剛石粒層の次の中層は我輩いまだ精査せざるが、横より見ればざっと第4図の中層のごとし。厚きものなり。件の金剛砂層を除きて見ると、第5図のごとく◆3大和辺より出るヒラカと申す古器、申さばちょっと弁慶の家紋の輪宝《りんぼう》ごときものがみえる。その横側面が胞壁の中層になるらしく候。

このヒラカは強くおすと分解してこんなに分離する

（第6図）。この輪宝は鼈甲の色で何たる曇りなく実に美麗荘厳を極む。この輪宝がおびただしくおし合いおるその余勢で、川流のごとくに輪宝群と輪宝群との間にヒビが入るなり（第2図参照）。すなわちこの粘菌の胞壁の表面より金剛砂粒層を除きてレンズで一見すると、こんなに（第8図）文理がみえるが、そはヒビなり。

さて右の輪宝層の下にはまた第4図下層と記せるごとく今度は胞壁の表面層よりは小さき金剛砂層がある。これはぐるりの刺が表面層のほど鋭からず短し。これはオリブ色なり（ウグイスの色）。第8図の（乾）と書いた所のごとく紫灰色の胞子と糸状体との団群の上に点在すること、餡餅にキナコをかけたるごとし。しかしてこの下層の金剛砂粒には毛のごとき長針はなし。

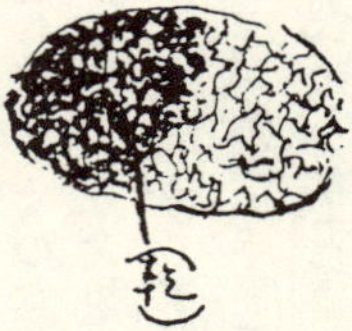

第8図

第9図

この他形態学上いろいろとこみ入ったことあるも、まだ精しく分からぬからあと廻しと致し候。従来小生は粘菌にこんなこみ入った構造のものあるを知らず（リスター女史も誰も知らず）。*Didymium* 属、胞壁外に砂粒ごとき石灰分を被るは知れ切ったことながら、胞壁の下にまでまた砂粒を付けるははなはだ用心深きことの限りなり。しかしてこの粘菌の内部はというと一向何でもなく、全く *Didymium* 属の胞子と糸状体たるに過ぎず（第9図）。その二つを守護するにかくまで手のこんだことをたくめるは、どういうことか小生には分からず。御幣かつぎにいわせば造化の奇巧、また上帝の御慰み余興、唯物論者の徒に言わせば勢力充溢して余りあるよりのことと申す外なし。十四、五年前リスター女史は粘菌ももはや研究はゆきつきたり、この上あんまり斬新なことも見当たる見込みなしと、大英博物館の「粘菌手引草」の序文に明言せしことあり。しかるに蒙昧でも人跡絶せる地でもなき群馬県の広河原の草茎にこんな驚き入った物が付くとは誰か予想せん。実に破天荒のことと存じ候。よって小生、今冬中潜思究考[4]して一論を草し、図入りにして『ネーチュール』へ出し、外人をあっと言わせやるべく、さて、精図と記載文を「英国菌学会報告」へ出し、同時に標品と図記を進献せんと思う。

　ところがこの標品は脆きこと沙汰の限りで、当方へ着する途中でことごとく胞壁は砕け、全形を見るに足る標品一つもなく、ただ二つ第10図のごとくなりながら胞壁の多部分が胞嚢に原状のまま（in《イン》 situ《シツ》）に付きあるものあり。その外はみな胞壁がこんなに（第11図）破砕しあり。もっと

第10図

第11図

も外へ逸出はせなんだから、その破片を拾い収めて保存しあるが、横断面を図したり、各層を引き離して観察したりするにはとても足らず。

かようの物を燕石[◆5]同様十襲して置いたところが何にもならぬから（余分は多少事済みてのち返上するから）、進献分と、大英博物館へ常備分と、それからもっとも必要な小生の研究分とのため、貴方に残りある分を、いくらか貴下手許へのこし、また平沼氏にも少許分与した上、大部分をなるべく早く御送り越し下されたく候。例の紙箱の底へしかとはりつけ（アラビアゴムにリスリンを少し加え）、よく乾きたる上送り下されたく候。しかして胞壁の砕片は一小片をものこさず鳥の羽ででも掃きよせ薄き柔らかな紙につつみ、紙袋か小箱に入れ御送来下されたく候。紙箱へはるときは必ず指を用いず、ピンセットにてきわめて注意して御扱い下されたく候。

小生はなるべく人名を学名に用いぬ決心ながら、この品に限り *Didymium Uematsui* Minakata と命じたり。*Uematsuvianum* とせんかと思いしが、何ごとも当世簡単要を得るが第一と、短き方に致し候。長い名は記憶に骨が折れ、いろいろとまちがいなど生じ *Uemanum* などになってくると、何のことか分からなくなり申すべく候。

小生はきわめて注意して一小片だもむだに使わぬゆえ、しかとしたことはまだ言い得ざるも、この新種の糸状体もへんな物にて、ただ二条を精査せしに（糸状体は胞嚢の大なる割合にはなはだ少なし、少ないものを大事にする心がけでかかる大仕掛けの構造をせしか

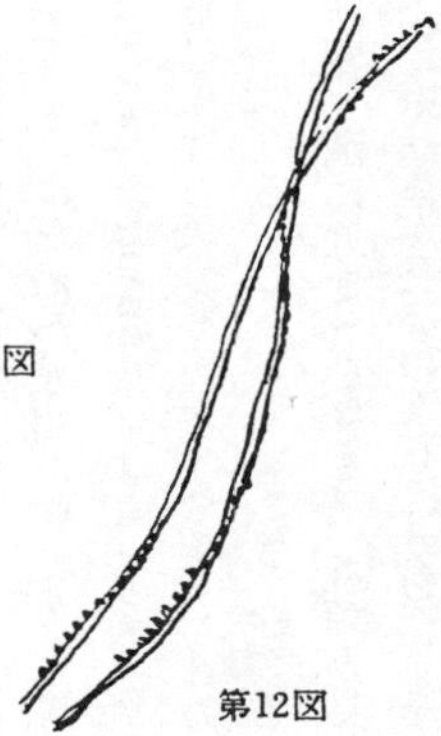
第12図

第13図

第14図

第15図

第16図

も知れず）、第12図のごとく糸状体の一側に微少の疣を一行に列す。それが多少の糸状体をまわりて生ずるらしく候。（ちょうど先年発見のミナカテルラの糸状体に、鰻の背鰭様のものが糸状体をめぐりて生えたるに似たり。妙な偶合に候。）

　また *Colloderma oculatum* G. Lister は小生一九一〇年当国安堵峰にて創見、その後小畔氏が中禅寺外二ヵ処ばかりで見出だせり。貴下も一昨年秋川又にて採れり。第13図のごとく馬糞を押し扁めたような形色のものなり。これを水に漬すと第14図のごとき一眼のものとなる。鰯の眼玉が深山に落ちあるは奇怪と思うようなことあり。さて今度の貴集H-43は *Cribraria macrocarpa* 多くあるが、その間にただ一つこのコロデルマあり。長さ1¾mm、幅1½mm、●この黒点よりも小さき

第17図

ものなり。鏡検せしに本種に相違なきも、第15図右端のごとき細紋あり。第16図ごとく八幡の藪くぐり的の細き脈つらなり、その間が凹《へこ》みおる。従前見し本種にはこんな紋はなかりしようなり（記載には一切見えず）。さてそれを破って見ると胞子は尋常なれど糸状体はことのほか長し。胞子と比してこれほどの長さの割合になる（第17図）。これは常態とはかわりおる。（『粘菌図譜』この種の図と比すべし。）さてその胞壁を鏡検せしに第18図（次頁）の通り石灰粒を少なからず点有す。最初オーストリアでLippertがこの種を発見して胞壁に石灰粒ありと記せしが、その後諸国でこの種続々見出だされしも石灰粒を見ず。よってLippertはなにかの間違いでかく言いしことときめ込んで、リスター女史は本属をAmaurochaetineae類、すなわち石灰を含まぬ粘菌類の最初におけり。しかるに今度の貴集品には石灰分あるを見るゆえ、この物は時として石灰分を含み、時として含まぬということになる。しかして *Stemonitis* などと共にアマウロヒーテ類に入るるよりはもっとも性質一汎に近き *Diderma* の近類と見ねばならぬ。（またはこの属にはその実石灰分を含んで糸状体が長いのと石灰分を含まずに糸状体が短いのと二種ありとし、石灰分を含ん

だのは *Diderma* 属に入れ、含まぬものは依然 *Colloderma* 属に止めおくこととせねばならぬ。これもまた大事件なり。しかるにこのことを立証して外人に見せるほど当方に標品の余剰なし。よって願わくは H-43 貴方の分をレンズで精査してもし今一つでも本品あらば送り下されたく候。なければ H-43 に多き *Cribraria macrocarpa* は送り下さるに及ばず候。

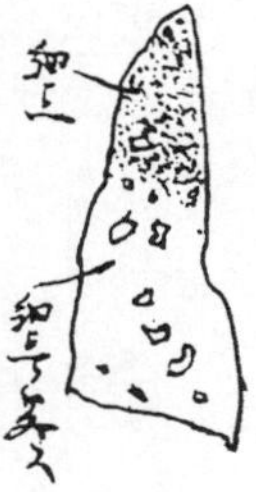

第18図

第19図

第20図

まだまだいうべきこと多きも、小生は一昨夜より少しも眠らず、疲労はなはだしきゆえ、ぜひ只今画記せねば腐るべき菌が座右にひかえあり、よってこの状はこれきりに致し候。目録に△印を付けた分はなるべくまとめて御送来を乞う。来年の発表および進献には最好の標品を撰びたく候付き、宜しく御願い申し上ぐるなり。

一昨朝なりしか、一昨々朝なりしか、四時すぎに当地大雷雨、小生生まれて来、かかる烈しき雷にあうたことなし。小生貴下の粘菌を一生懸命に見おりしゆえ左までのことは思わざりしも、顕微鏡のデッキグラスを洗うべく小チョクに水を盛りありしが、その水を見ると波動を生じおりたり。さて後に聞くにそれは大雷最中に短く強き地震ありしにて、二、三町はなれた町などは人々大雷雨中ながら戸外へ出たる由に候。

H-5とH-7は貴方に控えなき様子、H-5はみな（第19図）胞壁の上部なし。しかるにH-7にはただ七つほど完全な標品のこりありしゆえ、新変種と分かりしは幸いなり。第20図のごとく胞壁の上部にアバタ様の大きな穴があき、列なりおるなり。

今度の貴集には、新種や創見品は少なきも、形態学上斬新なものははなはだ多かりしゆえ大いに益を得たり。それらは大抵目録の注記を見れば御分かりになることに御座候。

（平凡社版『南方熊楠全集』第九巻573～579頁）

《語注》

◆1　乞食（こつじき）――呪術的職能民、と堀一郎は言う。つまり宗教者である。かつてこの民は古代天皇の殯《もがり》に従った「遊部《あそびべ》」であった。「薄葬令」（『養老律令』参照）によって失業したものの、その技術は民間に下って花開く。彼らの一部は「行基集団」となり、火葬の術を駆使した。また一部のものは祝言という呪術によって生計を立てた。「ホカヒは元來『ホギ』から出た語であり、祝福、豫祝、祝言の義なることは、コトホギ、オホトノホガヒの例に見える所であるが、これがいつしかホカヒヒト卽ち純粋の乞食の意となつて來たのは、ホギヒトから出たと思われるホイトも同じである」（堀一郎『年の暮のはらへ人』）。そうしてやはり乞食の故郷は「山」であった。

◆2　**神島**（かしま）——熊楠は神島の神は女神という。石を御神体とす、という。弁才天か。宗像三女神か。笠井清の調査に依れば、神島明神とは建御雷之《たけみかづちの》男神《おがみ》・武夷鳥《たけひなとり》命という（『南方熊楠』人物叢書）。また中瀬喜陽は、上秋津《かみあきつ》・下芳養《しもはや》・稲成《いなり》町、三町にまたがる山・竜神山《りゅうぜんさん》の神と関わり深いという。土地の伝承によると竜神山の神さまは神島によく遊びにゆかれたという。この神島の森を形成するのが、まず、バクチの木、次にタブ。「初め花果なかったバクチの木も、おびただしく成長して花果多し。その木や葉は毒分を含むに、ある種の粘菌がこれに生ずるは、ある原形質が毒分に抵抗する例として大いに攻究を要す。（略）バクチの木と並んで神島の森の要分をなすのが、タブ、方言トウグス。これは線香製造に必須の木だ。明治四十年余が発見したほとんど唯一の緑色粘菌アルクリア・グラウカは、この木に限って生ず」（『紀州田辺湾の生物』全集六巻所収）。

　また、島内に幹周り一メートルを超えるハカマカズラの大木があるという。ワンジュである。「神島の植物さまざまだが、なかんずくもっとも名高いのは鸞珠《わんじゅ》だ。（略）豆科のバウヒニア属の木質の藤《かずら》で、喬木によじ登り数丈に達し、終《つい》にその木を倒す。林中の幹から幹に伸び渡った形、大蛇のごとし。むかし、この神島の林に入って蛇というを禁じ、一言でも蛇といえば木がたちまち蛇に見えると言ったのは、本来この藤が蛇に似たからだろう」（同）。やはり神島の神は、弁才天ではないか。竜神山の神は修験者が祀った宇賀神ではないか。

◆3　**弁慶**（べんけい）——弁慶は義経と一対である。というより「鬼若」と「牛若丸」が一対である。熊野の山を背負う弁慶と、鞍馬山で天狗を相手に修行する牛若丸はよく似ている。『義経記』によれば二人の出会いは京・五条天神。こちらの御祭神は少彦名命。弁慶伝承には、ダイダラボッチの巨人伝説とともに「小さ子」物語がみえる。熊野という地を通して弁慶を考えると、「若」がひっかかる。即ち「九十九《くじゅうく》王子」伝承の「若一王子」即ち、大男・弁慶もその出自は御子《みこ》神であったと考えられないか。「九十九王子」の「九十九」は百に一つ足りない、つまり大人に成ろうとしてどうしても成りきれない「小人＝御子」と考えたい。

熊楠が結婚して住した紀伊田辺には、弁慶伝説があちら、こちらにある。また、紀伊田辺駅前の銅像（これは一人立ち）、闘鶏（雞）神社の父子像（熊野別当湛増と鶏二羽と並ぶ）、八坂神社境内の弁慶の腰掛け石、そのすぐ近くに在った（今はない）弁慶松、その向かいの小学校の校庭に在った弁慶の産湯井跡。しかしここには義経はいない。熊野では弁慶が主役（『義経記』の研究者・岡見正雄は、この語り物の謎を解こうと、弁慶に執心した）。熊楠は弁慶の巨人伝説と、御子神の伝承を合わせ持っていたと思われる。即ち「ダダッコ」である。だから彼はまた、母を想って巨体をゆすって喚《おら》び哭《な》くスサノヲに似る。熊野の地にイザナミの墓のあることは見逃せない（花窟《はなのいわや》）。高崎正秀の「記紀神話から熊野のスサノヲは、抜け落ち、出雲のスサノヲのみが残った」という指摘は興味深い。弁慶、熊楠の系譜の源にスサノヲがいる。

◆4　御幣かつぎ（ごへいかつぎ）――縁起を担ぐ人の意。御幣は神の依り代。それを担ぐというのは神の意向を問う卜占の法によって吉凶を占ったことによるのであろう。この名をもって職とした者の話は聞かないが、御幣を切る――細工の技は修験のものである。この言葉は、御幣を作り、またそれをもって呪術を行なった人のあることを示している。

◆5　燕石（えんせき）――不思議の石・燕石は燕が海から運んでくる石である。この石は安産の守り石となり、また子供の眼病を癒《いや》すという。海からやって来る石と言えば、それは「ゑびす」である。紀伊田辺は、大黒・夷信仰が盛んである。この二神はともに祀られ、その社の前には、木槌が二つ置かれる。参る時には、これで木の板を打って、トントンと音を出す。大黒さんは耳が悪いので音を出して訪れ（音づれ）を告げるのだという。夷は足が不自由である。ただこの大黒・夷信仰、田辺ではここ二、三十年で盛んになったものと言う。兵庫県・西宮神社よりの勧請である。柳田國男は『子安の石像』の中で南方の『燕石考』に触れている。

粘菌の複合

複菌について

大正十三年五月九日夜八時半書き始む

上松蓊様

南方熊楠再拝

拝復。五月七日夜七時付御状今朝九時ごろ拝受。しかるに小生自宅竹林の下なる枯枝より *Cylindrophora* と申し、日本はもちろん英仏諸国にもかつて出されざる稀有の複菌を昨日とり（ドイツのウェストファリアのみにあり）、昨日鏡検して右の品と分かり、記図に余念なく、今夕六時ようやく結了、さて御状拝見致し候。イサリアは *Pyreno-*

mycetes には無之（イサリアと同送の *Hypoxyron* 二種どもが *Pyrenomycetes* に候）、*Hyphomycetes* 複菌に御座候。

これは次の図〔筆写原稿に図を省略す〕のごとく *Pyrenomycetes* ありてその内に胞嚢幾千ともなくあり、その胞嚢一の内また胞子八つあり（または六または四または十二、[1]種類の異なるに従いまたは無数等）この胞子にて spore 発生するが常なり。たとえば百合が花さき交会して種子を結び、種子にて繁殖するごとし。しかるにこれにては、きっと繁殖し得るか否覚束なきゆえ、別にその胞窠より図のごとく菌糸 mycelium を出し、這いあるき、その上より図のごとき芽子体を生じ、芽子 cladospore を結ぶ。その芽子でまた蕃殖するなり。（胞子は雌雄交合の結果として生ずるも、芽子は雌雄交合を要せず、ただ枝より芽を生ずるごとく無性に成殖するなり。）たとえば百合が花さき実《みの》るをまつ間にややもすれば苅り取らるるゆえ、bulbil 芽種と申し、ちょうど百合根の小作りのようなものを葉の腋に生ず。これはほんの枝のように生ずるなり。雌雄蘂の交合を要せず、その芽珠が地に落ちさえすれば直ちに成長して百合根となり芽を生じ得る。

そのごとくピレノミケテスも胞子のみでは蕃殖十分に受け合われず。よってさらに余分に芽胞子を生ずる場合あるなり。しかるにジャガイモは花咲きながら実が少しもならず根よりのみ生殖し行くごとく、*Pyrenomycetes* その他の菌類には、芽胞子で成殖の方が手軽きゆえ胞窠胞子を生ずること少なくなり、もっぱら芽胞子ばかりで生殖し行くものあり。

また全く胞窠胞子は絶滅して、芽胞子のみで毎年毎年生続し行くもあり。故に今となっては何の菌の芽胞子ということ分からず、ただ芽胞子ばかりでその植物が独立し行くものもあるなり。(近い例を引かんに、父子相続は世間法の条件ながら、芸妓とか女将とか坊主とか役者などいうものは家々代々相続するが、少しも父母交会によらずして養子で連綿とつづき行く、と大分ちがうが、父母交会によらぬ相続ということだけは同じ。しかして市川家、杵屋家、聖護院、壮厳院と久しくつづき行くと、後にはその始祖は果たして百姓が生んだか皇族の子だったかが分からなくなる。そのごとく、今となっては果たして何の菌の芽子世代だったやら分からずに、また分かる見込みもなくてただただ芽子でつづきおる菌多し。これを *Hyphomycetes* 複菌と申すなり。複とはもとそれぞれの本統の菌あり、その胞窠胞子相続の代りに芽子相続を始めたので、すなわち本菌の胞子世代で相続ならぬときの複位(ヒカエ)のために出来たということとなり。餅にはえるカビ等、みなこの類の菌に候。

　小生はこの類を特に注意しおり、右の昨夜発見のシリンドロフォラなる複菌は、何の本菌のヒカエやを従来知ったものなかりしところ昨夜研究して *Sordaria*《ソルダリア》◆[2] なる本菌(ピレノミケテス)の複菌と分かり申し候。イサリアまた複菌にして、冬虫夏草(日光でしばしばとりし *Cordyceps* 属のピレノミケテス)の複菌はみなイサリアなり。しかるに冬虫夏草は主として虫に寄生すれども、イサリアは必ずしも虫に寄生せず、木にも菌にも糞にも生じ候。故に*Cordyceps*外のピレノミケテス類にして木や菌や糞に生ずるものの複菌がまたイサリアなるかも知れず、また*Cordyceps*のみの複菌がイサリアなれども、*Cordyceps*の胞子世代は必ず虫に付き、それより出す芽子は虫を好まず、木や菌や糞に付き生ずることあるかも知れず、これは一々いろいろとその胞子を種《う》えて試験するの外なし。とにかく今度のイサリア・ウエマツイは歴然虫に生じありたれば、この虫の死体をそのままおけば、今年冬あたりイサリアは去って、あとへ冬虫夏草なるピレノミケテスを生ずるかも知れず。もし余分あらば今年冬か来年正月ごろ一度行って見られたく候。しかるときは、この菌の胞子世態も複菌世態（芽子世態）をも知り得て大いに学問上の方付きがなり申し候。

このことを申し述べ冬まで少々のこしおくことを頼み上ぐるを忘れしは遺憾に候。

また右の複菌類はきわめて脆弱なものなれば、ことさらに乾かすは宜しからず。風にあて火にあつると芽子が飛んでしまい申し候。故にこれは紙につつみ箱に入れおき、さて乾きたるのち震動せぬよう綿にて紙のぐるりを軽くつめるより外なし。もし複菌が付きたるもの重くまた硬きときは、マッチ箱の底にゴムにて貼り付くるの外なし。

高雄山の針菌は、明日か明後日着の上申し上ぐべく候。また小畔氏のサルノコシカケは、かく生えたやつが日光とか地引力とかいろいろの事情により、かく前へ前へひろがり行かずにかく重層して生えたるまでのことにて、ちと大陣の方ゆえ別段申し上げざりし。種名は閑時にしらべ申し上ぐべく候。（この類の参考書は多くもちあり。）イサリアの蛆は蠅虻類と蚊蚋間の小さき蝿の蛆と存じ候。

さて、小生今回品川御殿山日本精神医学会（番地なし。電話番号高輪一〇四三番）中村古峡（毛利氏知人にて高田屋へも来たことあり。大本教裁判に出でし人なり。大本教敗北は主としてこの人を敵にとりしにあり）氏望みに付き、年来連載し来たりし『太陽』の十二支獣（内、子丑二つ全く欠く）の話その他一切を五百円に売り候。しかし羊の年など小生一回しか出さず。また猴鶏犬猪の年は未完結なりし。また十二獣を十二支に当てたる総論を始めに付するを要す。これらは出来あり。子の年の分も『大毎』紙へ出しおり、出来あり。

ただこまるは牛にて、これは全然出来おらず。しかしてこの牛というもの西洋で人民の主食たること東洋稲米のごとく、それにインドではことのほか牛を神視するゆえ、その話すこぶる多く、グベルナチス伯の『動物譚原』などは大著述なるに、その前巻（後巻より三頁多し）は全く四百三十二頁を牛のみに費やし、さて後巻四百二十九頁を豕《ぶた》を始め諸動物に費やしおれり。かく材料多ければグ氏の書を丸取り抜抄したらよいようなものなれども、日本の武士は名を惜しみ小生もまたあまりなことも出来ず。他の諸話と釣り合いをとり、例の和漢印蘭諸方の材料を精選して組み合わさねばならず。なるべく先人未発のことを述べたいから、まずその材料から集めにかからざるべからず。

かくてこの牛の話を完結し、羊猴等の不足分を修補完結し、序論を清書し、『大毎』紙に出し、またまだ出さぬ鼠の話を清書して、来月中旬までに和歌山にもち上り、同地にて中村氏にまた五百円と引き換える約束なり。しかして清書は存外に骨が折れるから、その酬として別に百円寄付しもらう、つまり千百円に売りしなり。この十二獣論は従前も毎々諸方よりひやかしに来たり、小生もうるさいから中村氏の依頼を好機会として、小生和歌山にあるうち、妻子の活料と教育費のために千百円にて売り、五百円は本月二日の夜電信為替にて受け取りたるなり。

しかるにここに難件生じたりと申すは、中村君より今日申し来たりしは、震災のため東京中の図書館に『太陽』そろいおらずとのこと。小生はかつてこのことを慮れるをもって中山太郎氏に紹介状を書き、中村氏の子分に持たせ遣わし、博文館にある『太陽』に就き、小生投書の分を写させせんことを請い置きたり。それに本日の中村氏書状には、博文館にゆき中山氏に諮りしところ、同館にも『太陽』はなしとのことなり。さて中村氏は小生の『太陽』(拙文出たる分はことごとく蔵しおる)を貸さんことを求めらる。

お安い御用といいたいが、小生は『太陽』に拙文出て後も昼夜これに気を配り、諸方よりの難問、忠告、報知、議論、また自分さらに見出だせし正誤、補記、解釈、後註等を巨細に細筆もて書き入れおり、ことに妨げになる一事は、小生は研究所確立の上は植物学の以外のことに没頭せざる心算ゆえ、今年初より昨夜までにロンドンへ二十文を送り、なお続々おくるつもりにて、それには丁付け、巻付けを始め参考書目等一切この『太陽』の書き入れを見れば一目了然で、大いに記憶の足しになり、時間を省くの便となりおれり。それを他へ貸しては、どうも足をもがれた蟹のごとく苦しまねばならぬ。また写字生の活版工のいうものは横着にて、小生もっとも大事にすることなどに一向気を付けず、この『太陽』ごときも最初は一文出るごとに二本ずつ備え置きしが、前年出板してやるという人ありてその宅へもち行き写すうち紛失され、またはなはだしきは墨だらけになり何ともならず、止むを得ず捨てしもあり、ようやく博文館へ申しやり取り寄せて置きたるが今手許にある本なり。すでに東京でさえ希有となりたるものをこののち小生の手で集め得べき様なければ、すでに受け取った五百円返却してまでも貸すことはならぬなり。

しかるにまた考えるに、『太陽』はずいぶん多く印刷配布されたもので、東京中に蔵した人はいくらもあるべし。山手辺の一向震災に焼けなんだ所の小学校などにはあることと存じ候。また一私人にしても浅田江村氏、坪谷水哉氏ごとき、いずれも火事にあわなんだ人なり。この人々古く『太陽』に関係し主筆たりしことゆえ、『太陽』は保存しあるべしと思う。その他にも愛読者にして保存したる人は多かるべし。小生は四月八日よりずいぶんこのことに苦心したるに、今にしてジャン◆3となり、五百円はフイ、あとの六百円もフイとならば、カッパに尻を抜かれたるの感なくんばあらず。よって貴下何とか中村氏と協力し、左の諸号は買い入れまたは借り入るることに苦心下さらずや。小生また平沼氏を始め大抵の知人は九州の果てまでも奥州のさきまでも発状しおけり。故にそれらの人より何号何号は貸しやるべしといい来たるごとに貴下および中村氏へ報告すべき間、それぞれを抜きにして、その余を集めるということになし下されたく候。しかして力の及ばぬ分は止むを得ず小生みずから写し、画は自分写すか、またこみ入った画は、その『太陽』の稿本の画をかきし人ちょうど当地に来寓しおれば、その人に写生させ送ることにせん。ずいぶん長いものゆえ全稿みな写すは大儀ながら、半分くらいなら小生と悴とで夜をこめて写し得るなり。むろん小生はその酬料をもらわざるべからず。また貴下へも時間代くらいは小生より賠い申し上ぐべく候。

当地におりてかれこれいうよりは、中村氏は貴宅の近処また電話もあれば、何とぞ小生より委托を受けたると申し立て（小生よりもこの状と同時に中村氏へ申しおくる）、協力して御探し、さて力に及ばぬやつ半分ばかり、またそれより少なくなりたるとき御申し越し下されば、小生は和歌山上り少々おくれてもみずから写し取り、中村氏へ送るべし。このこと今夜この状に引きつづき中村氏へ申し送るが、貴下よりも何とぞ電話をもって御交渉願い上げ奉り候。

撰挙は、昨日より投票始まる。山口熊野《ゆや》氏昨日より田辺へ来たり、毛利氏加勢にて大戦争らしい。これが済めばたちまち和歌山へ上るべきところ、右の千百円のことでまた一月ばかりおくれ申し候。しかしなるべくは妻子のために借金などいささかもするよりは、自前でそのあてがいをなしおきたくて、かくのごとくに御座候。ことに小生和歌山へ上りおるところへ中村氏下り来たり、六百円交付されたら大いに威勢も付き申すべく候。毎度御面倒のみ申し上げ恐縮なれども、和歌山一件方付き次第、一度御来遊を願い、姉の一族が開きおる白良館の大臣室にでも泊り、御礼を兼ねて大快談をやらかすべく候間、何とぞ右の件面倒を御見下されたく候。

右諸方へ聞き合せ状を出すに、ことのほか手筆を要するゆえ、昨日午前十一時に起きしきり、昨夜来顕微鏡写生今夕結了、さてこの『太陽』一件にかかり今夜も眠らずに三、四時までかかることに御座候。労々活を逸し死すと申すが、小生ごとく苦労するに何の身心にさわりもなきは、死んでどんな処へ往ってもやはり苦労は絶えぬはずと、法身如来説を自得したる一徳と悦び申し候。

まずは用事のみ申し上げ候。　　　　　　　　　　　謹言

（付）雑誌『太陽』所載南方熊楠文篇目録

十八巻　一号　明治四十五年一月　猫一疋と致富物語

二十巻　一、五、九号　大正三年一月、五月、七月　虎に関する史話伝説、信念民俗

㈠および㈡

二十巻　二号　大正三年二月　支那民族南下のこと

二十一巻　一号　大正四年一月　兎に関する民俗と伝説

二十二巻　一、二、三号　大正五年一、二、三月　田原藤太竜宮入りの譚

二十二巻　十四号　大正五年十二月、二十三巻　五号　大正六年五月　戦争に使われた動物

二十三巻　一、二、六、十四号　大正六年一、二、六、十二月　蛇に関する民俗と伝説

二十四巻　一、二、四、五、七、十一、十四号　大正七年一、二、四、五、六、九、十二月　馬に関する民俗と伝説

二十五巻　一号　大正八年一月　羊に関する民俗と伝説(一)

二十六巻　一、二、五、十三、十四号　大正九年一、二、五、十一、十二月　猴に関する民俗と伝説

二十七巻　一、二、三、五、十四号　大正十年一、二、三、五、十二月　鶏に関する伝説と民俗

二十八巻　二、三、四、十四号　大正十一年二、三、四、十二月　犬に関する伝説と民俗

二十九巻　一、四、七、十一号　大正十二年一、四、六、九月　猪に関する伝説と民俗

中村氏が小生の書いたものはどれだけあるか、画が入りあるかなきかなどのことをも知らずに、五百円送り来たりしは合点行かず。たぶん誰かがこれを出板したくて中村氏をして仲立ちせしめしにあらざるか。しかして最近十二獣の外に「支那民族南下のこと」と「猫一疋で致富物話」をも合わせて五百円とかけ合い来たれり。しからば『太陽』を持ち

おり、小生が書いただけのものをみな知りおる人が奥の間にありて中村氏に指図するように思わるるなり。しかれども小生はそんな無用の穿鑿をするひまなく、ただただ和歌山行きの留守を気遣い、妻子を安心させんために千百円ほしくて契約せしなり。（契約書は出しおらず、書状で承諾せしのみなり。ただし五百円は受け取れり。）もし小生推測のごとく『太陽』一通りは誰か奥にある人がもちおり、今一つ活字するときの手本にほしき（謄写の労をはぶくため）とて小生のを貸せと言い来るようなことならば、われらむやみにさわぐに及ばず、中村氏およびその子分等が買い求めて可なることと思い、とにかくその望みにまかせ今夜調査の末間違いなきところ、小生『太陽』へ出せし一切の目録を、中村氏へこの状と共に明朝出すなり。

南方熊楠再拝

大正十三年五月九日夜十二時

上松蓊様

貴下何とか名案なき物にや。

（平凡社版『南方熊楠全集』別巻一99～106頁）

玉置神社[4]移転の件は、他日社地をかの例の煙突多き製造所とか下宿屋とか不浄極まるものに蚕食せられぬ一方便として、移転して社地を十分広げ置くならば宜しからんと存じ候。前日雑賀氏[5]より聞きしは、玉置山はもと今の地にあらず、今度移さんとする地にありしを、いろいろの災難で当分今の地に移せしなりとか（拙妻も左様いう）。ただし、移すことは移すとして、それがために現在の樹木を一本なりとも伐らぬよう願いたい。

小生、熊野植物精査西牟婁郡の分の基点は、実にこの闘鶏社の神林にて、言わば一坪ごとに奇異貴重の植物があるなり。前日、スウィングル氏などもこの理由あるゆえに、米国へ帰りての話の種に参拝したるなり。とにかくかの玉置山祠の直ぐ近処に、ジラリヤ・フィリフォルミスという北米とこの地点にのみ見出だされたる菌あり。またジジミュム・レオニヌムとて、セイロンとジャワにのみ産し、従来熱帯地を限りて生ずるものと学者どもが思いおりたる粘菌の一種も、この玉置社のすぐ近側の樹下において発見せり。また玉置社のすぐ後の丘腹には、一種の粘菌クリブラリア族とは判然しながら、スプレンデンス種と、アウランチカア種との性質特徴を半分ずつ雑え具えたるものあり。

一体、粘菌は他の原始動物とかわり、その原形体非常に大にして、肉眼で視察しながらいろいろの学術上貴重の試験を行ない得。人間の児孫蕃殖のことを精査せんとするも、眼前男女を交会せしむることはならず。他の諸動植物とても、たとい雌雄交会せしむることは得るとしても、その際およびその際以後、男女の精液（すなわち原形体）の変化を生きたまま透視することとならず、わずかに薬汁で固めたり、解剖して半死になったところを鏡検するのみなり。しかるに、この粘菌類の原形体は非常に大にして、肉眼またはちょっとした虫眼鏡で生きたまま、その種々の生態変化を視察し得。故に生物繁殖、遺伝等に関する研究を至細にせんとならば、粘菌の原形体に就いてするが第一手近しと愚考す。

さて異種の粘菌の原形体を混合して間種を得べきや否やは近来の問題で、知己の英人マッセー氏等は間種を得べしと言い、同じく知己の英人リスター女史等は決して得べからずという。（もし異種の粘菌の原形体を混じて間種を得べくんば、遺伝とか人種改良とかの上において、すこぶる有益なる発明をなし得るはずなり。）

小生は二十四年間このことを実施研究するも、今まで実際間種を得たることなし。しかるに、二川村大字兵生《ひょうぜ》で、レビドダーマ・チグリヌムという粘菌が稀《まれ》にその体の一部、全く異属のジデルマ・オクラセウムの体となりおるを見たり。英国へ聞き合わすに、英国にもかかる例あり。ただし学術上至細に立論すると、これは人間の鼻へ豚の肉を塡めて豚肉が生きおり、枳殻《きこく》の株へ蜜柑を接ぎて蜜柑が活きるごとく、一属粘菌の体へ他属の粘菌の体が飛んで来て塡まり込みながら活きおるようなものとの拙見なり。しかるに、件《くだん》の玉置祠後の樹下に産するクリブラリアは、特別なる二種の粘菌の性質を半分ずつ全体に行き渡りて兼備するゆえ、どうしても間種としか見られず。しかるときは、格別なる二種の粘菌の原形体を混ずれば立派な間種を生じ得ることかとも思う。

このことは今なお研究中にて、昨年まで見届けたる拙論は、昨年八月英国ハーフォードにて開会すべき英国菌学大会で、リスター女史が、「南方熊楠氏、過去十四年間紀州において成せる菌学事業」と題して読まるるはずと報告ありしが、今に報告が着かぬところを見ると、戦争でオジャンになったらしい。しかし、今年八月サンフランシスコ大博覧会場で開会の米国科学奨励会で、スウィングル氏が、同じく小生の「紀州にて成せる植物学および民俗学上の成績」を演ぜらるるはずにて、すなわち前日貴下御同伴の節撮りし神島等の写真、また拙宅家内の様子等の写真、それから当地湯川富三郎氏蔵「山の神草紙」◆6の絵巻物の写し等は、一々幻燈にて拡大して、右の演説の節聴衆に実況を示すはず、と北京より申し越せり。その演説にはむろん件の闘鶏社の奇異植物のことも出るはずで、学術上大いに地方の名誉また日本の面目にもなることなり。

吾輩は神社合祀反対で一度は未決監にまで投ぜられたが、政府でもすでに吾輩に耳を傾けくる役人多くなり、本月十三日の『大阪毎日新聞』東京電話によれば、原生林また学術上貴重なる林、名所旧蹟の風致に必要なる樹木、またことに学術研究上保護を要する生物の保護に必要なる樹木樹林を特別保護林として叮嚀に保存すべき旨、岡本山林局長より、各大林区署へ通牒を発したり、とあり。これまでは口外せぬが上山前山林局長（只今は農商務次官）などは、数年前すでに希有植物保護条例草案を予に起稿せよと頼まれた。またスウィングル氏が米国で演述さるべきごとく、当地方から、東西日高三郡に神林の伐らるべきものを伐られずに存置し、那智の濫伐を止め、神島に全滅せんとする鸞珠《わんじゅ》を復活せしめたは、全く『牟婁新報』と吾輩の微力が九霄《きゅうしょう》に影響したに外ならぬ。

去年徳川頼倫侯にも申し上げたが、新庄村長と村人が神島《かしま》の林を保安林とせしは日本最初の植物保護の実施せるもので、前日ス氏が撮影した五、六通の写真と共に、新庄村が目下日本で知られぬうちに海外で名を馳せる訳だ。

近く当地のある外来の風流宗匠が、金魚の餌を闘鶏社の神池へ取りに往き、桶に入れて社内を通るを社掌が咎めたとて大いに気焔を吐き、大阪天満の社は官幣大社だが魚売り等みなその境内を走る、神社は人民に便利を与うべきものなり、それにわずか県社たる闘鶏社の社司が金魚の餌を運ぶを咎むるタア不埒だと遣り込めてやった、と言いちらしおるを親しく聞いたが、大阪は大阪、田辺は田辺、大阪のことは大阪人の勝手として、田辺の闘鶏社はどこまでも古帝王が崇奉された遺址として、むやみに金魚の餌を運ぶどころか、第一神池へそんなものを毎度盗みに行くとは非常に不風流極まる宗匠と叱り置く。

必竟《ひっきょう》こんなものの出来るも、従来この闘鶴社の世話人などという輩、社地を俗化するを非常に良いことと思い、あちらの木を伐り、こちらの山を拓き、本社を拝むことのならぬような拝殿を立てたり、ことにはなはだしきは○○が社務所へ○○を引き入れ、竜虎采戦の秘戯を神前に御覧に入れて俗人に喚起叱責されるようなことがあったり、また兇状持ち前科者の神主が役向きでおびただしく羽振りをきかす等の面白からぬことを何とも思わぬような例多きより、自然に闘鶏社でも右様の怪しからぬ宗匠の所為も出来たことと思わる。

とにかく玉置神祠を移すことは別事として、闘鶏社の樹木はこの上一本も伐らず、樹林の辺をこの上俗化せしめざるよう、貴下を通じ世話人諸氏へ願い上げ置く。『バイブル』に、馬鹿な者は笑うて罪を獲、とあるが、まことに笑う門に福来たるとて笑うほど善いことはなきその笑いですら、むやみに笑うて罪を獲ること多し。いわんやこれは一県の県社、一町の産土神、多数人士の氏神たる神社のことなれば、笑うどころか、もっとも真面目に処分してさえ、ややもすれば後日の譏《そし》りを招き易いことなれば、何とぞ慎重に慎重を重ねられたきことである。只今梅雨で日夜菌の画を書く等ですこぶる多忙、すでに二夜二日続けて眠らぬなり。かかることは毎度なり。ちょっと書く暇なきも巧遅拙速に如《し》かずと、今早朝睡《ねむり》をこらえて乱雑ながら右認め候。大正四年六月十四日朝八時半。

（大正四年六月十五日、十七日『牟婁新報』）

〔この書簡は毛利柴庵に宛てた私信であるが、『牟婁新報』は「先生の承諾を得てここに登載し、闘鶏社氏子諸君ならびに江湖諸賢に頒つ」という前文を付して掲載した。乾元社版全集では「玉置神社移転について」という表題で収録している。」

（平凡社版『南方熊楠全集』第六巻114～117頁）

《語注》

◆1　百合（ゆり）——百合はアイヌでは大切な保存食であった。「百合根をついて、円い輪形に握り堅め、それを乾して貯えた」（早川昇『アイヌの民俗』）。また「トゥレプ」と呼ばれる姥百合の根は、何よりも越年食として優れていた、という。アイヌの人のこの植物に対する感謝の情は、姥百合を〝神さま〟にする。アイヌの伝承——ある時、東の方より〝小さな女〟が娘を連れて、アイヌの酋長のところへやって来た。そうして「椀を貸してくれ」という。椀を与えると小さな女はそこに脱糞し、「食べよ」と言う。もちろん酋長は食べない。女は怒る。ある別の酋長がこの女の話を聞き、椀を貸し、その中のドロドロしたものを思い切って食べた。芳香を放つその食物はとても美味しかった。小さな女の正体は姥百合、娘は行者蒜《にんにく》であった。つまり〝小さな女〟とは神さまで、アイヌの人たちに大切な食物をもたらしたのである。富をもたらしたのである。

壱岐では、説教節で有名な「百合若」伝承がイチジョーという巫女によって語られた。この百合若の幼名は壱岐では桃太郎となっている。桃太郎も富を、鬼が島、即ちあちら側の世界からもたらす者であった。

◆2　**冬虫夏草**（とうちゅうかそう）――白井光太郎『植物妖異考』に詳しい。「按《かんがえる》ニ冬蟲夏草ハ本邦所々ニ産ス。陽地ニハ絶テナシ」と始まる『桃洞遺筆』巻三の引用の後に、「按《あん》ズルニ桃洞遺筆ハ紀州小原良貴ノ著ハス所ニシテ天保四年ノ出版ナリ」と白井の文が続く。紀州出身の本草学者・小原良貴は小野蘭山の弟子という。そして小原がその著で紹介する、近江迫村出身の眼科医、柚木常盤もまた蘭山の弟子であり、彼が、近江観音寺（三井寺）山中で発見した冬虫夏草は非常に珍しいものであった。虫の体中に巣くった菌は多く、虫の頭の部分より茎様のもの（子実体）を伸ばすが、柚木の採取したものは、口中より出でた異形であった。白井は、ここで柚木の仕事を菌学上の貴重なる発見とし、その功績を称《たた》えている。虫が植物に化ける、と思われていた冬虫夏草、実は、植物が虫を食っていたのである。冬虫夏草は仙薬として珍重された。

◆3　**カッパに尻を抜かれたるの感**――河童。川童。その字が示す如く。カッパは童子である。あのカッパの頭の形も、童子のザンバラ髪に似る。オカッパである。カッパはなぜ悪戯をするのだろう。人を、馬を、川の中に引き込もうとするのだろう。カッパも山童と同じで、神の零落せしもの。但し、子供とカッパは仲がいい。徳之島に住むある人、少年の頃、田舎の松原という所から都会の亀津という所に、別れた母に会いにゆくため山道を歩いていた。すると、小滝の上にカッパが座っていた。ただ、それだけの話である。しかしこの徳之島の人、カッパを見たことを、一生、忘れなかった。おそらくこのカッパ、母に会いにゆく少年の守護神、あるいは彼自身であったのではないか。

「南方熊楠翁は紀州日高で、河童をかしやんぼと言ふ理由を、火車の聯想だ、と決定せられた。思ふに、生人・死人をとり喰はうとする者を、すべてくわしやと稱へた事があつたらしい」（折口信夫『河童の話』）。柳田國男、折口、そして熊楠も、カッパを妖怪と見るが、その初めは水の神であったということをまず自明のこととしている。カッパの皿については面白い伝説がある。下女が皿を一枚割った。主人が刀を抜いて切ろうとすると、女は走って海に飛び込んだ。その姿、よく見ればカッパであったという（平戸の伝説）。この話、『播州皿屋敷』のお菊さんの話に似ている。井戸に飛び込んだお菊さんも河童であったか。熊楠自身はカッパを「ドンガス」と呼んだという。

◆4　**玉置神社**（たまきじんじゃ）――御祭神は、国常立尊・イザナギ・イザナミ・天照大神・神武天皇。玉置山頂に鎮座。古来より修験の地として繁栄した。今も在野の修験者は、この玉置山を修行の場とし、修行を終えると、玉置神社及び、熊野本宮に参拝する。御祭神について、「玉置神詞」（「大和志」所収）には「紀伊国忌部遠祖、手帆置《ママ》負神」とある。闘鶏神社（「新熊野《いまくまの》雞合《とりあわせ》大権現」）末社として祀られる玉置神社の御祭神も、手置帆負命《たおきほおいのみこと》。室町時代に勧請された。現在の社殿は、平成天皇の即位礼・大嘗祭の奉祀記念として、新築されたもの。手置帆負命は、木材の神、建築の神とされるが、元は川の神であったと思われる。玉置神社境内地には、樹齢三千年と伝えられる神代杉がある。また常立杉、磐余杉、夫婦杉の名を持つ巨樹を擁す。

◆5　**雑賀氏**（さいかし）――雑賀貞次《ていじ》郎《ろう》。一八八四年、和歌山県西牟婁郡湊村（現田辺市）に生まる。熊楠に師事。また熊楠、柳田國男へ多くの民俗学上の情報を提供。柳田の紀州の情報の多くは、雑賀よりのもの。「紀州西牟婁郡上三栖《みす》の米作といふ人は、神に隠されて二晝夜してから還つて來たが、其間に神に連れられ空中を飛行し、諸處の山谷を經廻つて居たと語った。食物はどうしたかと問ふと、握り飯や餅菓子などたべた。まだ袂に殘つて居ると謂ふので、出させて見るに皆柴の葉であつた。今から九十年ほど前の事である。又同じ郡岩内の萬藏といふ者も、三日目に宮の山の笹原の中で寝て居るのを發見したが、甚だしく酒臭かつた。神に連れられて攝津の西ノ宮に行き、盆の十三日の晩、多勢の集まつて酒を飲む席にまじつて飲んだと謂つた。是は六十何年前のことで、共に宇井可道翁の璞屋随筆の中に載せられてあるといふ（雑賀貞次郎君報）」（『山の人生』）。また柳田の『獅子舞考』も雑賀の報告に刺激を受けて書かれたものである。

熊楠の雑賀宛書簡には、優しさと厳しさと甘えがみえる。「『牟婁民俗集』は、半分ばかり眼を通したるが、中には小生の随筆と重複し（これは悪くすると小生の随筆より窃盗したるとか、また紙数をふたがんため、すでに世に出あることをまた出したとか思われ、大いに貴著の名を悪く致すべく候）、それも重用なることならよいが、一向同書に何の重きを加うるものにあらざることとあり。かくのごときは、むしろ全く削り去った方が眼ざわりにならずに宜しきことと存じ候。○削ルベシと上にしるしおき候」——大正十五年九月十一日夕六時半に書かれたもの。雑賀はこの気紛れな師によく尽し、熊楠没後、その遺稿の整理に当たった。

◆6「山の神草紙」（やまのかみぞうし）——異類同志の婚姻、狼（山の神／大神《おおかみ》）とオコゼ（海の神／乙御前《おとごぜ》）の結婚は何を意味するのか。異類物は「御伽草子」に多く描かれる。なぜか。岡見正雄は「それはやはり神の物語」と言った。異形のものほど神に近いのだ。熊楠は、オコゼは紀州の猟師が山神を騙して獲物を得る道具、と言うが、それは、同時に「オコゼ」の持つ呪力を信じることを言っている。有名な「十二類絵巻」は十二支の動物と狸の合戦の物語であるが、ここで例えば、兎《う》は卯杖《つえ》を持って戦う——こういうところに語り物がその土地の伝承・民俗を話の中に取り込んでいるという残滓《ざんし》がみえる。つまり、そこはやはり民俗学の宝庫なのである。それにしても異類物は天皇たる人の愛せしものであった（特に後《ご》崇《す》光院《こういん》の存在は大きい）。天皇が生物学を好むのは、ここらあたりより発する伝統か。

オコゼを霊魚とするのは、深い意味のあることであろうが、異類の名を人名に付けて、呪力を得るというのは古くはよくあったと、熊楠は言う。魚に限れば、（蘇我入鹿《イルカ》）、鎌足《かまず》、房前《はぜ》（本コレクション二巻『西暦九世紀の支那書に載せたるシンダレラ物語』)。高崎正秀はこの藤原鎌足《かまたり》、藤原房前《ふささき》の読みを重視して、藤原氏の「水の呪術」という職掌について展開している。「南方氏が熊野山中の奇草を得んが爲に山神とヲコジの贈を約せられしは一場の佳話なりと雖、其ヲコゼは果して山神の所望に應ずべき長一寸のハナヲコゼなりしや否や。自分は山神と共に少なからざる懸念を抱きつゝあり。又海人が山神を祀りヲコゼを之に貢することは頗る注意すべきことなり。恐らくは此信仰は『山島に據りて居を爲せる』日本の如き國に非ざれば起るまじきものにて殊に紀州の如き海に臨みて高山ある地方には似つかはしき傳説なり」(柳田國男『山神とオコゼ』)。

フィサルム・ギロスムの色彩

大正八年十月十二日夜一時（十三日の午前なり）

上松蓊様

南方熊楠

拝啓。十月六日午後二時発芳翰および小包一は九日朝十一時ごろまさに安着、六書拝受、右小包さっそく開封一覧候ところ、（その前回の御状で吉田辰の『東西巡遊記』とありしが）小生所要の古河辰の『東西遊雑記』に相違無之、ずいぶん今日の相場としては至当のものと存じ申し候。よってさっそく代金送り申し上ぐべきのところ、小畔氏よりの出資は別途のものとして銀行に預かり有之、それより融通は本意ならず、十二月末までに必ず自分の嚢中より弁じ申し上ぐべく候間、それまで御まち下されたく候。（『英露字彙』の分は、着本早々御返し申し上ぐべく候。）それより二、三日右書を通読致し大いに未聞を聞き得申し候段、千万厚謝し奉り候。さっそく御受書差し上ぐべきのところ、拙妻、これは生来の胃腸病持ちにて、一昨年までは小生の暮し実に気楽なものに有之、当町中の羨むところなりしも、昨年夏の米騒動以来何分何の収入もなきに邸宅が分外に大なるより、風雨等異変あるごとに高価の修復を要し、それに加うるに地方の女どもはことごとく機工となり、たまたま下女奉公するものも大阪へ上り候より、邸内の始末から小児どもの衣食に妻の草臥《くたび》るることおびただしく、ことに近来に至りては庭園税とか倉庫税とか取り立てらるるもののみ嵩みゆき候より、心配のあまり鬱悒して病気発作荐《しき》りに至り、小生もほとほと困りおり申し候。それこれのため御受書大いに相後れ申し候段、悪しからず御海恕を惟《これ》祈り申し上げ候。

只今は菌類が年中もっとも盛んに出で候時節にて、相変わらず続々珍品の発見有之、数日前も拙妻、ミケナストルムと申し、従来はアフリカ辺の熱地にのみありとのみ思いおったるものを日本で始めて見出だし申し候。勧学院の雀は『蒙求』を囀る習い、拙妻年来発見せし菌類はおびただしきものにて、おそらくアジア中で女性の菌発見者としては第一位におることと存じ申し候。しかるにこの女は漢学者の娘にて（父は『平家物語』に名高き田辺権現◆1の社の神官なりし）、とかく小生の自由思想、民本主義と気が合い申さず、これには閉口致しおり申し候。「すれすれの中に花さくとくさかな」とあるごとく、子供は父に従うてよいか母に従ってよいか、ほとんど迷惑することに御座候。ただし今日の過渡世態の日本にありては、かかることは拙家に限らず、都鄙いずれの地にもずいぶん多く例あることと察し申され候。

小生は近来喫煙をも全廃に及び候。これは至難中の至難事なれども、おびただしく時間をつぶすものに有之、すでに菌類を研究する上に多大の淡水藻を調べ上ぐるには、どうせ喫煙全廃くらいのことを断行せずにはとても前途見込みつかず候。よって淡水藻のしらべ了るまでは、とにかく右様致し申し候。最初四、五日ははなはだしくこまるものに有之候えども、それより程経ては何のこともなきものに御座候。

御書中に見え候湯川寛吉氏は小生と同時に大学予備門にありしも、小生は一向に存ぜぬ人に候。これは新宮の人に御座候。紀州は和歌山より田辺までは京阪の風俗にて、新宮はこれに反し昔より江戸の風俗に有之候。家康の母の弟に水野藤次郎忠分とて摂津有岡の城攻めに討死せし人あり。その人の子に藤四郎重仲、これより紀州侯頼宣卿[2]の付人となり新宮に封ぜられ候。忠分の弟にまた藤十郎忠重というあり。加藤清正の舅なり。この人は関ヶ原軍の際三州池鯉鮒の宿酒宴の席にて三成の従党加賀井弥八郎に殺され、その場にあり合わせし堀尾吉晴が加賀井を討ち留めたるなり。さて頼宣卿は清正の聟に候。これらの点より二重に縁あるゆえ紀州へ付けられたることと存じ候。

田辺の安藤も紀州侯へ付けられたるなれど、これは主として和歌山に詰め、水野は代々江戸に詰め候。したがって幕府の内幕に勢威を振るいしことたびたび有之、新宮にて春画を板行し大奥へ進物とせしことなどもあるやにて、小生その本を見たることあり。桐の箱入りで大層なるものなりし。田辺の侍が武術のみ励み野暮飛切りなりしに反し、新宮の侍どもは遊廓に通うをのみ事とせし由。そんな風ゆえ維新となるとたちまち土崩瓦解し、士族にして満足にのこれるものは指を屈するほどもなし。また学問の方でも湯川寛吉、筒井八百珠（これは今も岡山の医専にあり）二氏の外にこれという人を出せしを聞かず。藩主は才物なりしも商売気多く破産同様にて死なれ、その子は今上の東宮の御時御受け目出たかりしも、奥羽辺で雪中行軍で凍え死なし申し候。先主の孽子になる女子実に貞淑なるもの、貧素の中に育ち候由にて、小生の妻にとすすむるものありしも、小生一向妻を娶る気なき時にて、よそ事に聞き流し了り候。今はいかがなりしや知らず。とにかく君臣共かく散りはて候ことゆえ、湯川氏などもあまり新宮へ帰りたく思われぬことと存じ申し候。（もっとも湯川氏は士族なりや否知らず。）

博文館編輯部の鈴木徳太郎氏より四、五日前来状あり。新年号の申に因み猴の話を書いてくれとのことなり。しかるに小生従来『太陽』へ書き候は、このことの応接にあたりし人物が一向かようのこと不心得のものにて、一頁二円五十銭と極《き》め申し候（これは九年前のことなり）。小説や履歴譚や、また書き流しの飜訳などとかわり、小生ごとく和漢洋のことを一切総覧した上そこここととり合わせて、いわゆる「約はすべからく博よりすべし」で、一句を下すにも十も二十も書籍を参考した上で下すような念の入ったものを、一頁いくら一葉いくらというやり方ははなはだ不満足に御座候。したがってこちらの方よりもなるべく長くなるよう書きのばすことなきにあらず。しかして前方は長くなるを好まぬ由毎々申し来たり候。それももっとも千万ながら、多大の書籍を一々原本に就いてしらべた上書くものを、ただ一つの雑誌から抜き書き飜訳すると何の変りもなく、一頁二円五十銭では実に勘定が合い申さず候。今日牛車牽きや荷持ち人足すら一日にこの辺郡でも三、五円の収入はあるに、おしなべて『太陽』などへの寄稿はかくのごとく安値なるものに候や。また、右は小生を田舎におるゆえ東京におる輩よりはずっと暮しも安かるべしと見くびっての上のことに有之べきや。貴慮のほど承りたく候。（博文館との対応は小生みずから致すべきも、大抵貴下御存知のほど御示し下されたく候。）

酒のみを左ききと申すことは、『世説』に、晋の誰かが左手に蟹螯《かいごう》を持ち右手に觴《さかずき》を持ったらわが望み足れりと言ったというようなことあり、小生は盃は右手で持つに極まったものゆえ左ききということと存じおり、別に鑿に関することとは存ぜざりし。『和訓栞』は名高き書なれど小生は見たことなし。『鋸屑譚』というもののみ持ちおり候。谷川氏のこれもこの『鋸屑譚』を何と訓んで然るべきか存ぜず候。谷川氏はよほど人に勝れて独特の考えありし人と存ぜられ候。

ここに奇なることは、寺島良安の『和漢三才図会』と谷川氏の『和訓栞』（小生見しことなけれど毎度人が引きしを見る）と天野信景の『塩尻』と、この三書いずれも一廉のオーソリチーなるに、いずれも同様の説をおのれの発明のごとく書き立ており、どれがどれから引いたやら分からぬこと多し。三人の意見偶合とせんにも、その偶合がかくまで多くあるべくもなし。故に必ず多くの場合には一人が言い出だせしを他の二人が盗んだものと見ねばならず。この三人いずれも学問に非常に熱心なりしは疑うべき余地なきに、人の功を窃むことかくのごとくなるは怪しむべし。ただしそのころは書籍が広く衆人に読まれず、したがって遠地の人の説を自分の説のごとく言い立てたりとて、ちょっとちょっとばけが露われず、いわば微罪と心得たるにや。(西洋でも剽窃を罪と知りしは近世のことの由、『大英百科全書』に見えおり候。)また今日ずいぶん有名なる人士にして吾輩の説をぬすみ、平気で書き立てたるなども多きを見れば、世間狭かりし古えの人のそれほどのことは十分恕すべきにや。

鎌田栄吉氏、労働一件に付き米国へ渡りし由。小生前日申し上げ候ようの漠然たるやり方の人(小生はこれがため一生この田舎に流浪致しおる)が、彼方に渡り何ごとを議し何とかけりを付くべきや、見ものに御座候。武藤山治氏と申すは、もと慶応義塾にありし佐久間山治といいし人にあらざるか。その人ならば小生存知なり。これも……さてこれらの人々に対してかれこれ批難も多く聞くが、進んで自分往ってみようという人のなきようにては、批難も何のあてにならず候。こんな場合に反って小野英太郎ごとき平素口をきかぬ人の方が判然と物を言うものに御座候。騒がしき猫は鼠をとらぬごとく、利口に議論をきく輩はしっかりしただめのつまらぬものに御座候。

小畔氏一書を下され候。小生より差し上ぐべきなれども、それよりも早く標本図記を差し上ぐることをいそぎおり申し候。只今の描写器が不完全なるため、画が判明にとれず、過半は想像に基づくようなことにて、ずいぶん苦き経験をとりおり申し候。

周の世に萇弘という人冤をもって殺されしに、その血碧色なりしということあり。その他にも支那で兵乱の節婦女が辱しめ殺されなどせし蹟へ、その冤を夫に訴うるため雨天ごとに碧血が涌き出るということしばしば見え申し候。荒唐無稽のことのよう思いおりしも、去年十月十八日当町の小生方へ出入するさしもの屋（くらかけ、鍋のふた、杓子等作る人）来たり、へんなもの出たりとて差し出すを見れば、酒樽の栓にちょうど天河石《アマゾナイト》（快晴の秋天の色）同様碧色の半流動体が珊瑚状をなして涌きおるなり。小生一見してその粘菌の原形体たるを知りしも、粘菌今日世に知れたる二百六十ばかりの種数の内、その原形体が青色なるもの一つもなければ、奇体なことと思い座右に置き、三、四時間へて見るに青色のやつが処々婦女の月水ごとく暗赤となり実に見苦し。その暗赤となりし原形体を見て、小生はこれはフィサルム・ギロスムなる粘菌たるを知り候。（この種は草野俊助氏小石川植物園で少々とりしことあり。それより三年ばかり前に小生和歌山の拙弟方の雪隠の壁に付けるを見出だせし。それは世界第一のこの種の大なる標本なり。）この粘菌の原形体は従来どこで見出だせし分も淡黄白色（小児の大便ごとき）それから淡赭褐色と変わるなるに、奇異のことと存じ、夜分ながら右のさし物屋へゆき実地を見分せしに、草もなにも生えざる雪隠側の地上へあたかも血を瀝《したた》りしごとく碧色の半流動体がそこここに飛び散って涌き出でおる。あたかも碧色の血滴のごとし。さてそれが追い追い赤色となり暗紅となるゆえ碧血といいしももっともなことなり。思うに支那にて冤死の者の血が碧《あお》しといいしはかようのものを見しに基づきしことで、世に根のなき虚言はなきものと悟り申し候。一体粘菌に青色はなきものなりしに、小生十二年ほど前アーシリア・グラウカと申す青色の粘菌を見出だし、さて去年また粘菌の原形体に青きものあるを見出だし申し候は、よくよく生活に困って青い顔になるべき前兆と一笑仕り候。このことは近日『ネーチュール』へ出すつもり。

近く南米よりマテと申し甘茶の淡きようなものを輸入して自慢しおる人あり。世人もえらいことのように申しおり候由、小生は二十余年前試みしが何の益もなきものに御座候。それよりも南米チリ、ペルー辺でむかしより穀類同様に食用する quinoa と申し藜《あかざ》の実で一廉《ひとかど》食料になるものあり、貴下何とかかの辺へゆく人に托し、その種を輸入し本邦で栽え弘められたきことに御座候。小畔氏などはいかほども方便あるべきなり。近ごろ農商務内務省よりいろいろ無用の傭い人を派し、当地方などへジャガタラ芋を麦と混じ食えなど伝授に来たり候も、ジャガ芋はこの辺にては希有の珍物にて高価に候。それに反しサツマ芋は古来作りおり、芋塊のみかは、その蔓までも食い様を知っており、ちとこの辺より教えに出かけてよきほどのことに御座候。大辺路一帯の地、串本港などはサツマ芋を常食にし、年中儲蓄致しおり候。かかる地へ何を食えとか麦と混食せよとか教えに来るは、実に実に吉原へ夜鷹の買い様を説きにゆくようで、政府のやりかたいつもながらジャガ芋同前まずき限りに御座候。

早々以上

（平凡社版『南方熊楠全集』別巻一70～75頁）

《語注》

◆1　田辺権現（たなべごんげん）——闘鶏神社。新熊野鶏合大権現。『平家物語』巻第十一に次のように記される。「熊野別當湛増《くまのべつとうたんぞう》は、平家《へいけ》へやまいるべき、源氏へやまいるべきとて、田《た》なべの新熊《いまくま》野《の》にて御神樂奏《みかくらそう》して、權現に祈誓《きせい》したてまつる。白《しら》旗につけと仰《(おおせ)》けるを、猶《なを》うたがひなして、白い鶏《にはとり》七つ赤《あか》き鶏七つ、是をもて權現《ごんけん》の御《おん》まへにて勝負をせさす。赤きとり一《(ひとつ)》もかたずにげにけり。さてこそ源氏《げんじ》へまいらんとおもひさだめけれ」。熊野別当湛増は弁慶の父と、闘鶏神社の由緒書、御伽草子『橋弁慶』は言うが、同じく御伽草子『弁慶物語』では弁慶を「熊野別当弁心」の子とする。『義経記』では「熊野別当弁しょう」の嫡子とある。熊楠の妻・松枝は、闘鶏神社の社司田村宗造の四女である。

『源平盛衰記』下巻・衞巻第四十三に『平家物語』と同様の記述があるが、こちらでは「平家」に登場する弁慶が登場しない。また『源平盛衰記』の「熊野《くまの》三山、金峯《きんぷ》、吉野《よしの》、十津河《とつかは》、死生知らずの兵共《つはものども》を語《かた》ひ集《あつ》め」の記述は「平家」にはないが、この記述、熊野（紀伊国）と吉野（大和）がかつては〝山〟を介して、一つの地域、それも特殊な〝術〟を持つ人々の地であったことを示していて興味深い。

◆2 **加藤清正**（かとうきよまさ）——熊楠は加藤清正に少なからず興味を持っていた。清正は幼名を虎という。この人も伝承の多い人である。「加藤清正この石垣（姫路城の石垣）を築く時、積んでも〳〵一夜の中に崩れ、當惑の折柄、名も知らぬ老婆現れ來り、臼のやうな小さな石を一つ、石垣の上に置いたら、それから無事に積上げることが出來た」と言い伝えられる（柳田國男『關のをば石』）。清正は土木技術に才を発揮した。そのため、この仕事にまつわる伝承が全国に分布。柳田に依れば、清正には、「最も威靈ある女性の神」がついていたらしい。

ハドリアヌスタケ

昭和六年十月十八日朝五時

今井三子様

南方熊楠再拝

拝啓。昨日大阪より旧友来たり候付き、承り合わせしところ、大抵大阪より和歌山市まで四十分、または一時間、和歌山より当地まで四時間にて、優に到着を得ることに御座候。いずれも汽車と電車とにて大阪より南部《みなべ》町に到り、南部町より、この田辺町までは自働車（乗合）を用うることに御座候。しかし御都合にて大阪天保山《てんぽうざん》より夜の九時に汽船に乗らば、明朝四時に、当田辺町近処文里《もり》という小港に着、上陸して乗合自働車に乗らば、小生宅と同町内の終局点（右乗合自働車会社本店）に達することにて、それより小生宅まで小半町ばかりに御座候。これらのことは大阪の旅宿より電話にて、船会社またはその大阪市内切符売捌所へ聞き合わさば、直ちに知れることの由に御座候。御都合にて、夜分御存知なき初めての所に着し、汽車、自働車にのり後《おく》るる等のことありて、如何わしき旅宿に夜を過ごし、近所喧噪のため眠ることもならぬよりは、夜分御出発を余儀なくさるる節は、船便の方が楽なることと存じ候。大阪より当地までの航海は、以前はずいぶん難路なりしも、只今は船が大きくなりしゆえ、大風などのことなき限りは安楽なものに御座候。

小生は足悪きをもって、みずから諸方へ御案内申すことは、あるいは不可望と存じ候ゆえに、諸地の心安き友人を招集し、貴殿御着の上、それぞれ部署して諸方へ御案内申し上ぐるよう頼みおき候。その人々も毎度拙宅へ来たり、どこに菌が多く産するくらいのことは熟知しおるなり。

拙方の標本図記は、きわめて多数、かつ混雑しおるをもって、悉皆《しっかい》御覧には数日を全くその方に費やさざるべからず。小生、時としていろいろ用事もあり、これまた不可望のことに付き、まず重立ったものを御覧に入るべく、用意致し置くべし。しかして先日もちょっと書面で申し上げおきしごとく、小生方に近来の雑誌報告等届かず、また、家累と老齢衰弱のため、精査を遂ぐるに由なく、久しく打ちやり置きたるもの多し。その内に必然、無類の新属と思う *Phalloideae* の一品あり。記憶のままに申し上ぐると、上図〔次頁〕のごときものなり。生きた時は牛蒡の臭気あり、全体紫褐色、陰茎の前皮がむけたる形そっくりなり。インドより輸入して久しく庫中に貯えられたる綿《わた》花の塊に生えたる也。

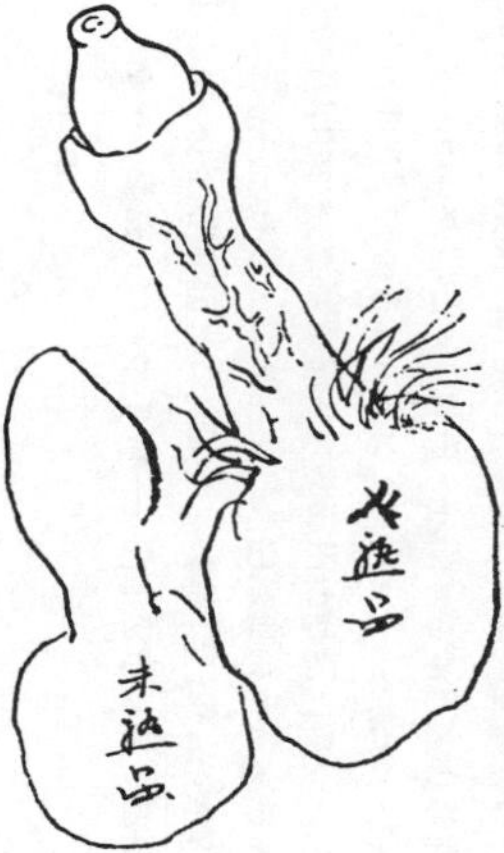

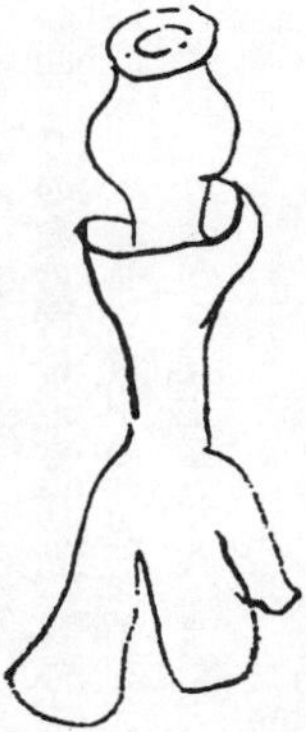

むかしオランダ人がジャワ辺で（たぶんアンボイナ島）写生せし *Lejophallus* とか申す菌属の図がもっともこれに似おり候。（Nees ab Esenbeck の図を小生持ちおる。）しかるにこの属の記載、はなはだ怪しく簡に過ぐるをもって、サッカルドの『菌譜』には、ただその名を載せるのみ、記載すら移し入れおらず。その図は只今うろ覚えのまま写生すれば、こんな怪しきもので、紫というよりは紺青色に彩色しありしと記憶す。小生知るところ、拙蔵の標品の外に例類なきものなり。貴下は拙方に御滞在中に、この菌◆1（（酒精に蔵しあり、故に変色はせるものの）全体の写生と記載は（外部に関する限り）十分に致して今ももちおれり）を小生立会いの上、解剖鏡検して大抵要点を控え去り、御帰札の上、精査して命名発表下さらずや。顕微鏡は、当方に三、四台あり。故に鏡検に差し支えなきも、なにか貴下得意の手軽

な要品あらば（解剖刀等）御携帯を乞うなり。薬品等は当地で調うべし。しかして大抵、御心当たりの右の図に近き菌品の文献を、御しらべおき下されたく候。外にも一、二品、貴下の精査命名を乞いたき品あり。昨日、人を派して生品を採らせあり。今日、みずから写生しおく。また、御来臨の上、その菌生ぜる現場へ御案内申し上ぐべし。

早々敬具

（平凡社版『南方熊楠全集』第九巻584～586頁）

《語注》

◆1　酒精（しゅせい）——紀伊国の銘酒、南方酒造の「世界一統」は大隈重信の命名によるという。もう一つ紀伊国には、現在、「羅生門」で名を馳せる田端酒造がある。嘉永四年（一八五一）創業。田端氏の元の名は名出《ないで》氏。名出氏時代まで遡ると、この家の酒造業の初めは文化十五年（一八一八）に至る。（「那賀町史」）。名出庄右衛門という人が、まず穴伏村で酒造業に携わる。庄屋でもあった。穴伏は不思議の地である。「穴虫《あなむし》」とも書き、紀ノ川と四十八瀬川合流点に位置する交通の要衝の地である。高野山・槇尾《まきのを》山（大阪・和泉市）へ参詣する人々の宿場町ともなり、紀ノ川の筏師専用の宿泊施設もあった。その「賑わい」は、河原での人形芝居などの興業、その他の遊芸人が集まる場所となった。産土神である名手《なで》八幡神社（名出氏の名は、おそらくこの「名手」から出たものであろう）には、土俗の信仰が伝えられる。その一例として、文政九年（一八二六）、当社で庄中のもの集まり「雨乞《あまご》い」の「小踊《こをどり》」をしたことが挙げられよう。その小踊の行列には、鉾《ほこ》が出、太鼓、羯鼓《かっこ》、笛、摺鉦《すりかね》、三味線などによって音曲が奏され、またその名の通り、踊り子が出て、派手に派手に行列は化《け》粧《わい》された。これは、この地がある特殊な地、芸能の民の地であることを示す。芸能の民は漂泊するが、必ずその根拠地というものを持っていた。「穴伏（穴虫）」は元々そういう地であったのであろう。この地より〝酒〟の出づることは、古い日本人の記憶の証明なのである。酒に関わる「杜氏」は「刀自」より出た名称。刀自とは元、神の酒を造る処女（巫女）であったが、後に一家の女主人となり、巫女より、女主《おんなあるじ》となる過程で、物語の伝播者となる女性宗教者となった。「酒を賣る者は女であります。刀自の酒造りの早くから賣る爲であつたことは、少しも疑わなかつた上に、古くは日本靈異記の中にも、既に女が酒によつて富を作つた話が出て居り、又和泉式部とよく似た諸國の遊行女婦の物語、例へば加賀の菊酒の根源かと思ふ佛御前の後日譚、それから前に半分だけ申した白山の融の尼などが、登山を企てゝ神に許されなかつたといふ話にも、酒を造つて往來の人に賣らうとしたことを傳へて居ります」（柳田國男『女性と民間伝承』）。刀自もまた、女性宗教者として、歩いた。

酒泉等の話

一

またしても酒のことじゃ。しかし根っから面白い上によっぽど国益にも教訓にもなる談ばかりゆえ、落ち著いて聴聞なされ。三月六日の『牟婁新報』に次の記事ありて、さっそく『和歌山』その他の新紙に転載された。いわく、

南方先生の発見、竹の切株から好物の酒。昨日午後二時過ぎ、久々にて先生来社、子分二人随行、先生上機嫌で語っていわく、「むかしから孝子の徳に感じて酒泉が湧き出たと聞く。親のあるうちの孝行は仕難いようで仕易いが、乃公のように親が死んでから長々と五十にして慕う孝行は、仕易いようで実に仕難いのだ。その仕難い孝行を絶えずしておるによって、今度裏庭の竹の切株から紫の酒を発見と来た。それこれを

見よと、博多氏に持たせある風呂敷包みを解くを見れば、中に三瓶あり。栓を抜いて齅《か》ぐと甘酒の匂いがプンとする。先生いわく、今より一千二百年前、元正天皇の御宇、孝子の徳に感じて美濃国に霊泉[1]が湧き出た。よって養老の滝と名づけ、改元して養老元年と号したのは、貴公も承りおるだろう。これを柳田氏などは訛伝じゃと言うが、必ずしも左様《そう》したものでない。近来越後の小千谷辺で杉の木から醴泉を見出でたと聞き、さっそくその村の大金持の何某というに頼み現品を送って貰うたが、乃公の宅で見出でたのと少しも異《かわ》らぬじゃ。それこれが発酵菌じゃ、分かったか。他人に遠慮なく自分で命名してサッカロミセス・ミナカタエと尊号を奉るはどうだ。追い追い酒にして見せるのだが、こればかりではなかなか不足だから前祝いに軽少ながら五升ばかり飲んだ。これみな孝行の徳じゃ、恐れ入ったか。何が可笑《おか》しい。酒屋の子息が父の業を不断改良して顧客の厚誼に背かぬよう日夜試験のため飲むのじゃ。ちょっと錦城館のお富を電話口まで呼んでくれ。「わが金は丸刃にとげる腰がたな、世に使はれぬ身とぞなりける」、今なお心変りがせぬか聞いて見てくれ。面白い面白い、毎日毎夜思い続けに思うておるというか、ちょっと行って来るぞ、この通り新聞へ出して置いてくれよ」と無性に上機嫌の体なりき。

件の新紙を家内が読んで変な顔をしておるので、何ごとか知らず、新報社へ往って子細を正し、なぜそんなことを出したかと詰ると、御自分押し返しこの通り出してくれと言ったじゃないかと反駁されて一言もなかった。しかし、この狂興より大分予が利益を受けたというは強弁にあらず。件のお富は狭い田辺に居ながら京阪までも響き渡った高名の乾娘で、天質の美冠玉のごとく、眼歌舌舞よく万客を鏖《みなごろし》にする奴だから、せめては言の葉や掛かると押し掛ける者踵《きびす》を絶たぬ。それに戯れ言にだに日夜思い続けおると口づから聞いたは男子の本懐過ぐるものなし。それから、平生あまり間違った言を吐かぬ予も、飲み過ぎると言辞の使い分けがはなはだ狂い、述べようと思うた考えと述べた詞が全く異っておる。ただし間違いは間違いながらそれぞれ必ず所拠因由ありで、その前数日、在ワシントン田中長三郎氏から、予の発見した多くの菌類は、かの地で調査命名は日本でするより迥《はる》か容易ゆえ、なるべく図録を多く纏めて送り越せと言って来た縁で、みずから命名などと喋舌り、またその直ぐ前日、隣の百万長者と竹垣越しにかの醴泉のことを話すと、その人小千谷の何とかいう大金持と面識ある由語られたによって、自分がその大金持から現品を送って貰うたよう言うたと見える。一口に虚言とか誇張とか排斥し了ればそれまでながら、虚言や誇張の生じ来たる道筋を研究せんと欲せば、酒に酔うた時の話を筆記させ、醒めたのち自心について何の臆するところもなく精査研究して大いに得るところあるだろう、と始めて気が付いたことである。さて今日は一滴も飲んでおらぬから真面目に醴泉一条について述べよう。

むやみに西洋西洋と歎美するものの、西洋の文物学術が今日のごとく盛えるに及んだは近代のことで、そのかくのごときに達せる前に無数の起源、幾多の興廃があった由、雪嶺先生や白井博士が毎度本誌で述べられた。しかして東洋またおのずから固有の文物学術あり、多くの起源、若干の興廃もあったので、不断西洋に劣ったでなければ永久彼に駕する見込みなきにもあらざることもほぼ承り及んだ。伝説の学また多分に洩れず、東洋にも固《もと》よりあったので、秦漢の『呂覧』、『風俗通』、唐の『酉陽雑俎』、宋元来の無数の雑書から、蟠竜子の『俗説弁』、京伝、馬琴の数多の著述、いずれも所出を探り変化を詳らかにするに力めたこと、別段古ギリシアから十九世紀の中葉に至る間の欧人に劣ったよう見えぬ。さて面白きは東西一軌で、最初俗伝説くところ条理に外れたる多きを見て、種々故事付《こじつ》けて浅近な話どもの底に懇誡な教訓が潜めるごとく説き立てた。例せば、中世大いに欧州に行なわれた『ゲスタ・ロマノルム』など、卑凡極まる俗説をすら一々キリスト教理を蔵せるように釈き、仏本生譚や諸譬喩経に、いかな嬰児向きの瑣譚でもみな菩薩や羅漢の因果を含んだごとく解き、『十訓抄』、『沙石集』等には、読めば行儀を悪くする底の物語を因縁を明らむる便《たより》に列べおる。また東西とも伝説口碑に変な辻褄の合わぬ風のこと多きを、言語の意味を忘れたり取り違えたりして生じたと攷えた学者も多い。『呂覧』に、宋の丁氏、家に井なく常に人を傭うて外から汲ませたが、自宅へ井を掘ってより一人前の傭賃が助かり、われ井を穿って一人を得たりと言いしを、井から人一人掘り出したと宋君が聞き誤ったと言い、『風俗通』によれば、夔《き》◆2という牛形一脚の怪物は、もと帝舜の賢巨夔が多能だったから、一人で万事できるという意味で、夔一にして足れりと讃めたのを、例の支那字の曖昧なるより、夔は一足のみありと誤解してできたらしい。

一八七〇年板バスクの『パトラニアス』二一四頁にいわく、中世スペインの大僧正アルフォンソ・トスタト、『聖書』を註釈してきわめて解し易からしめた。その歿後これを頌した碑文に、この書よく衆盲を啓くとありしを、愚俗勘違いして、いかな盲人も一たび彼の手筆の『聖書』註を拝めばたちまち眼開いて天日を見得、と信じた。またスペインのあるいと浅い河を、むかし鯨が溯ったと伝う。学者これを解いて、実は酒庫に災起こって皮製の樽多く流れ失せる。その内一つは美酒を満盛したまま流れ下る。酒屋のおやじがうろたえ騒いで助けを求め、その一樽を指してウナ、ヴァ、レナ（一つが満ちて行く）と呼んだ。それをウナ、バレナ（一疋の鯨）と聞き損じて、むかし鯨が川を溯った伝説が生じたとあるが、いかにもズボンとはくゆえズボン、ちょいと着るからチョッキ、鵜が啖うに困るからウナンギと解くようで眉唾ものだ。予惟うに海に常住する物がたまたま川に登る例多く、カジトオシという洋中の魚がむかし田辺の会津川を上り捕われた由、年月日を明記せるあり。テームス河など往々鯨と同類たるシャチホコが皮膚に付ける寄生虫を淡水で殺除せんため登り来る。シベリアなどには同じく鯨に近いイルカが川を上ること多し。さればスペインの伝説も何か鯨類の小さきものが川に登り来たったであろう。

かく、あるいは何の話も理屈や教訓を具えたように故事付けたり、あるいは出まかせ放題思い付き次第に、伝説はみな言語の誤解や意味の忘却から生じたように、謎を解くごとく釈かんとするは、いずれも確かな方法でない。よって近年科学の勃興に伴い種々攷究して、伝説俚談必ずしもことごとく教訓のために作られず、また語意の忘却誤解よりのみ生ぜず、実は今日いかにも不合理不自然と思わるる伝説も、実はむかしの人間が多年事物を観察して、これなら理に合うておると合点し得た知識と思想を述べたもので、その今日の人間に了解され難きは、当年の人々が見聞して常事とした件々が、現時地を掃うて世間に跡を留めざるに因ると解く学者が多いが、これがもっともその真髄を得た説と惟う。例せば、吾輩幼時なお熊野辺で待屋《たいや》[3]という小廬を家ごとに別に構え、月事ある婦女は一週間その中に孤居した。その状を目睹した吾輩は今に忘れ能わぬほど当時経行中の婦女は実際きわめて穢らわしいものだった。したがって、かかる婦女が酒や味噌を眺めたばかりでたちまち腐らせるの、名刀もかの輩に近づかばその利を失うのと言い伝えたは、十分その理ありと吾輩には解り易いが、今日婦女の衛生処理大いに進み、月事小屋などどの地にも見るを得べからざる世となっては、古人が月水を大いに怖れた意味は到底分からず。したがって米国などには月水を至って清浄神聖なものとする輩すらある由。そんな人に和泉式部[4]が伏拝みの詠などを聴かせても全然事実らしく思わず、言実に過ぎたりとか、ほんの歌詠上の誇張とか評すること必せり。

吾輩幼時アテモノと称え、冬夜炉辺に集まり、亡母が題を出すに答えた。問「藪の中に胡麻一升ナーに」答「蟻」。問「金山越えて竹山越えて金山のあちらに火ちょろちょろ」答「煙筒」。これらは訳を聞けば今の小児も解するが、問「四方白壁、中にちょろちょろ」答「行燈」。また、問「四方白壁、中に大の字」答「豆腐」。只今行燈を見ぬ童子多く、豆腐に大の字を印せぬゆえ、講釈を聞いても一向分からぬが衆《おお》い。有名な発句で只今何とも知れぬが多いごとく、その事その物が絶跡した世から、その実際を推し解するはすこぶる難い。それもその事物が普通だった世には小児にすらもっとも判り易かったればこそ、かかる訓蒙問答にも用いられたのだ。その辺を察せずに自分異世に生まれてそのことがちょっと分からねばとて牽強を逞しうし、四方白壁中に大字とは獄中に安臥して動ずるなかれという教訓を含めりとか、口の中に大だから因の子の謎じゃなど説かば、その実を距《さ》ることますます遠からん。ただ、むかし豆腐に大の字を印し、非人の悴も知らざるはなかったから、小児の推察力を進むるアテモノ問答に用いられるのだと、事実を事実として知ったらよいのである。

東洋は西洋と同じく伝説みな訓戒の深意を蔵せりと説いたり、里談ことごとく言語の誤解から生じたごとく釈いた人は多いが、よく古今時勢の推移を察し、多くの俗話が今日いかに異体不可解に見受けらるるも、実は往時権兵衛も太郎作も平常見聞して当然と做《な》し、どたやすく呑み込み得た事実に外ならざる由を解して、むかしの人はどんな考えを持ち、どれほどの知識を具え、いかほどに応用して世間を益し自分を利しおったかを明らめんと志す人はまだ本邦には少ないようだ。しかして伝説を道義や宗旨に牽強して教訓の一助とせんとするは、相応の益も興もあることで決して咎むるに及ばぬが、今ひと口の連中が自分研究の足らざるを顧みず、せっかく長いむかしから万に一を存し千に一を留めた旧伝民譚を、猥《みだ》りに私意をもって臆測改竄し、これはこの言の誤解、かれはその語の訛伝と断じ、その実どれもこれも自分の心得違いなるを悟らざるははなはだ不埒なことで、かくのごときは史籍載するところ口碑伝うるところ、間違いばかりで積み上げたもので、わが邦今に生まれてむかしを徴すべきもの形已下の物の外に何にもなしと言うに近からん。

一、二の例を挙げると、『郷土研究』四巻に、本邦諸国に籠城の軍勢、用水の欠乏を敵に見せぬため、白米で馬を洗うて水多きよう遠目に見せ、敵ために屈托して囲みを解いたちう話は、城跡から焼米が出るという伝説◆5から訛出したらしく説いた人がある。要はこの話は多くの城について話さるるから啌《うそ》らしいというのらしいが、世間のことその例が多いから虚譚どころか、食い逃げの妙計、妓女の手管、何度新紙で読んでも同じこと似たことばかりだが、それが反ってその事実たるを証する。この科学の進んだ今日さえ毎戦必ず破天荒の新発明は出でず、今度の大戦争にすら大いに眼を刮《こす》ったようなはわずかに指を屈するまでなり。されば、望遠鏡もなかった世に、あちらでもこちらでも白米を水と見せんと企てたは、今も昔も遊女が水を巧みに眼に塗って涙を擬するに同じかろう。『宋史』を閲するに、仁宗の一朝十年の間に、泥を水と見せて敵を紿《あざむ》き囲みを解いて去らしめた者、別々の城に二人あり（張旨と苗継宣）。全く別人で謀を施した委細も異なれば、決して一つが事実で他が虚伝と見るべからず。秀吉公などは一生に幾度も水攻めを行ない、また美濃攻めにも小田原陣にも一夜中に紙を貼って営の白壁の速成を粧い敵を驚かした。一生に一度は婚礼というが、それさえ十度も繰り返して平気な人もある。いわんや生死を争う戦いに同じことを何度行なうたとて、甲も乙もしたことを後れ馳せに行なうたりとて差ひ支えぬはずである。

また同誌にわずか一書の一文を廓張して、諸国に鳴かぬ蛙の俗伝あるは、神がその池に降臨するも帰り給うを見ぬの意で、帰らずから蛙入らず、それから蛙鳴かずとだんだん変化したのだと解かれた人あり。しかし蛙鳴かぬ池の話は古ギリシア・ローマから西欧や漢土にも多くあって、その国々で蛙を帰ると同似の名で呼ばぬゆえ、帰らずの意味より鳴かぬ蛙の話を生じたと言い難く、さりとえ日本の話だけは特に語意の取違えより起こり、外国のは蛙の特性から生じたと説かんもあまりに日本を別扱いにしたようだ。蛙の学問を特にせぬから知らぬが、かつて英学士会員ブーランゼー氏が自著『欧州蛙類目録』を見せられたには、いわゆる歌袋の有無によって分類されあったようだ。五島清太郎博士に聞き合わさんと思いながら空しく過ぎおるが、何かの工合で鳴くのと鳴かぬのとがあるのであろう。予の知るところでは常に寒冷な淵におる◆6奴は一度も声を出さぬようだ。

また『郷土研究』三巻に、柳田国男氏、耳塚の由来を論じ、人間の耳は容易に截り取り、はるばると輸送もできまじければ、耳塚というものは多くは人の耳を埋めたでなかろうということで、奥羽地方の伝説に獅子舞同士出会い争闘して耳を取られたというから、京都大仏の耳塚も獅子舞の喧嘩で取られた獅子頭の耳か、祭に神に献じた獣畜の耳を埋めたのを、後年太閤征韓に付会したのであろう、太閤は敵の耳や鼻を取って来いと命ずるような残忍な人でない、諸方に存する鼻塚も人の鼻を取って埋めたでなく、花塚または突き出た端（ハナ）塚の意であろう、というように言われた。これは実にはなはだしい牽強で、養子やその妻妾を殺して畜生塚を築き、武田を殺してその妻を妾とし、旧友だった佐々の娘九歳なるを磔殺したほどの人が、たとい時として慈仁の念を催すことなきにあらざりしにせよ、敵を殺しもしくは殺す代りにその耳鼻を取らしむるくらいのことを躊躇すべきや。白石は、信長、秀吉が一銭切りとてわずかに一銭盗んだ者を厳刑したのを酷く咎めた。かつそれインドのサランバタンには近世まで敵の鼻を切って食う王さえあった。これ、その宗旨殺生を禁ずるゆえ、命の代りに鼻を取れば敵その面体を損ずることとおびただしきを怖れあえて王に抗せざるゆえ、とある（一六九八年板、フライヤー『東印度および波斯《ペルシア》新記』一六三頁）。レッキーの『欧州道徳史』に、古え彼方各国人が敵民を見ること野獣を猟って何の惨傷を感ぜぬがごとし、と言った。わが邦またその通りで、純友が藤原子高を捕え、截耳割鼻、その妻を奪い将れ去り、平時忠が院使花方の頬に烙印し鼻を殺ぎ、これは法皇をかくし奉るという意を洩らせるなど、敵を刵劓《じぎ》することむかしよりあったので、戦国に至っては戦場で鼻切ること、すこぶる盛んなりしあまり、何の高名にならぬ場合多かりしよう、『北条五代記』巻三に見え、信長、長島城を攻めし時、大鳥居塁を陥れ斬首二千人、その耳鼻を城中へ贈り、斎藤道三はその臣下に討たれて鼻を殺がれた。

国内同士さえがこれだから、外国人の鼻耳を截るは猪鹿同然に心得た者いと多かったべく、要は戦争は御互い様で、高麗人もわが辺陲へ来寇して種々無慙な振舞をした、その返報としてかかる眼に逢うたまでだ。されば太閤が征韓諸将へ下した感状に耳鼻の受取数を記したもの諸家の文書に存し、『中外経緯伝』、『復韓偉略』等にも引きある。また当時そのことを見聞した人が著わした『秀吉譜』にも、諸将より首の代りに進じた耳鼻を大仏殿側に埋め耳塚と号すと言い、辱知土佐の寺石正路氏の来示には、朝鮮人李晬光の『芝峰類説』に、「平秀吉、諸倭をして鼻を割《さ》き、もって首級に代えしむ。故に、倭卒はわが国人に遇えば、すなわち殺して（殺さずして?）、鼻を割《さ》き、塩に沈めて秀吉に送る、云々。この時、わが国の人にして、鼻なくして生くるを得る者、また多し」。これは備前の宇喜多勢等、韓人の怯懦なるを見て殺すを面倒がり鼻のみ切り取り、韓人また命惜しければ抵抗せず甘んじて劓《はなき》られたること、「黒田家文書」、「加藤文書」等みな記し、史実充盈、少しも疑いなし、とあった。氏また相国寺長老承兌の耳塚卒都婆文を写し示さる。いわく、「慶長第二の暦《とし》、秋の仲《なかば》、大相国、本邦の諸将に命じ、再び朝鮮国を征伐せしむ、云々。将士、首功を上《たてまつ》るべしといえども、江海の遼遠なるをもって、これを劓《はなき》って大相国の高覧に備う。相国、怨讐の思いをなさず、かえって慈愍の心を深くす。すなわち五山の清衆に命じて水陸の妙供を設けしめ、もって怨親平等の供養に充《あ》て、かれのために墳墓を築いて、これに名づくるに鼻塚をもってす、云々。時に慶長二の丁酉の竜集《とし》、秋九月二十又八日なり。敬白」。正路申す、これにて耳塚は晒し物の主意にあらず、供養のものたりと知る。耳塚と申せしは、言葉の語路宜しきにや、また他の耳塚の名に慣れてや、『都名所図会』的の命名なり。実は鼻塚と申すべし。この供養文にて見ればこの耳（実は鼻）塚の主意は、高野山上、島津義弘の寄付碑と同一意味にて、いわゆる「敵味方とも仏道に入らしむるものなり」の主意と同じ。この故に耳塚まことに鮮人の耳鼻を埋めたりとは申せ、供養のため建てし物なれば、高野の碑と一視してさほど国交を傷つけざるものと存じ候」と。これにて秀吉も時節なみに敵民を刵劓するを武道に取って尋常事と心得、諸将に命じて左様させたが、その耳鼻を埋めて弔い遣るだけの慈心はあったと判る。要するに大仏の耳塚を獅子舞の喧嘩の遺蹟とか、牲畜の耳を埋めた所などいうは、どこかから頼まれて、豊公の史実を幾分損じてまでも、ある方面の歓心を買わんとするような下地でもありそうに按じられる。

　さて、いよいよ本題たる酒泉の話に入るその前に、手軽く井沢長秀の『広益俗説弁』から酒泉の説明を引いて、酒嫌いなど言う心得違いの読者までもそいつはずいぶん旨かろうくらいは惟わせ置こう。いわく、「美濃国養老酒泉の説。俗説にいう、養老元年、美濃国より酒泉涌出、不思議なることなり。今按ずるに、酒泉これのみにあらず。『日本紀』にいわく、「天武◆7（持統の誤り）天皇七年十一月己亥、沙門法員、善往、真義等を遣わし、試みに近江国益須郡の醴泉を飲ましむ」と、またいわく、「醴泉、近江国益須郡の都賀山に涌《わ》く。もろもろの疾病、瘵《おさ》め差《い》ゆる者衆《おお》し」と。『豊後風土記』にいわく、「大分郡酒水（郡の西にあり）。この水の源は、郡の西の柏野の磐《いわ》の中より出で、南を指《さ》して下り流る。その色は酒のごとく、味小《すこ》しく酸《す》し」と。『今昔物語』にいわく、むかし、ある僧大峰に詣るとて、道を踏み違えてある郷に出でたり。その郷の中に泉あり、めぐりに石をたたみ、上に家を作りて覆えり。水の色黄ばみたり。寄りて飲み見るに、水にはあらで酒の湧き出づるなり、とあり。『本草綱目』にいわく、「醴泉は味醴《あまざけ》のごとし。故に、もって老を養うべし。これを飲めば、人をして多寿ならしむ」と。『白虎通』にいわく、「醴泉は状醴酒のごとく、もって老を養うべし」と。庚穆之《ゆぼくし》の『相州記』にいわく、「君山の上に美酒数斗あり」と。『広川書跋』にいわく、「醴泉銘にいう、京師の醴泉は飲む者、痼疾みな愈《い》ゆ。またいう、その味、醴のごとし」と。『東観漢記』にいわく、「漢の光武帝の中元元年、醴泉、京師に出づ。これを飲む者は、痼疾みな愈《い》ゆ」と。また、「晋の武帝の泰始八年、河州に醴泉涌出す。これを飲めば老いず」と、などあれば養老の酒泉のみにはあらず」と。

『延喜式』に祥瑞を列せるに、醴泉を麟鳳亀竜や海波を揚げざると共に大瑞とし、「美泉なり。その味、美甘にして、状は醴酒のごとし」と注す。『淵鑑類函』三一に、「醴泉とは、美泉なり、水の精なり。崑崙山に醴泉、華池あり。君は土に乗じて王たり、その政太平なれば、すなわち醴泉出でて湧く。水に乗じて王たり、その政和平なれば、すなわち醴泉の瀌《ひょう》たり。神霊の滋液して、百珍実用あれば、すなわち醴泉出づ。黄帝の時、醴泉をもって漿を為《つく》る。堯の世、徳茂《さか》んにして清平なれば、すなわち醴泉出づ。夏后の時、俊乂《しゅんがい》官にあって、醴泉出づ。漢の宣帝の三年、醴泉滂流《ぼうりゅう》し、枯槁《ここう》せるもの栄え茂る」とあって、しごく目出たいとしたので、孝子がこれを感得した例は『大清一統志』などにおびただしく見ゆ。

例の『郷土研究』四巻に、川村杳樹の「孝子泉の話」が二回続き、いわゆる酒泉、醴泉は、美質の水が湧き出でたので好酒を作り富を致したのを大層に言い立てたとか、その泉が古え尸童《よりまし》を立て神祭を営んだ霊場の址で、特にこの清水を用いて神に捧ぐべき酒を醸す習いであったがために、泉水変じて酒となるという伝説を生じたものと見ねばなるまい、と言われた。すなわち醴泉という物の実在を信ぜず、ただの水の美味なるを大層にも醇酒佳醴に比した虚張か、もしくはむかし神酒を作るに用いた泉水を、水がおのずから酒に変じていわゆる酒泉たりと訛伝したかより生じた虚構じゃ、と言うたのだ。ところが越後の生れで京都大学出で只今熊本医学専門学校に奉職する川上漸氏が、川村氏の説を読んで同誌に一書を寄せた。件の「孝子泉の話」の中に川村氏いわく、「顕昭の『古今集註』に、むかし孝子あり、食物の初穂を亡親《なきおや》に手向くるとて木の股に置きけるが、いつとなく佳き酒になり、それによって家富み栄えたという故事を挙げ、その木の股三股《みつまた》にてありけるにより、酒を三木《みき》◆8とはいえり、云々、と述べている。酒をキと呼んだ古語がこの時代にはや忘却せられていたというは意外である。ただしこの説の只の出鱈目でなかったことを思わしむるは、大和率川《いさがわ》社の四月の祭に三枝の花をもって酒樽を飾るの式あり、よってその祭を三枝祭と名づけたことで、三枝とは百合のことだという説も久しく存してはいるが、神酒にこの物を取り付けた理由に至っては今にこれという説明もないので、自分のごときは右の誤ったる三木伝説から推測して、ことによると大むかし大木の股に溜まった水を霊酒と信じ、これを用いて一夜酒《ひとよざけ》を醸した名残ではないかと思うておる、云々」。（以上川村氏の言、ただし文の前後を見合わすに、木の股に溜った水で一夜酒を醸した例少しもなく、全く氏一己の臆断なり。）川村氏のこの言に対し、川上氏はその姉婿なる越後在住星野忠吉氏の宅辺の老杉幹より当時（去年〔大正五年〕十二月）盛んに酒を噴出しおる実況を報じ、かくのごとき現前の実例を見ると、木の股や空洞から酒が湧いたという昔物語のごときも必ずしも根拠のないものでないかも知れぬ。後世万一にも川村君ごとき人々によって伝説扱いにされてしまっては困るから永久に伝え置きたい、と述べたのだ。図〔写真不詳明のため省略〕は十二月六日の撮影で、注連張れる老杉幹より湧き出る霊酒を硝子《ガラス》罎に受けおるを示す。ここの講釈ちょっと手間取るから次回に延ばし、とにかく麟鳳亀鶴と双んで大瑞の列に立つ醴泉の写真を『日本及日本人』のこのお芽出た号〔春季拡大号〕に出すべく忙いで発送に往き、ついでに上述の錦城館へ立ち寄り、お富の顔見ちゃ一分でけえられぬ。

（大正六年四月一日『日本及日本人』七〇二号）

二

川上漸氏が『郷土研究』に寄せた一書を読んで予思い当たることあり、さっそく書を飛ばして同氏を介し星野氏に杉より出た霊酒の現品を贈られんことを求めたのが一月十八日で、二月二日と十一日に星野氏よりフォーマリン液を点和したのと、杉より出たまま何物をも加えぬものと、件の霊酒を二小罎に入れたのを受け取った。その添状と川上氏の寄書に引かれた長岡市の『北越新聞』等の記事を参看して、この霊酒の湧出状況を察するを得た。いわく、越後国北魚沼郡城川村《しろかわむら》大字千谷川（小千谷町に隣接す）の酒造家星野忠吉氏宅は小丘上にあり、三面みな六尺乃至一丈廻りで高さ数丈の老杉もて囲まる。いずれも今より二百四年前、正徳三年、その宅新築の際生垣として植えたが盛長したのだ。そのうち一本周囲約六尺の杉の幹、地上二間ほどの処より、二、三分置きにプープーと音を立てジュージューと濁って白き酒様の液体を湧き出す。十一月二十六日雇人がその杉を距る四尺ばかりなる酒倉の雪囲いをなさんとて見出だした。嘗め試みると甘渋く（一にいわく甘酸く）、付近は醇なる芳香漾《ただよ》う。発見せし節は、その液流れて白く、また一部一部に青かび生じ美観を呈し、虻蜂の属盛んに飛び来たり吸うた。噴き出しの箇所より下二間は酒花で白く浮き上がりおり、十二月初めごろは十時間に二合ほどの割合で噴き出した。一月末には零下二度くらいの酷寒なれど、五分に一回ばかりジュージュープープーと音立ち噴き出し、たちまち凝って鏡のごとく光り、氷柱となって垂れ下がるは秋末よりも一層美わし。発見の当時、不思議の感に打たれ来たり観る者一日に二千五百人、五日間開場して五、六千人、いずれも嘗め試みて祥瑞と称えざるなく、当時一日に四合瓶一本ほど迸出したが、最初より一月末までおよそ一斗五升は得たるやらん、云々。

予は二十余年も菌学を修めおるが、主として担子菌類《バシジオミケテス》を相手にしおり、その他の菌類は他の専門家を助くるために採集図録するに止まり何たる趣味を持たぬ。ことに奇体なるは自分が酒造家に生まれながら醸造学を知らず、家弟は西宮と和歌山で数千石の酒を作るに、此方は一度に数升を飲むばかりで醱酵菌に関する知識は実に微々たる一事だ。その上、星野氏から贈られた霊酒が少量で思うままに検査するを得ず、寒国からこの暖地へ来る間には多少の変化をも受けたるべく、加うるに予近来眼も鼻も利かぬから十分のことはとてもできぬが、知人および拙妻の助力を仮りて知り得ただけを述べよう。

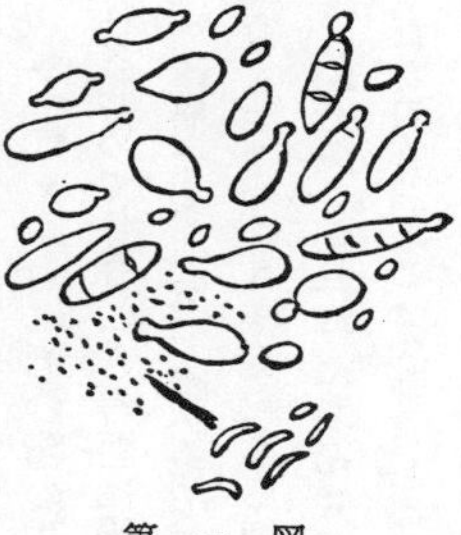

第一図

霊酒二小罎のうちフォーマリン液を合わせたのは林檎また梨の汁が醱酵するごとき香あり、何物をも加えぬ方は酒の糟の香いに多少屁の臭みあり。前者の味は甘酸に渋みを帯び、後者はきわめて甘きこと言語に絶えたり。（以下フォーマリンを合せぬもののみについて述ぶ。）鏡検するに第一図のごとくほとんど透明無色で強く光る楕円また卵形また棍棒状で、一端また両端に乳様突起ある細胞体無数と、それよりずっと微細で腸詰め状な黴菌無量数とより成る。これはたぶん共同生活を営むものだろうが、件の細胞体は醱酵菌《サッカロミケス》だか糸菌《ヒフォミケス》だか只今のところ断言し得ぬ。予は醴や白酒を飲んだこともなければ、その醱酵を検したこともないが、このいわゆる霊酒が最初杉より湧き出た時は酒類よりは飴《あめ》に近い醱酵品だったらしいと惟う。その他その性質、種別等については、追い追い自分も就いて学ぶべく、また標品を内外の知友に頒ちてその説を問うつもりで、いささか自分が識り得たことどもなきにあらざるも、一汎読者に取っては一盃の酒ほども面白くなきは受合いゆえ、ここに述べぬとするが、とにかく予は種々精査の末、かく申すはまことに星野氏に無礼ながら、この霊酒は決して人工もて捏造されたものでなく、川上氏が保証されたごとく、真実杉の幹から湧き出たものたるを知り得た。また試みにこれを稲飯と砂糖水に加え置きしに、いずれも多少の酒精を化成したが、星野氏の原産所の記載にも見るごとく、ここの稲飯にも青かびが生じあれば、いわゆる霊酒自身が稲飯を酒精化したのか、霊酒を襲う青かびが稲飯を酒精化したのか、何分贈られた霊酒が少量な上、防腐剤を加えずに永く保存し得ぬものゆえ、繰り返し試験するを得ぬは残念な。

予は熊野の山野でしばしば棕櫚等の切株に柿のごとく赤くて柿が腐ったような臭ある半流動体湧き出づるを見、その標本は現に座右にあり、鏡検して一種または数種の糸菌と黴菌《バクテリア》とが共同生活で醱酵を起こすものと知った。星野氏から贈られた霊酒ごときものも、二、三度杉林で見たように思えど、聢《しか》と記し置かず、標品も採り置かねば、一向確言し得ぬ。しかしながらすでに星野氏宅辺の一例は確かだから、惟うに、古え樹林が全国に蕃衍したこと、なかなか今日の比にあらざる時に当たり、杉その他の樹幹からかかる酒気ある液を噴出した例は多かったであろう。川上氏来示に杉木の主成分たる木繊維質すなわち高価の澱粉質が朽敗分解によって X（$C_5H_{10}O_5$）の X の価の下りてほぼ普通澱粉に近づきたる時、酵母もしくはこれに近き物の作用するあって酒精を醸出せるにあらずや。ただし酒精に諸種あれば Cx の x の価は必ずしも5とは限らざるべく、したがって果たして濁酒と同性状のものたるべきや否は疑問あるべしと判ず、とあった。プリニウスの『博物志』一四巻一九章に諸種の木から酒を作ることを言ったはみなまで虚言でなかろう。『和漢三才図会』三二に、「近江、倭の用うるところの望子は、多く杉の葉を束《たば》ねてこれを為《つく》る。形は鼓のごとし。（一休も、杉の葉立てる又六《またろく》が門《かど》、と詠んだ。）およそ酒の性、杉を喜《この》む。杉材をもって酒の桶を作り、杉の柿《こけら》を酒中に投ずるの類、また然り」とある。醱酵菌の中で麦酒母などの野生はないが、葡萄酒母は葡萄園の地中に多く、その果にもおのずから著き、その汁に遭えば直ちに醱酵を始める。メキシコで酒を醸すチビという物は醱酵菌と黴菌がサボテンの幹上に共同生活を営み存するのだ。類推するに、本邦でむかし杉から星野氏の霊酒母ごとき物を獲て酒を醸し始めた遺風で杉葉を酒旗としたのでもあろう。

川村氏の「孝子泉の話」に諸書から樹の根に近き空洞または地上数尺の樹間より水涌き出づる例を引かれた。その木は松、椋、杉、トチ、シデ、柿、榎等で、何かこの種の樹木に幹を透《とお》して水を引く特性があったか、あるいはまた樹身が朽ちて後も永く存し、自然に地下水の口となったであるまいか、と言われた。予が見聞するところ、かかる例三ついずれも樟樹で、親しく目撃したのは紀州田辺の闘鶏神社の樟の大木の幹地上二尺ばかりの孔より不断清水流れ下りて神池に注いだ。それを先年ある人の発意で伐って銭にしたのを予新聞で攻撃し、ために世話人等社務所で会議の席上、かの人、口より涎出で喪心顫動言《もの》う能わず、戸板に載せ家に送ると七日ほどして死んだ。それより水一向出でず神池涸れがちではなはだ穢なくなりおったが、近ごろかの樟の趾地を穿つと清水たちまち土中より涌き出で神池へ絶えず注ぎ、旧観を復した。大木が水を引いたのかたまたま泉水の出づべき所に生長したのか、いかにも研究を重ねて見たいことじゃ。上に『類函』から引いた「漢の宣帝の三年、醴泉滂流し、枯槁せるもの栄え茂る」とある外に、醴泉と植物を連記した例を知らねど、すでに酒泉また醴泉というが単に甘味を誇張したでなく、実際多少とも酒精分を含んだ噴水を意味するとせば、土や岩は酒精を含まぬから、必ず右様の樹の穴より、また樹の古株が地下に残った処より、星野氏の霊酒ごとき有機物に偕《ともな》うて水が涌き出でたのであろう。以上述べた通りで、川村氏がむかし美質の水で好酒を作りしより泉水が酒に変じたという伝説を生じたのが酒泉醴泉話の起りじゃと言われたるに反し、酒泉醴泉が往々実在したに相違ない。

上に予が川上氏の寄書を読んで思い当たることありしと言ったに仔細あり。杜詩に、「巌蜜、松花熟して、山杯《さんばい》、竹葉春なり」、古詩に、「竹葉、清香好《よろ》し、何ぞ数杯を飲むを妨げんや」、いずれも酒に竹が縁ある。『塵添壒嚢抄』一〇にいわく、「『百詠』の註にいわく、宜城より竹酒出づ、と云々。竹の葉の露たまり、酒となる故に竹葉という、と。また、ある説には、むかし漢朝に劉石という者ありき。継母に合いてけるが、その継母、わが実子にはよく飯を食わせ、孤子には糟糠の飯を与えけり。劉石、これを食うことを得ずして、家近き所に木の股のありけるに棄て置けり。自然に雨水落ち積もりて、ようやく乱れてのち芳しかりしかば、劉石これを試むるに、その味妙なり。よって竹の葉を折って指覆い、その心をもって、酒を作りて国王に奉りしが、味比《たぐい》なくして褒美に預り、献賞を蒙りて家富みけるなり。これによって酒を竹葉と、云々」。田辺に裁縫の名人木村栄造、通称干梅《ほしうめ》とて八十ばかりの老人、若い時大阪で芝居に働き、種々の俗説に通ぜるがいわく、漢の武帝の時セイジなる者あり。竹の上に蜘蛛の巣あり、竹の実を食いし鳥の腹よりその実竹幹中に落ち溜りて酒となれるを、蝶来たり吮《す》うを見て嘗むるに旨し。それより竹を酒肆の標とし、酒をササと呼び、水扁に酉と書き、銚子に蝶を著く。また今も大阪の芝居者、淡路の人形使いなど、酒飲むことをセイジ破ると言う、と。熊楠按ずるに、セイジ破るは制止破るか。幼年の折、亡母話に、兄と妹と、父は遠行し、家にあって継母に虐使さるるに堪えず、父を尋ねて海島に至り、共に念仏して止まず、毎唱口より蓮華を出だし終《つい》に饑死す、二人は観音と勢至菩薩で父は阿弥陀仏となった、と。この譚何かの書でも見たが今記憶せぬ。『壒嚢抄』の劉石もこの話の観音勢至も継子ゆえ歿うるに、これら二談を混合した話があったのを、干梅老人わずかにその断片を覚えおったのでセイジは勢至でがなあろう。いずれも胡論《うろん》ながら古来酒と竹を縁ありとしたるを証する。

また『著作堂一夕話』一に、尾張国阿波手《あわで》の森藪に香の物を見し記あり。大竹数十竿茂れる藪中に五斗ばかりも入るべき桶一つあり。蓋《ふた》して大石を載せたり。傍に札立て香の物頂戴の人は寺へ参らるべしと記したり。寺を正法寺と号す（曹洞宗）。萱津村にあり。古老伝えていう、古えは近村の農民、耕作のついでに瓜大根の類をこの桶の中に投げ入れて通りぬ。ここをもて竹藪中おのずから香の物熟せしという。『三国志』、諸葛亮、司馬懿に巾幗《きんかく》を贈る、婦人の飾なり。懿怒りて表をもて戦を決せんと請う条下に、懿がいわく、あに知らんや野夫にも功者あり、云々。藪にこうのものの俗語これより出でたりといえれど、尾張人はこれを否《なみ》してこの香の物より始まるという、いずれが是なるや、とある。そんな穿鑿は姑《しばら》く措き、藪中に香の物おのずから成りしというも多少竹が醱酵を助けたらしい。

それから今も紀州その他で酒成った時竹を立てて祝う。

年来これらのことを心得ながら何の訳とも知らず過ぎおったところ、去年七月拙宅の裏なる苦竹《まだけ》の藪辺にシャンペンとサイダーを合わせたような香気鼻を衝き、酒嫌いな拙妻などはその藪に入るを嫌うほどだったので、よく視ると、前年切った竹株から第二図のごとく葛を煮たような淡乳白色無定形の半流動体がおびただしく湧き出で、最初はその勢凄かったと見えて、小団塊が四辺へ散乱して卵の半熟せるを地に抛げ付けた状を呈し、竹の切口内には蟹が沫吐くごとくまだブクブクと噴いておった。数本の竹から出たのはみな白かったが、ただ一本より吐いたは図中(イ)に示すごとくその一部分菫色すこぶる艶美で清浄な紫水晶のようだった。当時予の眼すこぶる悪かったので精査し得ず、またプレパラートをも作り置かなんだが、白色の所をちょっと鏡検すると、図中(ロ)のごとく微細の菌糸と円き胞子ごときものとそれよりずっと微細

第二図

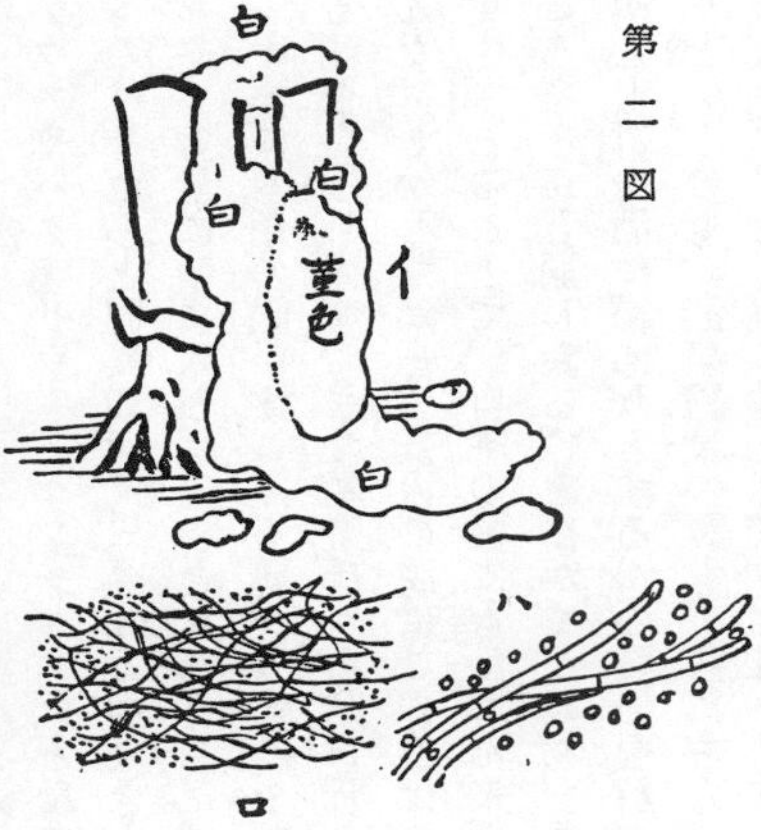

な黴菌より成り、さらに廓大すると、(ハ)に示すごとくだったが、菫色の部分は黴菌のみより成り立ちおった。バクテリウム・ヴィオラケウスやバクテリウム・ヤンチヌスなど菫紫色の黴菌ありと承りおるが、この竹に生じたものはそれらと同異如何、只今知る由なきも、乾した標品は現に座右にあって黯紫色を現じおり、多量に手に入らば染料となりそうだ。さて、白い部分の酒気はおびただしかったが、不幸にも予の眼がすこぶる悪かったので記念のため乾燥して今に保存しあるのみ、何たる精査を做し得ず、また星野氏から贈られた霊酒母のように飯や砂糖に加えて試験し得なんだ。しかしながら、友人の説にこの物は決して稀有ならず、当町に近き一村の竹林に毎年生ずとのことで、自宅の藪にもたぶん来夏も生ずべければ、今年は必ず多少明らむるところあらんと期しおる。とにかくこの物を見だした一得は、予が多年抱きおった何故に和漢とも竹を酒に縁ありとするかの疑いを解き得た一事である。しかして杉や竹を酒に縁ありというのも、酒泉醴泉の譚も、共に古人が実地に実物を観察して得た知識と思想を述べたもので、決して言語の誤解や教訓や譬喩に基づいてできたものでない。

以上は古話伝説の研究方法を例示したので、ここに特に記し置くは、予は決して世間にあらゆる古話伝説中言語の誤解や譬喩教訓によって生じたもの全くなしと言うのでなく、そのようなものも実際多々あるを認むるが、それと同時に旧伝俚談必ずしもことごとく誤解や譬喩教訓よりのみ生ぜず、昔人が積年事物を観察して昔人相応に合点し得た知識と思想を述べたものまた多ければ、古話伝説に遇うごとに大忙ぎでこれも語意の錯誤それも教訓のために造られたと説くに前《さき》だち、すべからく昔人の心になってその話説中の事物を観察すべしと主張するのである。よいついでだから、伝説や民俗の研究が社会の組織や履歴を調ぶるに大必要なる外に、直接に人を利益し世用を足すものあるを例示しょう。

　明治四十一年一月十四日、予紀伊東牟婁郡小口村鳴谷という幽谷を尋ねた。高山の上に谷多くすこぶる難処だった。むかし高野の霊区を他処へ移そうとて、ここを尋ね中《あ》てたが、四十九谷ある高野より一谷少なかったので止めたという。本通りともいうべき谷の端より直下する滝を、絶崖頭に立てる唯一の檜に縋り瞰下するに、絶景危険双《ふたつ》ながら言語同断だった。この滝は那智の一の滝より米三粒だけ短しとぞ。見畢《おわ》りて弁当を調え食う前に、案内の土民、高さ八尺ばかりの木の生皮を剝ぎ、巻いて蠟燭のごとくし、火を点ずるに光明らかに漸次徐々◆9と燃ゆること蠟燭の通りで、諸用を弁ずるに堪えたり。予驚いてその名を問うに、アブラキとてこの辺で夜山中を行くに必須の物、と答えた。よってその枝を採り帰って、『東洋学芸雑誌』に寄書し質問して、その冬青属の一種通称クロソヨゴに外ならざるを承ったが、予諸方へ聴き合わし、また自分手近き諸書を調べしも、この木にかかる著しい効用あるを記載したものあるを聞き知らぬ。吾輩十三、四から欠かさず日記を細書すれど、毎度ゆえ珍しからぬによって飲酒と女に惚れられたことは一切載せぬごとく、彼所の人々はかの木を燭用するを珍しと思わず、別段他所の者に語らないので、一向記録にも留まらなんだのだ。都会では不用ならんも、山中生活にかかる功能ある一木一草を知るを知らざるは損益するところ知るべしだ。インドの炬木樹《トーチ・ウッド・トリー》は毎年三月もっとも茂り、その木まだ生なるうちも精製の炬同然よく燃えて民を益す、と一八八〇年板ボールの『印度藪榛生活』六五頁に見ゆ。かかる物を利用する民俗を調べ置くは実用上学芸上はなはだ緊要だ。

それから五日のち、予大和吉野郡玉置山に登り、紀州の方へ下るとて途を失い、無人の境に日昏れ峻嶮至極の絶崖上に長夜を過ごせしに、焚火の料乏しく寒気髄に徹し、両脚萎え曲がりて九年後の今までも冬になると行歩艱難で以前通り駆け廻り成らず、まことにせっかく生み付けてくれた父母の遺体をみずから片輪にしたと歎息これを久しうす。山で夜を明かして足を痛めた翌年、予蔵書と手抄を渉猟するうち、アッシュに関して妙なことを識るに及んだ。アッシュは普通にトネリコに宛て秦皮と漢訳するが、この三物斉しくトネリコ属の木ながら別種で、アッシュは欧州に自生多く、支那の秦皮はホフマンおよびシュルテス説に日本のアオタゴだというが、ゲールッはアオタゴにもシオジにも当たると言った。松村教授の『改正増補植物名彙』によれば、本邦のトネリコ属にトネリコ、シマタゴ、アオタゴ、ヤチダモ、シオジの五種あり。いずれも欧州のアッシュと同属別物だ。さてフレンドが言ったごとく、アッシュはほとんどすべての他の植物より多く伝説に富む。フ氏の『花および花譚』と、一八九五年刊『フォークロール』巻六、アンドリューの説を合わせ殺うるに、英国デヴォンシャーの百姓の下男等、聖誕夜、森に趣き柴を苅り、最も厚き枝を中心として積み累ね燃やして、中心なる枝焼け尽くるまで環り坐して飲み遊ぶ。柴を多くの柳条で括り一条燃え拆くるごとに主人から一罌《ひとかめ》の酒が出る。なるたけ多く飲みたき人情から、なるべく多く柳条を巻き付け置くとあるから、不佞《ふねい》も往って手伝いたい。初め柴に火を伝えた燼木《もえくい》は保存して明年また同様の役に立てる。この夜、柴として特にアッシュを用ゆ。これ他の諸木と異《かわ》り、切った即時生木のまま好く燃える上、キリスト厩内に生み落とされし時、実にこの木の火で暖められた縁起あるに基づくんだそうな。かく燃え易きゆえか、スペンサーの詩に、アッシュ雷霆《らいてい》を引く、と言った。また神学者輩の通説に、キリストを磔せし十字架はオリヴ、シプレス、シーダー、椰樹の四木で合作したと言えど（コラン・ド・プランシー説）、ジプシー人はアッシュで作ったと伝う。これは生まれた時この木で暖められたゆえ、同じくはこの木に懸けて殺して欲しいと、本を忘れぬ意でもあろうか。仏典にもこれにやや似て可笑しさ勝れるのがある。「時に、舎衛国に比丘と比丘尼の母子あり。夏安居《げあんご》◆10して、母子しばしば相見る。すでにして、しばしば相見て、ともに欲心を生ず。母、児に語っていわく、汝ここより出でしが、今またここに入る、犯すことなきを得べし、と。児、すなわち母の言のごとくして、彼を疑う。仏、波羅夷《はらい》と言《もう》す」。

　閑話休題、予フレンド等の書を読んで始めてアッシュの生木が好く燃えるを知り、たちまち想い出したは、かの夜一つを山上に明かして翌旦自分の座傍を見廻すと、かの辺に普通なトネリコそこここに生えおった。当夜かねてトネリコと同属なるアッシュの生木燃え易き伝説を心得おったなら、日が全く没《い》る前にトネリコを捜し容易にこれを得て焚き試みたらこのような頑症に罹らぬべかりしをと、みずから不覚を慙じたあまり東洋学芸社に書を遺り、邦産トネリコ属中また生木好く燃ゆるものありや、と問うた。社員の答は雑誌三三四号三六二頁に出たが、「小野蘭山の『本草啓蒙』秦皮《とねりこ》の条に、この木にも白蠟を生ずることイボタと同じ、とあるのみにして、蠟燭のごとく火を点じて燃ゆることを記さず。本邦産にて、生木のよく燃ゆること蠟燭のごとしと形容すべきほどのものあることを聞かず。樺の樹皮を松明とすることは皆人の知るところなり」とあって、一向予の問に中らず。前述予が親《まのあた》り睹《み》たアブラキが蠟燭様に燃えると述べたのと、邦産トネリコ属中に生木がよく燃ゆるものありやとの問を混同して答えられたと見える。この田辺付近にはトネリコ属のもの生ぜず（もっともその後一種は生ずるを確かめたるも）、東京には植物園もあり、またトネリコは諸所に植えらるる由ゆえ、書籍の穿鑿よりは実物について試《ため》されんことを望んだところが右様の返事で、これを書いた人は定めて植物学者だったろうが、一見よりは百聞を貴ぶこと、かくのごときを見て学者無用の俗声高き

第三図

ももっともと失望を極めた。『韓非子』に、鄭人その足の寸法を度《さ》し記し、履を求めに市へ之《ゆ》きて寸法書を忘れたるに気付き、帰って取り持ち行けば市すでに散じた跡で履を得ず。ある人何故おのが足に合わせ買わなんだかと問うに、かの痴漢、わが足よりも寸法書きの方が確かだと言ったと載せたは、笑いごとでなくそのような人物がわが邦の読書人に多くあるので長大息じゃ。さて去年末『木曾路名所図会』三に、青多古《あおたこ》、葉槐《えんじゅ》◆11に似て闊く、樹皮青く味苦し、その木を伐りて薪とするに、いまだ乾かざるによく燃ゆ、猟師獣を追うて雪を侵し山に入る時、これを伐りて焼火し寒を凌ぐ、とあるを見出だした。これで邦産トネリコ属五種のうちアオタゴは西洋のアッシュと同じく生木好く燃え有益と知れた。この種（第三図）は近年田辺近い小山で多く見出でたから、そのうち山の持主の許しを受け子分多勢で押し懸け伐り積み火を掛けて、生木が好く燃えるか、火の尽くるまで飲みながら見届けるつもりだが、英国の例と異なって柴の括りが一条燃え拆くるごとに一升寄進という風の気の利いた檀越《だんおち》が見当らぬゆえ延引しおるは洵《まこと》に「それに付けても金の欲しさよ」だ。この文を読む人誰でもよく、いくらでもよいから遠慮なく寄付してくれ。何に致せ今の学者が気付かぬことを百十二年前出た名所図会に録しあるなど、事物に注意するは古人の方が深かったようだ。

（大正六年五月一日『日本及日本人』七〇四号）

（平凡社版『南方熊楠全集』第五巻445～464頁）

《語注》

◆1 霊泉（れいせん）――『続日本紀』巻七、養老元年（七一七）十一月の記事に、「当耆《たぎ》郡多度山の美《び》泉《せん》を覧て、自《みづか》ら手面《てづら》を盥《あら》ふに皮膚《ひふ》滑《なめ》かなるが如《ごと》し。また痛処《いたむところ》を洗ふに除愈《じょゆ》せざることなし。朕《われ》の躬《からだ》にありて甚《はなは》だその験《しるし》あり。また就《つ》きてこれを飲み浴《よく》する者は、或《あるい》は白髪《はくはつ》の黒《くろ》に反《かへ》り、或《あるい》は頽髪《たいはつ》のさらに生《しょう》じ、或《あるい》は闇目《やみめ》の明《あき》かなるが如《ごと》し。自余《じよ》の痼疾《こしつ》、咸《ことごと》くみな平愈《へいゆ》せり」とある。この美泉は正に奇跡の水である。この祥瑞《しょうずい》をもって、元正天皇は、霊亀から養老へと改元された。

養老山脈の麓に、白玉椿を御神木とする南宮大社がある。ここに湧き出づる泉は「曳常泉《ひきつね》」と言って、「この清水を飲めば、病で倒れることはない」という霊水である。天平十二年（七四〇）、聖武天皇はここに行幸、霊水にて不死を願う。伴は行基。行基は霊木でもって仏を刻んだ。この仏像、今、南宮大社の神宮寺・朝倉山真禅院の本尊・阿弥陀如来として鎮座する。

◆2 蘷（き）――中国の神話の登場人物は奇怪である。例えば皐陶という者は「顔は緑がかった青い色をしていて、切ったばかりの瓜の皮を思わせ、口は長く突き出て馬の口のようであった。だが法官としての彼はまことに英明練達の士で公平無私、どんな難事件も彼の手にかかったらたちまち明々白々となり曖昧に終ることがなかった」という。彼のこの優れた手腕の秘密は一頭の「羊」にあった。この羊が実は事の真実を見極める特殊な能力を持っていたのである。つまり「法官の務め」は皐陶とこの不思議な能力を持つ羊と二人で行っていたのである。神話の中で人間と動物は区別されない。「夔（蘷）」についても同様のことが言える。「楽官の夔は一本足だったと伝えられる。あの東海流波山にいた夔牛も一本足だったから、何らかの遠い親戚関係にあったと思われる」――何と、夔という名の人と夔という牛が親戚であるというのだ。それもともに「一本足」であるというのが理由である。（袁珂『中国古代神話』参照）

羊と牛はよく似ている、と思われていた。だからその違いを人々は知りたがった。このことについて熊楠は『羊に関する民俗と伝説』で次のように言う。「予在外中しばしば屠場近く住み、多くの牛が一列に歩んで殺されに往くとて交互哀鳴するを窓下に見聞して、うたた惨傷《さんしょう》に勝《た》えなんだ。また山羊は知らず、綿羊が殺され割《さ》かるるを毎度見たが、一声を発せず、さしたる顚倒騒ぎもせず、このような静かな往生はないと感じた」。牛は死を恐れたが、羊は植物のようにおとなしかったため、死を喜んでいる、という伝承を生んだ。熊楠の『十二支考』に「牛」はいない。それは羊とともに語られる。

◆3　待屋（たいや）――熊楠は『和漢三才図会』巻十二を引用。「伊勢、加茂等の大社の地女、および大内の宮女、みな経行の時に臨んで別室に蟄居すること七日、これを待屋《たいのや》と謂う」（『涅歯について』）。七日というのは意味がある。若狭の八百比丘尼も筑紫より、霊夢によって、伊勢大神宮に詣でた。そして宮中に入り、七日を経て出《い》で、再び神託を得て、若狭に向かった。熊野三山は高野山のように女人禁制ではなかった。女も詣でることが出来る修験の山であった。しかしおそらくそのための〝ミソギ〟は必要であったろう。和泉式部が、歌を詠むのもミソギかも知れない。歌の呪術で、身を清めている。比叡山では四月八日《うづきようか》には女性の登山が許された。この日を叡山では「山の神を祀る日」としている。女の汚れは〝月に入る〟時ばかりではなかった。女そのものに汚れがあった。七日の忌《いみ》籠《こも》りは、女が山入りするためのミソギでもあった。神功皇后は新羅遠征の後というよりは、応神天皇を産んだ後、紀伊水門で禊ぎをしている。紀国は禊ぎの聖地であった（高崎正秀『皇統譜の研究序説』）。ミソギを通過した女は最も神に近いものとなった。

◆4　**和泉式部**（いずみしきぶ）――和泉式部は鹿の子であった。もちろん山に生まれた。「鷲や狼が赤児を持つて來てくれたといふ話は、日本でも古くから各地に語り傳へられて居るが、それは其様な事實が曾つて一度でも有つて、其經驗を不精確に又は誇張して記憶して居るのでは無く、寧ろ今一段と荒唐無稽なる昔の信仰、卽ち偉人といふものが尋常一様の産屋の中からは生れず、往々にして異類の姿を假りて世に出たものだといふ神話の、たゞ少しばかり合理化して保存せられたものであつたことは、今まで集めて見た若干の類例だけでも、大よそは推論することが出來るかと思ふ」（柳田國男『和泉式部の足袋』）。「尋常の産屋の中からは生まれず」――白不浄も、また赤不浄も〝山〟という装置を通過すれば、聖なるものとなる。「熊野本宮路の伏拝《ふしをがみ》の石塔なども、路傍ではあり苔深く古びて居たから、殆ど信じない者の通行を許さぬ位であつたが、式部が月の障りの歌を詠み權現が塵にまじはる御返歌をなされたといふことが始めて記錄せられたのは元應三年の續千載集である」（同）。その歌――晴れやらぬ身のうき雲のたなびきて、月のさはりとなるぞかなしき（式部）。もろともに塵にまじはる神なれば、月のさはりもなにかくるしき（熊野神）。

◆5　**白米で馬を洗うて……伝説**――俗に「白米城伝説」と言われる。柳田國男はこの伝説に執着した。「私は其後十何年、飽きずにこの一つの傳説の分布に注意して居た」（『木思石語　五』）。柳田が注目するのはこの伝説の分布地が「岡」或いは「山の上」というところである。そして、この長い論文で、二つのことを強調する。この伝承に女性宗教者の関わること。また霊魂・亡霊・御霊のタタリのあること。誰が、この物語を伝えたか。それは多分時宗の徒である。戦さで非業の死を遂げた者の霊を慰撫《いぶ》するために、戦さに付き従った時宗の僧（陣僧）は、その勇者の合戦のいかに見事であったかを語る。柳田の推理する女性宗教者の存在は、後に御陣女郎などと言われた、合戦に従軍する女性（桂女）を指すのであろう。義経の思われ人、静御前も、そういう人であった。彼女の職業は白拍子である。遊行の巫女である。もう一つここで記憶したいのは、この伝説に馬の関わること。相馬の術に長《た》けた武人たちこそ、鎮魂さるべき人であった。

◆6　**耳塚**（みみづか）——秀吉の朝鮮征伐は軍事ではなく神事であった。神功皇后に代表される新羅遠征——これは新羅（神の坐す白い国）という地で呪力を得ようというものであった。また斉明天皇のそれも聖なる道行《みちゆき》である。秀吉は明らかに神功皇后を真似ている。耳塚は筑前糟屋郡香椎にもあるという（柳田國男『耳塚の由来に就て』）。そして、この耳塚は神功皇后が新羅よりの帰途に作らせしものという。秀吉の耳塚は聖戦の証なのである。洛中・六条西洞院には、かつて八幡太郎義家の父・頼義が立てたと伝えられる「耳納堂《みのう》」があった、と伝えられる。

◆7　**近江国益須郡**（おうみのくにやすのこおり）——持統八年三月十六日の詔《みことのり》に「粤《ここ》に七年の歳次　癸巳《ほしみづのとのみにやどるとし》を以《もつ》て、醴泉《こさけのいづみ》、近江國《あふみのくに》の益須郡《やすのこほり》の都賀山《つがやま》に涌く。諸《もろもろ》の疾病人《やまむひと》、益須寺《やすでら》に停宿《やど》りて、療《をさ》め差《い》ゆる者衆《おほ》し。故《このゆゑ》に水田四町・布六十端《ぬのむそむらい》入れよ。益須郡の今年の調役《えつき》・雑徭《くさぐさのみゆき》原《ゆる》し除《や》めよ。國司《くにのみこともち》の頭《かみ》より目《さくわん》に至《いた》るまでに、位一階《ひとしな》進めしむ。其《そ》の初《はじ》めて醴泉《こさけのいづみ》を験《みしるし》する者葛野羽衝《かどののはつき》・百済《くだらの》土羅羅女《うららめ》に、人ごとに絁二匹《ふとぎぬふたむら》・布十端《めのとむら》・鍬十口《すきとわ》賜ふ」とある。益須《やす》寺は疾病人の療養所として機能していた。「元正と霊泉」以前に「持統と醴泉」の深い関係があった。ともに女帝というところに酒と女性との関係がみえる。

◆8　**三木**（みき）——京・伏見は酒処。ここに通称「ゴコンさん」と呼ばれる「御香宮《ごこうぐう》神社」がある。神功皇后・仲哀天皇・応神天皇を祀る。社名は、清和天皇の御代、境内に霊水（御香水）が湧き、その水によって病者たちまちに回復す、という奇跡に基づいている。この御香宮の神主は三木氏。「そうぎ」と読む。室町時代以降、この職を務め、現宮司三木義則氏で三十三代目。「三木」については、伏見社内の村名とする説もあるが、三木家では、古代の役職名「参議《さんぎ》」に由来すると、伝えられてきた。酒―霊水―三木。三木―ミキ―御神酒。どうも「三木」は酒に関わる名のようである。御香宮にはもう一つ伝承がある。神功皇后の聖戦に従軍した「桂女」の伝承である。そして、またここには、巫女が近年まで住し、境内に産屋もあった、という。

◆9 **アブラキ**――「アブラキ」については、熊楠の『油木について、並びにトネリコについて』に詳しい（全集三巻所収）。「高さ八尺ばかりの樹の生皮を剝ぎ、巻いて蠟燭のごとくし、火を点ずるに光明らかに久しく、漸次徐々として燃ゆること蠟燭に異ならず。諸般の用を弁ずるにはなはだ便なり。驚奇して名を問うに、アブラキという由」。アブラキの正体はよく解らないが、これと同じ用をなすものに、モクセイ科のトネリコがある。また熊楠はカバの樹皮を松明とすることは皆知るところなり、と言う。ウコギ科にコシアブラという樹がある。樹脂液より塗料を採った。名は「漉し油」より出づ。このコシアブラ、京都市左京区、「久多《くた》の花笠踊」で用いる〝ハナ〟の花弁となる（薄く片木状にして用う）。また「ハシマメ」と呼ばれる菊花の花弁となる灌木は、灯芯に似る。コシアブラをこの地の人は「白い樹」と呼ぶ。

◆10 **夏安居**（げあんご）――夏安居には花衆《げしゅう》が活躍した。この時、山の花が里に降りるのである。花衆とは「花採り人」のこと。花摘み道心とも呼ばれた。「花供はふつう『夏山の花供』と『歳籠《としごも》りの花供』とに分かれ、修験道の夏峰入りと冬峰入りにあたる。夏峰入りは花供《はなく》入峰《にゅうぶ》ともいい、羽黒山では『花祭り』といっているが、本来は夏安居と称する四月十五日から七月十五日まで九旬（九十日）のあいだ、毎日花を山からとって仏前にそなえる修行をしている」（五来重『古代仏教と花』）。

「いま比叡山の名声を支えている回峯《かいほう》行は、堂衆の夏行を千日行として体系化したものである」（同『花衆・立花・風流』）。

◆11　槐（えんじゅ）――アイヌのイナウは用途によって、樹種を変える。最も一般的なのはヤナギである。これは、霊の天地の往還の際の乗り物と考えられている。エンジュは「悪魔祓い」に用いられる。「この木わ、強い臭を發するので悪神が近ずかぬと信じ、枝を取って來て、或いわ皮とイケマの根と一緒にして、魔よけに戸口や窓口にさした。（略）悪疫流行の際わ、この枝を取って來て棒幣を作り、他の部落に通じる別れ路の所や、家の戸口、窓口などに立てた」（知里真志保）。

オニゲナ菌

拝啓。「草木相生相剋」の話さっそく差し上ぐべきのところ、当時小生自宅の庭にオニゲナと申す希有《けう》の菌《きのこ》あるを見出だし、その発生成長に関し、欧州学者の説を試みるため実験に掛かる。たとえば、その菌の抱子を毎夜庭の柚樹《ゆのき》に来たり宿《とま》る木菟《みみずく》に食わせ、糞に混じて落ちた上で初めて日々の経過を察し得る都合だが、なかなか思う通りに運ばず、二十日ばかりしてやっと一団の糞にかの菌が少しく生じたので連日鏡検に奔走中、一疋の蟻に陰茎を噛まれ、身体所々に悪瘡を生じて、俗に陰茎には自防の腺液あってめったに虫に噛まるるものでないと心得、拙者も数年熱地にあって猛烈なる蟻群についていろいろ研究したが、一度もそんな眼に遭わなんだ。

しかし、久米〔邦武〕博士の〔「大日本時代史」〕「奈良朝史」四九九頁を見ると、かの◆1「道鏡は面中《つらちゅう》鼻で参内し」と作られた大法王の偉物は蜂に螫《さ》されたるに起こり、また僕が五年前六月の

『早稲田文学』に引いた通り〔「『大日本時代史』に載する古話三則」〕、アメリゴの『南米紀行』に、ある民族の婦女、一種の草汁を男子に飲ませてその陰を膨大せしめ、なお足らざれば毒虫に咬ませてこれを倍にす、ために過《あやま》って睾丸を嚙み去られ、閹人《ユーナック》となる者多し、とあり。東洋法律の大根本なる『四分律蔵』五五巻に、「仏いわく、五事の因縁あって男根を起たしむ。大便急《せま》る、小便急《せま》る、風患あり、慰周陵伽虫嚙む、欲心あり。これを五事となす」と見え、『根本説一切有部毘奈耶』には、睡中その根《こん》を虫に嚙まれ、ために衣裳乱し起ちたるを肥《たっ》壮《しゃ》な婦人が見て就いて非法を行なうたので、仏ために制戒した、とある。これらは決してまるで虚談でもなかろうと思い、いろいろ故事を集め一論を草し、英国の梵学者へ送り、大意を抄して、来たる九月の『民俗』に出る拙者の「話俗随筆」に入れ、編者石橋臥波君へすでに廻した〔『民俗』に掲載されず。原稿の所在不明〕。

さて、いろいろ聞き合わすと、この地方で小児が陰を虫に嚙まれて病を引き出す例は少なくないらしく、あるいは当西牟婁郡の海辺に行なわるる象皮病もこんなことから起こるのでないかと言う人もあり。とにかく陰を嚙んで全身腫れ出す蟻は何の種のものということを明《あき》らむるため、彼処《かしこ》へ砂糖また鶏の煮汁を塗り、毎日午後件《くだん》のオニゲナ菌が生えた処に踞《うずくま》りいた。蟻に嚙ませる処が処ゆえ妻は大いに心配し、必死になって思い止まって下さんせと諫めたが、こうして今に嚙まれて見ろ、済生術上の鴻益ともなり、たとえ嚙まれなんだところが希有の菌の発生経過について発見するところありだ、女子供の知ることならずと一月ばかり試《や》って見たが、彼処が湿って痒いばかり、蟻はさらに来たらず、旱魃《ひでり》で菌も消え失せて了《しま》う。切《せめ》て件の蟻らしい奴を採って辱知五島清太郎博士へ送り鑑定を頼まんと、今まで血眼になって捜せど、これも旱魃ゆえ跡を絶って一切見えず。こんなことで、「相生相尅」の話は大いに後れ申し候。しかし、大略は出来おるから清書の上差し上げ申さん。よって、この詫言と同時に、もし貴社員および読者諸君中に、蟻に陰を嚙まるる機会があったら、その蟻を取って当方へ送らるるよう頼み上げ置く。

（大正二年八月十三日『日刊不二』）

（平凡社版『南方熊楠全集』第六巻33～34頁）

《語注》

◆1　道鏡（どうきょう）――道鏡について熊楠は『釜煎りの刑』（全集六巻所収）で、その〝伝説〟について語り、また僧玄昉について、さらに、中国、インドへと話を展げ、僧と貴婦人との「邪婬」を語るが、熊楠の興味は〝噂〟というものにまずある。噂には幾分の真実も、大いなる嘘もある。噂も伝承の一要素である。抽出すべき事柄は必ずある。「蜂に螫《さ》されて道鏡の陽にわかに未曾有の偉物となりし大珍説も」（『「大日本時代史」に載する古話三則』全集三巻所収）の裏にある、或いは底に流れる、世界共通の〝何か〟を熊楠は探す。道鏡が如意輪の秘法を修し、本尊の六臂如意輪繡像に放尿したという〝噂〟は、例えば、鈴鹿・関宿の地蔵堂の本尊に尿をかけたという一休の江戸期の伝承と繋がる。熊楠は道鏡に関しては同情的である。道鏡の話と並べて書かれる『宇治拾遺物語』の「丹波の愚僧輩死してヒラ蕈《たけ》に転生せし話」（全集三巻所収）は興味深い。平茸については熊楠の愛読書の一つ『本朝食鑑』巻三・菜部に詳しくその生態が書かれる。『宇治拾遺物語』では平茸、不浄の化身せるものなれば、食せぬ方がいいと結論している。道鏡は孝謙女帝と〝恋〟をするまで童貞であったと思われる。その時道鏡、五十七歳。因に熊楠は結婚する四十歳まで童貞であった、と言われるが、これも「噂」。大体、「鳩摩羅炎《くまらえん》の故事」を知らなかった中山太郎が、熊楠の「一交而孕《いっこうしてはらむ》」を「一発にて妊む」と誤解して記したこともまた、この「噂」を真実らしく成長させてしまった。

へろへろほうきたけ、冬虫夏草《のんじたけ》

一

昭和十六年九月二十三日午前一時過ぎ認め、夜明けて出す

樫山嘉一様

南方熊楠再拝

拝啓。[1]その後大いに御無音に打ち過ぎ申し候。八月三日小生朝寝中、令閨種々貴重の品々と菌三種御持参恵贈下され、また八月二十七日には令嬢またまた諸品と菌二種御持参下され、まことに難有《ありがた》く感謝し奉り候。八月三日に御贈り下されたる菌の内、上図のごときホウキタケ（暗紫色、へろへろと動揺し、ふるえる。他のホウキタケは肉質で、物

に突き当たれば折れるが、これは折れず。膠質すなわちニカワを火で焙ったごとく、柔らかくへろへろと蒟蒻《こんにゃく》のように、ふるえ動くなり）はかつて見ざる品で、米国にこれに似ながら、ずっと小さきものあることを書籍で見及び候。また前年妻の妹が文里《もり》の松の枯株より、ややこれに似たる、大きさも似たる物を取り来たり候も、それは肉質で、物に当たれば折れたり。あるいは、外見はホウキタケのようなれど、別類のもので、実は系統上はキクラゲ類に近いものかと存じ候。またそれと同時に御遣《おく》り下されたる不整形のショウロごとき物は、肉部の結構はショウロと別属のもので、小生にちょっと判断

成らず。右二品を紙箱に入れて保存し、いろいろと調査中、小生ちょうどそのころより大便秘結して、腸より血を出すことあり。いろいろと養生するうち、八月十三、十四、十五日と三日つづきし颱風が、はなはだしく老軀にこたえ、ことに十五日早朝二時に、二階の天井大いに雨洩れ出し、妻と娘と下女三人して、タタミをまくり、盥を持ち上がり、水を受くる等大騒ぎ、小生は暴風雨中に病体を押して丸裸となり、多くの菌の標品を取り入れ候。（三日に令閨御持参の品々もその内にあり。）それより身体ことのほか弱り、今に発熱止まず、身体ハシカのごとく腫れ出で、食事もすすまず、多くは打ち臥しおり、ようやく昨今やや快方にて起き上がりたるところへ、また台所の天井に家ダニという微細の害虫を生じ、毎夜安眠ならず、家内諸共《もろとも》大弱りのところ、近処の人来たり助勢しくれ、四、五日前家ダニの巣を発見、クマキラとか申す薬剤をもって、大抵は殺し尽せしも、今に多

少残りあると見え、日夜身体諸処痒く、何ごとも手に付かず。それがため右の二種の菌を今に査定し終わらず、そのまま保存罷り在り。あるいはあまり久しく日を経たるゆえ、十分の判断は付かぬかとも心配罷り在り候間、この上御見当たりあらば、再度御送来願い上げ奉り候。

令嬢御持参の内一つは、今に保存しあり。これは水にさえ入るれば、大抵査定成るべく候。

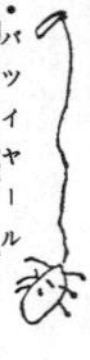

こんな亀虫《かめむし》の頭より生えた冬虫夏草《のんじたけ》[2]は、学名 *Cordyceps*《コルジケプス・》 *nutans*《ヌタンス・》 Patouillard《パツイヤール》（仏人命名）と申し、普通ミミカキタケと名づけ候。明治十七年ごろ、九州柳川にありし仏国の宣教師が見出だし、本国へ贈り、右の学名を付けしものにて、二十三年ばかり前に、当町の佐武某なる人が日向国へ炭焼きか何かにゆき、採って二、三本贈られ候。よって日向にもありと判り候。その後今より六年ほど前、平田寿男君が貴地で見出だし、四、五本贈られしより、当地方にも産するを知り候。只今は支那にも産すと知れおり候。

今年七月ごろ当方へ、もと故毛利氏の子分たりし人、偶然来たり、所用あって岩田川筋を上り、用事をすませ帰る途中、貴地神林近所にてこんな物を得たとて、二本示され候。小生はたぶん知母《はなすげ》をどこかに薬用のため植えおきしが、畠などに今に残りたるものかと答え、その人は去り候。その二本を拙宅地へ植え置き、日々観察せしに、ジャノヒゲ（田辺にてフキダマと称う）の一種なれど、根に毬魁なく、長き根が地中を這うのみなり。ジャ

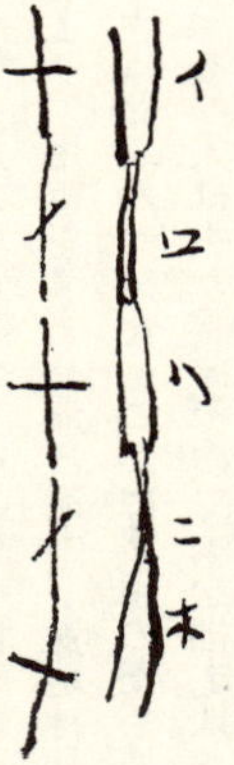

この花梗は円柱ならず、帯のごとく扁たきなり

ノヒゲよりは葉の尖《さき》が鈍く丸き気味あり。花もジャノヒゲに似たれど、ほとんど白きほどの淡紫なり。さて、かわったことは、この花梗が図のごとくねじれて、イの横径とロの横径が直角をなし、ハの横径とニの横径とまた直角をなす。はなはだへんな形態なり。ジャノヒゲと同属ながら別種で、オオバジャノヒゲと申し、以前は英人フッカーの命じた学名を用いしが、今は中井猛之進博士が改名された由。（その改名は書斎まで往けば分かるが、夜も深くなり、家人が眼をさますも気の毒なれば次便に調べて申し上ぐべく候。）

中井博士は、花が浅紫色のものを本種とし、別に、白花の変種ありとて、それをシロバナオオバジャノヒゲと唱えられ候。小生見たるところは、必ずしも淡紫色の本種と白花の変種と判然分かれおらず。拙宅地に植えたる物は、きわめて淡き紫と白色との中間物に有之候。故に薄暮に見れば全く白く見える。この草の実が熟するとどんな色になるか書いた物なし。小生見定めて記し置かんと欲す。

このオオバジャノヒゲは宇井氏の『紀州植物篇』には全く載せおらず。よって申し上げ置く。申し上ぐるまでもなく、世間へ聞こえるとたちまち濫採者が集まり、全滅の憂いもあるから、貴君御自分のみ心がけて時々標品を作り、以前岩田村のそここにあったが、今はどこにも見受けずということにして、標品は篤志の人に分かち与えられよ。希品の保存はこのやり方が一番宜しと、故岡村金太郎博士が前年小生へ伝受されたることに候。物をかくすは悪いことのようなれど、これをふれちらして、その物が全滅せんよりは、標品は好事の人に与うるが、その所在を明かさぬは、これも陰徳を行ない天功を全くすることと存じ候。

久しき以前にいただきし麦の粉は、貯えおくうちに虫わき、糸を綴り候付き、早く用いてテンプラを作り食し候。八月三日令閨御持参下されたる分は、小生胃腸不調で外米は食えず、またパンなどは一切売品なきより、その麦粉を珍重して、毎度少許の砂糖を入れ、それでようやく命をつなぎ来たりしに、今夕ことごとく用い尽し、容器は全く空しくなり候。従来は横浜の知人よりメリケン粉を送りもらい用いしが、只今かの地は当地より一層物資乏しく、野菜など一日一人前一銭四厘を越えざる配給とのことゆえ、なかなか麦粉を送りくれどころにあらず。もし貴方に只今もいくらか麦粉あらば、御ついでに御送来願い上げ候。妻や娘は外米を平気で食えど、小生は外米を食うと腸胃を損じ、それよりおいおい肝臓を悪くし、また膀胱を損じ、おびただしく小便をたれ候。

まずは右用し上げ候。　　　　　　　　　　　　　　　　　　敬具

今度東京にて『ヒメノガスター亜目篇』出板。まことに貧弱なもので、従来地下菌を

貴下ほど発見せしもの一人もなし。

二

昭和十六年九月二十九日早朝四時認め、夜明けてのち出す

樫山嘉一様

南方熊楠再拝

拝啓。昨日朝十時ごろ令嬢御来臨、米三升四合と麦粉とパン粉と茄子御贈り下され、まことに感謝し奉り候。また菌も拝受、菌の内

この図ごときケムリタケは、従来小生見ぬものに有之《これあり》、調査の上御答え申し上ぐべく候。こんなのは、去年も二本ありしを写生しあるが、数が少なく、かつしおれ易いので、今回また調査

茎白

は困難に候。ベニタケ一本あり、普通の品に候。今一つカレハタケ属のもの二本は、乾かしても水を加うれば復活するから、調査して申し上ぐべし。

娘より令嬢に御手渡し申し上げたる種子は、学名只今ちょっと忘失、次便に申し上ぐべし。日本名チョウジナスビまたハリアサガオ、もと熱帯アメリカに産し、徳川氏の世に輸入せし物に候。田辺には三十年前一本ありしも、その後全滅、只今まで京浜地方にも全滅したるを、一友人がインド辺より再輸入、ムーン・フラワー（月花の義）と呼びおり候。その人より今年種子を八個送り来たり、拙方にまきしに、二本しかはえず。一本は七月よ

り開花し、およそ四十個ばかり果を結び、もはや枯れ候。他の一本は冷害のため、生長進み遅く、昨今ようやくつぼみを三、四個着けあるも、いまだ開かず。これはアサガオによく似ながら、蔓に刺あり。花はアサガオに似て、その色紅と紫の間なり。花さきたるのち、 こんな果を垂れ下し候。それをむかしは塩または蜜につけて珍果とし、茶人が翫賞せしなり。来年梅雨中に御まきなされたく候。

ちょうど令嬢御来臨の半時ほど前に、横浜より、カラタネオガタマの苗一本来着。これは支那の原産にて、学名 *Michelia*《ミケリア》 *fuscata*《フスカタ》 Andrew《アンドリウ》（英人命名）、本邦在来のオガタマノキの花弁が この形で白色で、紫を帯ぶるとかわり、 この形で、色は褐黄色で香気ははなはだ強く、風下一、二町まで届く由。仏経に瞻婆迦《チャムバカ》と称え、坊主は堕落しても庸人よりましなりという喩えに、瞻婆迦萎《しぼ》むといえどもなお余花にまされりとあり。それほど凋んだ後までもにおいはきき候。東京大学の小石川植物園に一丈ばかりの大木ありしが、大正十四、五年の厳寒に枯れてしまい、今は代わりに五尺ほどの小木を植えある由。しかるに、この横浜の友人の宅にあるは、小石川園のよりも古く、百余年前に移し来たりしものの由。その苗を二本そだて分かちて、小生のすすめにより一本は和歌山の三浦英太郎男へ送られ、ついでに小生へも一本贈られ候を、小生方は手が行き届かぬから、当町の高等女学校へ寄贈せんと思いしが、高等女学校の校長など、いずれでも他地方の人で、いつ転任してどこへ往くか知れず、前年竹田の宮様御手植えの月桂樹など、ほうしちられて半分枯れかかりおり候。それでは面白からず。北島脩一郎氏へ寄贈せんかと思いしが、この人も近ごろ多忙の様子で十分の挨拶なし。よって令嬢に托し貴方へ差し上げたれば、当分鉢植えにするか、または日受けのよき地へ植え、寒気烈しき時は囲いやられたく候。もっとも二年前、これより小さき苗を駿州沼津へおくりしに、二年後の今年より開花し始めたる由で、沼津ではさらに囲いなどは入らずとのことなれど、三栖の山風も懸念なれば、やや大木となるまでは、厳寒には竹柱を立て、こもでまき、囲いやり下されたく候。

昨日は久々にて令嬢の外に北島氏、田上氏よりも菌を持ち来られ、今日夜明けたら、また調査多忙なるべければ、その前に一眠を要するに付き、右のみ申し上げ候。

シュウメイギク（一名キブネギク）は、鳥ノ巣や、内ノ海に多く、潮見峠には至って多きが、前日北島氏、岡で獲て、三、四本持ち来たり植え置きたるも、長雨のためみな腐り了れり。貴君そのある所御存知ならば、花さかぬうちに二、三本送来願い上げ奉り候。

敬具

（平凡社版『南方熊楠全集』第九巻611～616頁）

《語注》

◆1　菌（たけ）――あの「かぐや姫」の物語の古い名は「竹取りの翁」あるいは「竹伐りの翁」であった。既に『万葉集』（巻第十六）にこの「竹取の翁」の名が見える。ここで翁は仙人である。なぜ、その名を「竹取」というのかの説明はない。「此の竹取翁は些《いささ》かも竹に所由《よるところ》なし。仍《より》て考ふるに、竹は借字、菌芝《タケ》の類を云ふにて、即ち菌取翁なるべきか。仙人の食ふ芝草も菌類にて、同じく多計と云ふなれば、この翁は仙方を学び芝草をあさる漢土商山の四皓の如き老人にて、凡人にあらず」（山崎泰輔『万葉漫筆』）。菌とは仙人の食物であった。熊楠の菌への執着は、実は、自らが仙境に入ることにあったのではないか。彼もまた「菌取翁」なのである。不老不死の仙薬が菌なのである。

◆2　ミミカキタケ――ニクザキン科。亀虫は臭液を出すため、クサムシなどと呼ばれ嫌われる。しかしこの菌に征服された亀虫は哀れである。このミミカキタケとセミタケ（地中のミンミンゼミの蛹に寄生、春夏の頃、地上に子実体を出す）は日本に特に多い「冬虫夏草」。熊楠は「菌」の強い生命力に神秘を感じていた。しかもそれは日本の風土に適していた。仙薬としての冬虫夏草は高価であった。民間の者はとても手が出なかった。しかし白井光太郎によれば、台湾では、一束五銭であったという（明治四十一年当時）。束というのは、〝虫〟の頭部より生じたものを集めて束とし乾燥して売るからである。台湾では冬虫夏草の名は古名としてのみ残り、一般には「春虫」と呼ばれていた。そしてそれは媚薬として売られた。中国でのこのような冬虫夏草の神秘は『抱朴子』に書き留められる。「もし物の生まれつきがすべて一定不変というなら、雉が大川に入って大蛤《はまぐり》となり、雀が海に入って蛤となり、地虫に翼が生え、お玉杓子がピョンピョンとぶようになり、ざりがにが蛤（蛤）に変わり、荇苓《こうれい》が蛆《うじ》に変わり、もぐらが晩春になると斑《ふ》なし鶉《うずら》に変わり、腐った草が晩夏に螢に変わり、鰐《わに》が虎に変わり、蛇が竜に変わるなどはどうか？　これもみな事実ではないか！」（巻二「論仙」本田済訳）。草が螢になること――それが仙界即ち〝山〟ではごく自然のことなのである。

姫蕈《ひめたけ》、臍蕈《へそたけ》、ヘンニングシア

一

昭和十二年五月十五日早朝

北島君

南方熊楠

拝啓。過日三回まで御送り越し下されたる帽菌はいろいろと工夫して精査候ところ、*Mycena*《ムケナ》（姫蕈《ひめたけ》属）、これに八亜属あり、その内 *fragilipes*《フラギリペス》（脆茎）亜属のものと判り候。この脆茎亜属の内、今回の貴集ごときいろいろと色のかわるものは、従前聞き及ばず、新種に相違なきゆえ、*Mycena Kitajimae* Minakata と命名仕り候。

しかるに第二、第三回御送り越しの分はみな晴天つづきたるため、発生宜しからず。た

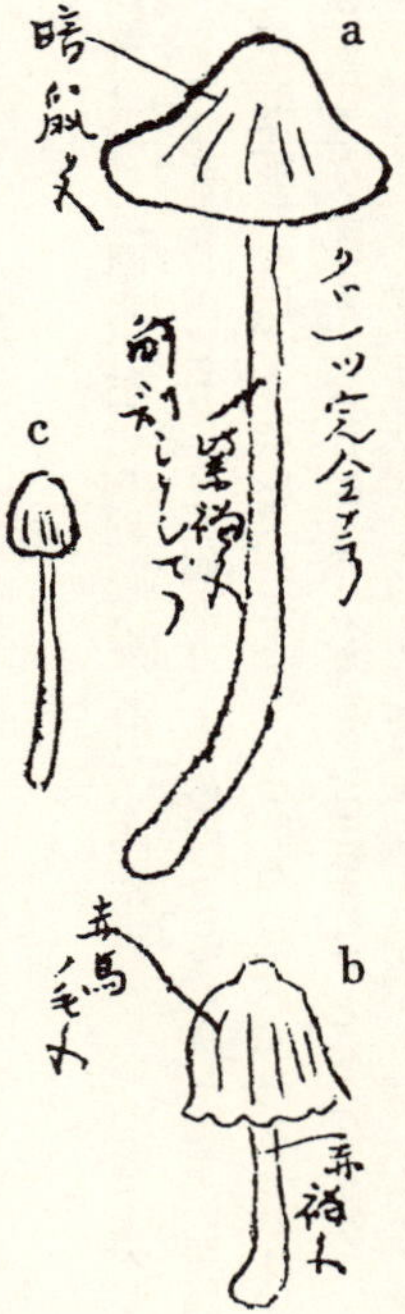

第１図

だ一つ満足なもの（第１図a）ありしも、解剖に使うてしまい、何にも残らず、また、幸いに皿に水を入れ、一本丈夫なものを発育せしめしも、晴天つづきたるため、この程度（b〔原図は40ミリ〕）以上に成長せず。胞子はむろん未熟にて証拠とならず。外に三本ほど生えたるも、小さくして（c）何の証拠にならず。麁末なる画を写しおきしのみにて、標品も胞子もとれず。すなわち命名しながら実物は少しも残らぬなり。

この上採集を願い上ぐるも恐縮の至りなれば、一昨午後雑賀貞次郎氏来たりしに付き、同氏と同行して尋ぬる約束致し置きたるも、小生ややもすれば脚わるく、雑賀氏は午前中ならずば行き得ずとのこと。しかるに昨今の雨にて、右の菌は必ず大いに発生しあるべしと存じ候も、ぬれたる所を脚弱が登り捜すはなかなか困難ゆえ、この二、三日間はとても行くことならず、その間にまた菌は萎縮する恐れあり。よってははなはだ恐れ入り候えども、只今ぬれたる所があまり乾かぬうちに今一度往って御捜索を願い上げ候。

脆茎という名のごとく貴集品は十の七八まで茎が折れあり。この姫蕈属には glutinipes《グルチニペス》（粘茎）また lactipedes《ラクチペデス》（乳茎）と申す二亜属あり。甲は茎のぐるりに葛《くず》汁のごとき粘液をかぶり、乙は茎の中に赤、紫、黄、白等の汁あり。貴下御発見のものも完全なる茎を検査せば、あるいは粘茎亜属あるいは乳茎亜属のものかも知れず。茎が折れおるのは手おくれにて検査することならず。故に今度出向きの節は、大きな紙箱を二つ三つもちゆき、第2図のごとく箱につめて、御持ち帰りあらんことを望み上ぐるなり。然る時は、最初採る時に折れたものは致し方なしとして、持ち運びのうちに折るること少なく、なるべく完全な茎のものを多く小生の手に入れ得ることと存じ候。紙に包みてはどうも持ち運び中に多く茎が折れることと存じ候。

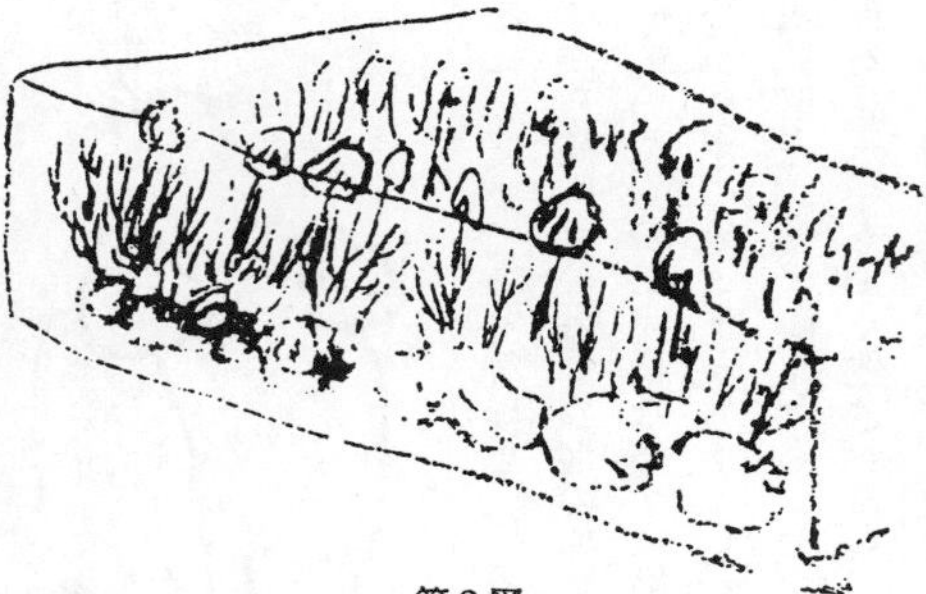

第2図

　こんな面倒なものはなるべく現場にて検査するが第一の良法なるも、小生脚わるきため、とても山を上下することならず候付き、何分宜しく御願い申し上げ候。

第3図

四月二十九日に初めて御発見のものは第3図の大きさなりしが、これ三本とその後御採集のものと果たして同品か異品か分からず候。故に御見付け次第、大きさなも小さなも洩らさず御採り下されたく候。

次に三度まで多く御採集のこの風《ふう》（第4図）のものは、二十二年前五月二十九日に小生みずから高山寺の芋畑の池の岸に生えたる蘚の中より多くとりあり。しかるにその標品は半分乾いたもので完全ならず。横截図左（第5図a）のごとし。この方は属名が今にしっかり分からず。オムファリーア（臍蕈《へそたけ》）（b）属のものと存じ候。しかるに今度貴集のものは横截図左（c）のごとく、この方が正しく候。よって記載文を書き直したく候。この方は貴集品只今もよく生きおるも、色がかわり来たり候。すなわち初め橙色なりしものが、ほとんど白くなりおり候。故にこれも御見当たり次第多く御採集願い上げ候。

この姫蕈属は、この鰓の下端に cystides《シスチズ》（嚢状体）と申し、毛のようなもの生えおり、それを顕微鏡で見るといろいろと形がかわり、また鰓の面にもいろいろと刺《はり》のようなもの生えあり（第6図）。それを一々しらべ、中には右の毛のようなものと刺のようなものの中

第４図

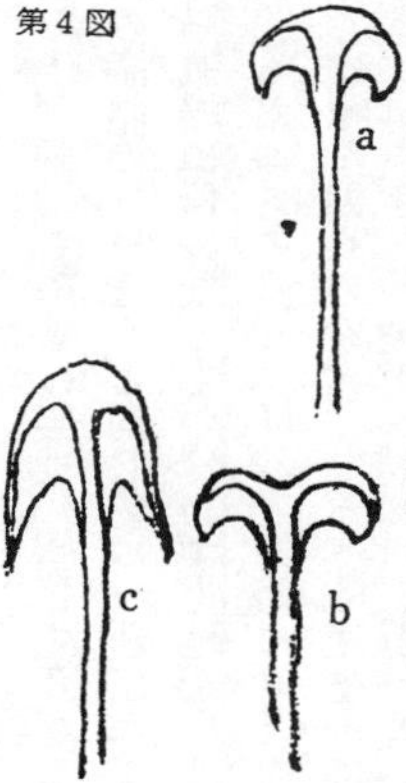

第５図

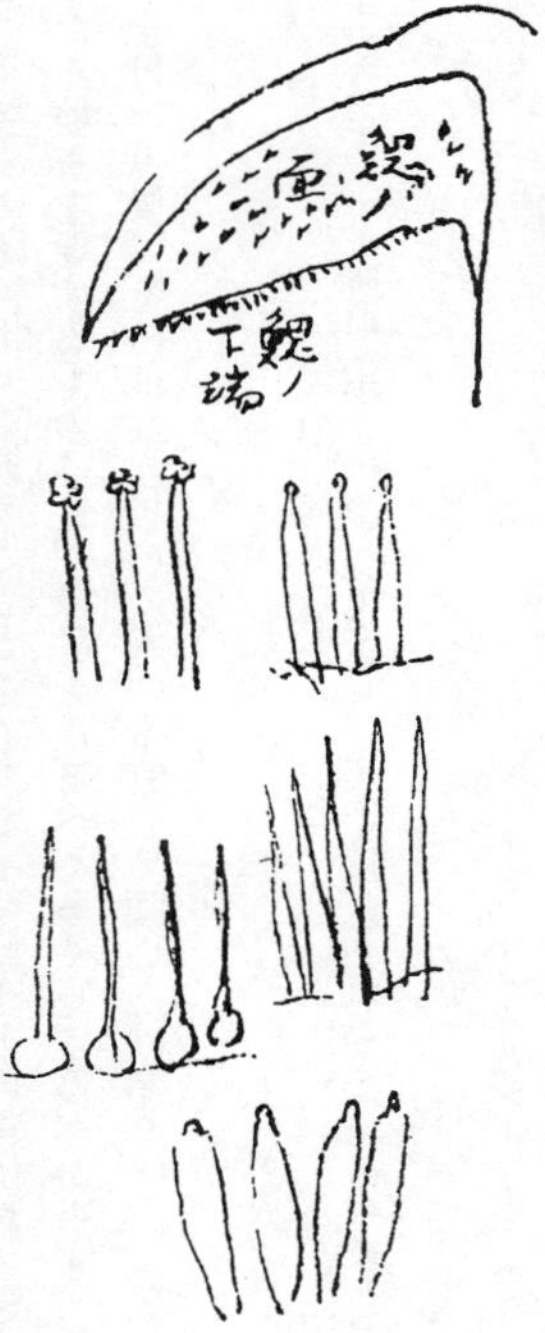

第６図

の汁を検査する必要あることあり。これをことごとく記載せずば十分の種別ができず、はなはだこみ入ったる検査を要するものゆえ、標品をなるべく多く見ざるべからず。右宜しく願い上げ奉り候。その他女学校内のものも宜しく願い上げ奉り候。　敬具

昭和十二年八月十二日午前十一時前（書き始めしが中止し、十五日早朝またかきつづけ午後九時すぎ書き了る）

二

タチアオイ赤花および黒花の種子

南方熊楠再拝

北島脩一郎様

拝啓。永々御恩借の植物採入罐はようやく内容研究済み候に付き、御返し申し上げ候。すなわちこの状と共に下女が持ち参り候。

西洋料理蕈一罐東京より手に入り候付き差し上げ候。この蕈は当地にも野生多きも栽培せる洋種ほどの物は見当たらず候。しかしこの罐詰のとほとんど同じ物は、新庄にて二、三度田上氏の持山より見出だし候。注意したら栽培に恰好なるものは必ず当地辺にあることと存じ候。これは罐を開いたら、あまり長くもたぬものゆえ、開くと同時にせと物に入れ冷たき処に置かれたく候。それにしても長くはもたぬものゆえ、なるべく速やかに鰹節を入れ、葱とか豆腐また魚類（そのままは宜しからず、アジの肉をたたきて団子のごとく

丸めて）一所に醤油◆1ですまし汁になされたく候。多く食うと人によりのぼせるかも知れぬから、なるべく多くの人に御配分下されたく候。

　本月八日朝七時十五分令息御持参下され候菌は、そのまま数日置きて鰓《えら》が流れ溶くるか、溶けずに乾くかを見ねば属名が分からず。すなわちそのまま井戸辺に置き候ところ、少しも溶けず乾き了り候ゆえ、通常ならば *Bolbitius*《ボルビチウス》 属とせず、*Galera*《ガレラ》 属とするところなるが、例外にも本品は *Bolbitius* 属ながら鰓が溶け去らざるものと判り候。しかして本品は多分新種なるべきに付き、右の乾きたる品はこのまま永久に保存し、今一度内部の解剖をなし組織を見たる上、命名したく候付き、なるべく日の当たらぬうちに高女に赴き、高麗シバの中を探し、なるべく多く老若の品を共に採り、さっそく御送り越し下されたく願い上げ候。

　右のごとく書き了りて再応標品を検するに、鰓は多少溶けあり、しかし全く溶け去らずにあり。故に *Bolbitius* 属たることは明らかなるも、同属中の多くの種の全く溶け去ると異なり。ちょうどその朝拙宅で竹林下にただ一本生えありし同属のものは、見出だして一時間たたぬうちに溶け了り候。貴集品は乾燥して只今第1図aのごときものとなりおる。しかし、令息が持ち来られし時はこんな鐘形（b）で、鰓がこんなに（c）多少曲がりありしと覚え候。この一事は同属中に例なきことに候。今一度新しき品を見ずば、十分に記載をすること能わず。この属は大抵日にあたれば、一時間ともたぬものに候。一時間以内にこん

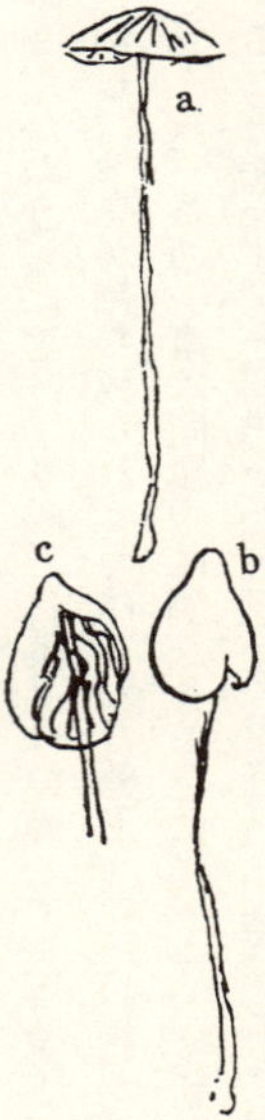

第1図

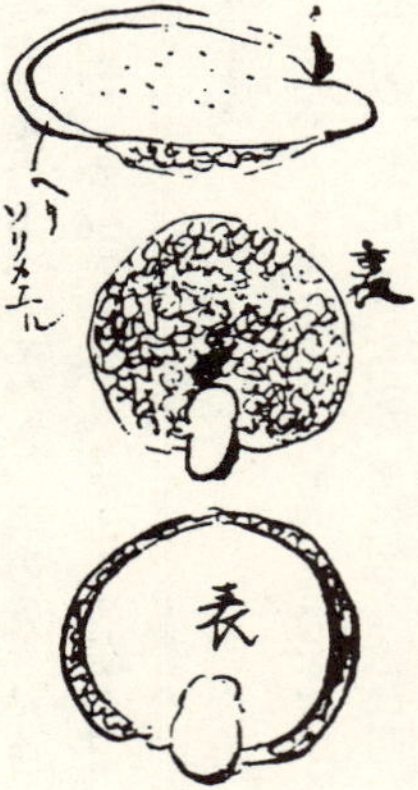

第2図

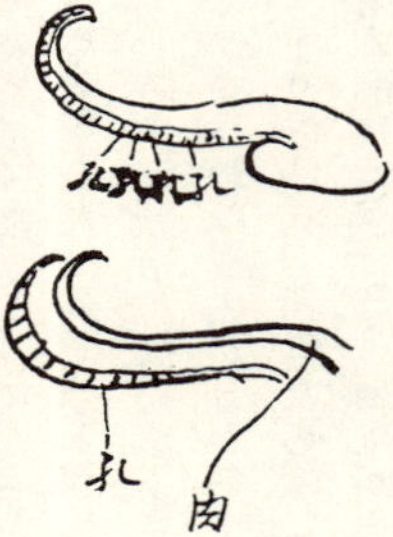

第3図

なに曲がってしまう。故に、なるべく朝日のあたらぬうちに見に往き、採ってすぐ送られたく候。

次に、小生数日来背の肉が硬化し、◆2亀の甲をかぶれるごとくになり、身体自由ならず。一昨夜整骨術の名人田野氏に来てもんで貰い、ようやく自由になれり。このために五、六日間貴集品を写生すること後れ候。しかし稲成村および岡の菌の中には水等をもって軟らかならしめ、今も写生し得べきもの少なからず。それらは追い追い申し上ぐべきも、もっとも残念なるは本月二日御持参下され候内に、稲成のシイの木（か）の幹の根本にただ一つありし第2図のごときものなり。この菌は全体肉質にて、傘の裏に蜂の窠のごとき孔多し。傘を横に截る時は、この図（第3図上）ごとく孔と孔と付く力が傘の肉と孔が付く力よりも強し。故に肉と孔とを引き離すこと容易なり（第3図下）。

Boletus《ボレッス》（イクチ）属は傘の正中《まんなか》に茎あり、孔と肉と引き離すこと容易なり（第4図）。しかるにサルノコシカケ属 *Polyporus*《ポリポルス》 属は傘の肉が肉質または革質、傘のまん中に茎あるもあり、傘の横に茎が付くもあり、いずれにしても傘の肉と孔とひっ付く力が強きゆえ、傘の肉と孔とを引き離すこと難し。然るところ、ドイツ人メーレル博士はブラジルで傘がイクチ属同様肉質で、傘の肉より孔を引き離し易きものながら、あるサルノコシカケ属のごとく傘の横に茎が付きたるものを見出だし、*Henningsia*《ヘンニングシア》 と命名せり。（ヘンニングは、故白井光太郎博士の師匠で、高名な菌学者なり。その姓によって命名せるなり。）メーレルが見出だしたこの属の唯一種 *Henningsia geminella*《ゲミネラ》（双生児の義）というは、第5図のごとく傘が二つ重なり生ずるを常例とす。しかるにメーレル博士のこの属の定義を十分呑み込まなんだ人が、英人クックがブラジルおよびインドより得て *Polystictus rigescens*《ポリスチクツス・リゲセンス》 というサルノコシカケが毎度こんなに傘が

双《ふた》つ横に並んだように分岐せるを、内部の構造にかまわず、右の *Henningsia* 属の第二の種と見立て、属名を改変せり。しかるに、またメーレル博士の原種を見ずに、この第二の種のみ検査した人が、こ

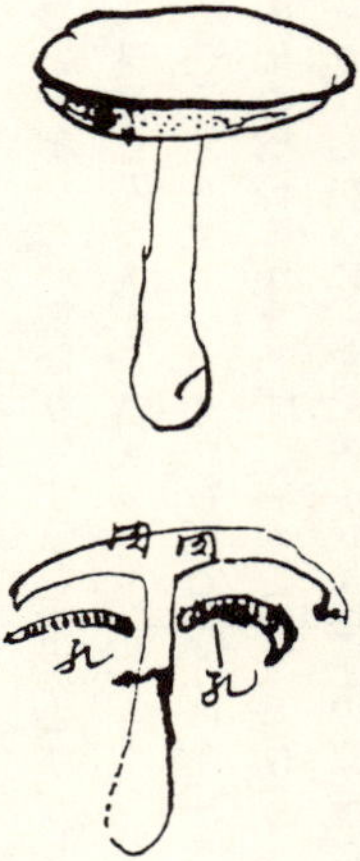

第４図

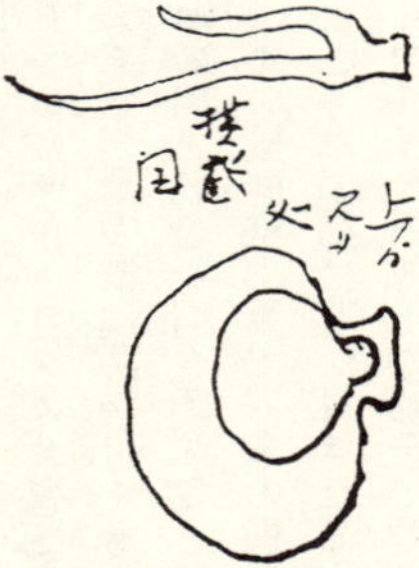

第５図

れはサルノコシカケ属のものに相違なしと判定して、もとクックが定めたサルノコシカケ属に返したのはよいが、そのついでに十分メーレル博士の定義を察せず、その標本をも見ずに、*Henningsia* 属はサルノコシカケ属の一種に過ぎずと断定して、この属名を取り消してしまえり。

さて、小生大正十一年夏日光に遊びし時、同行の六鵜保氏（三井物産会社員）が日光より上州沼田に下る無人の境にて、枯れたるモミの幹より、また傘が二つ重なり生ぜる菌を一個獲たり。ちょうど二ツ巴《ともえ》◆3の紋のごとく、二つ傘の両端が交互渦《うず》のごとくまいて重なりおるなり（第6図）。小生これを見ると、肉質らしきことは少なく、もっぱら革質のものなりしが、二つ重なれることが相似ておるから、二年前すでにプレサドラ師父（イタリア人）が *Henningsia* なる属名を解消せるを聞き知らざりしこととて、勇んでこれをこの属の第三種と見立て、*Henningsia tomoe*《トモエ（巴ノ紋）》 Minakata et Rokuu《南方および六鵜》 と命名せり。しかるに、今月二

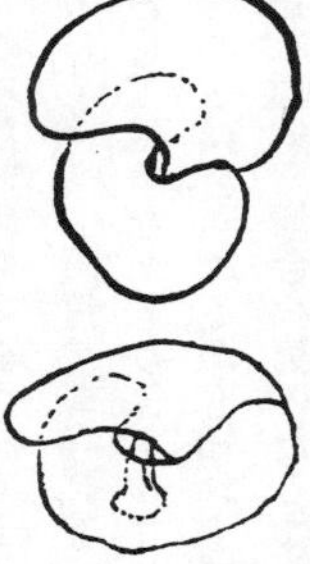

第6図

日貴下みずから持ち来られし奇菌をみると、どうもこれこそ真正の第二の *Henningsia* にて、メーレル博士の定義に違わず、傘が肉質にて、その翌々日田上氏も触れて知れるごとく、サルノコシカケ属に比べてすこぶる柔らかく弾力ありながら、強く指でつくとへこむ。茎が横に付き様も丸でこの属の原種に異ならず。（いわゆる第二の種と小生の第三の種は茎が横につけりとはいい難し。）故に、その貴集品より推して *Henningsia* 属は決して取り消すべきほど不確実なものにあらずと分かり、目下たしかな *Henningsia* 属の菌は、メーレル博士の原種一種と、たぶん今回の貴集品一種と、合して二種の外になしと察し候。

ただし、メーレル博士の原種の図を見るに、傘のうらの孔はすこぶる細小なようなり。しかるに貴集品は孔がことのほか大きく、かつメーレル博士の品と異なることは、孔と孔との間の隔壁が多少かくのごとく

孔のグルリに鋸歯を具え、また孔の内側に多少毛または刺《はり》を具えありしと覚え候。またメーレル博士の本種は胞子ほとんど球形で平滑無色なる由。しかるに貴集品は褐色で球形ながら多少刺ありしと覚え候。なお実物を精査せば違うた点が若干あるべし。果たして違うた点が二、三に止まらず、多くある場合には、これをヘンニングシアと区別し、貴下の苗字により *Kitajimana*《キタジマナ》 という

新属を立て、この新種に *Kitajimana notabilis*《ノタビリス》（著名なる）Minakata なる学名を付けんと存じおりたり。

この品いろいろと珍しき点多きが、第一、イクチ類の傘のうらの孔にこの菌の孔ほど広大なるものはなく候。

メーレル博士がヘンニングシア属を立てし時の定義に傘が二つ重なり生ずることを言いしは、入らぬことをいいしものと思う。猫に八つ乳あれども必ずしも出産ごとに子を八疋うまぬごとく、傘二つ重なり生ずるものも、時には傘一つですますこともあるなり。（現に博士は多くは傘二つ重なり生ずといえり。）定義にはただ傘が肉質で胞子を付くる孔の管と傘の肉が離れ易き由を述ぶれば、それで十分なりしなり。しかるに傘二つ重なりて生ずることを第一番に述べしゆえ、傘二つ重なりて生えさえすれば、この属なるよう心得て、サルノコシカケ属で傘二つ重なり生ずるものをもこの属の一種として追加するもの出で来たり、さてその品をみると、孔と管と傘の肉と連なりて容易に離れぬゆえ、後に追加せしもののみならず、メーレル博士がこの属を立てし原種をも実物を見ずに取り消すに及びしなり。ちょうど今度の戦争に誰も何も問い来たらざるに此方より戦区の不廓張を宣言せしごとし。戦争など危うきものなれば、都合上敵の後ろを撃つこともあれば、時と場合によりどこへ兵を向けるかも知れず。それを誰も問い来たらざるうちに、此方より不廓張を宣言せるゆえ、都合次第でたちまち初めの宣言とちがう虚言を吐いたと批難さるるなり。

さて右の新菌は貴下御持ち来たり下されてより八日まではいろいろと注意して保存せしが、第九日目に、小生今春よりあまり久しく座《すわ》り通して写生するゆえ、背の肉がかたまりて亀の甲を被《き》たように堅くなり、起居はなはだ不自由になる。よって田野氏を招き二回整骨術を施しもらい、施術後直ちに臥すこと二回に及べり。それがため第九日目に右の新菌を検査せずに寝たり。さて第十日めに早く起きてかの菌をみしに、夜の間に蛆がわき、全体わき溶け、少しも旧形を留めず。一夕注意を怠りしために、まるで半流動体、醬油のモロミという風になり了りありし。

わずか一夕の怠りにてせっかく絶代の奇品をまるで失いしこと遺憾の極みなり。写生と略記載は留めあるも、いろいろと委細の点を書き留めぬうちに溶け去りしは遺憾の至りなり。今後何十年してまたこの品に逢うべきか。おそらくは小生一生にもはや再見の期なからんか。ただしかかる物はいわゆる廻《まわ》り年《どし》のあるものにて、今年稲成の林がその廻り年にあうた物かも知れず。貴下は小生とかわり自転車得意なれば、何とぞ今一度かの処に往き、この程かの品のありたる付近を御精査の上、一個でもあったら御持ち返り下されたく願い上げ奉り候。大抵二週間ごとに品種は多くかわってしまうものゆえ、なるべく近日今一度御しらべに往き下されたく願い上げ奉り候。これと前文申し上げ候高等女学校庭のコウライ芝の物も願い上げ置き候。

一昨日差し上げたるマッシュルームの罐詰は希有の物にて、今日日本では多く生品を西洋料理に使う。しかるに横浜へは外国船多く出入するゆえ、横浜で最良品を作り、罐詰にして遠洋を航する船へつみ込み、日本人にはあまり売らず。それをツテを求めて手に入れたるなり。これは開くとすぐ御食用下されたく候。少しでも罐より出して置くと宜しからず。これを調理するには牛乳や葡萄酒を用いるが、それでは日本人の口に合わず。一番手軽きは鰺かウルメイワシの肉をたたき、団子のごとく丸く集め、豆腐と葱を入れ、醤油にてすまし汁となし、その内へマッシュルームを入れ煮て食うのが一番日本人の口に叶い候。なかなかうまきもの、かつ滋養分多く、大いに強壮の効あり。ただしあまり多く食うと、のぼせるものゆえ、大抵配るべき人数を計算して、右のすまし汁を作り、出来上がると早速人数だけに分かち、御家内と近処の御知人に分配されたく候。暑気ははなはだしき折柄ゆえ、万一変質しおらば面白からぬゆえ、罐を開くとさっそく一、二個口に入れ試み、果たして腐り気《け》なくば、右様に調製下されたく、もし異様の臭味が少しもあらば捨て去るべし。しかして忘れてならぬことは、罐の中にある汁はこの菌の精分をもっとも多く煮出したるものなれば、必ずその汁を棄てずにことごとく鍋の中へ入れて、煮られたく候。申さば、菌は煮《に》滓《かす》にて汁が肝心の主たる養分に候。

　小生昨日来眠らず写生をつづけ、疲労ははなはだしきゆえ、これだけ申し上げ置き候。本文に長々申し上げたるわけゆえ、かの二種の菌は何とぞ宜しく御再採願い上げ奉り候。

早々敬具

（平凡社版『南方熊楠全集』第九巻594～603頁）

《語注》

◆1　**醬油**（しょうゆ）――醬油は行商された。それ故、富山の薬売り（配置売薬）と同じく、この行商の者の手によって、各地方の物語が伝播された。「物臭太郎」の話などもこの行商の者が関与していると思われる。「昔寝太郎といふ男は、明けても暮れても寝てばかり居て、三年にたつた一度しか目を醒まさなかつた。或時起きて見たら年の暮であつた。母が正月のお醬油を買つて來いと言つて、金を持たせて町へ使に遣ると、醬油は買はずに其金で野鳩を一羽と鈴を一つ買つて歸つた」（柳田國男『鄕の寝太郎』）。この寝太郎は、八幡神の化身かも知れない。醬油の発明は山の民のものである。「醬油は十津川が一つの発祥の地ではないかと思う。千葉の醬油は、十津川の人が移住して発展させた。田辺のものもそうである」（岡見正雄）。

◆2　**亀**（の甲）――「古エジプト人は亀を怖れて神物とせり。亀神アーペッシュは闇黒《ダークネス》の諸力、および夜叉邪力 evil の神なり。'Book of the Dead'（死人経）には、これを日神ラーの敵とし、「ラー生き、亀死す」という呪言あり、云々」（『柳田國男宛書簡』明治四十四年九月　全集八巻所収）。熊楠はこの一文をウォーリス・バッジの『エジプトの神々　巻二』（一九〇四）から引いている。熊楠は「Book of the Dead」も読んでいた（本コレクション二巻『西暦九世紀の支那書に載せたるシンダレラ物語』）。彼がこの本のタイトルを『死者の書』ではなく「死人経」と訳しているところが面白い。ところでなぜ亀は太陽神《ラー》の敵となったのか。太陽神の最大の敵は「蛇」であった。だからラーはある時、猫の姿をとり、庖丁《ナイフ》様のもので、蛇の首を切る。蛇は闇の魔神とみられていた。亀はおそらく、その「甲」の割れ目によってエジプトでは邪悪なものとされたのであろう。その文様が悪魔の〝目〟とみられたのではないか。

亀は日本では、神仙境の動物であり、善人を竜宮に案内して、富をもたらすものであった。ところが沖縄に次のような伝説がある。「此人（善縄大屋子）或日我謝の海邊に出でて魚捕る柵《かき》を見廻る時、一つの龜を見付けた。そこに一人の女性現れ來つて、龜を大屋子の背に負はせ、家に持ち還らしめたところ龜途中に於て大屋子の首に嚙み付き、其傷に由つて大屋子は死んだ」（柳田國男『阿遲摩佐の島』）。この大屋子を祀った場所が、神々の坐す〝御獄〟になったという。亀の甲の文様は、亀が高い所から落ちて、それで甲割れて、あのヒビになったのだという。熊楠は亀の生態を研究し、その性癖に、〝漁夫の利〟的なものがあるように記している。但し、それは利発故のことではなく、偶然の産物であるらしい。亀はやはり愚鈍なものの象徴として捉えられている（『千疋狼』参照　全集四巻所収）。

◆3　**巴の紋**（ともえのもん）——怨霊のシルシである。また「巴御前」という「巴」を名に負う女性は、室町ことばでは「強力女」と同義となる。「強力女」の物語は御伽草子として室町時代、貴賤を問わず愛されたという（岡見正雄）。特に後崇光院はこの物語がお気に入りであった（『看聞御記』）。巴の形は瓢単である。よって水神のシンボルともされた。「かくして瓢が靈を封じ、又は運搬するに恰當のものとなると、進んでは死靈を安置するものとなり、中くびれに二つの甕をつなぎ合せて葬る甕棺・陶棺の如き様式の發見も、たま〳〵技術が全身大の甕を造るまでに至つてゐなかつた、と云ふだけではあるまいと思はれる」（高崎正秀『棒と瓢の考古学』）。高崎はあの前方後円墳が、瓢箪、即ち巴の形状と類似していることを指摘し、その霊性を強調する。また柳田國男は、巴紋が漂泊の民の紋であること——一つにそれは猿女より出た語り部集団・小野氏と関係深きこと、一つには近世の「猿屋」の紋であったこと（その祖・小山氏は猿屋の技を小野氏より引き継いでいる）——と述べている（『神を助けた話』）。

牛肉蕈　山人外伝資料[◆1]

植物性食物中に、久米氏は大必要の物を逸しおる〔『郷土研究』[◆2]一巻六号、久米長目「山人外伝資料」〕。それは菌類で、菌《きのこ》には大毒物もあると同時に食うて益あるものも多い。一八五七年板、バークレイの『隠花植物学入門《イントロダクシヨン・ツウ・クリプトガミク・ボタニー》』三六八頁に、ドイツと露国の村民、大抵の菌類を何の差別もなく酢に漬《ひた》したのち食うて中毒せぬ、アルカリ性の毒分が醋酸で中和されて無害となるんだ、という。また米国の菌類採集大家カーチスは、肉類の代りに菌を専食して、何年間とか籠城しうると見込みを述べた由、クックの『菌篇』に載せあったと記憶す。他の植物と懸絶して、菌類は多く窒素分を含むこと肉に同じ。『倭姫命世紀』伊勢神宮忌詞に宍《しし》を菌《くさびら》と称うとあるは、化学分析など知らぬ世ながらうまく言ったものだ。古来肉を忌んだ山僧が種々の菌《きのこ》を食ったことは、『今昔物語』[◆3]等に出で、支那の道士仙人が、種々芝《し》[◆4]と名づけて、菌や菌に似た物を珍重服餌した由は『抱朴子』等で知れる。紀州の柯樹《しい》林に多く生ずる牛肉蕈は、学名フィスチュリナ・ヘパチカで、形色芳味まるで上等の牛肉だから、予はしばしばこれを食う。

山人の動物食も、鳥獣魚介に限らず、今日の市邑に住む人々の思いもつかぬ物をも多く食ったに相違ない。支那のは知らぬが、本邦の山男が食う◆5蟹は、紀州で姫蟹という物だろう。全身漆赭褐色、光沢あり、行歩緩漫で、至って捕えやすい。山中の狸などもっぱらこれを食う。甲斐で石蟹と呼んで、今も蒲鉾《かまぼこ》にし客に食わす処ある由聞いた。赤蛙は、今も紀州などで疳《かん》薬とて小児に食わす。国樔人《くずびと》が蝦蟇《がま》を食うたと『日本紀』に見え、また諏訪◆6明神に供えた由、『郷土研究』一巻三号一六三頁〔「郷土研究第一巻第三号を読む」〕に引いた。蝸牛《かたつむり》や天牛《かみきりむし》、その他多くの虫の仔虫《ラールヴァ》も疳薬など称え、小児に食わすのは、ずっと前に虫類を常食とした遺風だろう。現に予の宅の下女は、木を割って天牛《かみきりむし》の仔虫を見出だすごとに、必ず食い、旨いと言う。カリフォルニアの某民族は、以前蚯蚓《みみず》を常食とし（一昨年ごろの『ネーチュール』で読んだ）、ハムボルトはヴェネジュラ国で、チャイマ族の小児が、みずから十八インチ長き蜈蚣《むかで》を土から引き出して食うを見たという（ボーン文庫本『回帰線内墨洲紀行』三巻一五七頁）。白蟻《はあり》や蜂の子は美味なるゆえ、本邦にも食う人今もあり。『荀子』に、「耀蟬《ようせん》は、務めてその火を明るくし、その樹を振《うご》かす。もし火明らかならざれば、振かすといえども益なし」。今年旱魃《かんばつ》で蟬の羽化を催《はや》め、予のこの室などに、燈火を望んで蟬飛び入ること夥《おお》し。耀蟬とは火光で蟬を招集することと分かったが、何のために夜分蟬を採ったか分からなんだところ、十五年ばかり前、ケムブリジ大学から、シャムと支那の国境へ学術調査に往って還った人に聞いたは、かの地では樹下に燎《かがりび》を焚き、人々集まりて手を扣《たた》くと、蝉が多く来るを捕え食料とする、と。これで荀子が住んだ南支那でも、当時蝉を食料のため採ったと分かった。だから、日本の山人はむろん蝉などをも食っただろう。

以上の諸例、山男よりはずっと満足な諸民すら、ずいぶん変な物を食うを見て、むかし本邦に密林多く、市邑人が入り込むこと稀だった時代に、半人半獣の山男、山婆の食料は、十分豊饒だったと知るべし。ついでに述ぶ。『酉陽雑俎続集』一〇に、「李衛公、一夕、甘子園に客を会す。盤中に猴栗あり、味なし」。『郷土研究』一巻六号三五二頁〔前出久米論文〕に出た天狗の栗と似ておる。

五、六年前の『大阪毎日』紙に、大台原山の狼は時々海に赴き游《およ》ぐ、とあった。田辺近い朝来《あっそ》村大字岩崎の古伝説に、狼や野猪《いのしし》は、年に一度大晦日の夜、はるばる海浜に出て来て潮に浴す、と言う。かつて『ネーチュール』で、米国の広原の獅牛《バイソン》は時々塩泉を訪ねて来数百マイルを走る、とあるを見た。シベリアで平素人嫌いする馴鹿《となかい》も、人の小便を舐《な》めたさに人近く馳せ来る、全く尿中の塩を望むなり、という（アドルフ・エルマン『世界周遊記《ライセ・ウム・ジエ・エルデ》』一八三三年ベルリン板、一巻六九七頁）。インドのトダ人は古来塩を食わず。しかるに、畜養する水牛に年に五度塩水を飲ませ、乳多く生ずと信じ、これを[7]飲ますに日を撰び式を行なう（リヴァース『ゼ・トダス』一九〇六年板、一七五および七二二頁）。かく塩を必要とする哺乳動物多きと同時に、猴《さる》、蝙蝠《こうもり》など塩を好むことを予いまだ聞かず。食塩必ずしも人に不可欠にあらざるにや。『和漢三才図会』巻一〇五に、「按ずるに、僧あり、永《ひたぶる》に五穀および塩を断って、しかも無病長寿なり、云々」。安南のトラオ人は塩なく、竹の灰もて代用して飯に味つく（サイゴン刊行『仏領交趾《こうし》支那旅行遊覧誌』一八八一年一月号、三〇頁）。かつてインドで、生まれてただちに狼に養われ、成育した男児を捕えしに、全身短毛密生したるが、塩食うに随い脱《ぬ》けおわりぬ（一八八〇年板、ボール『印度の藪生活《ジャングル・ライフ・イン・インジア》』四六四頁）。

『大英類典』一一板二四巻九〇頁にいわく、「最初食塩全く手に入らなんだ人間は、世界諸部にきっと多かったろう。たとえば『オデッセイ』の詩篇に、内地（エピルスの？）人全く食塩を知らぬ者を載せた。アメリカやアジアのある部に、欧人が初めて輸入した時まで、塩なかった民がある。今も中央アフリカには、富人のみ塩を用うる所若干あり。すべてもっぱら乳を飲み、肉を生《なま》もしくは炙り食えば塩分を失わぬから、別に食塩を加うるを要せず。むかしのヌミジアの遊牧民や、今日ハドラムトのベドウィン人が、いつも塩なしに食事して生きおるはこの訳ゆえなり。これに反し、穀食、菜食また煮た肉を食うには塩が必須と来る」とあって、それより含塩植物（わが国の藻塩草ごとき）の灰などより食塩を採ったことを述べ、古え塩を神賜と貴び、これを争うて戦闘したことに及び、宗教上塩に種々の霊験を付したことから、商売路の最も早く開けたのは塩を運ぶ路だったろう、と論じおる。

現代においては、エクワドル国の東部では、キリスト教に化せる土人のみ塩を用い、他はこれを知らず（英訳、ラッシェル『人類史』一八九七年板、二巻七五頁）。

上に引いたハムボルトの『紀行』二巻三六五頁に、種々の植物から不純の食塩を採る法を載せ、オリノコ流域の土人が、チヴィとて、塩酸カリ、塩酸ソーダ、水酸化石灰、その他諸土類塩の混じたる物を、水に溶かし葉で漉《こ》し食物に溶かし掛けて食う、とある。思うにわが国の山人も、かかる混淆物の天産ある地にはこれを用いたるべく、また塩麩子《ふしのきのみ》が被《かぶ》れる塩味の霜粉などを用いただろうが、もっぱら動物を生食した輩には全く塩を用いなんだのもあっただろう。橘南谿『西遊記』三に、薩州の山童、寺へ食物盗みに来たれど塩気ある物をはなはだ嫌う、と出づ。（大正十五年九月増補）ボムパスの『サンタル・ペルガナス俚譚』三〇九頁に、冥途より人の子の命をとりにきた使いが、その母に塩のついた飯を食わされて、偽りを言いえず事実を吐く譚あり。往古野生の人塩を好まぬものありしを、後世冥界の住民と信ずるに及んだのだ。）明治四三年二月の『東京人類学会雑誌』に、出口雄三君が、台湾で食塩攻めにされて太く困《いた》り、生薑《しょうが》を代用した民と、食塩を一向用いぬ民とを対照して、食塩を一旦使用する習慣がつけば、中止することきわめて困難なれど、初めより用いざれば人類の生存に必ずしも差し支えない、と断ぜられたるは名論と惟わる。

一八六四年板、フォン・ハーン◆8の『グリエヒッシェ・ウント・アルバニッシュ・マーヘン』等に、食塩もて鬼魅を駆除する例が多い。これは鉄もて鬼魅を却《しりぞ》くると等しく、食塩を嫌うて食わなんだ山人輩を鬼魅と見なしたからのことであろう。また一九〇九年一月七日の『ネーチュール』二五九頁に、南カリフォルニアのチュンギチニッシュ宗で、若い男女の入門式の踊りが済むと、宗規を僧より教授さる。その二、三週間塩と肉を断つ、とある。上に述べた通り、肉を生食炙食すれば、塩を食わずとも立ち往ける理を、何となく会得して両《ふたつ》ながら断つなるべし。

（大正三年二月『郷土研究』一巻一二号）

（平凡社版『南方熊楠全集』第二巻529〜533頁）

《語注》

◆1　**山人外伝資料**（さんじんがいでんしりょう）――『山人外傳資料』のタイトルはまず柳田が使った（大正二年三月「郷土研究」一巻一号）。それを受けて熊楠もこのタイトルを使う（大正三年二月「郷土研究」一巻十二号）。柳田は大正六年二月までこのタイトルを使用、「郷土研究」四巻一号まで書き続ける。この『山人外傳資料』というタイトルは柳田にあって『遠野物語』（明治四十三年六月）と対極にある名のように思える。『山人外傳資料』は恰も一般名称のようである。しかし『遠野物語』の方は彼の地の〝ものがたり〟として、タイトル自体がもう既に物語を語り始めている。そして『山人外傳資料』の作者は、雑誌発表時、「久米長目」である。これは書き手が少ないことによる柳田の仮名とされるが、この仮名は気になる。柳田はこの「郷土研究」でもう一つ仮名を持つ。「川村杳樹」。「巫女考《ふぢよかう》」を書いている。もちろん、久米の名も川村の名も柳田の仮名とみな知っていたものと思われるが、大正二年十二月の『石巻氏の山男考』でも、「久米長目」は、「久米長目の山人外傳資料」と第三人称で語られる（『「郷土研究」小篇』所収）。また「川村杳樹」についても「川村杳樹は梓巫《あずさふ》の漂泊生活に由つて、その持つ箱の性質を説明せんとしたが」とやはり第三人称で語られる（「木思石語」『「うつぼ」と水の神』大正十一年八月）。ところが『妹の力』の自註で、柳田は「以前川村杳樹の名を以て発表した巫女考という論文の中に」と、川村杳樹が自身の仮名であることを記している（昭和二年一月『民族』）。大正二年三月から昭和二年一月までの間に柳田自身が秘せねばならなかった名、「久米長目」と「川村杳樹」とは、柳田の「山人」への関わりと何か深く関係しているように思われる。

◆2『郷土研究』（きょうどけんきゅう）――「郷土研究」は、「人間生活《にんげんせいくわつ》の地盤《ちばん》は土地《とち》である、土地を離《はな》れては國家《こくか》も無《な》ければ、社會《しやくわい》も無い」（高木敏雄「郷土研究の本領」）という言葉で始まり、「終に臨んで永い四年間の讀者に、別離の情の堪へ難きもののあることを告白する」（柳田國男『「郷土研究」の休刊』大正六年三月　四巻十二号）という言葉で終わる。

熊楠と柳田は〝手紙〟という甚だ呪的な媒介を通して出会う。「郷土研究」という〝場〟は、熊楠と柳田の、もう一つの出会いの場であった。それは、この異人たちが出会う「鬼市《きし》」のような〝知〟の交易の場であった。熊楠と柳田は、明治四十四年三月十九日にまず出会っている。柳田から熊楠に、その日、一通の手紙が送られた。契機《きつかけ》は熊楠の『山神オコゼ魚を好むということ』（「東京人類学会雑誌」明治四十四年二月　二六巻二九九号）に柳田が頗《すこぶ》る感銘してのこと。柳田は明治四十三年十月、『山人とヲコゼ』（壹）という論文を「学生文芸」に発表。〝オコゼ〟に興味を持ち、白井光太郎にも、質問をしている（この質問は『山神とヲコゼ』本文中にあい。明治四十三年七月三十日付返信全文掲載）。そして熊楠の論文を読んで、「ヲコゼ問題は愈〻《いよいよ》南方氏の手に由つて研究せられ始めたれば、明瞭なる結論を見るも遠きに非ざるべし」と『山神とヲコゼ』（貳）を書き進める（「人類学雑誌」二七巻一号／明治四十四年）。

以後二人の「長い長い手紙」による交流が続く。そして柳田國男と熊楠の訣《わか》れ。なぜ、二人は訣れるのか。熊楠と柳田の訣れは、その学問の方法に因《よ》る。熊楠は産生《うぶすな》の地を愛した。その愛情が彼を歩かせる。ところが柳田はもう歩かない。反対に柳田は〝故郷〟を捨てる。柳田は神の啓示を受けた人であった（『故郷七十年』）。なのに彼はもう〝神〟の言葉を聞かない、いや聞けない。彼は物語の語り手になった。熊楠は物語の登場人物となった。「小生は柳田君が毎々せしごとくに小生の文を編者が自分に分からねばとて、また自分が好まねばとて、手柔らかく書きかえることを好まず。如何《いかが》わしき処は〇〇または『この下幾字刪《けず》る』ですまさんことを望む。小生のかきしことは一字一句みなその意義あることにて、むやみに世間を憚り、改竄されては大いに小生の性格を損じ申すべく候。故に改竄は一切なしとして、怪しきことや、いかがわしき処は改竄和解などせずに〇〇、または、この下幾字刪るですまされたきこと」（『中山太郎宛書簡』大正十五年一月三十日夜七時　全集別巻一所収）。熊楠と柳田は訣れる運命にあった。しかし柳田のあの文章、三島が評するところの「ここには幾多の怖ろしい話が語られている。これ以上はないほど簡潔に、真実の刃物が無造作に抜き身で置かれている」『遠野物語』の柳田は、ほんとうに消えてしまったのか。柳田が山人の不幸を語る時に見せる、いささか折口信夫めいた〝好奇〟の目は、実は柳田自身に向けられている。柳田は〝真実〟というものの怖ろしさを知ってしまった。けれど、語り手に堕《だ》しながらも、彼はいつもチラリと物語の中に自分を登場させている。畏《おそ》れを確認するために。

熊楠には現実の不幸が目の前にデンと在った。もう彼は怖れることはない。熊楠の神にも等しき〃不幸〃——それは熊弥の存在である。大正十四年（一九二五）三月十五日の熊弥の発病以降、彼はもう物語の中にだけ生きることに決めたのである。この日熊楠は弁慶となる。御曹司《おんぞうし》を守る弁慶となる。御曹司即ち義経即ち牛若丸は熊弥である。そして、中辺路《なかへち》の「王子」たちなのである。大正十四年の熊弥の発病と大正十五年の柳田との訣れは、熊楠が、物語の人となるための哀しい一年であった。しかしそれ故に熊楠は、はっきりと神の声を聞き、あまつさえ神の御姿を見たのだ。柳田が見ようとして見えなくなってゆく神を、熊楠は鮮明に見たのだ。だから彼は神の坐《いま》す森を守らねばならなかった。「祖国山川森林の荒廃」（『南方二書』第一書簡、『山岳』六年三号発表時の改題名／明治四十四年十一月）を嘆き、弁慶の如く、主のために戦わねばならなかった。

それにしても、柳田の畏れとは——冥界の入口で立ち尽くす柳田は〃境〃を超えることを怖れた。超えてしまえば、あの啓示を受けた日に感じた怖れが現実のものになってしまう。柳田は常人でいなければならなかった。狂気の世界の住人になることを拒まねばならなかった。柳田は「仏にあえば仏を殺し　祖にあえば祖を殺し」（『臨済録』）という、自分にとって最も価値あるものを殺せ、という世界を畏れたのである。そこに柳田の悲劇がある。

◆3　『今昔物語』（こんじゃくものがたり）——巻第十二「信誓阿闍梨、依経力活父母語《キヤウノリキニヨリテブモヲヨミガヘラシメタルコト》」第三十七に「茸《くさびら》」が出て来る。信誓阿闍梨という僧、天台・真言の修行を積み、その結果、ひたすら「後世」での成仏を願うようになった。現世には未練はない。これ以上、生き長らえていると、きっと罪を作ってしまうに違いない。そう思って阿闍梨は死のうと決意し、まずトリカブトの根から採る毒薬「附子《ブシ》」を食べたが、死ねなかった。次に「和多利《ワタリ》」という茸（菌）が猛毒であると聞いて早速に山へ分け入り、採って食したが、それでも死ねなかった。これは「法華経」の力によって、阿闍利が生かされているためであった。熊楠は『今昔物語』に強い関心を示す。この信誓阿闍梨の法華経による奇跡の話は『大日本国法華経験記』巻下八七にまず、記《しる》される。

◆4 **芝**（し）――『抱朴子』巻十一「仙薬」に、「諸芝は石芝・木芝・草芝・肉芝・菌芝の五芝に大別され、それぞれに百余種がある」とある。そしてこれを採取する法が一風変わっている。まず「特定の日」を選ぶ。次に祭をし、「禹《う》歩」という特別な歩き方をする。この際、息を止める。そして「開山却害符」という護符をそれに乗せる。こうすると、それは消えずに採取することが出来る。なぜこのような複雑な手続きを取らなければ、それを採取することが出来ないのか。このような特別な採取の方法を用いなければならない植物に「マンドラゴラ」がある。マンドラゴラを採取しようとするなら、一匹の犬の手を借りねばならない。その時は夜であってはいけない。日射しの明るい時に、象牙のシャベルでマンドラゴラの周りを掘る。決して手を触れてはいけない。手を触れぬようにしながら、上半身（マンドラゴラは人間の形をしている）を現わし、根を残して土に埋まっているマンドラゴラに綱を懸《か》け、その綱の先を一匹の犬に結び付ける。犬はその時空腹でなければならない。そうして、犬の目の前、ほんの少しで届きそうな場所に肉を置く。そうすると空腹の犬は、肉に飛び付き、その力でマンドラゴラを地中より引っ張り出すのである。何という〝具体的〟採取法であろう。マンドラゴラも万病に利く仙薬である。「山の中で七、八寸の小人を見ることがある。これも肉芝で、とらえて服用すれば仙人になれる」、「仙薬」中の「肉芝」の記述である。さらに、「菌芝」について、「菌芝は深山、大木の下などに生えておる。下等なので千年、中等ので数千年の寿命が得られる」とある。「何かに似ている」というのが重要である。熊楠は、菌を何かに「見立て」る（それは愛情の表現である。彼が、本野卓弥という童子を〝ゴトヒキ小僧〟などと綽名《あだな》するのも同様である）。

パラケルススは言った、「神は、創造したすべての植物にその用途を示すしるしをつけた」と。ハート型の葉を持つ植物は心臓病に効く、肝臓のように斑点のある葉を持つ植物は肝臓病に効く。だからゼニゴケ類は 'liverwort' の名を持ち、肝臓病に効くこと示すのである。植物と人間（動物）は神の意志の中で、双児のように似ているのである。但し、その相似を発見出来る者は選ばれた者のみである。仙境に住む仙人の能力を身に付けた者である。

◆5　蟹（かに）――蟹はかよわいものであった。昔話の「猿蟹合戦」では、蟹は猿にいじめられて泣いている。しかし強い蟹もいる。京都・山城町大字綺田《かばた》にある『蟹満寺縁起《かにまんじえんぎ》』が伝える蟹は、娘に懸想《けそう》し、婿《むこ》になろうとする蛇と戦う。「蟹の恩返し」である。この寺の近くを天神川が流れる。蟹は川の精であった。この話は『今昔物語』、『元亨釈書』、『古今著聞集』に載る。この物語では、三つの、水と関わり深い異類が出て来る。蟹、蝦蟆、蛇。そして興味深いのは、娘が村人に捕えられている蟹を乾魚《ほしうお》と交換にもらい受け、娘の父は田で蛇に呑《の》み込まれている蝦蟆を助け、その代わりに娘を嫁にやろうというところである。娘は蟹を助け、蝦蟆を助ける。「山城蟹満寺の蟹に助けられて大蛇の難を遁れた少女なども、平生食物を蟹に施してゐたことになつてゐる」（柳田國男『お竹大日』）。この食物というのは「飯粒」で、柳田は、この飯粒に呪術的な意味があったという。山の民・川の民と里人との〝交換〟の呪術がここにみえる。綺田というのは、正にそういう人々の交流が行われるような場所である。しかし蟹は卑弱であったり、また勇者であったりばかりではない。水のヒメを苦しめる蟹もいて、この蟹は、老樵が瀧壺に落とした斧によって退治される（柳田國男『蟹淵と安長姫』）。

◆6　諏訪明神（すわみょうじん）――この神の御姿は「蛇」である。修験者が祈る神は「宇賀神《うかじん》」という。「宇賀神」については次の記述がある。「宇賀夜は自蛇と譯し或は財施神と譯す元龍神也《もとりゆうじんなり》辨才天とは各別の事なれと中頃より辨天の像を作り頭に白蛇をいたゝかしめて蛇にあらず亦今青面金剛の頭に猿を作る我國の作意也本《もと》は髑髏をいたゝかしむる像也《ぞうなり》六字明王も青面にして猿のかしらを頂き三面六臂也これを取たかへたるにやと密家の僧のいへり」（『塩尻』巻四十六）。「宇賀神とて頭は老人の顔にし體に蛇體を作り蛙をおさへたるさまして神社に安置し祭る時には一器に水を盛《もり》彼像《かのぞう》を入《いれ》天の眞名井の水なんといふ文を唱えて其像《そのぞう》を浴《よく》す像或は金銅または磁器也（後略）」（『塩尻』巻四十九）。京の伏見稲荷には俵の上に蛇を置いたものを宇賀神と呼んでいるという。また熱田神宮の宝物の宇賀神も磁器で出来ているという。宇賀神信仰は、中世の流行とみえる。現在、比叡山修験・無動寺派は、表は不動明王を祀るが、その根本は宇賀神信仰にある。

「今も日本に米倉中の蛇を宇賀神など唱え、殺すことを忌む者多し」（「十二支考」『田原藤太竜宮入りの譚』全集一巻所収）。熊楠の宇賀神への関心は展がる。「宇賀。田辺の漁夫の話（略）田辺の海中にウガというものあり。（略）蛇に似て、赤白段をなして斑あり、はなはだ美なり。尾三に分かれ、中央は数珠のごとく両方は細長し。游《およ》ぐ時、美麗極まるなり。動作および首を水上にあげて游ぐこと蛇に異ならず（後略）」（『柳田國男宛書簡』明治四十四年三月　全集八巻所収）。同様の記述「続南方随筆」（『ウガという魚のこと』）に有り。そこに「蛇をウカという」（『塵添壒嚢抄』四）とある。

諏訪明神の縁起「甲賀三郎の伝説」は、蛇と化して〝再生〟する物語である。ここに神武天皇の父・「ウガヤフキアエズ」の名が見えてくる。ウガヤフキアエズは、海神の娘を母に持ち異常出産する。その産屋《うぶや》を鵜《う》の羽根で葺こうとしていたが、葺き終わらぬうちに、御子誕生となったので「ウガヤフキアエズ」の名があるというのが従来の説であったが、海神の娘・豊玉姫の出産の姿は異形であった。それは〝蛇体〟（八《や》尋《ひろ》の大鰐《おおわに》）であった。ウガヤフキアエズは、母の異形を負うている。「異形」が、天皇の系譜の始まりにある。これは日本の神話の、物語の最も大切な要素で、蛇の再生と同じ方法で、日本の天皇は「大嘗祭」という装置で再生するのである。

◆7　**塩**（しお）――「山童に行逢つたといふ話は慥《たしか》なものだけでも數十件ある。一つ〳〵の話はこゝには略しますが、凡《すべ》て皆彼等は一言をも話さぬといつて居る。共通の言語が無い以上は當然である。食物は何であるか知らぬが、やはり吉野の國巣のやうに山菓や魚や菌であらう。米の飯を非常に嬉ぶともあり餅を欲しがつたともあり鹽は好まぬともある」（柳田國男『天狗の話』）。

熊楠の〝山〟を考える時、吉野は外してはならない地である。「山中殊に漂泊の生存が最も不可能に思はれるのは火食の一點であります。（略）兎に角、孤獨なる山人には火を利用した形跡なく、しかも山中には蟲魚鳥小獸の外に草木の實と若葉と根、又は菌類などが多く、生で食つて居たといふ話は澤山に傳へられます。（略）鹽はどうするかといふ疑の如きは疑にはなりませぬ。平地の人の如く多量に消費しては居られぬが、日本では山中に鹽分を含む泉至つて多く、又食物の中にも鹽氣の不足を補ふべきものがある」（柳田國男『山人考』）。

熊楠が触れている「山人と塩」、「山人と菌」についての資料をみてみよう。「夫《そ》れ國樔は、其の爲《ひと》人《となり》、甚《はなは》だ淳朴《すなほ》なり。毎《つね》に山《やま》の菓《このみ》を取《と》りて食《くら》ふ。亦蝦蟆《またかへる》を煮《に》て上味《よきあぢはひ》とす。名《なつ》けて毛彌《もみ》と曰《い》ふ。其の土《くに》は、京《みやこ》より東南《たつみのすみ》、山を隔《へだ》て、吉野河《よしののかわ》の上《ほとり》に居《を》り。峯嶮《たけさが》しく谷深《たにふか》くして、道路《みちさ》狹く巘《さが》し。故《このゆゑ》に、京《みやこ》に遠《とほ》からずと雖《いへど》も、本《もと》より朝來《もうく》ること希《まれ》なり。然《しか》れども此《これ》より後、屢《しばしば》参赴《まうき》て、土毛《くにつもの》を獻る。其の土毛は、栗《くり》・菌《たけ》及び年魚《あゆ》の類《たぐひ》なり」（『日本書紀』応神天皇十九年冬／栗・菌は一説に「栗菌」とある）。「九州、極西南の深山に俗《ぞく》に山《やま》わろといふものあり。薩摩にても聞しに、彼国の山の寺といふ所に山わろ多しとぞ。其形《そのかたち》大なる猿のごとくにして、常に人のごとく立《たち》て歩行《(あり)》く。毛の色甚《はなはだ》黒し。此《この》寺などには毎度来りて食物を盗みくらふ。然《しか》れども塩《しほ》ケ有ものを甚《はなはだ》嫌へり。杣人《そまびと》など山深く入りて木の大きなるを切出《きりいだ》す時に、峯を越へ谷をわたらざれば出《いだ》しがたくて、出しなやめる時には、此《この》山わろに握《にぎ》り飯《めし》をあたへて頼めば、いかなる大木といへども軽〻と引かたげて、よく谷峯をこし、杣人《そまびと》のたすけとなる」（『西遊記』巻之五　山童）。また『オデュッセイアー』第二十三書に「塩を加えて味をつけた食物をいまだ知らず」(呉茂一訳)の一句がある。これは「海というものをいまだ見知らぬ男らの住む」地での話。

山人はかつて「塩」の存在を知らなかった。またそれは必要欠くべからざるものではなかった。しかし山人の遠い記憶に塩はあった。それは山人の持つ〝海〟の記憶である。彼らは、「物語」がそうであったように、かつては海の彼方から海を渡って来た。そうして〝山〟を住処《すみか》とするようになると、いつしか「山人の故郷」から海は姿を消した。「山奥に住めば住む程、大海と遠く隔たり、故郷遠い思ひがするのを、辛くも繋ぐ縁の絲は卽ち鹽であつた。海水のエッセンスなる鹽の、その眞白な色は山深く住む人々にとつては殊になつかしいものであるに違ひなかつた」(柳田國男『鹽雜談』)。塩もその白きを以て米(飯)と同様、山では特に呪的なものとなった。そしてこの呪性に「塩売り」の存在が介入する。塩もまた歩いた。塩売りが伝播したのは何であろう。「山の中で俄かに天地が暗黒に閉されたとき、鹽賣りが一つまみの鹽を路傍の石に載せたら忽ち太陽の光りが天の一角にさし始めた」(柳田『同』)。

◆8　**鬼魅**(きみ)――鬼魅は〝鬼〟即ち山人なり。山人を追うと、日本の皇祖に至る。その皇祖とは天照大神の弟宮であるスサノヲの命である。光輝く姉君は神の巫女となったが、弟君は、地上に天《あ》降《も》って、〝人〟となった。スサノヲは母を求めて号泣する。「母に会いたい、母のいる国へ行きたい」と言って泣く。父に訴える、姉に訴える。そして地団太踏《じだんだ》んで、ダダッ子のように哭《な》く。そしてついに、鬚《ヒゲ》切られ、手の爪抜かれ、足の爪抜かれ、弟《いろせのみこと》は姉《なねのみこと》の許《もと》を去らねばならなくなる。その日、雨が降っていた。その雨の中、青草の笠《かさ》と蓑《みの》をまとってスサノヲは地上へ遊行《ゆぎょう》の旅に出る。

スサノヲのダダッ子振りは、「ダイダラボウシ」を思わせる。「大太法師」――この〝巨人〟も地団太踏んで悔やしがる。二人はよく似ている。二人とも「大太子《ダダッコ》」なのである。身体は大きいが、気持はまだ赤子なのである。『日本書紀』本文、第十には、スサノヲと一緒に「蛭兒《ヒルコ》（水蛭子）」が生まれた、という記述が載る。「蛭兒を生む。已《すで》に三歳《みとせ》になるまで、脚猶《あしなほ》し立たず。故、天磐《あまのいは》櫲樟《くす》船《ぶね》に載《の》せて、風《かぜ》の順《まにま》に放《はな》ち棄《す》つ。次に素戔鳴尊《すさのをのみこと》を生みまつります」。巨人は小さ子と双児《ふたご》なのである。毎日泣いてばかりいるスサノヲも蛭子と同様、「固《まこと》に當《まさ》に遠く根國《ねのくに》に適《い》ね」と捨てられる。大太法師は、弁慶や百合若、大人《だいじん》弥五郎と同一視される。八幡神の本地物である「百合若の物語」は壱岐《いき》の巫女イチジョーが語った。百合若も兄を殺し、弟を流し、と暴れる。一名、桃太郎――とすると山童・金太郎と百合若も兄弟のような関係ではないか。「弥五郎ドン」は、ゴロウ→ゴリョウ→御霊である。弥五郎もスサノヲに似る。辛くて哀しくて御霊となった。

「小さ子」と言えば、水蛭子とともに、少彦名命《すくなびこなのみこと》が思い出され、一寸法師の呪力（小槌《づち》）と桃太郎の「富」が重なる。金太郎も「金」という富を持っている

『神皇正統記』巻の一に、「耶麻土といへる詞は山迹《やまと》といふなり。昔天地分れて泥へ湿《うるほひ》いまだ乾かず、山をのみ往来して、其跡多かりければ山迹と云ふ」とある。日本の国土は、ダダッ子が地団太踏んで造ったのだ。「日本には『神皇正統記』に、むかし天地分かれし時、地至って泥濘に人民ただ山上に住み足跡多かりれば山跡の義で国に名づけたり、という」（『柳田國男宛書簡』明治四十四年九月全集八巻所収）と熊楠も指摘し、「百合若」のことも『嬉遊笑覧《きゆうしょうらん》』巻四に依って述べている。『嬉遊笑覧』に依れば、百合若は「大臣」と呼ばれるが、それは、「大人《だいじん》」のことで、「大太」と同義である。「大太ぼっちとは百合若の事なり」。しかし同時に百合若は「若《ワカ》」、「若君」、御子である。そして「ワカ」は巫者の名でもあるから、スサノヲ→大太法師→弁慶（鬼若）→金太郎→桃太郎→一寸法師等は、みなみな尋常の〝人〟ではないということになる。弥五郎ドンの御霊は、この王子たちの哀しみを象徴する。王子たちは母を求めている。王子とその母は一対で考えねばならない。鬼は遡

れば「皇祖」である。それを最も知らしめるのが、応神天皇の伝承である。応神もまた異界の人であることは、その母・神功皇后によって証明される（本書329頁◆1「山姥」参照）。

山婆の髪の毛

佐々木繁「遠野雑記」（四）参照
（『郷土研究』一巻五号三〇六頁）

山婆《やまんば》◆1の髪の毛◆2と那智辺で呼ぶ物、予たびたび見たり。水で潤《ぬ》れた時黒く、乾けば色やや淡くなって黄褐を帯び、光沢あり、やや堅くなる。長きは七、八寸また一尺にも及ぶ。杣人などに聞くに、ずっと長いのもあり、と。予が見たるは木の枝に生え垂れ懸かれる状、女の髪のごとし。前年田辺の人より近野村の深山中で黐《とりもち》を作る輩不在中に、何者かその小屋に入り、桶の蓋を打ち破り、中の黐を食い尽し、また諸処へ粘《ひっつ》けあり。それを検せんと樹に上ると、その枝に金色の鬚《ひげ》◆3のごとく、長《たけ》八寸乃至《ないし》一尺の物散り懸かりありし、と聞く。予那智山中で始めて見し時、奇怪に思いしが、近づき取って鏡検して、たやすくそのマラスミウス属の帽菌の根様体《リゾモルフ》たるを知ったが、その後植物学会員宇井縫蔵氏が近野村で取り来たりしを貰うと、予想通りマラスミウスの傘状体《ピレウス》（俗にいう菌《きのこ》の傘）一つ生じあった。ただ一つゆえ、子細に種名を定むることはならぬが、今も保存しある。また今年初夏、田辺の自宅の竹葉積もれる裏よりも、二、三寸のものを見出だした。この種は多くあるが、通常五分ばかりで髪や鬚と見えず、今まで気がつかずにおった。

一九〇六年板、スキート、ブラグデン合著『馬来半島異教人種誌《ペーガン・レイセス・オヴ・ゼ・マレイ・ペニンシュラ》』一巻一四二頁等に、セマング人が、岩蔓（アカール）とて、尋常の靴紐よりやや細く黒く光るなめし革様の物で、腰帯を織るにすこぶる美なり。ワード教授これを鏡検すると、菌《きのこ》の根様体《リゾモルフ》だった、と出づ。茸毛《じょうもう》もて編める腰嚢《こしみの》のごとく周辺《ふち》に流蘇《ふさ》離々たるさま、一四二―三頁間の図版に明らかなり。わが邦の山人もかかる物を多少の身装《かざり》としたかもしれぬ。例の七難の揃毛《そそげ》も異様に光るというが、こんな物で編み成したのでないか。また馬尾蜂が尾を樹幹に鎖込《もみこ》んで、多く群団《かたま》りあるのも、蜂が死んで屍を亡うた上は、髪の毛のように見える。西牟婁郡富里村の山中に、大神の髪の毛と呼ぶ葉のある植物生じ、樹に懸かると聞く。何かの蔓生顕花植物らしい。安堵峰辺で、樅《もみ》に着く山婆《やまんば》の陰垢《つびくそ》と呼ぶ物を二つ採ったが、これは鼠色で膠の半凝様の菌《きのこ》で、裏に細かい針がある。トレメロドン属のものだ。予は従来この属の菌が日本に産する記録を見ず。松村〔任三〕博士の『植物名鑑』、白井〔光太郎〕博士の『日本菌類目録』にも載せおらぬが、予は右の山婆の陰垢《つびくそ》と、今一種全体純白で杉の幹につくものを那智山で見出だした。いずれも砂糖をかけると、寒天を食うように賞翫しえて、全く害を受けず。

（大正三年三月『郷土研究』二巻一号）

（平凡社版『南方熊楠全集』第二巻535～536頁）

《語注》

◆1 **山婆**（やまんば）――山姥（婆）は「産育」という呪術を行う山のヒメである。金太郎の母は山姥である。スサノヲの母はイザナミである。イザナミは黄泉の国で化物となった。黄泉の国は実は豊穣の国でもある。冥界というのは西洋においても食物（植物）を生む根源の地であった。イザナミも山姥である。彼女の異形がまずそのことを語る。そしてイザナミも異常出産によってスサノヲを生むのである（『日本書紀』本文第十／カグツチの異常出産も同義である）。「神の子を生んだ者は之を山姥《ヤマウバ》と云つた。山爺《ヤマヂイ》・山童《ヤマワロ》・山男《ヤマヲトコ》に対して、後には段だら染めの撞木を持て妖怪視されて了つたが、元は神巫として御子神《ミコガミ》の母であり、丁字形の撞木も、元山人《ヤマビト》の持つた二股杖の類が、仏具としてのそれと歩み寄つたもので、山坂の上り下りに負ひ荷を安めた息杖とも、無関係ではなかつたに違ひない」（高崎正秀『金太郎誕生縁起』）。「山中異常出産」によって神の御子は誕生するのである。しかし記紀神話のスメラミコトたちは、必ずしも〝山〟で誕生しない。神武には母の名によってやはり海中あるいは海原での、父・ウガヤフキアエズと同様の誕生譚があったのではないか。母は海神の娘・玉依姫。神武は末子（ゼウスの末子・ヘルメスは山中の洞穴で生まれている）。応神天皇も神功皇后の〝鎮懐《しずめ》石《いし》〟という異常出産譚を持つ。その誕生の地は宇美《うみ》（筑紫）という名であるが、宇美は「海」の意ではなく、宇美川上流にある山中の盆地である。宇美は〝産《う》む〟よりの転化。応神、「オオジ」はやはり〝山〟で生まれている。神武とて、祖父・山幸の系譜を考えれば、その遠い母（コノハナサクヤ）は山のヒメ、山姥である。

異常出産の王子たちは〝天皇〟となるためミソギをする。神武の「紀伊・熊野の海めぐり」、応神の「紀伊水門《みなと》に禊ぎし、日高・小竹《シノ》宮と転々とし（紀）、又一方、建内宿禰皇太子を率《ヰ》て淡海・若狭に禊ぎして（記）、然る後都入りされ」たこと、みな「異常出産」、その母との関係においてなされたと言える（高崎正秀『皇統譜の研究序説』参照）。そのミソギの地として第一に重要なのが熊野の地であった。「紀ノ国牟婁《ムロ》の国は、吉野と並んで後々まで歴代の天皇の禊ぎの為の行幸に賑はつたところ。歴史時代——持統天皇くらゐまで降っても、盛んに紀の牟婁《ムロ》の出湯にお出ましになる。禊ぎすることによつて、偉大な聖人格《スメミマ》を獲得なさらなければ、大和国を〈国生み〉する呪術王者《マジカルキング》たり得ない——さうした古代信仰の生れる基盤を、第一代神武天皇の御上にかけて語部達は説明してゐたのである」（高崎正秀『同』）。そして応神、神武のこうした呪術的王者の性格は、当然としてスサノヲにまで遡る。高崎は、イザナミの冥界入りを〈貴種流離譚〉と捉える。そして「国生み」は紀ノ国、熊野、牟婁の地の〝聖水〟によるミソギによって初めて完成する——この物語は熊野の語り手たちによって伝播された。母と御子の物語を語り伝えたのは、琵琶法師と熊野比丘尼である。前者は「弁慶の物語」を、後者は「熊野本地」を語った。この語り手たちが旅に持ち歩いた杖はただの旅具ではない。

山姥の呪棒・丁字形の撞木であり、弁慶が背に負いし七つ道具である。（本書335頁◆3「山神」参照）

◆2　髪の毛（かみのけ）――「繪姿女房の一つ以前の形として私たちが心づくのは、驚くべき長い髪の毛をもつた少女の話である。菅江眞澄の筆のまに〳〵巻四に、紀州淡島の加太神社の神主阪本左膳の傳ふる所として、次の話を錄して居る。白鳳の頃、禁中の御簾に一丈八尺ある黒髪一筋、鳥くひもち來りて引掛けたり、之をいと恠《あや》しきことと思し召すに、陰陽博士占なひて申すには、紀國に端正なる處女あり、是こそ其女の髪云々と奏しければ、やがて御使をたまはりて召されて天武天皇の御后に立ちたまふと也。其美女が出でし家は兄海士《けあま》の家なり。九泉郎《くあま》は故由ある家ながら、世につれて今は御坊となれり。其御坊の家の妻娘などは、世にいふ市子口寄縣神子の業なせりと（以上）。所謂兄海士九海士の家のことは、續風土記にも載せて居らぬが、此御社の神主の前田氏、代々女子相續で入壻を取つて居たといふ舊紀はある」（柳田國男『繪姿女房』昭和五年九月）。

天武天皇（天子）の后（花嫁）となる長い長い髪の処女《をとめ》は巫女即ち「水の女」である。この長い長い髪はなぜか伝承では必ずと言ってよいほど、その〃発見〃のために、木の枝に掛けられる。「水の女」はまた山姥である。山の水ある処（例えば川の傍、淵）で機音《はたおと》のするのは、このヒメの仕業《しわざ》である。神の花嫁は必ず機を織る。

長い髪についてはいくつかの伝承がある。柳田はそれを『繪姿女房』に、出典『塩尻』に依って載せている。「興福寺の宝物、一丈余りの光明皇后の髪」、「吉野天川弁財天の、八尺ばかりの静御前の髪」――しかしこの一文、既に熊楠が記している。しかも柳田に宛てた手紙の中で――。「『塩尻』二巻二二頁、興福寺の宝蔵に、光明后の髪なりとて、その長《たけ》一丈余の鬘《かつら》ありとぞ。また吉野泥川という所の奥に『テンノ河』とかやに弁財天の祠あり、そこに長《たけ》八尺ばかりの髪あり、こは白拍子静が髪なりと言い伝うとなん」（『柳田國男宛書簡』明治四十四年十月　全集八巻所収）。柳田もまた『塩尻』

を見ていたのかも知れないが、やはり「南方氏の報告にも」と註記すべきではなかったか。

熊楠は、この「長い髪」の話の前に山姥のことを書き、柳田は、山神の娘、岩長媛（コノハナサクヤの姉）もまた「水の女」であることを記す。どうしても柳田のこの論文は熊楠の文章と呼応しているように思える。「長い髪」の呪性はある時は、マイナスに働く。平将門は、その一丈余りある髪が目印となり、斬殺される。その長い髪は川上から流れて来た。「一体かうした秘密にすべき命のめじるしには、二種類ある（一つは神剣などのもの）。一つには体に付いてゐる者で、髪にあるといふものが最も多く、之も世界的である。垂木に髪を結びつけられるすさのをや景清に、私達はそれを窺ふことが出来る」（高崎正秀『唱導文芸の発生と巫祝の生活』）。

◆3　鬚（ひげ）――「希臘の Poseidon はぼたぼた滴の垂れる顎鬚を撫して、白馬に引かせた戦車の上に現れる。而して日本の白鬚大明神と共に、何れも鬚に特徴を云々されるのは、すべて水の波紋の表象である」（高崎正秀『金太郎誕生縁起』）。白鬚明神は水の神で人々に洪水や津波を予告し、水害から人々を救う翁であった。また近江の「白鬚明神」は猿田彦命と同一視される。芸能（遊行）の神であり、チマタ（衢）・サカイ（境）の神でもある。

鬚はスサノヲを思い出させる。「日本書紀」一書では、彼は「新羅国」に天降《あも》っている。その御伴は御子・五十猛神《いそたける》である。この神は後に「紀伊国《きのくに》に所坐《ましま》す大神《おほがみ》」となる。またある一書ではスサノヲは鬚を抜きそれを散《あか》つ。すると杉の樹となった。その杉で「浮寶《うくたから》」即ち船が作られた。それは新羅に行く船であった。しかし彼は「根の国」へと行く。「新羅」とは神の坐す「白」い国である。どちらにしても〝鬚〟は水と関わり深い。また白髪《しらが》（殊に若白髪）は神のシルシとされた。

山神の小便

これは近刊白井〔光太郎〕博士◆1の『植物妖異考』◆2にも載せてないが、熊野で往々見る。樹枝が折れて垂れ下がったり藤葛《かずら》が立枯れになったのが、一面に白色で多少光沢あり、遠く望むと造り物の小さい飛泉《たき》のようなものだ。以前はこれを山神《やまのかみ》◆3の小便と称え、その辺に山の神が住むと心得たが、今は土民もこれは一種イボタに類した虫白蠟《ちゅうはくろう》と知って、那智村大字市野《いちの》野《の》で、ある人が採って来て座敷の敷居に塗抹し、障子が快く動くと悦んでおるのを見た。

（大正三年十一月『郷土研究』二巻九号）

（平凡社版『南方熊楠全集』第二巻545～546頁）

《語注》

◆1　白井光太郎（しらいみつたろう　一八六三―一九三二）――文久三年（一八六三）六月二日、江戸に生まれるが、白井家は代々福井藩に仕えた。最後の「本草学者」。昭和七年（一九三二）五月三十日没。「明治園藝史」、『明治年間舶來の植物』に「盆栽」の記述あり。「盆栽の始めに就ては草木錦葉集に左の説あり。（略）此説による時は、盆栽は永島といふ人作り始めしが如くなれども、地錦抄（伊藤伊兵衛という植木屋の著）巻六の五丁牡丹植方の内に『瓦の鉢に植たるよし土の深さ二寸ほどかけてよしあさきはへにくし春に成折々水をそゝぐべし云云』とあり（後略）」。白井が興味を示すのは、日本人の「盆栽への愛好」である。なぜ植物を〝ハチ〟の中に入れて矮樹として、賞《めで》たのか。石台《せきだい》（木箱のハチ）、は最も古いものである（絵巻『慕帰絵』、『春日権現験記』のものは特に有名）。享保年間以降、永島某によって作られた鉢物は、磁器に植えられたものである。斑入り葉、八重咲き等、花、葉に人為を加え、奇形を愛す日本人の特性を白井は「盆栽」に見る。

　中辺路、野中と近露の辺、この盆樹を作る技の者多くあり。

◆2　『植物妖異考』（しょくぶつようこう）――「序説」で白井は、「凡《およ》ソ宇宙の間ノ事物ハ、仔細ニ考察スレバ、一トシテ奇怪ナラザルハナシ」と言う。また美醜について、「例《たと》ヘバ盆栽ノ矮樹《わいじゅ》ノ如キ、之《これ》ヲ美トスレバ美、醜トスレバ醜ナルガ如キ是《これ》ナリ」と言う。又、菌類について「植物の病患ニ、菌類ノ寄生ニヨリ発スルモノ甚多シ、舊時ハ皆之《これ》ヲ生理的ノ病患トナシ、其原因ヲ天候ノ不順、養分ノ過不足等に歸シテ怪マザリシナリ」というが、日本人が畸形植物を愛好するその源を〝伝承〟によって説く白井の試みは、開発によって、山が森が破壊されるのを嘆いてのことである。「伐レ木出レ血」の項には、いくつかの伝承を挙げた後に「予ハ明治二十七年四月、日光山中ニ於テ、柳ノ切ロヨリ血ノ如キモノ流出スルモノヲ多ク目撃シタリ」と言う。当時、日光山中の木々は弾薬製造用の木炭とするため多量に伐り出されていた。

◆3　山神（やまのかみ）――「公時の父坂田蔵人というもの、讒《ざん》にあい腹切り、その血を蔵人の妻呑み、孕中の子父の死後生まれたるが公時なり、故に全身赤し」（『柳田國男宛書簡』明治四十四年十月　全集八巻所収）。これは熊楠の母が、その奉行先の徳田正稔（本居豊穎《もとおりとよかい》の弟）の母・千万という人より聞いたもの（この人は、古い浄瑠璃物語を好んで読んだという。正稔の父は徳田諄庵。紀州侯江戸邸詰めの医師）。この公時＝金太郎の異常出生は、愛発《あらち》山での山の女神の出産（「産のあら血をこぼさせ給ひけるによりて、あら血《ち》の山と申し候へ」『義経記』巻七）を思い出させる。女神は山姥であった。いささか残酷な山の神（御子）の誕生は、本来、熊野の山中異常出産を源にしているのではないか。語り部たちが、天皇のミソギの道を歩きつつ、この血まみれの女神の話を語ったのではないか。物語の起点は熊野にある。熊楠が愛した「熊野縁起」（「熊野本地《くまのほんち》」）は、山中異常出産譚中、最も残酷さを残している。皇子（王子）は、やはり讒言《ざんげん》によって、懐妊中の母とともに山中に捨てられるのである（ここでこの皇子は「胎中天皇」である）。しかも母の最期の頼みで、皇子の出産は叶うが、母は首を刎《は》ねられる。首のない母、乳を求めて泣く赤子。母は首を失っても、我が子のために乳を出す。三年経って、皇子が乳離れをすると、母は白骨化していた。狼たちに見守られて成長する御子は、その母の骨を洞窟に隠す。貴種流離譚の中に潜む、おそらく大衆が求めた残虐を、語り手はきっと承知していて、オドロオドロしくこの物語を語るのである。但し物語はハッピーエンド。母の罪、胎中の皇子の罪は晴れて、父宮、母宮、若宮は、なぜか遠い海の向こうの国から、日本の熊野の地を目指されて、熊野三所権現となられた。

御伽草子の残酷さは、見世物という要素にのみあるのではない。霊験のシルシとして、それは必要だった。熊野比丘尼が語る、この物語（絵解き）を人々は涙、涙で聞いたのである。「熊野本地」こそ、山の民の信仰する山の神の誕生縁起なのである。この物語には、物語の物語たる要素が集約されている。それとともに、熊野神のそのご出自が、天竺《てんじく》のマカタ国となっているのは、神というものが海の彼方から寄り来て〝山〟に鎮座するものという最も原始の、神の誕生縁起を表わすものである。

岡見正雄は、この「熊野本地」を金太郎の物語、弁慶の物語とともに捉えることを示唆した。熊楠は「熊野本地」の写本を銚子市の銚子醤油株式会社（現、ヒゲタ醤油株式会社）に務める有島丈二という人の好意により入手している（写本は名古屋にあった）。熊楠は早速、校訂して出版すべく準備を始めた。岡書院「南方筆叢」に収録する予定であった。しかし熊楠の「熊野の本地」は現存しない。おそらく、横山重・太田武夫共著の『室町時代物語集』第一巻に「熊野本地」が先に収められたため、仕事を中断したのであろう。因に熊楠の御伽草子への関心は深く、「おこぜ」（「山神草紙」）を始め、「十二類合戦絵巻」を特に愛読したと思われる。また「磯崎」という女の嫉妬の凄まじきを描いた絵巻は、横山に頼まれて、翻刻する予定であった。「熊野本地」の皇子、母が夫の死際《しにぎわ》の流血を飲んで生まれた「金太郎」――この赤子たちと秀衡《ひでひら》の赤ん坊は重なる。秀衡の赤ん坊も狼に育てられる。乳は岩から滴る。この「乳岩」、今も滝尻王子の裏山・剣山に「胎内めぐり」の大岩とともに現存。また大塔村鮎川にも剣宮あり。「剣山」には、景行天皇の御子・日本武尊の伝承が残る。

熊楠は、弁慶を山の神と見た。三年三か月を母の胎内にいたというこの異常児と、三年経っても足が立たなかったという蛭児《ヒルコ》即ちスサノヲは、この熊野の山で確かに出会っている。花の窟の前に坐《いま》す神はカグツチであると同時にスサノヲである。スサノヲは、今、母とともにいる。一生、御子の御姿で山の神として熊野に坐す（「熊野本地」説明《ストーリー》は杭全本《くまたぼん》に依る）。

カウルとヒョウタケ

大正九年八月一日夜十一時
寺石正路[1]様
南方熊楠再拝

拝啓。客月十四日付御芳翰は十七日まさに拝受。しかるに当時小生例の植物研究のため土や水をさわりありき筆を執るひまなく、ようやく昨日よりひとまず中止、しかして昨夜より貴状を写し『民族と歴史』へ送り候内、県の勧業課長、学務課長が逢いに来たり、それこれにて今夜ようやく写し了り、明日出すことと致し候。かようの儀にて大いに御受書相後れ候段、万々御海容を惟《これ》祈る。

御来示の神母木（イゲ）[2]は小生初耳にて一向分からず候えども、当地方にあまり少なからざるクスドイゲと申す木有之、これは故矢田部良吉博士の『日本植物編』には九州のみに産するよう記しあるも、和歌山市中の公園や和歌浦、それからこの田辺付近の海岸の小丘また町内の生け垣の内等に、自然生え多く有之候。五六七八尺の灌木が普通なれど、神島など申す斧鉞の入らざる旧き林中には二丈余に及ぶ喬木もあり、見たるところ一向つまらぬものに御座候。小生、小生宅より一町ばかり隔たる家の竹垣中に自然生ぜるものを七月二十三日朝見出だし、小枝を折り取り乾かし置きしもの同封仕り候間、御覧下されたく候。生きたときは葉に椿のごとく少しく光沢あるも、乾けば失せ申し候。花は至って小さく緑白色にて一向見ばえなく、実も  こんな小さなものにてつまらぬものなり。何の用に立たぬものながら、刺あるゆえ盗人の禦ぎくらいにはなり申すべく候。この木何故か神社の森に多し。ことに海辺、海島の神林に多し。当地方にはこの木の名を知ったものなく候。いわんや何たる伝説はさらになく候。栗の刺をイガと申すごとく、イゲはこの木の刺による名にあらずやと察せられ候。クスドイゲは何の意と分からず候。刺多き木ゆえ、もと神社や陵墓を守るため植えたるにあらずやと存ぜられ候。当県にはイゲを名とする社一つもなし、貴下おついでの節、イゲを名とする社の境内にこの木あるかを御しらべ下されたく候。

またハシドイと申す木あり。欧州人が賞翫して公園などに植えるリラック Lilac とて、わが国の木犀などと同類で黯紫色の花芳香あるを開くものに近し。これは刺なし。このハシドイも何となくクスドイゲに似たる名と考えられ申し候。

右クスドイゲを只今普通に支那本草書の柞木に当て申し候。『本草綱目』に、「李時珍いわく、この木、処々の山中にこれあって、高きものは丈余なり。葉は小さくして細かき菌あり、光滑《つややか》にして靭《つよ》し。その木および葉の丫《つけね》にみな針刺《とげ》あり。冬を経るも凋《しぼ》まず、五月に砕《こまか》なる白き花を開くも、子《み》を結ばず（「子を結ばず」とは「実《みの》らざる」なり）。その木の心理《しん》はみな白色なり」、その木皮は黄疸を治し、また催生安産せしむ、とあり、葉は腫毒、癰疽を治す、とある。普通の『本草綱目』の図の柞木はあまりクスドイゲに似ざれど、清人呉其濬の『植物名実図考』の図ははなはだよく似おり申し候。伊藤圭介氏説に、クスドイゲまたソノイゲまたクスドノキと申す由。ソノイゲは園のぐるりに植えれば園を守るの意にて、イゲは刺のことと存じ候。『周礼』に柞氏あり、「『周頌』の伝にいわく、草を除くを芟《さん》といい、木を除くを柞という」。これはこの木に刺多くもっとも人を困らすゆえ、なるべく早く気を付けて除かざるべからず、すなわち除かるべき（柞《のぞ》かるべき）木の親玉なれば、特にこの木を柞木と言いしものか。またはこの木のごとき難物はもっとも柞くべきものゆえ、木を除くことを、この木に中《あ》てて柞と書くに及びしか、決する能わず。

この木はイイギリ科に属し、イイギリ科は両半球の熱帯地方に多く産す。二十属あり、六十種ばかりという。日本には（台湾等は知らず）在来イイギリ属と柞木属と二属あるのみ、各一種しかなし。（ただし柞木属はすべて二十五種あれど日本では一種のみ出る。）以前ハワイで癩病を治し大名を馳せた後藤昌文氏が用いた大風子と申すツバキの種子ごときもの（インド産）も、このイイギリ科のものに御座候。

楠神の件は大いに難有《ありがた》く、小生ほとんど貴状の全分を写し、『民族と歴史』へおくり置き候。これは貴地方にも届きおる雑誌と存じ候。もし貴下平生御目にふれぬものなら、右貴文出た号を差し上げ申すべく候。ただし何月に出るか分からず候。〔四巻五号「南紀特有の人名」〕

小生前日（四月）沼田頼輔氏の後詰致し候。自分の家紋たる釘貫紋のことで黒川真道氏の説を駁し、沼田氏と黒川氏の間に大紛議を生じ候。そのことはすでに御聞き及びと存じ候。この余波にて多年小生にくれおりたる『考古学雑誌』を何の理由も申し来たらずにくれぬことになりしは前方の勝手として、小生の論文出でたる号をも一冊もくれず。実にわが邦の学者など申し、東京辺で肩を張りおる人々の根性は、至ってきたなきことと顰笑罷り在り候。

小生昨夜より今に一睡せず。これより眠りたく候付き、これにて擱筆仕り候。敬具

本状一度封じ了って貴状を読むに、◆3袈裟を人名に付くることに付き御下問あり。これは断じて当県にはなきことなれど肥前に有之由、在英中伊東祐侃氏（この人は鍋島侯世嗣の付きにてロンドンにあり、ミッドルテンプルに法学を学びおりたり。大乱暴な人にて望月小太郎氏の鼻を咬んだことあり。帰朝後、伊藤博文公世話にて朝鮮で新聞出しおりしが、今は一向聞こえず候）より聞きしことあり。氏の友人に水町袈裟六とかいう人あり、この人生まれしとき、胞衣を袈裟のごとくまきて生まれ出でたり。かかるものあるごとにその

子を何袈裟また袈裟某と名づくると承り申し候。小生は一向見ぬことゆえ知らず。ただしかくのごとく胞衣を巻きて出づること西洋にもあり。その袈裟を英語で caul また sely how と申し候。小生は伊東氏よりただ袈裟のごとく巻き生まるるときしのみ、児のどこに巻くということを聞かざりしが、欧米にては必ず頭を丸で裹《つつ》むと申し候。故に、袈裟というよりも帽子《もうす》（禅僧の）と申すべきに候。あるいは日本のは実際袈裟や大礼服のサッシュのごとく肩にまき、西洋には左様のものを何ともいわず、別に時々頭を包んで生まるるがあるのかとも察せられ候。しからば caul と袈裟は別物なり。なお産科医に聞き正して申し上ぐべく候。カウルのこと左に申し上げ候。

カウルは時として児の頭を裹んで生まるる小膜にして、父母交会の際常軌に外れたることとあるより生ずるらしし。かくて生まるる児は幸運あり。俗説にはこれを買い持つ人は危禍を免るという。ローマのラムプリチウス説に、ジケズメニアヌス、実にこれを被って生まれ、ついに帝者となれり。クリソストム尊者（耶蘇教初期）もっともかかることを信ずるものを攻め、プレッスなる僧が産婆に嘱してこれを買いしことを攻撃せり。サー・トマス・ブラウンの『俗説弁惑』に、およそ胞衣は三層より成り、最外層は動静脈と臍帯を具えおり、その次の層は水（小便なり）を受く。最内層は汗を受く。さて小児が胎を出づるに臨み、最内層の一部を頭に冒って出づることあるなり。

熊楠いわく。豹蕈《ひょうたけ》など申す菌が a より開裂して c になるとき、全く外被層を脱し出

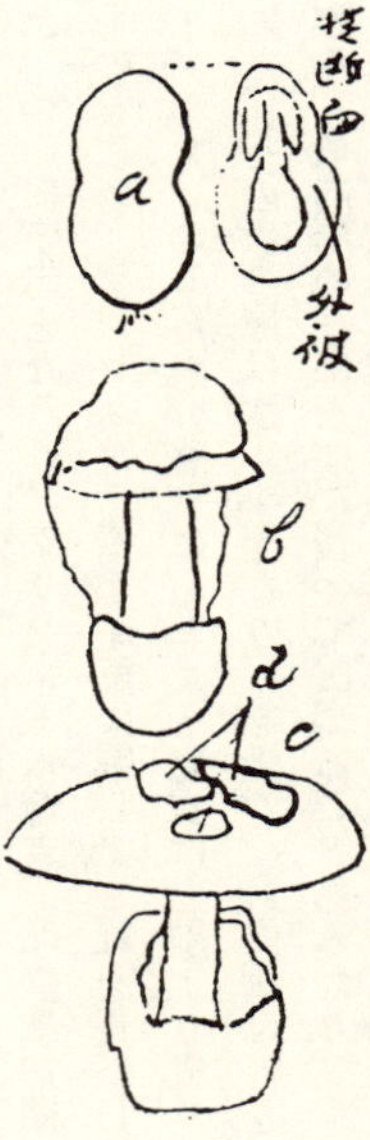

づるは稀にて、幾分かdごとく〔上図参照〕外被層多少の断片をかぶり出づるなり。ブラウンの説はこの通りの意味なり。

これ最内層被の靭性強過ぎるか、児の脱被力弱きかの致すところなり、と。レムニウス説に、この膜赤きはその児吉、黒きはその児凶を示す、と。ルジマン説に、スコットランドにては婦女これを holy or sely how (holy or fortunate cap or hood 帽子) という。これを冒って生まるる子ははなはだ幸福なり、と。グロース説に、これを買って持つもの、それを被って生まれたる人の安否を知り得。その人生きおる間は堅固に褶襞《ひだ》あれど、病みまた死するときはたちまち柔《やわ》く寛《ゆる》くなる、と。ギアネリウス説に、愚人あり、その児これを冒って生まれたるを見、これ必ずかような帽子を冒って来る法師が自分の妻を姦して孕ませたるなりと怒り、その僧を殺さんとせり、と。一説にカウルを持つもの、これを失えば幸運も失せ去り、これを拾い獲しものに移る、と。けだし、この物医薬の妙効あるのみならず、これを持たば水に溺るることなしというゆえに、時々新聞へ広告出で、船頭等争うてこれを求む、と。またこれを持たば弁舌よくなるとて、産婆◆4がこれを取り弁護師に売ることあり、云々。以上、一九〇五年ロンドン出板、Hazlitt, 'Faiths and Folklore,' 巻一より、抄訳し申し候。

よく『三世相』などに、小児が頭に蓮の葉様の胞衣を笠着けしように冒って出た図を見る。caul はこのことと存じ候。それと袈裟を纏《まと》うて出るとは、あるいは別かと存じ候。しかして只今は詳しく申し上げ兼ぬるも、仏統相続者の内に袈裟を着て生まれし尊者ありし。たしか釈迦―大迦葉―阿難―末田底迦、この末田底迦なりしと記臆致し候。これは他日詳しく調べて申し上ぐべく候。この末田底迦等が袈裟を被って胎を出でしことを非常に尊ぶより、自然に仏徒は袈裟冒って生まるるをよほどの吉祥事としたらしく候。(これにて眠くてならぬゆえ擱筆、明朝調べてまた書きつづくべし。)

(以下は翌日すなわち八月二日記し候。)末田底迦と申せしは記臆の間違いにて、阿難の次が商那和修すなわち仏より第四祖なり。外に阿難の旁出に末田底迦あり。この尊者はもっぱらカシュミール国(罽賓国)に仏教を弘めたので、支那伝来の仏教に無関係なり。故に支那よりはこれを旁出とす。(カシュミールにてはむろん開国の祖師なり。)この記臆を小生は間違えたるなり。

『仏祖統記』巻五に、三祖商那和修尊者は王舎城の長者なり。過去世に商主たり。路に辟支仏が重病に嬰《かか》るを見て、すなわち為に薬を求めて治療す。その衣きわめて弊悪なるを見て妙氎衣を奉る。辟支仏いわく、この商那衣(草衣と翻す。西域に九枝の秀草あり。もし羅漢生ずれば、すなわちこの草浄地の上に生ず)、これをもって出家成道す、故にまさにこれを著て入滅すべし、と。すなわち空を飛ぶて十八変を作《な》しすなわち涅槃を取れり。(御存知通り辟支仏は縁覚と申し、南方先生同様人より法を伝えずに自得自修し、人のために説法せず、食を乞い物を求むるにもこれを口外せず、黙して立っておる。それを奉れば神変を現ず。死するときも法を伝うる等のことなく、ただ神変を現ずるのみ、無仏世界に出づるもので仏法にはこれを嫌うなり。)商主悲哀し諸《もろもろ》の香木を集め、舎利を闍維《じゃい》にし、起塔供養す。願を立てていわく、われ来世に功徳、威儀および衣服、今のごとくして異《かわ》ることなからん、と。この願力によって五百世身の中陰において(中陰とは身死して神魂がいまだ胎に宿らぬうち)、恒《つね》にこの商那衣を服す。最後身に衣胎に従って倶に出で身に随って増長し、出家して変じて法服となる。具戒して変じて九条となる。よって商那和修と名づく(サナカヴァサ、自然服と訳す)。これが九条袈裟の起因らしく、玄奘が梵衍那国に入りしとき、雪山を度《わた》って東に伽藍あり、商那(草衣)九条を蔵す、衣絳赤色なり、商那和修、入滅にこの袈裟を留めて、弟子に謂いていわく、法尽ののち方《まさ》にすなわち変壊すべし、と。今すでに少しく損ず、とあり。

右のごとく、第四祖商那和修尊者が胎中より袈裟を纏うて出でしより、かようのいわゆる袈裟すなわち胎衣を袈裟様に纏うて生まるるを、自然に功徳を具えたる吉祥事としてはなはだ祝い、特に袈裟某、某袈裟と名づけたるにて、『元亨釈書』などをことごとく見ば、日本にも名僧などかかる袈裟を掛けて生まれたるもの、必ず一、二例はあることと存ぜられ申し候。ハズリットの書に（上に訳出せし）親も子もcaulを被り生まれたる例を載せれば、あるいはそれと等例で有名なる衣河またその女《むすめ》袈裟御前など、母女ともにこの袈裟（または衣）を纏うて出でたるゆえの名にあらずやと、ここまで書いて、さて『源平盛衰記』を見ると、衣河は陸奥に下りて住みたる地名に因んで付けたる名、また衣河の名に因んで娘を袈裟と称したりとあれば、この推察は小生の間違いに御座候。とにかく、貴地方の袈裟某、何袈裟は、以前商那和修尊者、自然服を被て出生せし因に基づきたる仏法信者の風習で名づけしものと存ぜられ申し候。

また申す。何か名は忘れたり（小生この室内にあるがちょっと捜し得ぬ本にて）、八文字屋本に、西竹林寺とかいう寺にケサ六という化物あることを記しありたり。小生幼時、母がいつもその話を聞かされしも、委細は忘れたり。右渋筆の走り書き、御判読を冀い上げ奉り候。

敬具

（平凡社版『南方熊楠全集』第九巻361～367頁）

《語注》

◆1　寺石正路（てらいしまさじ　一八六七―一九四九）――慶応四年（明治元年）、高知県九反田に生まれる。著書に『食人風俗志』、『土佐風俗と伝説』、『南学史』等がある。熊楠は慶応三年生まれであるから、寺石とは同年代。本文、『書簡』以外に記される寺石との交流を見てみよう。
「楠を族霊として人に名づけること紀州に限らず、土佐にも多し。（略）これについて畏友寺石正路君に問い合わすと、さっそく返事があった。その大要は、さて人名に楠字を用いること、土佐には例証多し。よほど貴県と類似したるなれば、左に数例を申し上げ候。（略）かくのごとく例証たくさんにて枚挙に勝えず。楠木を祭り、またその縁より人名に楠をつけるは貴県に劣らじと存じ候。（後略）」（「民族と歴史」『南紀特有の人名』本コレクション四巻所収）。「楠」が霊木であり、安産の神として崇められることから、子の名にすることの多いこと、但し、家督を継ぐような場合は、これを幼名とし、何左衛門と改称する。このことは紀州も土佐も共通であるが、土佐では、「楠」の字を上に、紀州では下に置くことに差あり。そしてこの楠信仰は楠の多く繁茂する土地故の信仰ではなく、「二州に限って楠を族霊《トテム》とする風が行なわれた」と熊楠は説く。土佐は伝承の多き土地で、それが大切に語り継がれてきた（土佐には特別な語り部集団がいたと思われる。岡見正雄は、青森県の十三湊を「とさみなと」と読み、土佐との関係を示唆した）。「楠」は熊楠も指摘するように、「童名」でまずあったろう。クスノキは正に奇《くす》しき樹（高崎正秀）で、この樹は、天子の樹であった。それも天子となられる前の皇子が天降《あも》られる樹であったと思われる（継体天皇が都を大和に定められる前に楠葉宮に宿ったのは、それ故である――高崎正秀）。熊楠と寺石は、互いに影響を与え合っている。熊楠の方は、寺石からの情報を得て『千疋狼』（全集四巻所収）、それに「塚」に関する話、「犠牲」に関する話に、その影響の跡を記《しる》している。特に「塚」に関する寺石の示唆は貴重である。「正路申す、これにて耳塚は晒し物の主意にあらず、供養の物たるを知る」（『柳田國男宛書簡』大正五年十二月　全集八巻所収）。

◆2　イゲ（ハシドイ）――「前年御尋ねのイゲと申す語のこと、前日菝葜の和名をしらべしところ、土佐ではカラタチ、伊予ではイヌバラと申す由、しかして筑前にてはガメイゲと申し、防州にてはサルトリイギ、薩州にてはクハクハライゲ、肥後ではサルカケイゲと申す由、記し有之。（当地にてイビツと申し候。エビスカズラ、サルトリイバラ、ミミツクなどなど称え、熊野には槲《かしわ》少なきゆえ、もっぱらこの葉にて端午のかしわ餅をつつみ申し候。）（略）その他イゲはみな茨《のいばら》ということと見え申し候。故に刺ある植物をイゲといいしこと土佐に限らず、九州にも弘く行なわれることと察し申し候」（『寺石正路宛書簡』大正十五年十一月八日朝九時過　全集九巻所収）。クスドイゲは中国でも墓地に植えられた。「ハシドイ」はアイヌで重要な植物――家の守り神で、家の柱の材となった。また墓標を作った（知里真志保）。イガは「家」の意でもある。おそらくアイヌ語起源の言葉であろう。「伊賀国」の「伊賀」も同義と思う。

◆3　袈裟（けさ）――「娘《むすめ》一人あり、名《な》をばあとまとぞ云《い》ひける。されども衣川の子《こ》なればとて、異名《いみよう》には袈裟《けさ》と呼《よ》ぶ」（『源平盛衰記』上巻・津巻第十九）。「袈裟」の名は「衣」より出でたという。この一文は寺石の質問に対して熊楠が、例えば、「人名に袈裟を付くるは肥前にも多き由、彼方の人より聞き申し候」（大正五年九月）と応えて来たのに対する改めての返信と思われる。熊楠は、ここで『源平盛衰記』の説明通り、「地名に因んで付けたる名」と言っている。それ以前の説、「赤子の誕生」との関係は熊楠自身によって否定されるが、正しいのではないか。

「又子育の御誓願は無い他の佛も啼かれた。鎌倉扇ヶ谷の扇谷海蔵寺、源翁禪師の開基である。本尊は薬師如來、俗に之を啼薬師と云ふ。相傳ふ昔此山の土中に、夜毎に兒の啼聲があつた。開祖の禪師之《これ》を怪んで行つて見ると、小き墓あつて金色の光を放つて居る。乃袈裟を脱いで其塚を覆へば、啼聲は止んだ」（柳田國男「神を助けた話」『赤子塚の話』大正九年二月）。「袈裟」とは熊楠のかつての指摘通り胎児を包む「胞衣《えな》」であろう。それ故、袈裟という名を戴く女人は、特殊な職能を持っていたのではないか。そして袈裟は、また〝山〟のものであった。修験者が着た「柿衣《かきごろも》」はその身分の象徴となったが、元は防寒具以上に、この「衣」は、着ることによって「変身」するものであった。即ち時宗の「編衣《あみえ》（阿弥衣）」と同じく「生まれ清まり」の装置だったのである。袈裟を着て生まれる赤ん坊とは、それを取り上げる女（産婆）の方の呪性を言っているのではないか。袈裟御前とは、赤子を取り上げる女の名ではないか。やはり神功皇后の桂女（勝浦ヒメ）が思い出される。

赤子はニニギ以来、〝衣〟に包まれて、天から降《ふ》る〝神〟なのである。桂女が頭に巻いている布は、その赤子の衣、即ち袈裟ではないか。「御前」という女人の〝敬称〟も、虎御前、巴御前、静御前等を思えば、職能との関わりを示す言葉となっていることが解る（女郎もかつてはイラツメと言ってヒメの敬称であったが時代が下ると、職を表わす言葉となった）。

◆4 **産婆**（さんば）——「神戸市ではこれ（小児を夕方に誘うて行く怪物）をカクレババといふ者がある。小児は夕方に隠れんぼをすることを戒められる。路次の隅や家の行きつまりなどに、隠れ婆といふのが居てつかまへて行くからといふ。島根縣その他ではこれをコトリゾと謂つて居た。子取りは本來産婆のことだが、夙くさういふ名を以てこの妖怪を呼んだのである」（柳田國男『妖怪談義』）。赤子を取り上げる、という特殊な職能が、その「子取《コト》り」という音から人攫《ひとさら》いの名称となった。それが、産婆という女人、その人に及んで、「子取尼」などという名まで出来てしまった。産婆は山姥のもう一つの名でもあった。

情事を好く植物

「同性の愛に耽る女性」に述べた通り、支那で健陽剤とする鎖陽という草は、学名チノモリウム・コクチネウムとて、蛇菰《つちとりもち》◆1科に属し、色赤く狗《いぬ》の陽物に似た物だ。その形から思い付いたらしい珍説を『本草綱目』に載せて、鎖陽は野馬や蛟竜が遺精した跡へ生える、状《かたち》絶《はなはだ》だ男陽に類す。あるいは謂《い》う、里の淫婦、就いてこれに合すれば、一たび陰気を得て勃然怒長す。土人掘り取って乾かし薬とす。大いに陰気を補い、精血を増す、と言っておる。

この物は日本に産せぬ。この物の属する蛇菰科の物は三種ばかり日本にあると記憶する。蛇菰は琉球にあること古くより知れおったが、松村博士が往年伊豆で見出だし、それから土佐や信濃でも見出だしたと覚える。紀州でも東牟婁郡大甲山《たいこうざん》の産を予が持ちおる。今一つ奴《やっこ》草《そう》という奴は前年土佐で見出だされ、次に予が那智山二の滝の上で穫った。今一種はちょっと憶い出さぬ。いずれも寄生植物で、多少男根に似ておる。

また支那で強陽益精剤とする肉蓯蓉《にくしょうよう》というのも、陽物状の物で、野馬の精液地に落ちて生ずるところという。これは列当《はまうつぼ》科のペリペア・サルサという草で、シベリア南部や蒙古等より塩蔵《しおづけ》して支那へ輸入する。わが邦の本草家は従来同じく列当科の「きむらたけ」また「きまら」また「おにく」という物を肉蓯蓉に充てておった。これも男根様の寄生植物で、全体鱗甲《うろこ》あり、長《たけ》一尺余に及び、黄褐《きちゃ》色で、「みやまはんのき」◆2の根に付き生ず。日光の金精峠の産もっとも名あり。金精神を祭った山で、金精を「きんまら」と訓む。それを略して「きまら」、それから「きむら」というのだと聞く。壮陽益精剤として富士山等でも売る由。学名はボシュニアキア・グラブラだ。

これらの植物いずれも形が陽物に似ておるので、同感薬法から健陽益精剤と見立てられ、また野馬や蛟竜の遺精から生えるの、淫婦に合《とぼ》されて陰気を得ると怒長するのと汚名を受けたのだ。同感薬法の訳は、月刊『不二』初号九—十一頁に載せ置いた〔「陰毛を禁厭に用うる話」〕。

南欧州や西アジアで古来マンドラゴラ◆3という草を呪術《まじない》に用い、また薬料とし、情事《いろごと》の成就や興奮の妙剤としてすこぶる名高い。非常な激毒あって、ややもすれば人を狂せしむる。アラビア語でヤプロチャク、これを支那書に押不盧薬と訳し、尤《いと》信じ難い話を載せおるが、その話は支那人の手製でなく欧州の古書にも載せおる。明治二十八、九年の『ネーチュール』雑誌に予その論を長々しく出し、独蘭仏諸国の学報にも転載されたが、これはまた後日別に述ぶるとしょう。[4]この草の根が人体の下腹から両脚の状《さま》に似ておるので、やはり陰部のことに妙効《ききめ》ありとせられたので、わが邦で婚儀に両岐《ふたまた》大根を使うのも似たことだ。

　レオ・アフリカヌスが十六世紀に書いた『亜非利加記《デスクリプチヨネ・デル・アフリカ》』第九篇に、アトランテ山の西部にスルナグという草あり、その根を食うて陽を壮《さか》んにし歓楽を多くし得る。たまたまこれに溺《ゆばり》する者あらば、その陽たちまち起立す。アトランテ山中に羊を牧《か》う童女《きむすめ》他の故《わけ》なくて破膜せる者多きは、みなこの根に小便しかけたからだ。この輩のために素女膜を失うのみならず、全身草毒で肥え太《ふと》る、とある。

　一八九六年版、ロバートソン男の『カフィル人篇』四三三頁に、ヒンズクシュの山間アガルという小村に妙な草あり。鉄砲で打ち裂くと、その葉が地に落ちぬ間に砲声に驚き飛び散る鳩がことごとく銜《くわ》えて去る。かつて一男子この草の葉を得て帰ると、十余人の女子が淫情勃興制すべからず、呻吟《うなり》ながら付いて来る。内へ帰ると母出で来たり子を見るや否、声を放ち、お前は何《なに》物を持って来たのか、妾《われ》たちまち何とも気が遠くなって来て耐え難い、何であろうと手に持った物を捨てて仕舞えと命じたので、その葉を投げると、大きな樹の股に落ちると同時に樹の肢が二つに裂け開いた、とある。これ最も猛勢な媚薬で、婦女を破るの力烈しく、婦女これに近づくと性慾暴発して制すべからず、しきりに破れんことを求むるものらしいが、一向信を寘《お》くに足らぬ譚《はなし》だ。

前に述べた肉蓯蓉、鎖陽、「きむらたけ」等を健陽剤とするは、いわゆる同感薬法で、精神作用上これを信ずる者には多少利くこともあるべく、今日学識進み一向そんなことを信ぜぬ人には何の効もなきことながら、ここに一考を要するは、これらの植物が多種の帽《かさ》菌《たけ》類と等しく人陽の形を具えおる一件だ。

このことについて、過ぐる明治二十九年春、予しばしば当時ロンドン付近のチルベリー渠《ドック》にあった富士艦士官室へ招かれ、士官の心得になるべき講釈をなし、今の海軍大臣斎藤実君なども当時中佐で謹聴された。その時たしか只今海軍中将たる坂本一君や野間口兼雄君に語ったと思う。軍人は武勇兵略を第一とすることだが、英国などには武人に科学の大家が多い。これはその人科学に嗜好深く、飲酒、玉突などむだなことにいささかたりとも費やす暇あれば、それを科学の研究に転じ用ゆるからだ。さてダーウィンが多年猴舞《さるまわ》◆5しに執心した者の説を聞いて記したは、一概に猴と呼ぶものの、舞が上手になる奴とならぬ奴は稽古始めの日から分かる。最初人が舞うて見せる手先に注意して眼を付くる猴は必ず物になるが、精神散乱して人の手先に気を付けぬ者は幾月教えても成功せぬ、とある。人間もその通りで、どんな詰まらぬ事物にでも注意をする人は、必ず何か考え付き、万巻の書を読み万里の旅をしても何一つ注意深からぬ人はいたずらに銭と暇を費やすばかりだ。これを活きた製糞機というのだと言って、艦長三浦大佐から、野間口（当時の）大尉や、後年旅順の戦況を先帝に面《まのあた》り奏上した斎藤七五郎君（その時少尉）など、多く大英《ブリチシユ》・

博物館《ミウジューム》へ招き、いろいろかの人らが何でもないと思う物について、一々軍備上の参考となるべきことを話した。

　和歌山の県知事始め官吏などは、熊楠を狂人ごとき者と思いおり、少しも熊楠に対して安心を与えず、いわば畜生扱いで、先年代議士中村啓次郎氏その他県会議員等を介して、熊楠祖先六百年来奉祀し来たった官知社すなわち中古国司奉幣の大山神社《おおやまのやしろ》は由緒もっとも古き社なるを、郡村の小吏ら無性《ぶしょう》にて村役場に近い劣等の社に合祀を強制し、むりに合祀し請願書を書かせおる、しかるに前知事川上親晴氏は熊楠の志を諒とし、請願書は受けおるものの、かかる古社を合併するは残念なりとて合併されずに済んだ、よって何とぞ今の知事においてもそのまま保留に任せくれたいと頼んだ時、必ず保留せしむべければ安心せよ、と言われた。しかるに、わずか一、二年の間に地方の小吏や偽神主が意地づくに任せ、今度右の神社を合併され了《おわ》った。貧すれば鈍するというが、熊楠なども国のため学問のため永らく田舎に引き籠りおるから、和歌山知事など、そのむかし自分が欧州にあった日なら虫同様に見たはずの人物から、かような犬猫を欺くような仕向けを受くる。これをもって考えると、日本ごとき国では学術に身を捨てて不便を忍び田舎で深く研究を重ねる者を、熊楠の外に一向聞かぬももっともなことじゃ。

　それに引き替え米国ごときは人材を重んずるの厚き、予往年大飲酒《おおざけのみ》してミシガン農科大学校長の前に陰茎を露《ろ》して臥したという、かの国で前例なき大不礼を遣っておる、その校長ウィリッツは後に農務次官となったから、むろん農務省の人々はこの椿事を伝聞しおるはずだ。しかるに、その植物興産局から前年もまた只今も種々辞を卑《ひく》うして予を招聘し、また腹蔵なくいろいろのことを諮詢《といはか》らるる。予は米人の麁野にして作法なきを不快で、かの国へ妻子を伴れ行くを好まぬから、毎度渡航を辞退しおるが、唯《ただ》利を惟事《これこと》とする当世風の本邦人、地方の時事日に非なるを慨する者は、焼糞になってここばかりに日が照らぬなど言うて、追い追い国家有要の材を懐《いだ》いて空しく外国の用をなす者が出来るだろう。「漢恩はおのずから浅く胡恩は深し」と古人も言うた。

かくのごとく予に大不快を与え、予が学術上多少国家の名声に貢献し、また今もしつつある功に報ゆるに仇をもってする和歌山県知事などに比ぶると、往年在英のころ交わった官吏諸君は実に厚徳で、士に下るの美風に富んでおった。それもそのはず、いずれも歴々の子弟で、このごろ地方に肩を怒らす河原乞食の悴どもらしき者は一人もなかった。前外務大臣内田康哉子などは、故陸奥伯在日より予の名を聞いておったとて、毎度予が無礼を仕向くるを忍び、みずから馬小屋の二階に僑居する予を訪わんとまで申し出られ、今日北京公使たる山座円次郎氏も、予が大英博物館《ブリチシュ・ミウジューム》にすら存せざりし希有の蛙ヒロデス・クニアッスをキュバで獲て披露せし時、小池張造氏と二人来たって慶《よろこ》んだ上、酒多く飲ませてくれた。こんな穢ないことは言いたくないが、民信なくば立たずというに、いわゆる牧民の職にある人が約束をたちまち破って平然とし、礼義廉恥を国の四綱とする大義を無視して顧みざる輩と大違い、と述べて置く。和歌山県知事、恥を知らばすべからく汗背《かんぱい》すべし。

こんな懐旧談《よまいごと》はよい加減に罷めて、富士艦の士官連に話した軍備上の参考となるべきことは多かったが、それを公けにして外国人に聞かすと日本の大損となるも知れぬから多く言わずとして、南方先生が一物を見るごとに一考ある神才のほどを和歌山県知事などに例示するため、ただ二つだけ公けにして遣ろう。精しく言ったってとてもむだだから、ほんの雑《ざつ》とだ。一つはアフリカの鯪鯉《りょうり》という獣が、後脚と尾と腹の鱗とを甘《うま》く使って高い木へ上るに、どんなにしても外れ落ちぬことだ。これを模範として、指揮官が手放しで自在に艦橋へ上ることを考案したらどうだ、と言った。今一つは、すなわち本篇「情事を好く植物」の俗信から考え付いたことで、アラビアの諺に、穢ない根性の奴はいかほど奇麗な物を見るも穢なく思うというが、『維摩詰経』には、どんな穢ない物も浄心《きよきこころ》もて見れば美《うるわ》しく見えるとて、同じ水を餓鬼は火と見るに、人は水と見、天人は瑠璃と見る、と言っておる。されば、いわゆる情事を好く植物などを根性の汗《よこ》れた奴が見て幾許《いくら》考えたって長命丸の製法ぐらいが関の山だが、熊楠が考えるとそうでない。

一体、なぜ肉蓯蓉、鎖陽、「きまら」等の植物が、馬の遺精から生えるの健陽剤になるのと虚称せらるるかと問うと、形が男根に似ておるのと、一夜にたちまち無から有を生ずるごとく膨脹勃興する力が驚くべきからだ。予はこれら植物と斉《ひと》しく寄生植物たる菌《きのこ》類の発生を毎度調ぶるが、その膨脹力は実に啌《うそ》のごときものありて、一貫二貫の大石を数尺跳《は》ね転《ころ》がすさえ例少なくない。肉蓯蓉等については実物が少ないので調べないが、これらの顕花植物も、菌《きのこ》よりはよほど高等な物ながら、生態が堕落して菌と同じく他の植物の根に寄生する。寄生植物は自活植物と違い他《ひと》の懐中宛込みで生きるものゆえ、永く世に存することがならぬ。故に、景気の向いて来たおり一時に花を咲かせ胤《たね》を残して、自分はたちまち枯れ失せる覚悟がなければならぬ。博徒や盗賊が儲《もう》けた時散財して了《しま》うようなものだ。今まで何にもなかった馬糞は明旦《あすあさ》見るとたちまち多くの菌が群生し、さて昼になると影も留めぬを、『荘子』に朝菌《ちょうきん》晦朔《かいさく》を知らずと言って、いわゆる一日果てだ。そんな菌は多くは鎖陽等と斉しく男陽形をなしおる。

田辺辺で「きつねのちんぼ」と呼ぶ菌がある。西洋でも学名チノファルスすなわち犬の陽物という。田辺より六、七町隔てたる神子浜《みこのはま》という村の少女、現に予の方に奉公する者言う、この菌は蛇の卵より生ず、と。実に胡論《うろん》なことと学校教師など笑う。熊楠はちょっとも笑わず、しきりに感心す。故何となれば、秋日砂地を掘ると蛇卵と間違うべき白い卵形の物がある。それを解剖するとチノファルスの芽だと分かる。それが久しく砂中にあるところへ雨が降ると、蛟竜豈《あに》久しく地中の物ならんや、たちまち怒長して赤き長き茎が延び立ち、頭に臭極まる粘液潤う。それを近処の蠅が群れ至って食うと同時に、胞子《たね》が蠅の頭に着き、蠅が他所《よそ》に飛び行き落として菌糸を生じ、次に蛇卵ごとき芽を生じ、雨を得てまた怒長する。その他の菌類や寄生顕花植物もほぼ同じき発生をなすのだ。男根の時々膨縮して定まらざるは誰も知る通りだが、解剖すると中に海綿体という物が充ちおる。女子の大陰唇またほぼ同様で、その収伸《のびちぢみ》によって、あるいは膨れあるいは縮む。これらはその心得さえあらば自分で実験し得るものだが、広く他人《ひと》の物と比較研究という訳に行かぬ。しかるに、幸い菌や寄生顕花植物中には内部の構造が人身秘部の海綿体にほぼ同じき物が多い。その海綿体中に気体また液体を詰め込み蓄え置いたのが、湿温宜しきを得てたちまち膨脹すると同時に、植物がたちまち怒長発生する。これを熟《とく》と精査して甘《うま》くこれに似た機関を作ったら、空気また水気ばかり使って重い物を持ち上げ、または跳ね飛ばし、狭い穴を拡《ひろげ》大る大有要の設備ができるだろ、と南方先生かく説き士官一同感心したことであった。

　昨今上下虚偽俗をなし、ただ言辞を謹むを盛徳と心得るのあまり、「きつねのちんぼ」など言わば、その菌その物に何か大敗徳の要素盈《み》ちおるごとく心得、一顧の価なき物と擯斥し了《おわ》るが、万年青《おもと》や蘭の鉢栽を一年眺めたって心懸けなき者には何の所益なく、もし何か一功を立てて自他を救済《ぐさい》せんと万物に注意深き人が見れば、いわゆる情事を好く植物ほど詰まらぬ物も新しき機巧を考案する大材料となること件《くだん》のごとし。熊楠こんなことを口にするばかりでない。いろいろ考え付いた機巧すこぶる多いが、今日の日本では善いことを教えてやって、かえって功を掠《ぬす》まれ、加之《おまけ》に身を苦しめらるる経験が、自分だけでもすでに多いから、当分何にも岩躑躅《いわつつじ》が安全だ。桓温は、天下の英雄王景略を眼前に扣《ひか》えながら、その虱を捫《ひね》るを見て、英雄たるを知らず、空しく関中の英雄を問うた。舎衛《しゃえ》の三億衆は仏在日《ざいじつ》に生まれて仏を知らなんだ。返す返すも熊楠を狂人扱いにする地方俗吏こそ奇怪なれ。

（大正二年十一月六日、十八日『日刊不二』）

（平凡社版『南方熊楠全集』第六巻66～72頁）

《語注》

◆1 **蛇菰科**（つちとりもちか）――ツチトリモチはその形状から別名「山寺坊主」という。熊楠の〝陽物〟という〝見立て〟とはいささか違う。但し、〝根〟を見れば、熊楠の〝見立て〟に同意出来る。この〝フグリ〟のような根茎から「鳥もち」を作る故、この名がある。

植物はエロティックである。熊楠の愛読書、アンジェロ・デ・グベルナチスの『植物の神話学』には、そのエロスが多く語られる。例えば「蔓植物とは陰茎の呼称の一つである」とか、「マンドラゴラ、シクラメン、ラン科の植物、マンゴー、ジャスミン等はみな〝性的〟な植物である」とか――そして、その植物のエロスは〝月〟との関係より生じている。「ソーマ」というインドの植物は、甚だ「マンドラゴラ」に似る。古代インドの「ソーマ祭」では、この植物は興奮性の飲料となって人々に飲まれた。そしてソーマもまた月と関係深く、「月の草」と呼ばれ、後に月神そのものと見なされるようになる。

「奴草」はヤッコソウ科。これも穂の形はツチトリモチ科のものに比べて小さいが、形状はよく似ている。

◆2　みやまはんのき――カバノキ科。「この木はしばしば木幣《イナウ》に用いた。沖狩に行く時など、九十センチメートル位に切った短いものを幾本も用意して行き、沖で幣に削って流した（白浦）」（知里真志保）。アイヌでは、この樹は漁の守り神であり、魔除けであった。また樺太ではこの樹で魔除けの人形を作り、子供の御守りとした。白浦という所では、この人形を「木の小さな子」と呼んだ。

またハンノキと沖の神の関係を表わす伝承が美幌に伝わる。「國土を作った神が、國土を作った時、ハンノキの爐ぶちを作って踏むと、下座の方に頭をもち上げ、上座の方に頭をもち上げる。腹を立てて、海の上に投げたら、etaspe（トド）になって、ずうっと行ってしまった。その時から、〝頭をもち上げる者〟という名を持つ者が、海の中に居て、その肉もハンノキの様に赤い」（知里真志保）。ハンノキがトドになった。植物が動物になった。アイヌには根源的な生命の伝承が保存されている。

◆3　マンドラゴラ――アドルフ・ヒトラーは星占いを信じていた。彼の背後には、予言者で占星術師のハヌッセンがついていた。「星占い」はヒトラーにマンドラゴラを入手させる。ハヌッセンは満月の夜、ヒトラーの生まれた町に行き、そこの肉屋の庭でマンドラゴラを求め、一九三三年一月一日、ヒトラーに〝呪言（詩）〟とともにこれを献上。一月三十日、ヒトラーはドイツ帝国宰相となった。一九四五年、瓦礫と化したベルリンの或る家の地下室から、箱に厳重に納められていたこの幸運のマンドラゴラが発見された。一九五三年、マンドラゴラの首に当たる部分に結び付けられていた銀のカプセルが開かれた。羊皮紙が出て来た。そしてそこにはハヌッセンの手で次のような予言が記されていた。「このマンドラゴラを持っている者は、〃星〃を摑み、その名を蒼穹に記すであろう。だが十二年のサイクルが過ぎると、その事業は煙と炎の中に終わりをつげるだろう」(前川道介「ハヌッセン——第三帝国の予言者——」参照)。人の形をした植物と〃星〃との関係——というよりも植物は、星との関わりの中でその特性を発揮している。そして星とは年月を操作するものである。ヒトラーの〃夢の十二年〃を支配した植物として、マンドラゴラは記憶される。

◆4　根——「動物界と植物界とは神話学にあっては自然界におけるよりもさらに分かちがたく結びついている。まず最初に、前者は後者より生まれ出たと考えるのが自然ではないだろうか、というのも後者は前者を育んでいるからだ。アナロジーと隠喩の助けを得て、汎ゆる植物に生命が与えられることとなった。また、動物はすべて植物の形態とその様々な性格をもつに到った。さらにその上、無生物や自然現象が人格化されて、神や人間、動物になるに到っているのである。寓話的植物学では、天から木が、天体から花が作られたのである。汎ゆる植物には根があるので、想像力により、これら神の植物にも根が与えられた。さらにその上、想像力によりこれら植物は根と同一視され、その結果必然的に混同が起こり、想像力によって、実在の地上の或る種の根に天上の寓話的な神々の力があると見做されるに到ったのである。この奇妙な論理を星々に当てはめてみることにしよう。星には各々自らを導く特性が供わっている。星はこの特性そのものなのだ。魂とは自らの星から離脱した特性であり、地上に落ちた星なのである。他方、星は宇宙開闢《かいびゃく》の、人間発生の木の花でもある。それ故星は植物に起源を有するものである。星にはその根があり、星は根なのであって、その神的特性は地上の〔木の〕根の中にも見出し得るわけで、これら根がまた星となりうる、もしくは星を産み得るのである」(グベルナチス『植物の神話学』第一巻　一八七八　小堂裕訳)。グベルナチスは『動物の神話学』の著者でもあり、フィレンツェ高等研究学院のサンスクリット及び比較神話学の教授であった。

◆5　猴舞し（さるまわし）――「猿廻し」は神事であった。「猿廻しも今では女子供の眼を樂しませるものゝ一つとなつてゐるが、昔は立派な一つの儀式であつた」（柳田國男「山島民譚集」『猿廻しの話』）。

　猿廻しの行った神事というのは「馬の安全息災」と言う。しかしなぜ、猿と馬なのか。川童のことを「淵猿」ともいうから、この猿と馬との間に何か川童の伝承が入っているようにも思うが。すると「水神」と関わり深くなる。柳田も「私の考ではあの猪と例の河童、中國地方で云ふエンコとは全く同じものだと思ふのであるが」（『同』）と言うが、後の展開はない。猿は「サル→去る」で、やはり魔を祓う動物であったと思う。それは「法」という字を「水が去る」として、川原の寺名などに付けたという〝文字〟の呪力とも関係すると思う。猿は「猿廻し」の芸能以前、「サル」の音を以て神であった。『嬉遊笑覧』には、「巻之十二（禽蟲）」として「猴まはし」が出ている。猿廻しは紀伊国にその勧進元がいた。猿と熊野――「日吉《ひえ》山王《さんのう》と熊野の神は、又親近な関係があつて、何《いづ》れも猿、若《も》しくは鴉《からす》を其《そ》の使はしめとしてゐた。日吉山王の猿、下野《しもつけ》の『小山猿』に対して、紀州からは有名な『甚兵衛猿』が出たことまでが酷似してゐる」（高崎正秀「物語文学序説」『伊勢物語の成立』）。

　柳田の『猿廻しの話』は大正九年一月発表。『山島民譚集』の中に収められている。この著の「再版序」には柳田の次の一文が載る。「何が暗々裡の感化を與《あた》へて、斯んな奇妙な文章を書かせたかといふことが、先づ第一に考へられるが、久しい昔になるのでもう是といふ心當りは無い。たゞほんの片端だけ、故南方熊楠氏の文に近いやうな處のあるのは、あの當時闊達無碍の筆を揮つて居た此人の報告や論文を羨み又感じて讀んで居た名殘かとも思ふ」（昭和十七年七月）。

第二部 森と政治

菌類学より見たる田辺及台場公園保存論

——六日闘鶏社に於ける南方熊楠先生の講話

㈡

此通り俺《わし》の画いたのは三色もある。此『図譜』のやうに一色では無いのぢや。生えてある時の色と採収後の色とがいろ〳〵此通り変つて来るのだから『図譜』の通り信じて居ると大間違いが起る。学問上の事は、ちよつとの事でも世界中に大影響を及ぼすから注意せにやならぬ。白井博士を経て俺に訂正方を頼みに来て居るから、ヒマ〳〵に間違つたやつを調べて訂正し漏れたやつを補ふてやるつもりぢや。マダ〳〵我国の政府者なぞは学問上の事に就ては本当の趣味が無いやうぢや。ソレ此絵は小犬のちんぽ見たやうだろ、「狐の絵筆」といふ菌《くさびら》だ、格観だけ見たら変なものじやが、此辺でも石を破壊するにダイナマイトを用ゆるだろ、アノ音は猛然だから、其音響の為めに差構《さしかま》ひもない遠方の家の障子紙が破れたり、硝子が壊れたりするだろ。所が此菌は空中の水蒸気を多量に吸込むから菌根から此ちんぼ見たよなやつが飛出す力は非常に猛烈ぢや。研究の結果によると、六貫目のものを二間も弾飛《はねとば》す力を持てるさうぢや。ちんぼの力も豪いものぢや。此れを御覧、此本は英国政府の出版した世界粘菌図譜といふ本ぢや、著者はリスター女史と其父との合作ぢやが、俺の研究が此初版印行の後に分つたので、此第二版が又出たのぢや。ソレ茲にあるのが今の「狐の絵筆」ぢや。丁度チンボ見たようだろ。こちらのは蠅が止まつて居るだろ、それ陰茎の尖《さ》きに蠅がとまつて居るやうだが、之が学術上大に面白いのだ。此菌の先が大層臭いのぢや、臭いから蠅が集《たか》る。其蠅が此菌を諸方へ運搬する役目をつとめるのぢや。学問上の事は話ても分らんが、例の方なら分るだろ（哄笑）日本では学問上の事はお留守で例の方へ許《ばか》り気を付けるものだから俺は此菌の事を書いて前年罰金を百円取られた。英国では政府自ら此様な図譜を出版し、リスター父子は大に世界の学界に名を揚げて居る。政府者が学問上に趣味があると無とで大変な相違を来たすのである。鴨の長明の方丈記ナア、之は皆さんも知つてるだろ、非常な名文だ。俺が前年那智山に居た所、此方丈記を英訳してロンドンへ送つた。程もなくグラスゴーの本屋が之を袖珍本とし出版し、英国鉄道局は一冊三厘か五厘で盛んに売出したさうだ。アカの他国人が書いたツマラン本でも学問に関係した事といへば、鉄道局のやうな役所でも此様に損得構はずに力を入れるのである。

我国もモ少し学問を大切にするやうにせんとイッでも後悔する事が起る。

此れ此絵を見よ。「初茸」ぢや、初茸にもいろいろ変つたのがあろがナ、コレハ伊作田《いさいだ》の稲成山のぢや。こちらのは闘鶏社のぢや。見ても何のことやら分りやすまい。それから此紙に包んだのが「オーケラ」といふ蘇《こけ》ぢや。大礼服の染料になるのぢや。一噸八万円の値打があるのぢやが、世界中で段々種切れになるので、ソレが我国而も此地方にあるから愈快でないか。（此時皆な〱珍らしがつて、其蘇を穴の明くほど見て居た。）場所は言ふてもよいが、スグに取尽して了《しま》うから滅多に話されん。前年稲荷神社の境内にあつたから俺は毎年それを研究して居たのぢやが、神職《かんぬし》がイッのまにやら其木を伐つて了つた。場所を知らせば訳も分らぬのに忽ち取尽すし、黙つて居れば枯損木なぞと称して伐つて了ふ。之れでは学問も研究も出来ぬではないか。（先生此時両眼に涙を浮べ居たり）

㈢

今見せた「オーケラ」は誰れもまだ日本に在るを知らぬやうであるから、形だけなりと覚えて置いて貰いたい。

次に茲にあるのは此れが西洋料理に貴重品として用ゆる「トルフル」といふやつだ。之れは俺が此闘鶏社◆1で前に発見したのぢやが、毎年毎年其木の下に来て其発生状態なぞを研究して居る内にイッの間にやら其樹が伐られて了ふた。実に惜しい事をした。此菌は犬が好んで嗅ぎ出すから、嗅ぎ出した時に褒美として牛肉の一ト片《き》れでもやると、又脇へ行つて嗅ぎ出すのぢや。さうして犬を利用するのであるが、闘鶏社にはまだ此外にいろ〳〵学術上貴重な菌類や蘇苔《こけ》などが多種あるのだから此神林を掃除したり、又は神林を子供の遊び場所にせぬやうして貰いたい。昨年も俺が来て見ると貴重な椎の木の枝に子供がブラ下《さが》つて悪戯《いたづら》して居るから、アンナ事をさせぬやうにしたらドウかといふたら、神官《かんぬし》のいふには「氏子の評判が悪くなる」といふて居た。併し其後俺が神林へ入つたら貞蔵《ていぞう》に叱られた。俺は叱られてもモウ構はぬ。何もかも此通り採収してある。まだ此外にもいろ〳〵貴重品を集めてあるからモウ構はんが、今のやうに神林を粗略にすると田辺の損になるから話て置きます。

　之れは実物ぢやが「セミタケ」といふものだ。之も闘鶏社にあるのぢや。花が咲いて、実が成らずに枯れて了ふ。ドウいうものかといろ〳〵研究して居るが、神林の中を無暗《むやみ》に掃除したり「闇《くら》がり谷」の木を伐つたりするからであらふ。斯ふいふ事をすると微細植物などは絶滅するより仕方がない。前刻話《せんこくはなし》た「オーケラ」なども「闇がり谷」伐採の為め絶滅した。誠に惜い事ぢや。此「セミタケ」の実は「万年茸」に似て居るが、虫眼鏡で見ると能く分る、中々高価なものである。

　此れは「ベニタケ」である。之は闘鶏社から神子浜《みこのはま》へかけて拾数種採収した。此通り沢山ある。米国政府から再々照会があるので、回答してやつたが、之等の研究も誠に面白いものである。

まだいろ〳〵あるが、一々見せても分るまいし覚えても居られまいから大抵にして置きますが、之は「乳茸《ちたけ》」といふもので、自転車などに使うゴムが之から取れるのだ……（と話しながら、先生は片ッ端から風呂敷包みへ入れて了つた。二つの風呂敷に包み終つて先生は更に講話の題を改めて曰く）

これから「台場公園」に就いてお話します。

（四）

近頃台場公園の事でいろ〳〵町内に意見が出て居るやうぢやが、此床の間、闘鶏社々務所に本居豊穎《とよかひ》◆2大人筆社頭月、雪、花の三幅かけあり。本居豊穎の父は大平、始めは豆腐屋であつたが、和学に熱心で宣長の養子となり紀州侯に仕へた人で、此人の子内遠の嫁は南方から往《い》たので、豊穎とは廻縁《かいえん》になるが、有名な勤王家で、きぬたの歌は人の知るところぢや。きぬた打つように、ナゼ外国をうたぬかとの歌ぢや。此台場を造つた柏木兵衛も其頃の人で勤王護国の志し厚く、武技の外に文学の心得もあり、夙《つと》に洋式銃砲の必要を認め佐久間象山の門に入り、そして造りあげたのが此台場である。此台場が護国海防の用に適するかドウかは今茲で論ずる必要もあるまいが、当時長崎の台場を除いては此処のが一等古いのだ。此様な一小藩で天下に率先して台場を造つたといふは、誠に其志の厚きを称せねばなるまい。此柏木氏は交友の広い人で本居豊穎や小中村清矩、勝海舟なども友人であり、海舟の如きは態々此台場築造の顛末を問合せに来たさうで、此事は俺も前年矢野老人から直直《じきじき》聞いた事がある。年老《と》つた旧藩士は能く御存知の事でしやう。

近年田辺町役場の不心得で、此台場を取壊し跡地を売却した所、町民大反対で騒動を惹き起したのは皆さんの知る所。然るに川上知事は気の利いた人で、其後保安林に仕て了ふたので、買ふた人もドウする事も出来なくなつた。そこで買ふた人は田辺町へ保安林解除の手続きをして呉れと申込み、田辺では此機会に前年の決議通り「原価買戻し」を実行しやうという人もある。又、栗山に気の毒ぢやからモウ渡して了はうといふ人もある。俺は政治家で無いから政治問題として論ずる考へはないが、売却に反対した所で、栗山に気の毒な事は少しも無い。

気の毒といへば俺の方が気の毒だらう。前年英国皇帝戴冠式の頃、諸外国の代表者が英国ロンドンに集つた。俺は其頃既に年久しくロンドンに居り、大英博物館の東洋部を引受けて居たが、恰も紀州侯徳川頼倫侯が見学の為めロンドンに来た所、世界中の有力者が来て居るので其等の人々が競争で宿屋を占領し、紀州侯もお宿が無くて大層難義なされた。中井芳楠氏等の依頼で宿屋の世話をして呉れとの事である。袖振り合ふも多少の縁、殊に紀州侯御難義とあつては棄て置かれない。そこでダグラス男爵邸の一部を借りる事にした。男爵邸では遠来の珍客に不自由を感じさせないやうに室内の修繕などに少からぬ費用をかけてお待ちした。然るに徳川侯は来ない。俺は中に立つて面目を潰ぶした。そして徳川侯には鎌田栄吉や田島担なども附いて居たが、男爵邸の費用の弁償《べんさい》もせぬのだ。俺は仕方が無いから一切の損害を引受けたが、それが為めロンドンに居られなくなり遂に日本へ帰つたのだ。南方は官金でも盗んで来たかと思ふだろが、紀州侯の宿の世話をさせ、宿の払ひもせぬものだから中に立つて斯うして十六年も田辺に居るのぢや。気の毒といふなら俺の方が気の毒で無いか。所が先般頼倫侯田辺に来り、其節明治大学長木下友三郎氏を使ひとして俺の宅を訪問して呉れたので、妻も大層喜び南方はんの妻になつたればこそ紀州公から御使者も下さる、此様な名誉な事はないと喜んださうぢやから俺も先づ満足ぢや。栗山も一代の中に百万円も儲け、慾の間違いで台場を買ひ、それで壱万円ばかり損したとて、ナニが気の毒の事があるものか。

(五)

売却好きの人々の中には、栗山が買うてから間もなく保安林◆3にしられたのは気の毒ぢやといふが、買収後直ぐに保安林にしられた例は他にもいろ／＼ある。和歌山の中野文右衛門氏如《ごとき》も那智山林を買うて間もなく保安林にしられ、一時は大に弱つたさうなが、其後東久世伯爵から短冊を貰ふて一家の名誉ぢやと喜んださうな。那智山林を買ふたればこそ伯爵の短冊をも頂戴出来たのである。金を持て居るものが、壱万や弐万出して其地の史跡勝地を保護するのは廉《やす》いものでもあり、又名誉の事でもある。ナニも気の毒では無い。

今の鹿子木知事も熱心な景色保存論者だから斯様な台場公園の保安林を解きさうな事は無いと俺は思ふて居る。万一、保安林解除に同意するやうな事があるなら、俺は東京へ行き大隈伯爵其他の人々に面会し、保安林を解かぬやうに訴へるつもりぢや。ナゼ田辺の人は無の毒がるに及ばぬ事を気の毒がり、台場を売る事に世話を焼くの乎《か》。一体此辺の金持は親類の世話すらせぬ人が多く、アカの他人の事は尚更ら世話せぬ処ぢやに、栗山の為に世話やいて居るのが大に不思議ぢや。鼻薬でも利いた人が二三人あるのか、栗山も買ふたのを名誉に思ふ度量が無くば災難ぢやと諦めるがよい。俺は紀州公のお宿の世話をした為め遂にロンドンを去らねばならぬ事になつた。之も災難と思ふて諦めて居るのぢや。念が足らなんだ、智恵が足らなんだと諦めるより仕方がない。栗山もヤレ〳〵今後は公園なぞは買ふまいと思ふて居るだろ。こんなのを自業自得といふのぢや。然るに栗山のは鼻薬になるから気の毒、俺のは一文にもならぬから笑ふてやれといふのではあるまいナァ（哄笑）

柏木氏は田辺の人物ぢやがセメて其跡地だけなりと保存したい。時節を待つて買戻すがよい。買戻すなら俺も年賦で五百円出すと柴庵に言ふて置いたが、実は今金が無いのぢや。併し俺もモウ他所の人では無い。田辺町の一人ぢや、書物でも書いて儲けたら出しますよつて、田辺の金持衆は各々身分相当に出金して貰ひたい。七九《しちく》どう言ふて置きますが、決して栗山に気の毒がるに及ばぬ。先方は慾の間違いぢや。俺もケンブリッチ大学助教授にでもなれるのだつたのに前いふやうな事で英国を去つたのぢや。事情を云へば栗山より俺の方が気の毒でしやう、ハッハッハ。近頃仙台の伊達家では書画骨董を引続き入札して居るが、此仙台侯客分に富田鉄之助といふ人があつた。一昨年八十一歳で死なれたが、此人曰く「金は延す事は出来るが土地は延す事は出来ぬ。故に土地は大切に保護せねばならぬ」といはれた。マサかの時には書画骨董があつて、年々樟脳なぞ入れて、手入する丈けにさえ拾万円も要るさうだ。近頃入札で之を売却した。之も富田氏の遺言に拠つたのであらうが、普通の土地すら此通り大切ぢやといふて居られるでないか。併しナア、台地を買戻しても利用の方法がなくば、丸切り入れ損になるといふ論もあらふが、ソウで無い。町が之を買戻し町が将来之を経営する方法を立てれば利殖の道は何んぼでもある。アノ仏蘭西を見よ。

(七)

仏蘭西などは女や博覧会や流行品で儲ける工風《くふう》をして居る。芸者や女郎を多くし、盛んに他国の人を呼込むのだ。女と来てはドンな女でもある。クロンボの女郎さへある。巴里の都は陽気ぢやよつて、他処《よそ》の人が遊びに来て女に入れ上げる。博覧会を見に来る。出品物は世界中が来るから安気なものぢや。

田辺でも、「働いて儲けよ」と教へて居るが、ここらで働いてナニが儲かるか、朝から晩まで働いてもナニほどの儲けもない。先づ働いて儲かつて居るのは監獄位のものだ。商売は同商売が多く工業も盛んでなく、今の所格別是れぞといふ儲口もあるまい。唯だ此「風景◆4」ばかりは田辺が第一だ。田辺人たるものは此風景を利用して土地の繁栄を計る工風をするがよい。今こそ斯様に寂しいが、追々交通が便利になつて見よ。必ず此風景と空気が第一等の金儲けの種になるのだ。

　東京の吉原は女で儲ける所だが、女郎屋の亭主などはダラシの無い放蕩者ばかりかといふに、然《さ》うで無い。中々義理の堅い、節約《しまつ》な人が多い。反《かへ》つて腎虚などは無い。其如く、さ仏蘭西人なども女で儲ける流行品で儲るのだから巴里の人などは派手だらふと思ふが、さうでない。時計さへ持たぬといふ節約だ。他処の人には盛んに金を費《つか》はせ自分は辛抱するといふ流儀だ。田辺人は幸ひ節約な点にかけては巴里人にも吉原人にも負けないから、此景色や空気で儲ける策を立てるがよい。行々《ゆくゆく》必ず俺の言ふ通りになつてくるのだ。凡そ世の中には、入りもせぬものに入用なものがあり、入用なものに無用なものがある。一時の出金を吝《おし》んで将来に入用なものを無用視するのは浅慮の至りだ。

　台場公園の如きは、田辺の人は朝晩見て居るから何んでもなからふが、都人士が見れば称讃措く能はざる勝景の地だ。曾て浜寺の人はアノ松原を何んでも無いものと思ひ伐《きら》ふとした。大久保利通公之を見て大に悲み「名にし負ふ高師の浜の浜杉も世のあだ波はのがれざりけり」の和歌を詠み、遂に松原伐採の計画を中止させた。之は名高い話である。アノ時伐つて了うたら今の浜寺公園は無い訳である。此くの如く景色といふものは貴重なものだ。十一舛金一舛《せう》といふのは余所の話で無い台場公園のやうな勝地をいふのである。前年来田された米国のスキングル氏なども大層台場の風景を賞美され、アノ松の実を送つて呉れと再々いふて来て居るが俺がまだ送らずに居る。繰返していふが、台場公園は決して栗山如きものに渡さぬがよい。気の毒な事は少しも無い。故に保安林を解くな。売るな。買戻しに付て先方が六つかしい事をいふならば放つて置くがよい。田辺にも鼻薬でも貰ふて栗山の肩を持つ人があるやうすだが、場合によつては俺が面会して評論してもよい。きつと俺のいふ通りになつて来るから必ず渡さぬがよい。ドレ之で失礼しやう。（おはり）（大正五年七月八日―十四日「牟婁新報」）

（注）見出しおよび本文中の「闘鶏社」の「鶏」は原文のまま。

（日本エディタースクール出版部『父、南方熊楠を語る』より抄録）

《語注》

◆1　**闘鶏社**（とうけいしゃ）——境内に大楠あり。〝神〟として今に祀られる。この大楠も奇跡の起こったシルシに違いない。この楠一樹を以てここに「楠王子」の名があってもいいように思う。五来重が何度も指摘する、「闘鶏神社は、新宮の阿須賀《あすか》神社が阿須賀王子であったように、ここもかつて若一王子と呼ばれた海の王子であった」という一文をどうしても見過ごす訳にはゆかない。熊楠はこの社を溺愛した。社の裏山は〝植物〟の母である。ここから珍種の植物がいくつも産声を上げた。〝楠〟は、熊楠の守護神。彼の名は藤白王子の大楠即ち楠神より名付けられた。この現、海南市の王子も、闘鶏社と同じくかつて「若一王子」と呼ばれた。熊楠は〝楠〟の奇跡の生んだ人である。

◆2　**本居豊穎**（もとおりとよかい）——父は本居大平。大平は豆腐商田村屋稲懸棟隆《いなかけむねたか》の子。父が宣長の弟子であったため幼少の頃より宣長の〝旅〟に従った。後宣長の夫婦養子となる。宣長の長男・春庭が失明したため、本居家の家督を継ぐ。内遠《うちとお》は大平の女婿となり養子となった人。『紀伊続風土記』の編集者の一人。豊穎は父・大平の影響下に育ったが、彼が天野《あまの》信景《さだかげ》の『塩尻』を愛読していることから、平田篤胤の影響が強いと思われる（『塩尻』は本居宣長にも影響を与えているが、平田篤胤はその著書『俗神道大意』を『塩尻』に負って書いている）。平田篤胤——この人こそ、熊楠の遠い師かも知れない。『仙境異聞』『勝五郎再生記聞』『霧嶋山幽郷眞語』等の篤胤の一連の「異界もの」は、日本の民俗学の「夜明け前」の著作であった。そこには必ず〝山〟が在った。特に『仙境異聞』、即ち仙童寅吉の話は、寅吉という童子と篤胤との合作とも思われる書であるが、これは熊楠の幽界に入ってゆく姿勢とあまりにも似ていないか。柳田國男を本居宣長と〝見立て〟れば、熊楠は平田篤胤である。

◆3　保安林（ほあんりん）――森は熊楠の護《まも》る〝王子〟の所有である。熊野の森はそれ以外の何者も所有してはならない。熊野の比丘尼が涙ながらに語りし「熊野の本地」は、〝熊野〟とは何かを語って止まぬ。「わうし（王子）は、ちふさに、とりつき給ひて、あかしくらさせたまひけるこそ、あはれなり」（杭《く》全本《またぼん》）。首のない母の乳房から乳が出る。「御やくそくの月日も、はやすきしなり、いまははや、きさきの御かはねを、かくしたてまつらんとて　こゝかしこに、ちりゐたる、御ほねを、とりあつめて、いわのはさまに、このはをかけ、いけうつみたてまつり」（同）。神との約束の三年を経た母の首の無い骸《むくろ》は、忽《たちま》ち白骨と化して散乱する。比丘尼が語ったこの熊野、骸散らばる「葬送」の場であった。と同時に赤子が生まれる「生誕」の地であった。ここは、「死の国」であり「生の国」である。

　生と死が同居する場所（この物語の〝山〟はインドのマカタ国となっているが、実際は熊野の山の話なのである）。そして山で生まれた赤ん坊（王子）は熊野の三山の神となる。「にやく一わうしと申は、しんわう、しんくう《（新宮）》、ほんくう《（本宮）》、なち《（那智）》とて、三の御山を、りやうし《（領）》給ふ」（大形奈良絵本）。熊野比丘尼も熊楠と同じく熊野の森を、王子を、護れと語り歩いたのである。

◆4　風景――「小生思うに、わが国特有の天然風景はわが国の曼陀羅ならん。前にもいえるごとく、至道は言語筆舌の必ず説き勧め諭《さと》し解せしめ得べきにあらず。その人善心なくんば、いかに多く事物を知り理窟を明らめたりとて何の益あらん。されば上智の人は特別として、凡人には、景色でも眺めて彼処《かしこ》が気に入れり、此処《ここ》が面白いという処より案じ入りて、人に言い得ず、みずからも解し果たさざるあいだに、何となく至道をぼんやりと感じ得（真如）、しばらくなりとも半日一日なりとも邪念を払い得、すでに善を思わず、いずくんぞ悪を思わんやの域にあらしめんこと、学校教育などの及ぶべからざる大教育ならん。かかる境涯に毎々到り得なば、その人三十一文字を綴り得ずとも、その趣きは歌人なり。日夜悪念去らず、妄執に繋縛《けいばく》さるる者の企て及ぶべからざる、いわゆる不言《いわず》して名教中の楽土に安心し得る者なり。無用のことのようで、風景ほど実に人世に有用なるものは少なしと知るべし」(『白井光太郎宛書簡』明治四十五年二月九日朝六時　本巻所収)。「熊楠マンダラ」とは「天然風景」なり。

南方二書（松村任三◆1宛書簡）

一

拝啓。先日ハガキ一枚差し上げ候ところ、昨朝、岡村金太郎氏より来信有之《これあり》、当県植物乱滅の件につき、小生より自在に意見を貴下へ申し上ぐれば、必ずお読み下さるべき旨、紹介しおわりたる旨通知有之候。小生は、これを機会として、植物のみならず、史跡、名所、またことに風俗、里伝等の保存、分けては愛郷心より推して愛国心を堅固にすることにまで及ぼせる長き意見書を作り、貴下を経て、大学諸士の一覧を煩わさんと存じおり候ところ、旧藩君徳川頼倫侯へも一通進じたり、長きものゆえ、ちょっと写しおわること能わず。家内に事多く、小児病気等のため、まずはここ十日ばかりかかり申すべく、かく申すうちにも、諸神社および神社趾の乱潰《らんかい》日々挙行せられおり（県郡当局者はこれを神社整理と称うれども、実は風儀破壊、神社不整理を行なうものなり）、一刻も早く少々なりともさし当たり意見を陳述すべしと存じ、本状差し上げ申し候。三好〔学〕教授その他と御評議の上、徳川侯にも示し合わせ、何とか御処置願い上げ奉り候。ここに記すところは、思い中《あた》ることどもを前後混雑して記《しる》しつけ申し候。

第一に那智山濫伐事件は、すでに『東京朝日』等にも相見え候通り、実に危険きわまることにて、新宮町の津田長四郎と申す勢力家（実は巨盗ごとき者）、警察、郡長以下ことごとくその配下に有之、六十歳ばかり、この者数年前より那智山神官、および色川村等、山の付近の人民をおだてまくり、種々証拠物を集め、行政裁判所へ那智山下付のことを訴え出し、最初は農商務省の勝訴なりしに、さらに証拠を集め、

なお、西牟婁郡長楠見節と申す人より、熊楠は那智山におること年久しく、証拠品ももっとも多く写しおるとききき、楠見を経て、小生に右一切の証拠文書を借り出さんことを求めらる。そのときの状は、今に保存、前年その筋へも出し、また昨年当路の官人にも見せ候。別にかまわぬことながら、政府の公吏たる人が、みずから政府に対し、人民方の利益になる文書を集むる周旋などするは、はなはだ如何《いかが》のことと存じ申し候。この楠見というは、はなはだしき奸物にて、毎々出林のことを世話し、賄賂《わいろ》私利を営むと評判高し。

去冬、ついに農商務省の敗訴に相成り、山林は那智神社と色川村へ下り、大林区署よりは

何時伐木するもかまいなしとの許可ありしとて、斫《き》りにかかるところを小生聞き込み、東京の新聞へ出せしにて、それより大物議となり、県知事も、かねて神林の大濫伐にて内外に評判を悪くせる罪滅ぼしに、倉皇みずから行きて現状を視察し、右山林を保安林に編入せんと苦心するを聞き、奸徒ら私訴を起こし、下戻《さげもどし》入費等十六万円に対する右山林差押え強行公売を提訟し、その当日、急に津田長四郎外三名ばかり（うちに県会議員あり）書類を調べられ、本月十五日、当監獄未決監に収容、今に面会も許されず、当地よりは、検事、書記等、十四、五日新宮町へ出張、書類を調査せり。

小生初めこの姦徒より承りしは、証拠品百五十点とか三百点とかありしとのことなり。しかるに小生知るところにては、熊野三山[2]の荒廃はなはだしき今日、新宮には多少足利氏時代の神宝文書あるも、本宮には何にもなく、那智には神宝三、四件をのこすのみ。目録は多少存するが（それも小生手許にはあるが、那智山には只今ありやなしや分からず）、何たる証拠などはなし。しかるに百五十点も三百点もあるとは、実に稀代のことと存じおり候ところ、今回彼輩入獄の理由は、噂《うわさ》によれば文書偽造の廉《かど》なる由。大抵かかる古文書は、文体前後を専門の文士に見せたら早速真偽は分かるものに候。しかるに、かかる胡《う》乱《ろん》過多の証拠品を取り上げ、日本有数の山林をたちまち下付せしこと、はなはだ怪しまれ申し候。かの徒の書上《かきあげ》中にも、三万円は運動費（悪く言わば賄賂）に使うた、と書きあり。しかして、色川村のみの下付山林を伐らば二十万円村へ入る、一戸に割りつけたら知れたものなり。このうち十二万円は弁護士に渡す約束の由。つまり他処の人々が濡れ手で粟を攫《つか》み、村民はほんの器械につかわれ、実際一人につき二、三銭の益を得るのみ。さて霊山の滝水を蓄うるための山林は、永く伐り尽され、滝は涸れ、山は崩れ、ついに禿山となり、地のものが地に住めぬこととなるに候。

維新のとき諸藩侯伯の城を取り上げたるなど、止むを得ず無理を行ないしこと多し。大阪辺には、これがため諸藩へ金を貸したるが返らず、今は乞食などする人はなはだ多し。それすら国家大事には致し方なしとあきらめおるなり。しかるに足利、豊臣、北条、また南北朝のころの証文、たとい実にありたりとて、山林を下付せねばならぬほどの効力あるものにあらず。ことに、南北朝のころの証文には、実際自分の手許になき財産不動産を寄付の文書多し。すなわち、勝って手に入ったなら、そのときは寄進すること間違いなし、ということで、熊楠が百万円の小切手をふり出すと同じことなり。新田義宗など、当時身を容るるに由なく、死んだ年月住処さえ分からず。そんな人の寄進状が何の効力あるべきや。十年の役に西郷が出した紙幣を正貨に引き換えんことを強請するに同じ。

よって思うに、かかる古文書などを証として、今後も維新前のことを争い出し、山林土地返付を求むるを聴《ゆる》さば、その弊に堪えざるべければ、何とぞ少々の無理はそのまま押し通し、名勝の地の山林等、すでに官有となり国有となりたるものは、一切いかなる理由あるも人民に下付せぬよう、願い上げたきことなり。

本宮の大社なりしことは、小生もこれを疑わず。しかるに、これまた本宮領なりしとかいうことは、旧神官の末葉鳥居◆4などいうものが訴訟して、拾《ひら》い子《こ》谷《だに》◆3（東西牟婁郡の間八十町にわたる、熊野には今日熊野街道の面影を百分の一たりとも忍ばしめるところはここあるのみ。ただし、古えの熊野本宮参詣の正路にはあらず。大学目録に、野中とあるはこの谷のことなり。宇井縫蔵が近く見出だせしキシュウシダ、小生発見の  葉なき熊野丁字ゴケ◆5、また従来四国で見出だしおりしヤハズアジサイ、粘菌中もっとも美艶なるCribraria violacea その他小生一々おぼえぬが、分布学上珍とするに堪うるものははなはだ多く、かつ行歩少しも嶮ならぬゆえ、相応の保護を加え、一層繁殖させなんには、最も植物学の実察をなすに好適の地なり。この拾い子谷の外に、田辺より本宮に行く間に、今日雑樹林の繁殖せる所とては半町もなし。少々あるは例の杉林にて、杉林の下には何とて珍しき植物なきは御存知の通りなり）、この拾い子谷も、行政裁判所にはすでに鳥居らの手に渡りしに、この者この谷が手に入らぬうちから大放蕩を始め、ために負債多く、負債のためにこの林を人に押えられんとするを見、同味のものども大いに惶《あわ》て、只今私訴を起こし、互いに攻伐中なり。

さて山林中の要部、すなわち杉、檜等の林は、本年六月か七月の『日本及日本人』に、河東碧梧桐の俳日記に出でたる通り、ことごとく皮を剝がし、誰が訴訟に勝つも必ず死なねばならぬようになしあるなり。実に残酷きわまる不仁の所行なり。しかして、前に申す雑木林すなわち希珍の植物多き部分は、シデ、ミズウメ（欅《けやき》の一種）、サルタ（ヒメシャラノキ）等、あまり利にならぬもののみゆえ、今もそのまま置きあり。この訴訟連の一人は小生知人にて、冒険の徒ながら小生のことはよく聞くゆえに、小生は、小生家内の病気少しく快くなり次第みずから行き、何とか一日も濫伐を延期させんとし、その者もすでに応諾しおれば、この上その者と小生と二人して村人関係者に説けば、たぶん少時間は延引すべきも、小生には有力の後楯《うしろだて》なく、言わばむてっぽうに虚言を吐きに行くようなものゆえ、はなはだ面白からぬなり。

何とかして、那智のことはまず右様にて、ちょっと濫伐はせぬから、知事みずから色川その他八ヵ村ばかりの人民総代を自邸に招き、伐木思い止まるよう喩《さと》せしも、なかなか聞き入れず、いろいろ説いた上、無理に納得させ保安林にせしなり。これをなすに津田らの奸徒世にありては、なかなか面倒ゆえ、そのあいだ旧罪を追いて入監せしめたる苦衷と相見え候。要は、かかる胡乱《うろん》な訴訟を十分審査せずに、偽文書を採用した行政裁判所の大手落ちに候。

〔以下の五行は『山岳』六年三号からの補足〕また新聞紙報ずるところによれば、かの奸徒輩、那智の神官、氏子総代らと共謀し、那智夫須美《ふすみ》神社◆6が津田より十六万円の借金ありと偽証文を作らしめ、実際、津田が山林下戻《さげもどし》の運動に出したる金は三万円なるに、十三万円丸儲けし、その返礼に三万円を神官以下に贈与の約束にて、この偽証文を新宮裁判所に提出して、即時山林差押え強行公費を求め、認可を得るところを、かねて犯罪構成を待ち設けておりたる警官に家宅捜査を受け、津田はじめ神官らも、すでに田辺監獄未決囚中に収容されたるとなり。

右の拾い子谷（一部は西牟婁郡、一部は東牟婁郡）の雑木林を保安林にすべきよう至急御運動を願うなり。

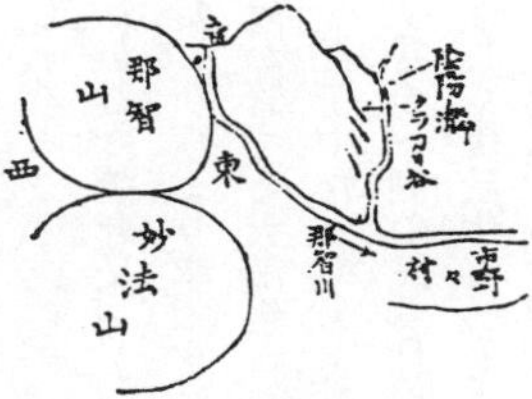

また小生みずからはすでに採集を了《お》えたゆえ、別にさしかまいのなきことながら、那智参詣のついでに、同山中最勝の植物区として観察すべきクラガリ谷（陰陽の滝とて、図のごとき二流の小瀑布交錯して下る滝あり）は、珍植物、ことに羊歯類、リュウビンタイ、スジヒトツバ、エダウチホングウシダ、ヒロハノアツイタ、アミシダ、その他はなはだ多し（標品の一部は牧野〔富太郎〕◆7氏に去年おくれり）、たとえば、岩窪一尺四方ばかりのうちに落葉落ち重なれるに、ルリシャクジョウ、ヒナノシャクジョウ、オウトウクワとホ

ンゴーソウ、また Xylaria filiformis と覚《おぼ》しき硬嚢子菌混生する処あり。秋になれば帽菌おびただしく生じ、夜光るものもあり。なかなか三年やそこらの滞留では、その十分一も図し上ぐること成らず。実に幽邃《ゆうすい》、夏なお冷《さむ》き所なり。

しかるに植野又一という男、ある技手にすすめられ、この滝の水をもって水力電気を起こし、新宮より串本まで十余里間の町村に電燈を点ずべしとて会社を発起し、そのために自分が管する天満銀行の金三万円を横領の廉《かど》をもって三年半の所刑を受けしを、不当とし、只今上告中なり。およそ一年も過ぐれば入獄するかもしれず。この会社のためには、クラガリ谷の一側の民有林をすでに伐尽《きりつくし》にかかり、クラガリ谷より西側の向う山官林をおびただしく伐尽するつもりにて、すでにその許可を得たり、と右の者の書記で半年処刑せられ、十日ばかり前に出獄し、拙宅へ来たれる者の話なり。さて、いよいよこの滝の近傍を、かく乱伐、荒廃させて所期の水力電気ができ、長く続き得るかというに、そもそも一の滝(すなわち八十余丈という大滝、それは八十余丈かしらぬが、百七十年ばかり前に樹木少なくなりしため三分一強埋もれり。御承知のごとく、一の滝下にアルプス山で見る boulders のごとき大滑落岩塊多きは、この出来事の記念で、濫伐の好記念なり)、先日『大阪毎日』(今年八月二十日分)によるに、確かな技師の言には、那智の一の滝と陰陽滝との水の全力を用うるも、八百馬力しか力を生ぜぬとのことなり。

そんなあやふやなことを強行して、このクラガリ谷の勝景、植物を滅却するは、いかにも惜しきのみならず、せっかく大金かけ岩石開鑿《かいさく》、山林滅除した後には、その水力果たして乏しく水源は涸れ、数年ならずしてこの電燈会社もつぶるるとせば、実に隋侯の珠《たま》を雀に擲ち失うようなことで、つまらぬことと存じ候。那智山那智山と言えど、すでに貴下ら二十余年前見舞われしときと打ってかわり、滝の辺はことごとく老杉老樟を伐り去られ、滝下へ人力車がすぐに付くようになり、滝の上は向う山官林（これも年々濫伐のため、実は数えるほどしか大木なし）□□□〔三字不明〕ことごとく禿山となり、わずかに今度濫伐せんとする寺山をのこすほどのことゆえ、

寺山は大樫の密林なり。古え滝水を蓄え四時涸落せず。その実《み》は米穀少なき山民の常食とするに任せ、材木の用をなさぬものなれば濫伐の憂えなしとてこの樹を撰み、種《う》えつけしと申す。しかるに、昨今大樫の木に価格出で来たりしゆえ、これを伐らんとて訴訟起こさせしなり。

何とぞこのクラガリ谷付近は、一切保安林とするよう御運動を願いたきなり。たとい水力電気のこと頓挫して官林の濫伐は止まるとするも、その近傍の民有林かくのごとく濫伐さるるときは、いろいろの弊事を生じ、ついには久しからずして、この谷も濫伐する方がましというように荒廃するに及ばん。

小生八年ばかり前、この辺でリュウビンタイを多く見出だし、二本、人に餽《おく》らんとて小さきものを掘り来たり、宿所の庭に植え置きしに、村民らこれを伺い知り、いろいろ伝唱

して、ついには新宮の新聞に出で、南方はクラガリ谷で黄金《おうごん》シダを発見せり、これは黄金と同重量で売買の価《あたい》あり（小生の知人が常時土佐と田辺の間には平瀬長者介《ひらせちょうじゃがい》を見出だし、小生に鑑定を求め来たり、小生の指図で京の平瀬与三郎氏に売与せしことをきき違え、作り出だせしならん）とて、新宮始め七、八里の距離の所より件《くだん》のリュウビンタイを求めに来たり、那智の某という百姓、庭園中の梅樹下の芋畑をことごとくほりかえし、件のリュウビンタイを盛んに作る。しかるに、いかなることにや、リュウビンタイ盛んにはえ出し、近所を害し、その畑は無用のものとなる。ところが一向誰も買いに来たらず、南方は吾輩を誑《たぶら》かしたとて大いに憤りおるを見ておかしく、汝らはみな猿智恵で、人のすることを私《ひそ》かにまねし、ありもせぬ風説を信ずるから、こんな災難が起こるのじゃと、逆さまに嘲弄しやりしことあり。

また当田辺より二里半ばかりに、奇絶峡《きぜつきょう》とてはなはだ好景の谷一里ばかりつづけるがあり。美景は耶馬渓に優《まさ》れること数等なる上、珍植物多し。この辺に染物屋一軒あり、紺をそめてたちまち庭より走り下《くだ》り渓水で洗うなり。その渓の岩上にあわもり升麻《しょうま》多し。小生そこへ行きしに、村の僧来たりこの草の名を訪う。小生これはあわもり草とて、むかし、どこの国にも婦人の病に用いしなりと言いしに、七日ばかりへて行けば、はや一本もなし。いかなることと伺いますに、件《くだん》の紺屋、自宅の庭同様の近さにある件の岩岸にあるあわもり升麻を一切引き抜き、自宅の構内の小便桶を埋めしかたわらの芋を引きぬき、その跡へことごとく栽えつけしに、何条たまらん、あわもり草はことごとく枯死しあり。万事この類で、何か話すとたちまちその物を自宅へ持ち行き、栽え枯らすこと大はやりにて、こまったものなり。

ナチシダの生えた辺は、八、九年前より伐木せしゆえ、今ははなはだ少なくなれるならん。ユノミネシダは湯峰に七本しかなく、それも新宮の中学生などむやみに引きとり、十町も歩まぬうちに捨て去るゆえ、むろん今は絶滅ならん。ホングウシダは、本宮の生出ではなはだ綿密なる小学校長に精査せしめしに、本宮辺に一本もなし（当地近傍にはあり）。ナチシダは、小生当郡水上《みなかみ》と申す処、ユノミネシダは那智の金山《かなやま》という所には少々見出だせしも、今はありや否知らず、ガンゼキランと申すものは、小生は図のみ見たばかり、実物は腊葉《さくよう》すら拝見せず。これは古えは熊野に多く、見《けん》にして、生姜《しょうが》の代りに祭日の料理に用いしほど多かりしと申す（見《けん》とは、熊野は魚少なき所ゆえ、今もカシュウイモを横にきり、蒲鉾の代りにつかい、目を怡《よろこ》ばしめ味を助くる。そのごとく客を懌《よろこ》ばすべき show なり）。

紫葉は近くまで、この田辺辺《へん》の山野が名産なりしが、今は一本もなし。紫葉を見たものなし。ホタルカズラ、ヒメナミキ、いずれもこの田辺辺の出立《でたち》松原に多くあり、開花の節はなはだ行客の眼を怡ばしめたり。しかるに四年ばかり前に、小学校建築という名目の下に、この出立松原をことごとく伐り（村民松を抱えて哭《こく》するを、もぎはなして伐りつくせしなり）したため絶滅す。その松は白蟻にかまれ、小学用にならず、今に幾分を腐らせ放捨し置く。さて魚類田辺湾へ来ること少なくなり、夏日は蔭なく、病客多くなり大閉口、その学校もかかるつまらぬ木で立てしゆえ頽《くず》れ落ちる。この出立松原は『万葉集』にも顕われ、元禄のころ浅野左衛門佐という人数万本を植え副《そ》えしなり。ここに載するところの紫葉、ホタルカズラ等は、他にも産所あれば、はざはざ惜しむべきものにあらず。しかし素《しろ》人《うと》の考えとちがい、植物の全滅ということは、ちょっとした範囲の変更よりして、たちまち一斉に起こり、そのときいかにあわてるも、容易に恢復し得ぬを小生まのあたりに見て証拠に申すなり。

万呂《まろ》村の天王の社には大葉ヤドリキ多く、中には寄主たるシイノキよりも二倍も長きあり。いずれも秋末に紫褐色の異様の花を開く。小生は山中でこの木多少見しも、ここのごとく年々盛んに花実あるを見しことなし。しかるに、これも俗吏らむちゃくちゃに、神社の威厳を持《たも》つには神林を掃除すべしと厳命し、さなきだに、落枝、枯葉を盗み焚料としたき愚夫ども、得たりかしこし官の御諚《ごじょう》なりとて、神林という神林へは、ことごとく押しかけ、落葉をかき取り、土を減らし、また小さき鋸を持ち行き、少々ずつ樹木を挽き傷つけ、◆8秋枯木となりかかると、たちまち枯損の徴ありとてこれを伐り去るなり。下芳養《しもはや》村の託言《よりこと》の神社ははなはだ古き社にて、古え人犠を亨《きょう》したりとて、近年までも「鬢女郎《びんじょろう》◆9」と名づけ、少女を撰み人牲に擬しそなえし、大なる冬青《もち》の樹あり、はなはだ古いものなり。その社の四周に吉祥草とタチクラマゴケ密生し、はなはだ美なりし。しかるに、官命とて掃除ばかりするゆえ、今は一本もなし。別に惜しむべきことならねど、つまりは件《くだん》の老大の冬青樹を枯らすこととなる。当田辺の闘鶏権現のクラガリ山◆10の神林またなかなかのものにて、当県で平地にはちょっと見られぬ密林なり。これも公園公園というて社を見下し、遊宴場を立つるとて樹を枯らし、腐葉土 humus の造成を防ぎしゆえ、年々枯れ行くを伐りちらし、この山、古来有名の冬中夏草（西インドの guêpe vegetale と等しく、上図のごとき大冬虫夏草を生ず）は、今日ははなはだ少なくなれり。この他ミミズ、ムカデ等にも、それぞれ別種の冬虫夏草を生ず。ルリトラノオ、ミヤマウズラ、ツルコウジ、わが海辺の低地に珍しく、この上にありしが、みな絶滅す。ハマクワガタ、牧野氏説に希種の由、これも少なくなりゆく。三百年ばかりの老樟ははなはだ康健なるがあり、およそ紀州の樟樹は古くなると必ず下図のごとき Ptychogaster の新種を生ず。

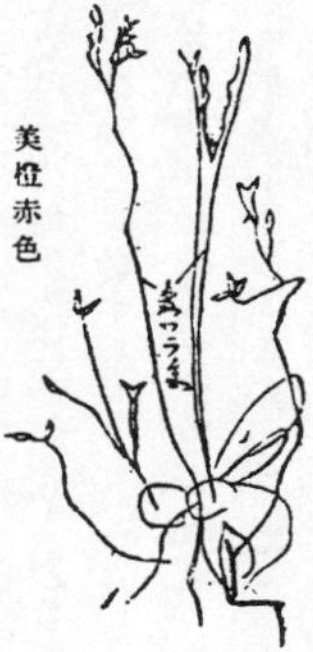

この新種のプチコガストルは、英国博物館の Smith 嬢に贈りしに、多忙なりとて今に名つけず。何に致せ、珍しき新種なり。もし名つ

けくるる人あらば、小生は多量に進上せん。かの嫌多忙にして命名に遑《いとま》あらずとのことゆえ、他の人に命名しもらうもかまいなし。書籍至って坐右に少なく、書籍を持って採集すると、いろいろの僻断 prejudice を生じ、田中芳男のいわゆる書物の方が正しく天然物が間違ったように見えるものゆえ、書籍なしに片っぱしから図を取りおれり。この Pt. は Pt.-albus Corda と同大同形の胞子あれど、albus の胞子淡黄赤色なるかわり黄灰色、また albus のは滑面なるにこれのは刺あり、また条理あり。

また一種の Peziza を生ず。それより必ず枯損し始める。しかるに、この老樟には幾年見るも、そんなものなし。枝条蓊鬱として、その樹株の下より清水断えず下り神池に注ぐ。実にクラガリ山の名に背《そむ》かず。官有として置きしを払い下げて伐らんとするものあり（その者は小生の妻の一族）。よって前社司（拙妻の亡父）神林枯滅して神威を損ぜんことを憂い、いかなる事情の下にも伐木せぬ条件で神林を払い下げ、社有とせしなり。

しかるに、小生の舅二年前死亡後の神主、たちまち世話人と申し合わせ、右の健壮の大樟を枯損木と称し、きり尽し根まで掘り売り、神泉全く滅す。小生これを知らず、珍しき健壮大樟の写真とり保勝会長徳川侯へ呈せんと六月末に行きしに、右の次第ゆえ大いに呆れ、郡役所へかけあうに、枝の一部に枯損ありしゆえ枯損木なりという。それは鳥が巣を作りたるなり。しかして、この樹を掘り取るとて、わざと乱暴に四方へあてちらし、他のマキ、冬青《もち》等の樹十三本を損傷せしむ。これまた枯損木を作り伐らんためなり。よって甚《いた》く抗議せしに、郡長止むを得ず、件《くだん》の社の社務所より世話人を集め語る。その最中に発頭人（前郡長たりし人）口より涎出で動くこと能わず、戸板へのせ宅へ帰り、五日ばかり樟のことのみ言いちらし狂死す。ほかに今二本の大樟を枯損木と称し、すでに伐採の許可を得たるも、小生見るに少しも枯損の趣きなし、これは残る。また県庁への書上《かきあげ》には、この社の林に樟木二十五本あり、とあり。しかるに小生みずから行き見るに、右の三本しかなし。すべて地方今日のこと虚偽のみ行なわるることかくのごとし。

　また公園公園とむやみに神林を切り開き、裸にし、博愛場または密婬処を作る例多し。この熱地で山を裸にすることゆえ、熱さははなはだしく公園としたところが他所より人が来るにあらず、村民は樹林なくなると神威薄くなり敬神の念いよいよ少なくなるなり。ハガキにて申し上げしホルトノキ、ミズキ、クマノミズキ、オガタマノキ、カラスノサンショウの大木一、二丈のもの、自生のタラヨウ一丈余のものなどは、何の用もなきものゆえ、わずかに神社の森を asylum として今日まで生を聊《りよう》せしなり。それが突然ははなはだ少なくなり行くはこれがためなり。ホルトノキは、小生のみならず当地方で久しく顕花植物を集むる人々にきくも、どんなものか知らず。近古まで多かりしは、この辺で蘭法医がホルトガルの油とてオレーフ油の代りに、この木より油多くとりし記あるにて知らる。ようやく三本を見出だせしが、一本はたちまち移し去られ、生死知れず、一本は例の神林清潔法のため枯死、一本あれど道路傍にあることゆえ今はむろん切られたるならん。
跡浦《あとのうら》という村に、山田の神社とて山田の大蛇を祭る古社あり。毎年祭に大蛇の形をになしありきし、はなはだ勝景の地なり。社殿の傍にただ一本バクチの木を見出だす、只今花も実もあり。また伊勢大神宮等で古式に火を燧《きり》出すに用いしというヤマビワの木あり。この社も廃社となり、樹木をきらるるところなれど、これを切ると、この大字《おおあざ》中にここにしかなき飲用水の大清泉、一丈四方ほどのものが濁り涸《か》れるなり。その由を申し立てさせ、今に伐らずにあり。しかし神が廃せられたることゆえ、早晩件《くだん》の木は亡び、当国に花果あるこれらの木は見るを得ざることとなるべし。

バクチの木を、古え当国より一本加賀金沢へ持ち行き植えし人あり。花さくという。栗山昇平とて熱心な植物学好きの人、広島幼年学校教師なるが、当地方に古えこの木を産せしと聞き、いろいろさがすに一本もなし。宇井縫蔵という人、わずかに一本見出だす。それも神社合祀のため今はなし。次に例の神島《かしま》にて多く見出だすも、老木なきゆえ花果なし。止むを得ず花果を見んため金沢へ旅行せしことあり。さて小生と伴い、右の跡浦で一本始めて花果あるを見出でしなり。すなわち地方合祀励行のため、土地固有の珍植物が花果あるもの全く亡びて、他州へ往きてわずかに見得ることとなりしなり。

西牟婁郡周参見《すさみ》◆11浦の稲積島《いなづみ》◆12は、樹木鬱陶、蚊、蚋《ぶと》多く、とても写真をとることもならぬほど樹木多き小島なり。神島と等しく、この島神はなはだ樹を惜しむと唱えて、誰も四時以後住《とどま》るものなく、また草木をとらず。小生もこの島固有の名産タニワタリ（『植物名彙』にタニワタシ Asplenium Nidus L.）一本とりにやりしに、杉の幼木一本買い、代りに植え返りしなり。珍木アコウノキもあり。習慣として古来タニワタリを少々とるに、必ず同数の幼木を植えしめしなり。しかるに例の合祀のため、この島周参見の汽船の着く所に近きを便利とし、このごろは大坂より植木屋多く入りこみ、何のわけもなくおびただしく引きぬき去る由。神社を置かば、例の草木鳥獣採るを禁ずる制札の権利があるから、制限自在なるも、神社なきゆえ悪行《あくぎょう》勝手次第なり。

御承知の古座浦の黒島◆13も、この稲積と並んでタニワタリの名所なり。小生八年前行き、同島植物片っぱしから採りしに、そのころは一本もなく高芝《たかしば》、下里《しもさと》などいう村の旅宿などに栽えたるもの多少ありしのみ。去年、児玉親輔君行きしときは多少黒島にありしと聞く。しかし、とてもかく採集しきりにては、葉の長《たけ》二尺にも及ぶ大なるものはなからんと存じ候。那智の秋海棠またこの例で、一の滝の付近に七、八年前までは一、二本ずつありしが、七年前にただ一本を見る。その一本は小生これを採り保存す。さてその後は一本もなし。もし今あらば、それは寺院等に植えたる品が復原して野生となりしものならん。野生は人家に栽うるものに比して、はなはだ大きく、またことに多汁なり。花の数少なく、かつ美ならず。那智には寺院多かりしゆえ、アヤメ、セリバオウレン、キリシマ、ハクチョウゲ、イワフジ、シジミバナ、また芭蕉も野生することあり。古老にきくに、いずれも今は野なれど、むかし寺院の庭たりしなり。

神島のこと柳田氏を経て尊慮を煩わせしが、これは村長比較的に物の分かった人にて、ついに小生の意に随い、下木《したき》を三百円で売りありしうち、七百貫目はすでに切りたるゆえ、その代価を引き去り、余分を見積もり、入札人へ返却することと四、五日前村会で決議。ワンジュは年に只今五升しかとれず、さて古来の習慣で京都の数珠屋へ売る、二百一顆を数珠一連として三十銭の卸売なり。これは今日物価貴《たか》きに、いかにも不当に賤価なれば、買わねば買うてもらわずとも可なりとの決心で、まず一連九十銭くらいに売ることに致させ、そのうちまた横浜の外人等へ売先を得らることと致し候。巡礼など、この豆を持たば旅中蛇蝮《へびまむし》にかまれぬとて買いに来たり、役場にて売るなり。(英国の北部にも Virgin Mary's Nut と称し、熱地より流れよるシトップを数珠の親玉とし、巫蠱《ふこ》 witches 邪視 evil eye を避くる風ありとのこと。) 只今花盛んに開きおり、小生右の村長と近日写真りに行くゆえ、よくできたら一葉差し上ぐべく候。

市江《いちえ》と申す所、この田辺より五里ばかりの浦なり。そこにもある由なれど、実《みの》らず。この市江の社より、前日宇井氏キキョウランを発見す。これも、只今は栽培品は湯浅町にあれど、自生はとんと少なし。これらは口外すればたちまち取り尽さる。また口外せずとも、すでに合祀せる跡ゆえ、早晩絶滅なり。この市江という所は、不便きわまれる海浜の小村にて、もっとも近き他村へ、いずれへ歩むも二里ばかりあり。郵便配達夫毎度面倒がり、書状を沙《すな》の中へ蔵《かく》しかえり、数日に一度蔵した書状多くなりてのち配達するので、罪に落ちるほどのことなり。故に数里はなれた所へ合祀されて後は、小児の名づけ、その他に、自分ら祖先来の神に詣ること叶《かな》わず苦しみおれり。

本県合祀励行一村一社の制を強行して、神社乱滅、由緒混乱、人民嚮《むか》うところを失い、淫祠邪魅盛んに行なわれ、官公吏すでに詐道脅迫をもって神様を奪い得る。人民また何なりして官を欺くがよろしというようなことで、当県官公吏の犯罪（村長の）全国第一たり。加うるに、高野、熊野その他に山林濫伐、偽証払下げの罪人多く生じ、当該官当局またこれを悔ゆることはなはだしけれども、今度は人民の方一層狡猾になり、小生千辛万苦して、せっかく数千の私資金を費やし、多大の年月を消して作りたるプレパラート（主として黴《かび》、菌《きのこ》、淡生藻。粘菌は、当県および十津川にて、すでに百種まで見出だし、大英博物館に列品せり）の洩れ損ずるをも顧みず、去年ついに牢舎につながるるまでも奔走説得して保留せる神社多きも、今では反って神社を置いた所までも神林を伐るもの多く、小生の親戚すら前金を置きまわり、神林を伐り売買してコンミッションを獲て営業とするものあり。実に困りきったことに御座候。

日置川《ひきがわ》筋◆14の神社合祀は実にはなはだしく（去年三月二十三日ごろ、すなわち衆議院閉会前日の官報で御覧下さるべき通り、代議士中村啓次郎氏の神社合祀に関する長演説あり。これは小生が起草して中村氏が整頓したるを演説せしものに候。その中にも見ゆ）、三十社四十社を一社にあつめ、ことごとくその神林を伐りたる所多く、また、今も盛んに伐り尽しおり、人民小児の名づけ等に神社へ詣るに、往復五里、はなはだしきは十里を歩まねばならず、染物屋（祭りの幟）、果物屋、果子《かし》小売等、細民神社において生を営みしもの、みな業い失い、加うるにもと官公吏たりし人、他県より大商巨富を誘い来たり、訴訟して打ち勝ち、到る処山林を濫伐し、規則を顧みず、径三、四寸の木をすら伐り残さず。多数無頼の人足、村落に充満し、喧嘩、争闘、野中村でのみ去年中に人の妻娘失踪せしもの八人あり。

さて木乱伐しおわり、その人々去るあとは戦争後のごとく、村に木もなく、神森もなく、何にもなく、ただただ荒れ果つるのみに有之《これあり》。紀州到る処、山林という山林、多くはこの伝にて荒らされおり候。もとより跡へ木を植えつくる備えもなければ、跡地にススキ、チガヤ等を生ずるのみ。牛羊を牧することとすら成らず。土石崩壊、年々風災洪水の害聞《がいぶん》到らざるなく、実に多事多患の地と相成りおり申し候。この他、地方官公吏自分の位置を継続せんとて、入りもせぬ工事を起こし、村民を苦しめ、入らぬ所にトンネルを通じ、車道を作ること止まず。さてその工事成るころは、すでに他にそれよりよき工事でき上がるため、せっかくの骨折りも徒労となり、いたずらに植物の絶滅、岩土の崩壊を見るのみ。慨歎の至りに御座候。

山林等は国家経済の大体にも関することゆえ、微生等智恵の及ぶ所にあらずとして、第一に植物保存の点のみより願わしきは、閣下ら、何とか一日を躊躇せず、合従《がっしょう》して徳川頼倫侯に話し（この人は貴族ぶらず、はなはだ好き人物で、いかにも度量寛弘、気宇闊達のところあり。小生も在英のとき毎々前へ出て酒を飲み、くだをまきたり）、差し当たり当紀伊国は、三好教授の『植学講義』にも見るごとく、土は本州ながら、生物帯は熱帯、半熱帯のもの多き、まことに惜しむべき地なれば（英国でコーンウォール州、またジャーシー、ガーンゼーのみに、仏国と同様のものあるごとく）、学者の一通りの研究がせめてすむまで（事務行政上、実際何の害なきことなれば）、生物および古物、勝景、史跡（ことに近年欧州には、キリスト教のために全く屑片しか止めぬをすら、種々尽力して捜索しおる有史前史跡、また一国の民が一国を愛するは、一郷一村の民が一郷一村を愛する心に由るものなれば、その一村、一大字、一小字についての民俗 Volkskunde の調べの一《ひと》通りすむあいだ、なるべく旧慣、土風、屑譚、里伝を保存するよう）、土俗、里風を保存するために、すでに全県神社の五分の四を合祀しおわり、全国中には合祀励行第二位に位するこの和歌山県

本年六月二十五日、『大阪毎日』によれば、神社合祀のもっとも励行されしは、伊勢、熊野（日本でもっとも神社の本尊たる所）で、すなわち、

	現存	滅却	残存の社数が合祀前に存せし社数に対する割合

三　重	942	5547	$\frac{1}{6.8+}$
和歌山	790	2923	$\frac{1}{4.7}$ exactly
愛　媛	2027	3349	$\frac{1}{2.6+}$
埼　玉	3508	3869	$\frac{1}{2.1+}$
長　野	3834	2997	$\frac{1}{1.2+}$

長野は全社数の二分一未満、埼玉は二分一強、愛媛は三分一未満に減じたるに、和歌山県はほとんど五分の一、三重県はほとんど七分の一に減少せるなり。今年のことは知るべからざるも、合祀一向行なわれざる県多く、たとえば秋田県か青森県は、昨年六月までにわずかに四社を減じ、北海道は全道でわずかに十四社を減ぜりと申す。すなわちこの合祀なるもの、各府県思い思いに行ない、あるいは行なわれ、あるいは行なわれず。古跡また珍生物保護の必要少なき地にして、反って合祀少なく、古跡と珍生物等多き地にして、反って合祀多きを知るべし、むちゃくちゃなり。

の神社合祀をこの上全く中止し、また、その神社趾は（すなわち神森、古墳、古建築の社殿等は)、当分遥拝所として神社同前に尊敬し、従来通り、鳥獣竹木を採り、建物付属品を破損するを厳禁し、塚、碑石、燈籠、手水鉢を移動するを禁じ、徐かに中央政府また大学、学会等より人を派し、実地を調査するを俟《ま》つこと、との一事を至急何とか御勧告下さらずや。

今日とても、東西牟婁郡および日高郡[15]には、小生の説を容れ、多少残存せる神社あり。またすでに合祀はされながら、そのあと地跡、建築そのまま残れるもあり。はなはだしきは人民屈強にして、ついに復旧せるもあり、和歌山県庁も、最初神社をなるべく多く潰して高名せんと心がけ、自治政成績展覧会を一昨年ごろ高野で催せしとき、神社を滅却せる数多きを自治成績の一に数え立て、特に他県に擢《ぬき》んでて、最初は五百円なりしを五千円まで基本金を上げ、五千円の基本金なき社をことごとく合祀し(実際五千円を積み得る社は一つもなし)、また一村一社の制を設け、直径五里六里往復の大村にすら一社しか残立を許さず。これがため、御承知の熊野九十九王子社[16]、すなわち諸帝王が一歩三礼したまえる熊野沿道の諸古社[17]は、三、四を除きことごとく滅却、神林は公売にさる。しかるに、小生、中村啓次郎氏に託し、平田〔東助〕大臣に滅却濫伐の惨状の写真を示してより、大臣大いに驚き、訓示ありてより、基本金なくとも維持の見込みある社は存立を許すこととなりしも、困りきったことは、当県知事は何故か実際に通ぜぬ人にて、さらに一社ごとに神職をおくべし、神職なき社は滅却すべしという。もし神職を置かんとならば、何とか西洋の寺領税《バリッシュ・タクス》のごとく、漸をもって、毎月、毎年、毎戸より積み立てさせて後に置いて可なり。

神職は只今その人なく、いずれも無学無頼の者のみなり。別に差し上げ候本日の『牟婁新報』拙文にて御覧下されたく候。この輩に只今急に俸給やったところが何の功もなく、少々跋扈し出すと、例のごとくニューヨーク辺の天主教長老同様、今日の教育が気に入らぬとか、丘浅次郎氏の進化論、石川千代松氏の化醇説は、天皇陛下を猿の子孫というもの、国家に対し不忠など、自分の鄙劣《ひれつ》心から飛んでもなきことを言い出し、教育改進に障害を及ぼす輩のみなり。今日すでにこの辺では、神主に俸給をやりながら何の功もなく、諸社兼務多きゆえ、大祭日の祝典を二日三日延ばすこと多し。米国にも英国にも、僧なしの熱心なるキリスト教徒あり。当国にも、近来僧入らずの新仏教あり。僧や神主はほんの教えを伝うる方便なり。この辺の民は千古神を敬し、朝夕最寄りの神へ詣し、礼拝讃唱するを楽しみとし、一家安全の基《もとい》としおるものなり。従来かようにして何の不足なく数百十年を経歴し、神社また何の不足なく維持し来たりたればこそ、今日合祀の大難にあいしなり。

およそ金銭はいかに多く積もるとも、扱いようでたちまちなくなる、至って危うきものなり。樹木も財産なり。確固たる信心は、不動産のもっとも確かなるものなり。これを売りこれを潰《つぶ》し少々の金にしたりとて、一ど失えばまた返るべからず。神主どもが貧乏になるのは自らの不注意なり。かかるものに金を増し与えたりとて、神道が盛んになるにあらず。後年、公園公園とさわぎて多大の金銭を投じ、村民逸楽《いつらく》の場を買い戻さんとするも、なかなかできることにあらず。また欧州にも、最寄り最寄りの公園には必ず礼拝堂、十字架の設けあるを案じて、いよいよわが国の神社は、これ本来の公園に神聖慰民の具をそなえたる結構至極の設備と思い、外国人が毎々羨む通り、さしたる多額を費やさずに、村々大字大字に相応の公園あり、寺院あり、加うるに科学上の諸珍物を生存せるアサイラムとして保存されたきことなり。たとい樹林を伐り、建物を滅するも、いたずらに破壊乱伐の悪気象を児童鈍夫につぎこむのみ。その売上高は、決して樹木、神宝、生物、勝景をそのまま保存し、不識不知《しらずしらず》のあいだに、良朴、愛国、剛毅、不動の国風を村夫児童に教えこむの大財産たるに比すべきにあらず。

本郡川添村は、神社合祀の模範とも称すべき大合祀を行ない、十四村社を合一して一万余円の基本財産あるつもりにて神林を伐り、社田を売りしが、実際何の風化もなく、わずか二年後の今日、その本社の屋根洩るるも修繕する銭なく、神主途方にくれおり。人民は本社へまいりたきも、往復十里を歩まずばならず、全く無神の状況にあり。風儀悪くなり、樹林一《すべ》て空しくして、樹蔭ある樹林を見ることならず、全く禿山住居なること満州辺に同じ。（神林の樹木は、材用のため殖林せしにあらざれば、枝、幹の下方より生じ、節多く、二足三文何の価値なく、多くは焚き物にするのみ。）たとえば今度御心配かけし当田辺湾神島《かしま》のごときも、千古斧を入れざるの神林にて、湾内へ魚入り来るは主としてこの森存するにある。これすでに大なる財産に候わずや。しかるに合祀励行のため、村役場員等なるべく無性《ぶしょう》をかまえ、また利益を私《わたくし》にせんと心がけ、なるべく村役場近き社は、たとい由緒なき狐や天狗を祭れる小祠なりとも、これを村社と指定し、由緒あり神林多き社も、村役場に遠きをば挙げて合祀させ、これを濫伐せる余弊、筆舌に尽きざるに候。

神島のワンジュは、島の一部にのみ生じ、いかにするも他へ生ぜず。ブラジル辺で見るごときfestoonを形成し、図のごとく蜿蜒《えんえん》し、大なるものは、幹十インチ以上あり。外国には、耳輪、腕環などにかかるsea-beansを用うることおびただしければ、このものを今少し多く繁殖させなば、なかなかの営利ともなるべきものなり。しかるに、合祀のため只今

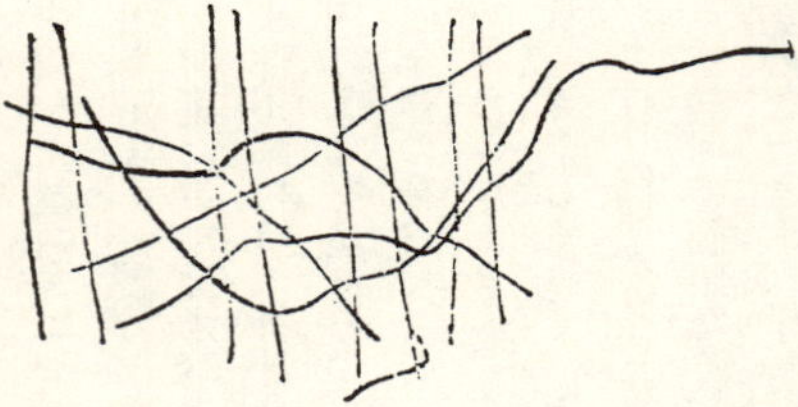

濫伐に及ばんとし、たとい濫伐せずとも、神祠すでに去りたるをもって人これを憚らず、種々に枯木をとり去るゆえ、かのカレキス・マツムラエのごとき、四ヵ年前小生見出だせしときは十四、五坪の間に弥漫せしに、今春末牧野富太郎氏の嘱に応じ往き見たるとき、わずかに十二株しかなきなり。故に一株につき幾分ずつ、その株にきずの付かぬようかきとり、牧野氏へ送りしなり。この島には由来キセルガイの種類多かりしも、合祀と共に全

く絶え果てたり。ついでながら申す。この島は千古、人が蛇神をおそれて住まざりし所なり。自生の棟《せんだんのき》あり、また海潮のかかる所に生ずる塩生の苔 scale-moss あり。奇体な島なり。

　小生は少しも動物学を知らず。しかし小生のごとき素人から見ても、当国の山林また神森には、まだまだ記載を畢《おわ》らざる動物多きなり。ヤマネ dormouse などは、どうしても一種にあらず。また当郡瀬戸鉛山《かなやま》村には、毎年夏末秋より冬にかけ、海より上り陸に棲み、はなはだしきは神森の木に上る寄居虫《やどかり》あり。小生も前年手に入れ、久しく養いしことあり。小笠原島産のものに似たり。全身碧紫にて、大きく、はなはだ美なり。また鉛山の温泉場の前岬の岩井に、図のごときヒトデ、足に大小の懸隔はなはだ大なるありし。これでは歩

行に不便ならんと観察せしに、廻りあるく gyrate なり。英国へ持ち行き大英博物館の専門家に見せしに、ニュージーランドの特産なる由。小生手本《てもと》に一箇今に残せり。ほしき人あらば進ずべし。これらも、役人不注意、人民勝手きままのため海中の岩少しもなくなり、右の温泉へ波烈しきごとに海潮打ち入り海荒くなりしため、今は全滅せり。前日安堵峰《あんどがみね》(当熊野第一の難所)へ行きしに、無智の山人の話をきくに、ハタフリというものあり、話の様子をきくに、イモリごときものに紅き鰓《ギルス》が一生つきおり、動くごとに旗ふるごとくなると見ゆ。思うに、例のアキソロトルシレンス様のもの、この辺にあるかと存ぜられ候。

こんなことゆえ、学者の記載調査もすまさずに、むやみに山林全伐したり、またたとい深山に多きものなりとも、大学生など限りある日数と限りある費用を持って来たり研究せんには、なるべく人里に近く薪水の便宜ある所で研究する方都合よければ、最寄《もよ》り最寄りの神林などはいささかも調査のすまぬうちに伐られぬようにせられたきことなり。（これを伐って実際髪毫の益なく、大患をのこすは前述のごとし。）

小生は植物大家などとちらほら東京、大阪の新聞へ出で候が、小生は植物学を正則に学んだことはなく、在英のとき書籍学《ビブリオグラフィー》を日々の営業とし、そのひまに遊んでもおられぬゆえ、手当り次第に書籍の contents を誦じたり。さて帰国のとき、大英博物館のモレーGeorge Murray を訪いしに、日本は隠花植物（菌、藻等）の目録いまだ成らぬは遺憾なり、何とぞひまあらば骨折られたきことなりとのことにて、帰国後、商業はきらいなり、すでに十一年、この熊野におり、主として淡水藻と菌類および粘菌を集め画し、粘菌はその発生経過等のことを少々潜心して研究せり。どこにてもあるものゆえ、どこの森を伐ろうがかまわぬじゃないかと言われんが、実際は然らず。二十町三十町地押《じお》しするごとく委細に調ぶるとも、全く普通種一種をも出さぬ森あり。また当田辺町を去る三、四町ばかりの糸田の猿神社◆18のタブの老木株のごとき、一丈に満たぬものなるに、従来日本になしと思える粘菌三十種ばかり見出だし、その一は新種なり。さればここのごとく、町に近き便利な地に三十種も年々粘菌を定まって生ずる地を点定しおくと、何の点定もなく探したらあるだろうとてぶらぶら捜しまわるとは、学者の経費上に非常の径庭《けいてい》あり。学問の進歩にも大関係あることなり。

一所不定と称せらるる下等隠微植物すらかくのごとくなれば、高等顕花羊歯群植物等、住処にはなはだ癖のあるものは、なるべくはその住処を知りおき、そこそこに保存されたきことに候わずや。（右の糸田の猿神社は◆19全滅、樹木一本もなく、村の井戸濁り、飲むこと成らず。）これを例すれば、カラタチバナと申すものは、前年牧野氏が植物採収に出かけたときは、土佐辺の栽培品に基づき記載されしと存じ候。小生知るところにては、本州には紀州の外にあまり聞こえず。さて九年ばかり前に、那智には小生、三、四本見出だす。このものは変態多きものと見え、自生品にすでに白斑《はくはん》あるもの二本ありし。その後一向見出ださざりしに、この田辺より三里ばかりの岡と申す大字の八《や》上《かみ》王子の深林中に宇井氏見出だす。それより栗山昇平氏、一昨年栗栖川の神社合祀跡で見出だす（むろん只今は湮滅）。寛政七、八年ごろカラタチバナ大いに賞翫され、一本の価千金に及べるあり。従来蘭や牡丹の名花は百金に及ぶものあれど百金を出でし例を聞かず、と『北窓瑣談』に見えたり。hortorum の名をつけしも、この栽培品によれるならん。何に致せ、当県では少なきものなり。

しかして右の八上王子は、『山家集』に、西行、熊野へ参りにけるに、八上の王子の花面白かりければ社に書きつけける、

待ち来つる八上の桜咲きにけり荒くおろすな三栖《みす》の山風

とて、名高き社なり。シイノキ密生して昼もなお闇《くら》く、小生、平田大臣に見せんとて写真とりに行きしに光線入らず、止むを得ず社殿の後よりその一部を写せしほどのことなり。この辺に柳田国男氏が本邦風景の特風といえる田中神社◆[20]あり、勝景絶佳なり。また岩田王子◆[21]、すなわち重盛が父の不道をかなしみ死を祈りし名社あり。

これらの大社七つばかりを、例の一村一社の制に基づき、松本神社◆[22]とて大字岩田の御役場のじき向いなる小社、もとは炭焼き男の庭中の鎮守祠たりしものを炭焼き男の姓を採りて松本神社と名づけ、それへ合社し、跡のシイノキ林を濫伐して村長、村吏等が私利をとらんと計り、岡大字七十八戸ばかりのうち村長の縁者二戸のほかことごとく不同意なるにも関せず、基本金五百円より追い追い値上げして二千五百円まで積み上げたるを、わざと役場で障《さき》え止めてその筋へ告げず、五千円まで上りし際村民に迫り絶対《ぜったい》絶命に合社せしめんとするに、その村に盲人あり、このことをかなしみ、小生方へ二、三度言い訴え来る。よって小生このことを論じて大いに村長をやりこめ、合祀の難をのがれ今日までも存立しおる。小生みずから走り行き、役場員が呆れ見る前で写真とり、歩行して松本神社の大いさを量りしに、わずかに長さ三十二歩幅二十六歩ばかりの小境内なり。それへ酒屋の倉の屋根のごときものを移し来たり、他の神社九を蜂の子のごとくに押し込み、さてその九社の跡の神林を私利のために伐り尽さんとせしなり。

この村長は松本甚作とて模範村長たり。この人お上《かみ》を欺くに妙を得て、まずその村の小学校へ校医と裁縫教師幾名置けりと報告す。その校医たり裁縫教師たる人に逢うてきくに、一向そんな任命はききしこともなしという。また村の実況を書き上げよと託されたる教員が、村の一部に博奕するもの多少ありと実況を書きければ、たちまちこれを放逐す。政府の御用新聞たる『国民』子すら、昨年書きしごとく、今日の模範村長などはみな書上《かきあげ》をよくすることをのみ力《つと》め、実は模範村長となりて鼻糞金三、四十円頂戴するために、村民の迷惑、風俗の壊乱、古物名蹟の乱滅はかなしむに堪えたるものに候。（この松本神社等の写真は、中村啓次郎氏、平田子に示し、その不都合を言い立てたり。）

当県知事は、前日内務省地方長官会議に一本大臣からまいられ、帰りて訓令を出し、神社合祀は決して勝景を害せずといえり。しかれども、本邦に神社ほど勝景に関係あるものなきは欧人も知るところにて、わが国のごとき薄弱不耐久の建築にては、いかに偉大なる建築を施すも、到底、ローマ、アッシリア、インド、回々教国の石造、煉瓦造のものに及ぶはずなし。（されば、往年チガコ出板の'Monist'紙上に、開化の定義の一として、建築が後代に永く遺り、たといその国民亡ぶるも建築が伝わるべきものにあらざれば真の開化にあらずと言いし学者ありしは、至極珍ながら欧人の気質を発揮して面白し。）しかるに、近日の『大阪毎日』に菊池幽芳氏が書きしごとく、欧州の寺院等は建築のみ宏壮で樹林池泉の勝景の助くるないから、風致ということ一向なし、というも至当の言たり。今わずかに五千円やそこらの金を無理算段して神社を立派に立てたところが、濠州木曜島帰りの出稼ぎなど帰り来たりこれを見て、何だこれはメルボルン郊外の曲馬小屋にも及ばぬというに違いない。現に和歌山の県庁、煉瓦造りで立派になったと聞いて、十年ぶりに去年和歌山へ帰省し拝見せしに、欧米に半生を断殺《しさつ》したる吾輩にはシンガポールのラシャメンの妾宅ほどにも見えなんだ。せっかく自国固有の伝説通りに古人が意を込めて経営した神社などつぶし、埒《らち》もなき間《あい》の子《こ》の社殿を立て、ペンキぬりの白鳥居やブリキ蓋《おお》いの屋根など立つるよりは、やはり北条泰時が大廟をほめたごとく、素朴簡易にして、しかも近づくべからず、樹林森々として風に琴音《きんいん》を出す方がありがたく覚えらる。ギリシア・ローマの早世期の神社の風として、今に美術社会に尚《とうと》ばるるもの、みなかくのごとし。されば、千円や二千円の木造社殿やブリキ屋根を新設して得たりと誇る当県知事などは、実に風流雅尚を解せぬ俗物で、せめては歳時記の一つも買うて俳句でも稽古させたきことなり。

例として封入する、(1)西の王子は出立の浜と称し、脇屋義助、熊野湛増◆23、また征韓の役に杉岩越後守等、みなこの出立の浜を出船せるなり。御存知通り熊野兵◆24は昔よりどちらともつかず、ただ報酬多き方へ傭われたること、『平家物語』、『太平記』にて知られる。南北朝ころは、薩摩、大隅まで加勢に行き、また戦国には北条氏、里見氏までも援兵にやとわれ候。悪いことのようなれど、ハラムの『欧州開化史』にも、傭兵（マーセナレー）起こりてより戦士本気になって働かず、ある戦いに三日とか数万の傭兵仏国で大戦争し、戦死無慮三名、それも大酩酊の上馬に乗り行きしゆえ馬より落ち不慮に死したるなりと知れ、敵も味方も阿房《あほ》らしくなり、ついに戦争少なくなれり、とありしよう覚え候。しからば、ちと牽強ながら、慶元の際邦人兵戈《へいか》に飽き足りしとき熊野兵のようなものありしゆえ、いよいよ戦争がつまらなくなり、終《つい》に徳川三百歳の太平を享けるに及べりと故事《こじ》つけ得べく、恐縮ながら赤十字社などや平和会議の先鞭を着けしものの史蹟として保存すべきものなり。古老に聞くに、関ヶ原の役に、杉岩の兵ここより出で立ち、徳川へは徳川方、石田へは大阪方たるべきような通牒をなし、そろそろと艤《ぎ》し行くに、和歌山まで十五日かかる。さて和歌山へ着せしに、家康より状来たり、関ヶ原で大捷ゆえ目出度く引き取りくれとのことで、熊野兵大いに悦び半日の間に田辺へ安着せり、と。

しかるに、この神社は無双の勝景で、熊野九十九王子の一たるに、村人二千五百円まで基本金積みしも聞き入れず、五千円を積むか神社を合祀せよ、しからずんば氏子総代を入牢さすべしと、堀という郡書記脅迫を加え、止むを得ず合祀せしが、今も社費を納めず、合祀先の本社へ一人も参らず、祭日はこの神社跡で神体なしに行ない、神主の代りに近傍の坊主を招き、経を読ませ、神やら仏やらさっぱり分からず、よって懲《こら》しめのため、この社趾の樹林を一切濫伐すべしとの命を下し、村民小生方へ走り来たり、小生弁解して事すみたり。無双の勝地たるのみならず、この樹林を伐らぬさえ大風雨のとき、土崩れ官道を損じ、人家を潰すなれば、原敬氏内務大臣たりしとき、合祀訓令にありしごとく、由緒《ゆいしょ》来歴のみならず、地勢にも顧み、神林はたとい神なくとも保存されたきことなり。(ウマメカシ、シャシャンボ、クスドイゲ等の雑木と松のみなれば、伐ったところが何の益もなきことなり)。

また(2)出立王子は、御存知のごとく、『後鳥羽院熊野御幸記』◆25に塩垢離《しおごり》をとるとある御旧蹟にて、塩垢離とらせたまえる岩は今も存せり。御譲位ののち二十八回とか熊野へ御幸あり、諸処王子の社にて御歌会を催され、関東討滅の軍議を催させたまいし。ことに、ここにて万乗の尊をもって親しく潮をあび、祈請せさせたまいしなり。その跡を何の苦もなく破壊し、国〔原本欠図〕のごとくきたなき貧民の衣服をほさせ、また小生の四辺を取り囲める悪少年ら日にここに集まり、下なる民家へ小便をたれこみ、婦女の行水《ぎょうずい》を眺むるなど、悪行醜態言語に絶せり。これを潰して何の益もなく、ただ丘上の小学校へ通う路を不恰好に大きく取り広げたるのみ、四隣の人民迷惑はなはだし。さて今も帝徳を慕うのあまり、一人も合祀社へ参らず、祭礼を勝手自前に行ないおれり。この一条には平田子も閉口し、中村代議士に対し返答できざりしなり。(小学校へは後鳥羽上皇の尊像を配りしと聞くに、その御遺蹟を悪太郎どもの小便場と化し去るもまたはなはだし。)何とか御あとへ遥拝所くらいは立てそうなものなるに、今に放置しあるなり。ないよりはましという心得にや、この辺に狐を拝する道場生じ、只今大はやりときく。

(3)三栖中宮、(4)三栖下宮なり。これは閣下らが三栖[26]を通りて御存知の通り、なかなか立派な宮なり。熊野街道の風景を添うることおびただし。しかるにこれをも例の通り、境内の樹木を伐るため上三栖のより劣れる小さき社へ合祀しおわりしが、小生の抗議により今までは樹を伐らずにあるなり。この村は千円や二千円の基本財産にこまる所にあらず。しかるを何様《なにさま》、社を滅却して功名とせんとて五千円まで基本金を値上げせるゆえ、五千円という金はちょっとできず、止むを得ず合祀せしなり。今日史跡勝景保存会といいて、全く古えの風を存せざる飯田町や不忍池畔へ馬琴や季吟の碑や像を立つるよりは、何とぞ只今救わば救い得るこれらの熊野諸社の林地を保護し、成ろうことなら復社させやるよう御運動下されたきことなり。

西洋に、林地には必ず礼拝堂あり、また十字架を立つるごとく、当地方では神威を借るにあらずんば樹林の守護はできがたきなり。すでに去々年、当地近き新庄《しんじょう》という村の小学校、紀念のため児童をして校地に桃樹、桑樹一千ばかり植えしめしに、一月立たぬうちにことごとく烏有となりおわりぬ。またこの田辺の浜へ今年松苗二千株ばかり樹《う》えしに、昨今一本も存せず。

右は小生調べ集めたる材料のうち百分の一ばかり御覧にかけ候。本宮ごときは、白井光太郎氏も『日本及日本人』に書きしごとく、二十二年の水害に宝物文書流失し、本社も潰れ、古えを忍ぶものとては川中の小島（すなわち旧本社の跡）の古樹林のみにて、その昔、

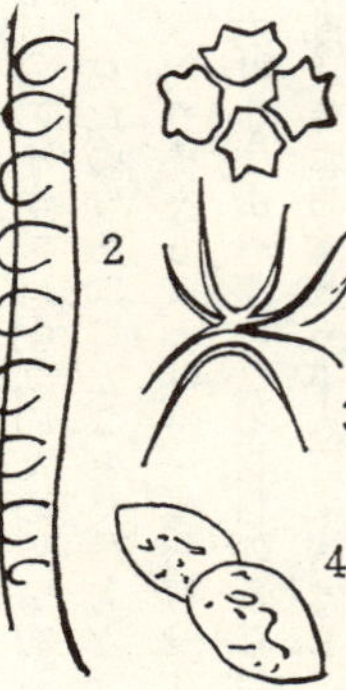

山また山を踰《こ》えて参詣したまえる聖帝、また月《げっ》卿雲客《けいうんかく》、平重盛、平政子、仁科盛遠、いずれもこの老樹林の下に跪拝せしことを念《おも》い出だして昔を忍びしその老樹を、神官の私宅を建つるためにとて昨年七月までにことごとく伐り倒し、小生ら異議を申し立てしもきき入れぬのみか、野暮な方なことをいうと嘲笑され候。さてその神官は他所の者でどこの馬骨か知れず、たちまち他へ転任になり、只今小生ら小言いうも相手なく、狐につままれしごとし。今の本宮に旅順で分捕《ぶんどり》の大砲など並べあるが、こんなものは器械でできる。別に右の神樹老木に比して何の恭敬の念を起こさず、石燈籠、手水鉢、古いものはみな毀《きき》却《やく》し、新しきもののみゆえ、何の史蹟という点少しもなし。手水鉢、石燈籠など、昔のは今日見られぬよき花崗石《かこうせき》など多く、また友人バーミンガム大学教援ウェストが言う通り、石質によりはなはだしき珍藻あり。たとえば、妙法山の大手水鉢中より小生見出だせしテトラストルム（(1)図）のごとき、確かに新種と存ぜられ候。またラチウォフィルム（(2)

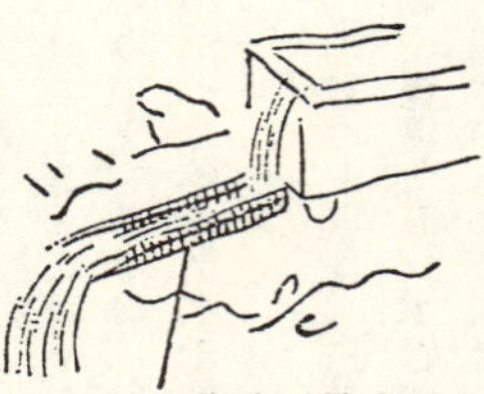

この陰になった函のところだけ紅色固着藻におおわる

図）、セネデスムス・フラヴェッセンス（(3)図。微少なる甲介虫《クラスタセア》を擬せるごとし）は欧州にも稀有のものなるが、当地より四里ばかりなる富田《とんだ》の道傍の地蔵前の石手水鉢より見出だす。顕花植物中最微の物たるWolffia（(4)図）の一種を、和歌浦◆27近き東禅寺の弁天祠前の沙岩手水鉢より見出だせり。ことに奇なるは、那智山一の滝下旧祠堂廃趾の四角なる手水鉢の傍らなる石筧《いしとゆ》は、過半希異の赤色硬藻ヒルデンブランジア・リヴュラリスで、けだし素人が見たら、花砂を含める珪石か、またはアカシダマ石で筧を作りしかと思わるる美観なり。神社の手水鉢等は、多くは合祀に伴い放置され、また破却されしものなり。

新宮では、神社合祀を東牟婁郡中に励行せしに、まず郡内手弱き麁《そ》朴《ぼく》の民多き七川《しちかわ》郷より始め、神社多く合祀、しかし添の川という所で暴動起こり少々躊躇《ちゅうちょ》、これがため高田という山村また那智村辺は全く抗議し、今日まで残存せり。その入れ合せに、小生が昨年の国会へこのことを持ち出さぬ前にと、大忙《いそ》ぎで新宮中の神社ことごとく破却公売し、新宮神社へ合祀す。その時の励行は実に烈しく、鳥羽院に随侍し来たりし女官が立てたる妙心寺という寺までも、神社と称し破滅せんとするに至れり。当時新宮第一の学者小野吉彦〔芳彦の誤記〕（これは学問のみならず、篤行をもってははなはだ人に重んぜらるる人）の来状、左に抜き出す。

強制的神社合祀のこと、小子らにおいても、その理由存するところを審《つまび》らかにする能わず。賢台（毛利清雅、この者当国で一番に合祀を民の随意に任すべしという論を

言い出す。『牟婁新報』の主筆なり）
小生は、従来山操《やまおとこ》ごとき独身生活を山中に営みおりしものにて、毛利ごとく政治行政のことに少しも関せず。英国のトマス・ブラウンは英国大内乱の際、一向介意せず、所学をもっぱらに研《みが》きしと申すが、小生もそんな風の男なり。毛利は政治家で功過相半ばす。しかし世間を相手に主張を貫かんには、新聞記者などをも味方とせざるべからず。むかしウチカのカトー、ローマの内乱に臨み、シーザルも悪人なり、ポンペイまた純善の人にあらず、しかしながら二つ取りにせんにはポンペイの方まずは国家に害心少なしとてその味方し、ポンペイ敗死するに及び、ちょっと頭を下ぐることシセロのごとくせば、シーザル喜んで死を赦せしはずなるに、屈せずして死せり。小生もまたこんなことにて、神社合祀反対を立てぬかんため『牟婁新報』で筆禍を得、罰金を命ぜられ、また乱暴して監獄行きとなれり。今日の世には味方なしに何にもできず。当時小生は三好氏の保勝会等のことを少しも知らず、訴えんにも訴え所なく、ついに入監にまで及べり。
および南方先生等の挺然御奮起、侃々《かんかん》その非を御論議成し下されおるを伝承仕り、陰《かげ》ながら深く感謝申し上げ候。すでに当新宮町ごとき合祀を断行致し、渡御前社《わたるごぜん》◆28（神武天皇を奉祠し、もっとも民の信行深し）を始め、矢倉神社、八咫烏神社ごとき由緒旧《ふる》く、来歴深く、民衆の崇仰特に厚かりし向きをも、一列一併に速玉《はやたま》神社境内大琴平社と飛鳥社とに合祀しおわれるのみならず、当時矢倉町なる矢倉神社、船町の石神社、奥山際地なる今神倉神社（祭神熊野開祖高倉下命《たかくらじのみこと》の御子天村雲命）のごときは、すでに公売に付しおわり、石段は取り崩され樹木は伐採移植せられ、神聖なる祠宇は群児悪戯の場となり、荒涼の状真に神を傷ましむるもの有之《これあり》候。近ごろ、郡参事会員某氏の話に、氏の村内某大家のごときはこれを悲《いた》しむこと、ことに深く、合祀実行の日は全大字を挙げすべて戸を閉じて、号泣哀痛の意を表し、また自分の大字の氏神のごときも、やむなく他に合祀せられたるも、こは別に遥拝所を設け祭礼を執り行なうはずと話されおり候。神倉神社（史籍にその火災を伝書し、古歌に名高き社）も速玉神社の摂社として遷され候。奥山際なる今の神倉神社の例の大老樟の立ち掩える社地は、宮本熊彦氏坪九円計七百円にて落札せるが、その日の中に千円にて他へ譲り渡し、奇利三百円拾得致し候由、云々。（しかして新宮の神官宇井という者は、件《くだん》の神武天皇社の滝の水を自宅へ取り込み、また社有の藪の筍《たけ》の子《こ》の売上高を私《わたくし》し、賽銭を祭日にわずか一円と書き上げ、その他を着服すとの評高し。只今一厘銭はなく少なくも五厘銭にて、新宮ははなはだ華奢《かしゃ》の地なれば、祭日の賽銭一円とは虚言もはなはだし。今回の那智事件も、どうやら神官尾崎（前に郡書記たり）も入監されるらしく候。神職というもの、みなこの通りのつまらぬ人物なるに、それに厚給を与え、学校教師と背馳して旧いドグマを説かせ、国家の進歩を計らんとするは心得られず。新井白石の

『読史余論』には、経忠公が南朝に奔りたまえる条に、公家《くげ》と僧侶ほど徳義心の薄きものなき由いえり。しかるに、かかる不条理の合祀行なわるるに及び、蹶然《けつぜん》その国体に害あるをいいし神官とては、伊勢四日市諏訪社の神官生川《なるかわ》鉄忠氏一人の前後になかりしは、実にわが国のために憂うべきことと言わざるを得ず。）（参照、中村啓次郎、衆議院の演説中に下の一節あり。日高郡南部《みなべ》の雨水という人の何の心もなく書きし俳句の小引に、一月七日、神社合祀の令、厳にして背《そむ》くべくもあらず、ついに決してこの夜を期とし、大字の神を村社に送る。一戸二、三人送らざるなし。神灯長く続きて外観賑やかなりといえども、人々寂《せき》として声なし。門の外、辻の辺、婦女童男莚上に跪《ひざまず》きて見送る。惜別の情禁じかねてか、時に嗚咽《おえつ》を聞く、云々。）

しかして当局者は、合祀は敬神の実を挙ぐとか、その真意は善しとかいうが、真意はどうであろうが成蹟ははなはだ悪しく、すでに当県の村長が県庁を紿《あざむ》き県費をちょろまかせし数二十二に及び、全国第一の名あるあり。また合祀のもっともはなはだしかりし三重、和歌山の交界点たる新宮町に、大逆事件に最多数（六人）の逆徒を出せり。それ無智の村民も、召伯の甘棠《かんとう》を伐るに忍びず、緇徒《しと》の最悪なるもの、なお甘茶《あまちゃ》を釈迦に灌《そそ》ぐを忘れず。しかるに君子、人を愛して屋上の烏に及ぶと言うに、国祖皇宗神武天皇の社を破壊公売して快《こころよし》と称するは、これすでに官公吏率先して大危険思想を挙行するものにあらずや。（このことは『東京朝日新聞』へ小生出し、次いで『万朝』かなんかへも出て、当局大いに返答にこまれり。）

　むかし四教の勃興せし際は、回祖《マホメット》回宗《カリツフ》みずからみな一日に若干時の営業をなせり。（はなはだしき籃《かご》を編みて道路に売りしあり。）只今その教衰えるに及んでムーラ、ハジなど称し、国の法界坊◆29ごとき遊食の徒おびただしく、安楽坊梅八《うめはち》ごとく、踊り廻りて銭を乞うものはなはだ多きは、松村教授トルコに遊びて実見のことならん。神官が貧乏になれるは彼輩の罪なり。その満足のものはいずれも役場へ勤め、小学校を助教し、それぞれ世益ありしなり。ロンドン、ニューヨークの盛といえども、寺院は七日全く拝み通しのものにあらず。僧侶それぞれ内職に学問を教え、文学を著述し、小学を教え、孤児を誨《おし》えて寧日《ねいじつ》なし。有名なる僧侶にして、淡水藻のプレパラートなどを手製し糊口の資とせし人あり。菌学の父といわるる故バークレー氏なども、糊口のためグリーク語を誨え、菌学はわずかに夜間眠時を節して勤められしなり。

　しかるに、当国只今のごとき逼迫の世に、神道ごとき不文不典の教を、強いて、この無智、無学、浅見、我利我慾の劣陋神機の輩に拡張せしめんとし、強いて旧史、地誌、土俗、郷風に大関係ある神社を滅却してまでも、その俸給を増さんとするは心得られず。もし実に民庶文化の開けざるを導かしめ、足らざるを補わしめんとならば、よろしく市町より始めて村と大字に及ぼし、徐かにその人を養成して、しかして後これを改補し、数社を兼務してもっぱら神事を掌《つかさど》り、遊食片時なるを得ざらしめて可なり。しかるに、今神主その人を得ず、またその人数に満たざるに、強いてまず神社から潰してかかること心得られず。西洋にも一僧にて諸寺管を兼ぬる例多く、その人ために空手遊食せず。神事また斉《ひと》しく挙ぐるなり。いわんや大市大町と等しく、三千円五千円の金を一時に積み立てんことを寒村僻邑《へきゆう》に迫り、これを積み立てずんばその社を滅却し、古樹老木までも全滅してなお十分の一に足らざるを知りながら、強いてこれを濫伐せしむるは、はなはだしからずや。もし実にその社の永続を期せられんには、民の自由に任せ、その民神社の存立を願わば、二十年なり三十年なり五十年なり、永世を期して一定の社領税を課し、漸々これを積み立てしめて可なり。

わが邦の人は、由来一種欧人に見得ざる優雅謹慎の風ありとは、小生が二十四、五年前米国に留学せし時毎度聞きしところなり。その後十年ばかり前に英国にありて、わが国に古く往来せし人士より荐《しき》りに聞きしは、わが邦人は年々にこの美風を失い行くとのことなり。こは、わが邦由来封建の制にて君主藩侯なき土地とてはなく、したがって長上に対して生来敬慎《けいしん》の美風を養生せし遺風多きにおこること勿論なり。今日は昔とかわり、われらごとき素町人の子も時を得れば才次第で男爵くらいには成り得る世なれば、大臣や次官くらいを見ても何とも思わず。すでに心底から何とも思わぬものに、上述のごとき謹敬欽仰《きんこう》の念起こらぬは知れきったことなり。いわんや、その長上たる人、多くは敗徳不名誉の行いあり。狼に冕冠《べんかん》せしめたるに過ぎざるにおいてをや。しかるに、ただ一つ封建の制より一層古く邦民一汎に粛敬謹慎の念を銘心せしめおるものあり。何ぞや。最寄り最寄りの古神社これなり。いわゆる何ごとのあるかを知らねど有難さに涙こぼるるもこれなり。神道は宗教に相違なきも、高語論議をもって人を屈従させる顕教にあらず。言詞杜絶、李白も賦する能わず、公孫竜も弁ずる能わざるの間に、心底からわが邦万古不変の国体を一度に感じ、白石が秋田氏の譜（『藩翰譜』）にいえるごとく（たとい有史前は多種の人種混雑せりとするも）、有史以後、啻《ただ》に皇族の万世一系たるのみならず、非人、えたに至るまでも、みな本邦の原人より統を引きたるものたることを不可言不可説の間に感ぜしむるの道なり。故にその教は、古え多大繁雑の斎忌 taboo system をもって成れる慣習条々（不成分律）を具したるのみ、外に何というむつかしき道義論、心理論なし。

時かわり世移りて、その神主というもの、斎忌どころか、今日この国第一の神官の頭取奥五十鈴という老爺は、『和歌山新報』によるに、「たとい天鈿女《あまのうずめ》の命のごとき醜女になりとも、三日ほど真にほれられたいものだ」など県庁で放言して、すぱすぱと煙草を官房で環に吹き、その主張とては、どんな植物があろうがなかろうが、詮ずるところは金銭なき社は存置の価置なしと公言し、また合祀大主張紀国造紀俊は、芸妓を妻にし樟《くす》の木などきりちらし、その銭で遊廓に籠城し、二上り新内などを作り、新聞へ投じて自慢しおる。こんな人物がいかにして説教したりとて、その感化力はとても小学教員には及ばず、実は教育の害物なり。現に従来祭日にのみ神官に接せし諸村民は、神官なしに毎朝夕最寄りの神社に詣して国恩を謝し、一家安寧を祈り、楽に基本金なしにそれぞれに醵金して今日まで立派に維持し来たり、神主はそれぞれより補助されて祭典を挙行し、何不足なく自分もそれぞれ内職に教員なり百姓なり営み来たれること、上述、欧州また古回教国の例のごとし。されば、神官はほんの扶助物 accessory にして、国民に愛郷愛国の念、謙譲恭慎の美風を浸潤せしむるは、一に神社その物の存立によることとなり。

プラトンは、ちょっとしたギリシアの母を犯したり、妹を強姦したり、ガニメデスの肛門を掘ったり、アフロジテに夜這いしたり、そんな卑猥な伝話ある諸神を、心底から崇《あが》めし人にあらず。しかれども、秘密儀 mystery を讃して秘密儀なるかな、秘密儀なるかな、といえり。秘密とてむりに物をかくすということにあらざるべく、すなわち何の教にも顕密の二事ありて、言語文章論議もて言いあらわし伝え化し得ぬところを、在来の威儀によって不言不筆、たちまちにして頭から足の底まで感化忘るる能わざらしむるものをいいしなるべし。小山健三氏かつて、もっとも精神を爽快ならしむるものは、休暇日に古神社に詣り社殿の前に立つにあり、といえりと聞く。かくのごときは、今日合祀後の南無帰命稲荷祇園金毘羅大明権現というような、混雑錯操《さくそう》せる、大入りで半札《はんふだ》をも出さにゃならぬようにぎっしりつまり、樹林も清泉もなく、落葉飛花見たくてもなく、掃除のために土は乾き切り、ペンキで白塗りの鳥居や、セメントで砥石を堅めた手水鉢多き俗神社に望むべきにあらざるなり。

小生家内事多く、昨夜来眠らずすこぶるくたびれ、また明日は英国のリスター女史へ粘菌送るため、これから顕微鏡の画をかかざるべからず。それがすむと、野中村へ神林の老木伐採を見合わすよう勧告に、往復十七、八里を歩まねばならず。

野中《のなか》◆30、近露《ちかつゆ》◆31の王子は、熊野九十九王子中もっとも名高きものなり。野中に一方《いっぽう》杉とて名高き大杉あり。また近露の上宮にはさらに大なる老杉あり、下宮にもあり。上宮のみは伐採せられしが、他は小生抗議してのこりあり。何とか徳川侯からでも忠告してもらわんと、村人に告げてまず当分は伐木せずにあり。しかし、近日伐木すると言い来たり、すでに高《たか》原《はら》の塚松という大木は伐られたから、小生みずから止めにゆくなり。後援なき一個人のこととて、私費多き割に功力薄《うす》きにはこまり入り候。いずれも一間から一丈近き直径のものに候て、聖帝、武将、勇士、名僧が古え熊野詣《もうで》にその下を通るごとに仰ぎ瞻《み》られたるに候。この木等を伐らんとて、無理に何の木もなき禿山へ新たに社を立て、それへ神体を移したるなり。これらは名蹟として何とか復社させられたきことに御座候。この三社の神主は荷持ち人足の成り上りにて、何にも知らぬごろつきごときもの、去年小生その辺へ行きしとき、妻と喧嘩し、妻首縊り死せし所なりし。かかるつまらぬ者の俸給を上げんために、かかる名社をことごとく滅し、名木を伐り尽すは、いかにもつまらぬ話と存じおり候。

〔以下の十行は『山岳』六年三号からの補足〕大抵、諸他の村々の合祀は、在来の一社を指定して村社となし、他の諸社をこれに合併したるものなれども、この近野村の合祀は破天荒の乱暴にて、全く樹林を濫伐せんがために、七、八百年来あり来たれる村社四、無格社九、合して十三社を全滅濫伐し、その代りに木もなく地価も皆無なる禿山頂へ、新出来無由緒の金毘羅社という曖昧至極の物を立て、それへ諸神体を押し籠め、さてその禿山へ新たに神林を植うるという名目の下に、周囲二丈五尺以下、一丈三尺の大老杉十余本を伐らんとするなり。合祀の際、件《くだん》のごろつき神主、神体を掌に玩び、一々その代価を見積もり、公衆前に笑評せり。合祀滅却されし十三社中、野中王子、近露王子、小広王子、中川王子、比曾原王子、湯川王子の六社は、いずれも藤原定家卿の『後鳥羽院熊野御幸記』に載りたる古社古蹟なり。

玄奘三蔵の『大唐西域記』に、むかし雉《きじ》の王あり、大林に火を失せるを見、清流の水を羽にひたし幾回となく飛び行きてこれを消さんとす。天帝釈これを見て笑うていわく、汝何ぞ愚を守りいたずらに羽を労するや、大火まさに起こり、林野を焚《や》く、あに汝、微軀のよく滅《めつ》するところならんや、と。雉いわく、汝は天中の天帝たるゆえ大福力あり、しかるにこの災難を拯《すく》うに意なし、まことに力甲斐なきことなり。多言するなかれ、われただ火を救うがために死して已《や》まんのみ、と。小生すでにこの三年空しく抗議して事はますます多く、妻子常に悲しみ、自分は力と財とますます耗《へ》り行き、また所集の植物を発表することもできず、訴うる所もなく困りきりおれり。東京には旧君侯（頼倫侯の御事）を始め、すでにこのことを防止すべき有力なる会まで立ちてありと聞く。従前、平瀬作五郎氏に托し大学へ頼み申し上げしも、達せざりしと見えたり。このごろ岡村博士の来県にあい、始めて貴下の国粋保存御熱心家なる由を承聞し、欽仰に任《た》えず、この長文を筆して成敗を天に任せ差し上げ候間、何分にも同志諸士と御議定の上、当県神社合祀を中止し、合祀趾は一切保存し、神職の給料は漸をもって積み立てしむること。

次に英国の treasure《トレジュア》 trove《トローヴ》 の法に倣《なら》い、土器、石器、そのほか土中より掘り出す考古上の品は、一切皇室の物とし、その筋へ献上し、その筋にて御査定の上、大学または帝室博物館へ留め置かれ、さまでにもなき品は本人に下付して随意に売却せしめ、また社地より出たるものは、これをその社に下付して神宝とし、永世保存せしむること。

このことはもっとも必要なることにて、只今も当地近く、古塚より曲玉《まがたま》、インベ、管石等おびただしく出で候も、小生は往き視ず。視たところで、ただただ姦商を惹き出し、種々悪策を生ぜしむるのみなればなり。この辺で出る古器に珍なもの多きも、何のわけもなく散佚するは惜しむべし。何とぞ政府にこのことに関する bureau を作り、軽便なる方法をもって、かかるもの出るごとに役場より一切ひとまず政府へ送らせ、大学等にて鑑査の上、取り上ぐべきものは皇室の御有として、大学等へ留め置かれ（英国も然《しか》り）、不用の分は本人へ還すようありたきことなり。

さて、漸をもって諸神社蹟また古塚等を巡廻して発掘させ、一切皇室の御物とされたきことなり。(それぞれへ御貸し下げは適宜とす。)
友人柳田氏はもっとも本件に尽力され候人、小生一面識もなきに、かくのごときは何かの宿縁かと存ぜられ候。よってこの状柳田氏の一覧を経て貴方へ御廻し申し上げ候。

明治四十四年八月二十九日夜九時四十五分書終

南方熊楠拝

松村任三様　御侍史

時刻迫り候につき不再読、誤字渋筆万々御察読を乞う。

二

拝呈。一昨夜柳田氏を経て、貴下へ一書差し上げ候。右は長文にて、小生は文字を習いしことなきゆえ、はなはだ御難読の御事と恐縮に候。さてその節の長文、大意は御了解相成り候ことと存じ候えども、なお遺憾なきよう左に増補申し上げ候。
明治三十九年原敬氏が内務大臣たり、水野錬太郎氏(小生と大学予備門にて同級なりし)が神社局長たりしとき、出されたる合祀の訓令には、『六国史』、『延喜式』に載りたる神社、勅祭準勅祭諸社、皇室の御崇敬ありし諸社(行幸、御幸、奉幣、祈願、殿社造営、神封、神領、神宝等御寄進ありしもの)、武門、武将、国造、国司、藩主、領主の崇敬ありし神社（寄進等、上に同じ）、祭神その地方に功績あり、また縁故ありし諸社は、必ず合祀すべからず、また勝景、地勢、土俗に関係重きものも然《しか》りとのことにて、つまり八兵衛稲荷とか、高尾《たかお》（遊女）大明神とか、助六《すけろく》天神とか、埒《らち》もなき後世一私人、また凡俗衆が一時の迷信から立てた淫祠小社を駆除するにつとめたものなり。

那智山に実加賀《じつかが》◆32行者とて巫蠱《ふこ》をもって民を乱迷せしめ、明治十四、五年のころ滝より飛び降りて自殺せるものを、大なるしかけにて、今に香花《こうげ》絶えず。かかるもの到る処多く、また寺の中に天狗、蛇魅、妖狐等をまつるもの多し。在来の旧社の信仰を奪うのみならず、はなはだ淫猥の風を増す。かかるものは新しくて履歴正しからぬはことごとく駆除されたきことなり。

故に、この原氏が出せし合祀令は実に至当なるのみならず、小生はその励行をもっとも望みたる一人なり。しかるに原氏内閣を去り、平田氏内相となるに及び、例の二宮尊徳の「シミタレ宗」を尊拝のあまり、件《くだん》の原氏の訓令を改修し、務めて神社を潰すことに訓令を定め、金銭を標準として神社を淘汰するに及び、かつその処分は一に県知事に一任し、県知事はまたこれを無学無識の郡長に一任せしより、歴史も由緒も勝景も問わず、いわんや、植物、まことに小生が専務とする微細植物などのことは問うはずなく、ことに当県は官公吏無識無学なる上、土地に関係なき他国よりの出稼ぎ吏員多きこととて、おのおの得《え》たり賢《かしこ》しと神狩《かみが》りを始め、いつのまにやら五千円という大金を基本財産と定め、五千円積むこと能わざる神社を一切掃蕩に及ぶ。故に、いかなる神社も五千円の基本金はできぬゆえ、止むを得ずいやいやながら泣きの涙で県庁のいうがままに一村一社の制を用い、指定一社外の諸社をことごとく伐木し、地処を公売して指定の一社の財産とし、神官神職の俸給を出すこととなる。これがため人民の一番淳樸なる有田郡は一村に一社の外の諸社はことごとく掃蕩され、日高郡これに次ぎ、只今一村一社の外にのこりあるは三社のみと聞き及ぶ。

この辺は平原低地で昔より田園早く開けた地ゆえ、土地の植物を視察するは神社の林地の外に見様なく、さてその神社つぶされ、神林ことごとく伐られたるゆえ、有田、日高、すなわち三好教授の言われしごとく、東西牟婁を本州特有の半熱帯として、その半熱帯と他の本州の諸温帯植物境の境界線たる所で、従来小生見るところによれば、蒺藜《はまびし》などは日高郡和田村まで生ずるが、それより南には決してなきと同時に、有田、日高の神社に比較的寒地生の樹木（熊野には決して見ざる）サワラの木頂に熱地植物たるマツバランが叢生する等の珍観ありし。神森濫伐のため、かかることは今日夢にも目撃し得ず。ついでに申す。和歌浦辺にノグルミの林ありし。はなはだ希《まれ》なるものなり。また小生十一年前帰国のときまでは、和歌浦にハマボウ（黄槿）なお自生ありし。今日そんな原産物は全く絶え、代りにコウヨウザンなど外国のもので、土地、形勝不似合いのものを多く栽え、植物学上の分界を乱すことはなはだし。

御存知の通り、日高郡はさまで広からざるも、日高川は屈曲はなはだしきため四十八里の長さありと称す。そのかたわらに有名なる愛宕《あたご》の大神林を始め、いずれも上述亜熱帯と温帯と、またことにより寒地植物の交錯点にて、研究考覩《こうと》になかなか便利多き地なり。しかるにこの郡は人民おとなしく郡吏等をおそるること鬼のごとく、唯《ただ》命に是《これ》従うで、愛宕の神林も和歌山の南楠太郎という豪富（成り金）が神職に賄賂《わいろ》して村の者と公事《くじ》を起こし、村民費用に任《た》えず、ついに大部分濫伐されおわり、その他の諸神林も、あるいは濫伐され、あるいは濫伐中のもの多く、社殿荒廃、諸人が古え家が絶ゆるともこればかりは遺《のこ》れとて、寄進寄付せし、田地、石鳥居、石の礎《いしずえ》破毀移有され、まるでタメルラン、アッチラに制伏されしインド、ペルシアの史乗を現前するがごとく、人民寧処《ねいしょ》せず、人気凋落して、小生などは二度と往き見るを望まぬなり。東西牟婁郡は小生の抗議もっとも務めたるゆえ、今も多少は神林の残るあるも明日を聊《りょう》せず。『水滸伝』は、官を賊となし、賊を官とせる書なりと申し、奇代千万なことと存ぜしに、あに料らんや、当県は目下そのごとく、一私人たる小生の力の及ぶところは（たとえば当田辺町ごとき）一文の基本金なしに諸社維持し行き、湯浅、日高には、位階儼然たる大社にして、その基礎をすら認めぬまで潰されたるもの多し。日高郡上山路《かみさんじ》村ごときは、大小七十二社を東という所の社に合祀し、その神宝、古文書を一切集め、社殿に展覧なせし夜、合祀を好まざる狂人ありて火を放ち、七十二社の諸神像、神宝、古文書ことごとく咸陽《かんよう》の一炬《いっきょ》となる、惜しむべきのはなはだしきなり。

むかし水戸の義公は日本の諸古文書を写させ、これを一所に置かず、火災を防がんため諸所に分置されしと申す。只今東京辺で考古考古と言うて京伝や種彦が書いたものをひねくり、得色ある人多し。隅田川の梅若《うめわか》塚◆33は徳川中世の石出帯刀の築きし所にして、その神像は大工棟梁溝口九兵衛の彫るところ、鴨立庵は三千風より名高くなり、その大磯の虎の像は元禄中吉原の遊人入性軒自得の作という。そんなものすら、それぞれ古雅優美なる点もありて、馬琴、京伝すでにそのことを追考し、立派に考古学の材料となりおる。しかるに西沢一鳳が論ぜしごとく(『伝奇作書』また『皇都午睡』)、東国の古物はその源晩《おそ》く、京畿近方には古きものなかなか数においても物においても東国の比にあらざるに、かれを重んじ、これを逸するは歎くべし。只今国宝調査ということありて、千年近きもの、また特に美術品として外国にほこるべきものを調ぶ。それすら年々見出だすこと止まず。いわんや、たとい千年以後なりとも、またさまでの美術品にあらずとも、数百年前の本朝の文明文化のほどを観《み》、風俗人心の大趣を察すべきものは、当県などにはなはだ多きなり。件《くだん》の上山路にて焼け失われしうちに、神像数百年のもの多く、いずれも、足利、織豊ころの風俗を見るに足る人形なり。また金幣《きんぺい》というもの多かりし。これも今日なかなか作ろうにも資本のかかることとなり。土地の者は見馴れて何とも思わぬが、学術上は大いに参考となるべきものなりし。無学無識何の益なき俗神職の俸給を急に作り上げんとて、かかるもの、かの地この地に失うは惜しむべし。たとい、これを売り、また焼くにしても、徐かに学者の査定を待ちて後に行なうべきことに候わずや。神職の俸給上がりて何の政教に益なきは、今日神社合祀すればするほど土地の人悪くなり、日本第一の多数の官公吏犯罪を当県より出し、また合祀もっとも励行されて神武帝の社をすら公売して悔いざりし新宮町に、大多数の大逆徒を出せしにて知るべし。『戦国策』に、甘竜といいし人の語に、聖人は民を易《か》えずして教え、智者は俗を変ぜずして治むる、といえり。また、古法によって治むれば吏習うて民はこれに安んず、といえり。人のきらうことをして学術上の材料を滅却混雑せしめて何の成蹟あらんや。

当県風土誌編纂総裁内村義城という老人は、身官吏にてありながら、昨年冬より今春始めに至る間、長文を『牟婁新報』その他に投じ、みずから海草《こほ》郡、有田郡にて見しところを報告し、かくのごとく旧蹟を滅し、神体を掠め去り、神殿を毀ち、神林を根から抜かれては、大火跡を見るに等しく、何の郷土誌、何の地史を論じ得んや、と公論せり。これに対し、弁明とては一つも出し得ず。

神職の俸給は樹林を切りたりとて必ず堅固にできるものにあらず。すでに有田郡などは多くの神社を潰し、神林を伐りて金の行衛知れぬ所多く、客年三月十五日の『紀南新聞』(日置郡御坊町発行)に、いっそ神林、神社の合祀の取調べを比較的確実なる警察に一任すべしとの議を出せり。同郡には三千円ばかりの神樹伐採の上り高の行衛知れぬ所さえあるなり。

故に、今度原敬氏が内相に復せしを幸い、何とぞ神社は最初原敬氏内相たりしときの訓令に復し、すなわち当県のごとき過度惨酷にすでに合祀を行ないし地は、神林を伐り去らずにある神社址地なりとも、当分 status quo 維持現状のまま、従前通り衆庶に「神林の竹木鳥獣一切採るべからず、学者等特別の理由ありてこれをなさんとするものは特別に手続を要すること」とされたきことなり。もしすでに合祀されたから、された分は伐木すべし滅却すべしといわば、到底、今後薄資かつ日数少なき大学生など夏休みに来県されたりとて学術上何の獲るところなからん。

当国の山は大塔峰《おおとうのみね》◆34（東西牟婁郡界に連亙《れんこう》す）三千八百尺ばかりを最高とす。次は大雲取（三千二百尺）、大甲《たいこう》（三千三百尺ばかり？）、また小生がつねに往く安堵峰（三千四百尺？）等なり。しかるに、これらはいずれも北国に比してつまらぬもので、頂上は茅原《かやはら》リンドウ、ウメバチソウ、コトジソウ、マルバイチヤクソウ等ありふれたものを散在するのみ。それより下にブナの林あり。ブナは伐ったらすぐ挽《ひ》かねば腐って粉砕す。故に濫伐の日には実に濫伐を急ぐなり。この半熱帯地にブナ林あるもちょっと珍しければ、少々はのこされたきことなり。しかるに目下そんな制度少しもなく、郡長などいうもの、何とかしてこれを富豪に払い下げ、コンミションを得て安楽に退職せんと民を苦しめ、入りもせぬ道路開鑿《かいさく》をつとめること大はやりなり。村民これを知らず、道さえ開かば村民にくれることと思い、必死となり道を開く。その後郡長たちまち辞職して大豪富を他府県より伴い来たり、いろいろと訴訟してその山を他県人に渡し、濫伐せしめ、村民は他県より入り来る人足工夫に妻を犯され、娘を拐帯され、借金を倒され、土風瓦解し、淳朴の俗たちまち羅刹に変じて、土地衰微し、大水荐《しき》りに至るなり。

さて、それより下の山麓近き密林にいろいろ珍しきものあり。もしそれ半熱帯の特有珍品に至りては、山麓または谷間または低原の神社の神森にのみ生を聊《りょう》するもの多し。当地近き稲成村の稲荷社の神林ごときは、幸いに今日まで大いに伐り取られず、ヨウラクラン、カヤラン、ミヤマムギラン、シソバウリクサ、ホングウシダ、シャクジョウソウ等多きのみならず、小生図するところの帽菌およそ四百ほどあり。粘菌中 Enteridium 属と Lindbladia 属は、実に別属にあらずして同一属たるを証し得べき標品なども、ここにて取れり。これも例の俗吏が神林を掃除せよと毎々命ずるので、腐葉土なくなり行き、毎年、樟《くす》、柯《しい》が枯れ行く。

こんなことゆえ、もし愛国心とか古風俗を観察するとか地誌郷土誌とかのことは閣下らに関係なしとするも、なお三好教授が言われしごとく、備前とか伊賀とかいう国とかわり、当国は海産も山産も野産も、生物が半熱帯と温帯との交錯点なれば、その考究は実に学者に必要なり。故に何分にも神官の俸給は、漸をもって西洋のごとく社領税をかけて徐々に積ましめ、また神主をも漸次その人を養成するようにし、当分は神社跡地の神森、神地等を従来のごとく保存するよう御運動下されたきことにて、只今かく認《したた》めおるうちにも、神林の滅却を逼り、神殿の破壊を逼りおる処断えず、何とぞ巧遅よりも拙速で何とか早く御運動下されたきことなり。

封入の写真〔原本、写真を欠く〕（甲）は、小生が故リスター氏（英国学士会員）に贈りしものにして、小生神社合祀反対を三年前申し出せし発端の動機を示すものなり（『大阪毎日新聞』昨年二月十二日?のに出づ）。（イ）は、前状申し上げし粘菌おびただしく生ずる糸田猿神社の小神林にて、ケヤキ、ムク、ミミズバイ、ハイノキ、タブ、ルリミノキ、ジュズネノキ、ヒョンノキ（当町より三丁ばかりの地になかなか見られぬ大木のみを挙ぐ）その他より成り、そのタブノキにマツバランの大窠株つけり。岡村周諦氏査定の、従来本邦になしと思いおりたる、アストムム・シュブラツムもあり。アーシリア・グラウカは、世界中この辺にのみ連年見出だせる新種なり。しかるに四年前厳命してこれを（ニ）なる稲成村の稲荷社へ合祀し、跡木一切、アリドオシノキごとき小灌木までも引き抜かしむ。明治八年とかにも一度合祀したるに、今度は必ず神が帰り得ぬようにと、かくまで濫伐し、かつ石段を滅壊せしめ、石燈籠その他を放棄せしむ。故にこの地点のみ、回々教の婦女の前陰を見るごとく全く無毛となり、風景を害するはなはだしきのみならず、土壌崩壊して、ジンバナ井と申し、近傍切っての名高き清浄井水を濁し、夏日は他村の無頼漢、えた児などここに上がり、村中の娘の行水を眺め下ろし、村民迷惑一方ならず、よって交通を遮断し、今に畑にもなんにもならず弱りおる。（ニ）は、前述植物多き稲荷社の柯林《しいのき》なり。これも何とかせずば、今にまた事由を付し切らるること受合いなり。（ハ）は、弘法大師が臨んで影を留めたという弘法の淵なり。◆35『後鳥羽院熊野御幸記』に見えたる、河に臨んで大淵ありとはここの外になし。この椋《むくのき》も三年ばかり前に伐らんといいしを、小生ら抗議して止《とど》む。さて、その伐らんといいしものは今春即死、また件《くだん》の糸田の神森を伐り、酒にして飲んでしまいし神主も、大いに悔いおりしが、数月前、へんな病にて死す。

祟《たたり》などということ小生は信ぜぬが、昨今英独の不思議研究者ら、もっぱらその存在をいい、小生も神社合祀励行、神林乱伐に伴い、到る処にその事実あるを認む。思うに不正姦邪の輩、不識不知《しらずしらず》の間にその悪行を悔い、悔念重畳して自心悩乱することと存じ候。かかることを、当国官公吏また神職らは迷信といいて笑うことおびただし。しかるにいずれの国にも犯神罪あり（sacrilege）、キリスト教国にもこれを犯して神罰で死すること多きは小生つねに見たり。万世一系の国体を論究して皇室を仰ぐも、天子を見つむれば目潰るるとて小児に不敬を戒むるも、実際教えにおいて大差なし。小生は、迷信を排除して、なにか世間に顕著なる効益を挙げたほどのことを一つも聞かざる神職らが、神体を擲し去り、神社を潰し、神森を公売濫伐して、千古よりこの方わずかに神林によって生を聊し、種族を伝え来たれる諸生物を濫滅し、さてこれを惜しみかなしむ者を迷信迷信と指嘲《しちょう》するほどの人に、果たして、敬神、敬皇、敬愛国の真念ありやを疑うものなり。いわんや、かかることには心を責められて樹から落ちて死んだり、発狂して死するほどの腰抜け輩においておや。

（ロ）は竜神山とて、上り路三十丁あり。古えは桜樹の名所なりしに、濫伐打ちつづき、土砂崩壊して小川を埋め、毎年洪水絶えず。

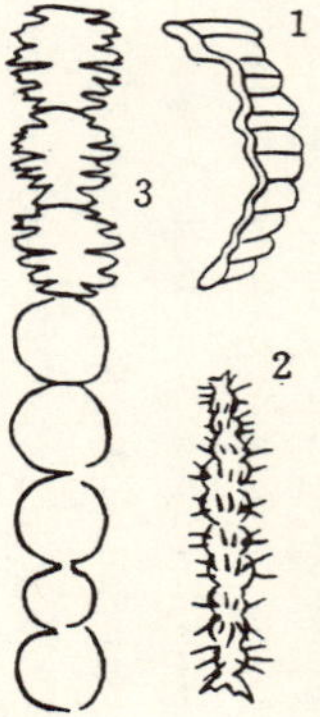

しかして頂上（ロ）と書きしところに闇龗《くらおがみ》の神祠あり。目今日本にあまり多からぬ神にて、『日本紀』などに見えたればもっとも崇敬すべし。この頂上に神池あり、清泉涌出す。そのかたわらに、この山頂を絶海の孤島のごとくにして、カキノハグサ、ウリカエデ、メグスリノキ、フデリンドウ、マメヅタラン（東牟婁郡にもあるが多くは開花せず、ここのは必ず開花す）、それから、小生発見の(1)図のごとき反橋《そりはし》形の大珪藻、オオルリソウ、また淡水藻シリントロカブサの一種、また鼓藻の熱帯産なる珍品トリブロチソス（(2)図）、また奇体なるミクラステリアス・トランカタの変種、(3)図のごとくつづけるあり。またヤブコウジより小さき小灌木、赤花なるあり。牧野氏に見てもらいしに、ベニドウダンの由。ベニドウダンは丈余に至るものの由なるに、ここのは数寸（三寸を過ぎず）にして、花あるも奇なり。また Lycoperdon の新種あり。加うるに、四方眺望絶佳にして、山川溝港湾岬丘巒《きゅうらん》等の地理を、小児に示すに屈強の処なり。しかるに、これも村人が否むを、む

りに山麓の社に合祀し、大なる石鳥居を移す。この山は冬と夏二度、近県より夜も昼もまいり、柿店《かきみせ》等出で大いに賑わい、村民および近町のものの利となり、また小児なども健足の便《たより》となり、四望して気象を養成するによし。村民はこの祭日をあてこみ、無賃で総出《そうで》となり、道路を修め山林を整えしなり。しかるに、神社むりに合祀されしため、隣村この山の小さき林木を争うこと絶えず。アカメヤナギ、ノグルミ、呉茱萸《ごしゅゆ》等、この近傍にはこしかなきものも追い追い滅跡し行きて、神流にありし無数の鼓藻、バトラコスペルマムの異品も絶え失われ、洪水多くなり、山は荒れ、土はくずれ行く。この小山の一方に杉林を作り防崩林を営むに、一方には樹木濫伐、土壌崩壊に任ずるを見るは、実に行政上の大矛盾、一奇事なり。一昨春末、この上に上る路上スズメノオゴケ様のもので、花色黄なるを多く見出だし、牧野氏におくりし。すこぶる珍品とあって今年とりに行くに、土砂崩壊のため見当たらず、小生手許にわずかに二本しかなく困りおる。山林を伐ってあとへ柴《しば》を植え付くるとか羊を畜《か》うとか、そんなことは少しもなく、ただただ濫伐し行くなり。流下の諸村は、なにゆえか近年大水ひどくなったというのみ。これまた似た物同士で、山頂の樹を伐るゆえ水が驟《にわ》かに至るということに気づかず。官公吏はただただ神社を一つも多く潰し、自治制のよく行なわるる徴候と自慢し、神がなるべく旧址へ復《もと》らぬようと、いろいろ尽力して樹を伐らせ、その金は伐木賃を差し引けばどうなったか分からぬなり。件の竜神山を合祀して俸給増せし神主は、牛肉食いしことなきを、これで牛肉食い得るとて大悦びの由。こんな例は五十ばかり集めあり（東西牟婁郡すなわち小生の抗議の強く及びし所のみで）。小生聞見の及ばぬ他郡は一層多しと知られたし。

（乙）は、前状述べし奇絶峡《きぜつきょう》とて、田辺を去ること二里ばかり、耶馬渓そこのけという絶景の地なり。希植物多し。これも、何のわけもなく道路作るとて破壊はなはだしく、また石を伐り出すゆえ、地質学、考古学上の参考たるべき大足跡石など、まさに亡びんとす。毛莨《きんぽうげ》科のタニモダマも他所に少なくこの辺に多し。ホウライカズラもこの辺のみありて開花す。チャボホトトギス、ジョウロウホトトギス等あり。

（丙）は、当国南部《みなべ》辺の社趾より出でしという、珍しき小土器なり。裏に拇印あり。チャンをかけ、横に蓋あり、それを鋲にて打ち付けたり。口を白粉《おしろい》ごとき細かき白粉でつめあり。ローマの涙壺《ラクリマ》のごとし。小生ずいぶん欧米の博物館でかかるもの扱いしが、こんなものを見ず。しかるに五個出で、みな小生手に入れり（一個五銭で買えり）。出でたる所を推問し、その塚等を実写せんとするに、売りしもの一同後難をおそれ口を箝《つぐ》みて一切言わず、こまったものなり。珍物というのみで、どこから出たか何の由来かさっぱり分からず。松村瞭君は貴息なりと今度始めて柳田氏より承る。もし考古学上珍なものなら、御申し越しさえあらば、経てもって人類学会へなり、また大学へなり、実物を寄付致さん。備前国邑久《おく》郡朝日村にオコウベ（御首）様《さま》という社あり（飯盛神社）◆36。ピラミッドごとき塚にて、その内部構造、中央に巨魁《きょかい》、ぐるりに子分の遺骸を収めたるなり。決して新しきものにあらず。神軍の伝話あり、また石鏃《せきぞく》をこの辺より出すを見れば、古きものたることを知るべし。旧藩のときは、池田侯より年始に大なるシメナワを寄進あり。崇敬他に異なりしに、例の合祀にてつぶされ、只今は寥涼の光景かなしむべし。伝話によれば、これは平経盛の塚なりという。何の国にも古いことは、その人の姓さえなき世のことゆえ失われやすく、チュンベルグ日本へ来たりし記行に、日本の天子の御名を、人民いずれも知らず、これを聞き出すにははなはだ苦しみしことをいえり。昔は、君上のみか、大酋長、大土豪の名さえ言わぬこと多かりしより、自然にその伝を失い、後に大己貴命《おおなむちのみこと》とか天照大《あまてらすおおみ》神《かみ》とかを勧請《かんじょう》して維持せしと見ゆ。また只今にても小生の祖先の出でし村などは、南方熊という姓名多く、現に当町にも南方熊太郎という人あり。つねに郵便配達のまちがいにこまるなり。（一昨年の『大阪毎日』に、摂州に同姓名六十人とかある村のことを記せり。）近来でも、カンボジアなど全国男女同名多く、姓氏なきゆえ証文を断ずるにははなはだ苦しむ由、Mouraのその国誌に見えたり。故に、辺鄙に同名の諸神の異伝多く（『日本紀』すでに異伝の神話多し）、学者これを記伝になければとて片はしから虚談とするは、反ってははなはだ実情に遠きものなり。また犬養部《いぬかいべ》◆37と鳥取部《とりべ》などの部族各国に分かれ住みければ、その祖先の伝も同名の人多きと共に、ますます同名の神に異伝を多くしたることと知らる。近く、ゴム氏（今年正月、古俗俚話学上多年の功労により授爵されたり）古話俚伝ことごとく有書史前の史実なりといえるも、大分道理あることとなり。

回々教国には、偉大の跡はことごとく回祖、アレキサンドル王に帰し、日本にも、大力の跡は弁慶、◆38風景の処は金岡、霊験の跡は役小角《えんのおづの》、弘法大師に帰するが習いなれど、かかる一人一人に関する古跡は実証あるにあらざれば、さまで大騒ぎをして保存するの要なしと思わる。件《くだん》の飯盛塚が実に経盛の葬処たりしところが、この経盛という人敦盛の父というばかりで何の益もなく、ただ歌集にあってもなくてもよきような歌が三、四伝わるのみなれば、遺跡を滅却して畑となし、平経盛之碑と一本塔婆を立てばすむことなり。しかるに上述ごとき塚の結構とありては、とても経盛ごろのものでなく、全く古え酋長を中とし、殉死または戦死の臣下の死尸《しし》を周囲に埋むる風ありしを実証するもので、書史の不足を補い、わが朝にはわが朝固有の風俗ありしを証する大益あるものなれば、たといその塚が何の誰と人の名を指して知れずとも少しもかまわず、わが国文化開進の履歴を証するものとして、もっとも保護を加えたきことに候わずや。

白井権八の死んだ目黒も古跡なり。村井長庵が刑されし小塚原も古跡なり。上州には巨盗国定忠治の古跡あり。当国根来には石川五右衛門の古跡あり。古跡古跡と言うて古人が一挙手一投足せし処を榜標《ぼうひょう》せんに、その限りなきこと、美術美術と言うて坊間流布せる春画を集むるよりもはなはだしからん。されば今日何の実際の関係もなきに飯田町へ馬琴の像を立てたり、不忍池畔へ季吟《きぎん》の碑を立てたり、目黒へ小紫、二ッ又へ高尾、泉州堺に曾呂利新左衛門、九度山へ真田左衛門佐、樫井へ塙《ばん》団右衛門、若江堤へ木村重成、八尾《やお》へ長曾我部盛親、穢多ヶ崎へ薄田隼人と、まるで大坂の軍評定のごとく、それぞれへ紀念碑を差し立てられんも、ますます後日真を攪《みだ》り古を失うの基となりなん。

それよりは人の名は知れずとも（また上古のことは、帝家の旧記たる記紀の外にその書物なければ、分かるはずなし。ただし八百万神《やおよろずのかみ》のうちにはわれわれ下民土人の祖神もむろんあり。その祖神の伝話もむろんいろいろと土俗俚諺となり、古神社に付属して存しおるなり。アビシニア人は、日本皇室よりその国王メネリクの系統はるかに古しとて自慢し、ロシア人はその国に隷属の諸王室、世界中で古きもののみを集めたりと自負す。しかれども、わが国の皇室権貴のみかは土民非人までも、おのおの神の末にして、その神祇それぞれその社を伝え、その俚伝あるに下ること万々なり）、俚諺、古俗、また発掘の古器物、四辺の地勢地層の変遷等に照らし合わせて、吾人祖先の古くより日本に存し、日本固有の風俗徳化ありしを証すべきもの多ければ、何分にも入らぬ碑石など新たに立つることを止めて、現存の古神社を一つも多く保存し、無智無識の神職を神林神殿まで滅却して増置するに及ばず、最寄りの小学教師にでも神職を兼摂せしめ、もって後日徐々に神職その人を得、俸給も社領税を積み立てて支弁し得るの日を待たしめられたきことなり。

長寛中、勅して伊勢熊野の神の優劣を問いたまいしことあり。今もその伝を失したれど、この辺に春日神社の神森を有する者多きを見て、藤原氏権門の人々がいかに熊野を尊信し、その近所に庄園を有したるかを知るべし。しかるに、肝心の本宮社司相攻伐することははなはだしく、那智また山徒二に分かれ相闘い、新宮も騒乱絶えざりしため、社伝などいうものの多く失われ、本宮ごときは元禄ころすでに何の伝なく、天野信景ごとき全く他州の人にその伝記を作りもらいに行きし由、『塩尻』[39]に見えたり。いわんや、維新後我利我慾の者の巣窟たりければ、伊勢に並んで旧儀を見るべきものとては三山にははなはだ少なし。しかるに三山を離れては、多少旧を考うべきものあり。たとえば那智村浜の宮の王子の社殿ごときは、五彩をもって画《えが》き、幸いに両部神道の社殿はいかなるものたるやを知るに由あり。（小生知人中村、田代などいう村人の抗議[40]はなはだしく、今日まで合祀を免れおる。）また日高郡丹生川という山村の丹生明神社ごとき、その社殿は本宮番匠鳥居某が本宮の成規通りに建てしものにして、大いに他の神社に異なり。（今は合祀されおわり神体は焚《や》き失われしが、小生村人に訓《おし》えて社殿は保存させあり。この神殿前に古きこま犬二あり。異様の製《つくり》して一枚木の木塊より成る。いずれも木の理条が整然として虎の紋をなしおるなり。村の者は何とも思わぬが、かかる奇珍のもの僻地の社には多し。これらを徐々に取り調べて学術、史学上に益せずに、あるいは川へ流させ焼き失わしめるは、実に無恥無慚のことと存じ候。）

当地に近き神子《みこの》浜という所に神楽神社というあり。小生土伝を考えて、必ずこの近地に古塚あるべしという。二年前にこれを聞いてその地を買収し、夜分ひそかに発掘してインべ十一を得、私蔵する人あり。それより小生は、かかることを話すは反って科学上有益の古蹟の滅却を早くするものと思い、そんなことを一向言わずにおる。この他考古上小生気づきし塚など多し。昨今も一、二見出だし、盛んに掘りおり、警察署へ届けよというに届くるも受け付けずとのことで、つまり発掘品は散乱さるるの外なし。前年、和歌浦で貴人の塚と覚《おぼ》しきもの七、八箇、ならんで発掘せしを見る。小生少慾な男かつ後難を恐れ、何一つ貰い置かざりしは遺憾なり。掘出物は全く散乱せり。定めて由緒ありしものならん。また、なくとも学術上の参考品たること無論なり。また当国第一の官幣大社日前宮の横を十年前に歩みしに、田畑の中そこにもここにも古塚だらけなりし。しかるに、昨夏往き見しになし。この大社の官司は神社濫滅の総発頭人だけありて、銭にさえなれば何でもよし、と何の気もつかず開拓破却せしなり。古土器など地下に置きたりとて何の功もなきものなれば、これを掘り出して世に彰《あらわ》すは埋めし人の面目ともなることとならんも、今日のごとく胡論《うろん》に掘り次第、採り次第、売り次第というは、はなはだ学術上に損害ありと思わる。

　松村、三好両教授、中辺路《なかへち》を御通行の際は、まだ多少の樹林ありしなり。しかるに、今回の神社合祀にて熊野街道の樹林は絶滅せるなり。そのうち高原《たかはら》の王子◆41（『源平盛衰記』によれば、今日チベットのラッサに上るごとく、熊野を死神の楽土とし一同上りしにて、この高原王子を下品下乗の最初階楽土とせしなり）に、八百歳ばかりという大樟樹あり。この木を削りて棒とし、これを神体とす。この樟を伐り利を営まんため合祀を逼《せま》ることはなはだ切なりしに、田舎人にして大豪傑なる宮本という男、政府の力にて神社を合祀せんとならば、よろしく警察吏を派して、片っぱしから処分すること流行病を扱うごとくなるべし。しかるに毎度毎度来たりて、あるいは慰喩し、あるいは脅迫して、合祀請願書を作り、むりに調印を勧むること心得られず、これ必竟政府の意にも内相の意にもあらざるべく、全く卑陋なる県郡当局吏の私曲なるべし、と気づき、基本金五千金を一人して出すべしと諾す。故に宮を潰すことも木を伐ることも成らず。さて五千金の催促に来るごとに、近傍栗栖川の料理屋へつれゆき飲食遊宴せしむ。官吏酒に酔い遊ぶうちに日程尽き、自分の旅費日当足らずなり閉口して去る。かくのごとくして永延《ながび》くうち、県当局五千円の基本金を中止し、神職に俸給を給すべしという条件のみ残りしゆえ、今に神職に何もやらずに高原王子は立派に残る。

次の十丈峠の王子は、一昨年までありしを、村役場より村の悪党二人に誨《おし》えて、汝ら十丈王子の神社に由緒あるものの子孫と名乗り合祀を請願せよ、しかる上は合祀後神林の幾分を汝らに与うべしとのことで、二人由緒あるものの後裔と偽称し合祀を済ます。さて約束通りくれたものと思い、右の神林を濫伐売木せしを、役場より盗伐として訴え、一人は牢死、一人は一年近く入監、今に罪名定まらぬ由。かく官公吏が人民を脅迫教唆して悪をなさしめたる例はなはだ多し。土風壊乱の原《もと》は官公吏と神職これをなすなり。また小生今回乱伐を止めにゆくべき野中・近露王子の老樹は、左に大きさを掲げ候。いずれも写真にとれぬほど大きなものにて、古え帝皇将相が奉幣し祈念し、その下を通り恭礼せられし樹なり。これらはすでに二千八百円で落札したる者あり。幸いに金はまだ全く村へ受け取りおらぬゆえ、何とか乱伐を止《とど》めんと小生出向かうはずなり。

近露村上宮には、絶大の杉ありしも伐られおわんぬ。

下宮のは、周囲曲尺《かねじゃく》一丈八尺三寸、一丈九尺一寸、二丈五寸、各一本。

野中の一方杉、小広《こびろ》峠より風烈しきを受け、杉の枝西南に向かい、はえおるなり。

周囲二丈五尺一寸、二丈二尺、一丈八尺三寸、外に一丈三尺以上のもの五本あり。

地勢峻烈に傾斜はなはだしきため写真をとること成らず。

これらの木を伐らんがため、九十九王子中もっとも名高き野中と近露王子を、何の由緒も樹木もなき禿山へ新社を作り移し、さて件《くだん》の木を伐らんと言い来る。只今の制度悪く何村第何号林何号木という書きようゆえ、名木やら凡木やらちょっと分からず。小生前に心がけおりしゆえ、これを抗議せしに、村長なるもの、しからば下木《したき》を伐らせくれという。小生いわく、下木をきれば腐葉土なくなるゆえ、つまり老大木を枯らす、下木は断じて伐るを禁ずべし、と。村長恥じていわく、その下木（大杉叢の直下に雑生せるヒサカキ、マサキ、サカキ、ドングリ等の雑小林）をいうにあらず、一方杉の生ぜる所よりずっと数町下の谷底に生えた木を下木という、とごまかし去り一笑にてすめり。しかるに、この辺の公吏は郡長も町長も、昼夜木を切って上前《うわまえ》をはつることのみを内職余課とする曲者《くせもの》どもにて、只今また乱滅せんとかかりおるなり。

この状また長くなり尽くるところを知らず。故に、これにて擱筆。何分にも小生一人と、何の心得なき新聞かきなど、その他は無智無識の農夫漁民のみで今日まで抗争し来たりたることにて、今小生身を引かばたちまち後日学者間に大物議を惹き起こさんこと疑いなく、さりとて人間、精力、資金にも限りあれば、この上一年も小生は自家の学事、家内の生計を放棄してまでも尽力すること能わず。神社復旧、神職俸給供助法等のことは来たるべき国会へ、中村啓次郎氏その他を頼み、出し申すべくも、森林伐採は実に目睫下《もくしょうか》に迫りおる大事なれば（かく申しおるうちに、すでに朝来村《あっそ》の、ぬか塚、その他当郡にも多く伐り尽くされたり。いわんや、両牟婁郡以外の諸郡においてをや）、何とか小生の志を愍《あわ》れみ御運動の儀ひとえに願い上げ奉るところなり。再拝。

昨年十月十五日『大阪毎日』に、大垣公園に腹白き老狐現出、児童に苦しめられおるを、佐久間仁左衛門なる者、柵をもって囲い食物を与え、一百余円の経費にて稲荷大明神と崇し奉る、と電報あり。また昨年二月ころの『大阪毎日』に、東京帝国座で、河上貞奴ら、天照大神に扮し岩戸神楽の演劇やれり、とあり。（英国にありしとき、故アーヴィング男、耶蘇に扮し芝居せしを、諸新聞これを神聖を汚すとし、難論やかましく、その芝居改題せしことあり）。

みずから侮《あなど》って人これを侮る。一方には狐を神とし、天照大神の芝居して、天照大神は別嬪だとか愛敬が足らぬとか鰐足《わにあし》で歩くとかホクロが多いとか評笑せしめ、しかして一方には、神林と無数の生物種を滅族せしめてまでも庸劣《ようれつ》無智の神職を存立し、もって風教徳義を奨励せんとするは、一向小生にわけ分かり申さず。

小生実験によるに、当県到る処神社合祀を教唆するものは、学識なき神職にして、実に無義不道の徒なり。多年それがために衣食し来たりながら、みずから先に立ち神社をつぶし、神木を伐り、小祠を焼き、また川へ流す。こんなものは、敵軍強き日はたちまち内通して露探となるべき輩なり。これに反し、到る処の小学教員、校長はみな口に出して言わざれども、内心神社合祀を嫌悪し、昨年小生このことで入監のときも、公吏、村吏に悪《にく》まれ職を奪わるるを厭わず、多く内々小生の家族に慰問し、はなはだしきは未決監へ慰問書を出され候。この輩いずれも多少今日の学術を知り、また多分は村々の郷土誌編纂の主任となり、神々を潰しては到底風化も徳化も智育も土地の人をして土地を愛し安住せしむることを得べからざるを知悉するを見るに足れり。（小生は平生孤独なる性質にて、小学教員などと交わりしことなし。）日高郡比井《ひい》崎《さき》◆42は応神天皇誕生の地にて、その時産湯《うぶゆ》たきし火を保存し、毎戸その火を分かち用うる古俗あり。この社を劣等の社へ合祀せんとする村長を憤り、小学校長津村という者騒動を起こし、双方入監、校長勝ち出監せり。

明治四十四年八月二十一日〔三十一日の誤植か〕

松村任三先生　御座右

南方熊楠拝

〔右の松村任三宛書簡二通は、柳田国男によって『南方二書』という小冊子に編まれ、識者に配布された。原手簡が失われているため、本全集では『南方二書』を底本とし、同じ底本を用いた乾元社版全集を参照し、明らかに誤植または誤記と認められる箇所を訂補するにとどめた。挿図も著者の肉筆でなく『南方二書』によるものである。なお、第一書簡は雑誌『山岳』六年三号（明治四十四年十一月）に「祖国山川森林の荒廃」と題して、また第二書簡は『山岳』七年一号（明治四十五年五月）に「森林の濫伐と山川の荒廃」と題して転載された。その文章は『南方二書』とほぼ同じで、むしろ若干の伏字や削除が見られるが、第一書簡の二箇所において『南方二書』にない文章が見られるので、本全集ではその旨を注記して補足した。〕

（平凡社版『南方熊楠全集』第七巻477～524頁）

《語注》

◆1　松村任三（まつむらじんぞう　一八五六―一九二八）――木村小舟（本名、定次郎）は、その時、巌谷《いわや》小波《さざなみ》の主宰する雑誌「少年世界」の記者であった。彼は少年・少女の「博物学」のために、東大の植物学教室に通った。その時、彼が教えを請《こ》うのは、松村任三か三好学であった。三好は気さくな性格で、平易な言葉で、我が学問を語ってくれた。松村の場合は少し違っていた。その会話は常に「問」と「答」という形でなされた。

「いつ頃から採集をお始めなさいましたか」

「明治十一年十二月……」

「お一人でしたか」

「否、同行者は佐々木忠次郎君、故人松浦佐用彦、他一人」

「何所へおいでになりました?」

「相州江の島！　当時汽車は神奈川まで通ずるのみ、後はテクテク歩き！」

無駄話は殆どなかった。木村は松村の風貌を「凜乎として一見古武士の風格」という。しかし同時に欧州旅行土産に人形を買うような一面も持っていた。熊楠は、「松村氏は水戸の人にてはなはだ国粋家の由」(『柳田國男宛書簡』明治四十四年八月　全集八巻所収)と語るが、当時まだ面識はなく、白井光太郎を介して紹介して欲しい旨を柳田に頼んでいる。

松村は「事大主義を免れざる國語」という一文で、日本語問題を論じ、安易に漢語を用いることの軽卒を説き、大和言葉の伝統を守ることを訴える。「植物學者の松村教授が、この十何年の間、日本語の語原を説いて倦むことを知らず、到頭自ら號して観照と名乗られた」(柳田國男『祭禮と世間』小序)。柳田もまた松村の〝知〟に注目し、『阿遅摩佐の島』では、松村の著『植物名彙』を参考にしている。松村は白井光太郎と同じく江戸の本草学者がそうであったように、植物を介して日本を語る。熊楠は、この水戸の古武士に期待する。

◆2　**熊野三山(三熊野)**(くまのさんざん・みくまの)――「三熊野」の「三」には諸説ある。

「熊野本宮と新宮とは、一つの信仰であるから問題はない。社地も熊野川の上流と河口とにあるから、両社が、本末か上下かの関連で結ばれておることは、肯定されよう。併し、那智社だけは断乎として違う」(中村直勝『熊野信仰』)。「なるほど」と思う。中村はその信仰の違いを具体的に、本宮・新宮は「河川の信仰」、那智は「錬金の神であり、鉱山の神であり、鍛冶の神である」と言う。「なるほど」と思う。しかし――「熊野三所のなかで、早くから連合したのは『那智』と『新宮』だったらしい。『延喜式』神名帳に『熊野早玉神社』とあるのは、那智と新宮が一社としてあつかわれたもので『本宮』の『熊野坐神社』と合せて両所権現であった」(五来重『熊野神話と熊野神道』)。

そして五来は「海の信仰」として新宮と那智を捉える。那智大社から那智湾を望んだ時、五来は那智修験は「海の修験」であるとはっきり確認したという。これに対し、山の川合《かあい》の地に坐す「熊野神」を祀る本宮は「山の修験」の地なのである。岡見正雄は、三熊野は「御熊野」と解した。

◆3　拾い子谷(ひらいごだに)――本宮町「平井郷」のこと。「ひろいごう」の発音が「ひろい子《こ》」に通ずる故の通称。この地にはその昔「捨《す》て子伝承」があった(中瀬喜陽)。或いは、「千畳谷」を指すか。すると、この谷は、中辺路町兵生《ひょうぜ》にあったということになる。本文では、「野中」とイコールになっている。野中には通称「親こがれ」という地があるという(玉置浅男氏談)。「拾い子谷」の名称はもしかしたら、秀衡桜(継桜)伝承と関わりがあるかも知れない。野中の深山でも「赤子」は生まれたのではないか。

「当県東牟婁郡本宮は全く濫伐しおわり、中古熊野街道の遺跡として見るべきものは実に少なし。ただ西行の歌に名高き八上《やかみ》の王子社あるのみ。これも神林を、例の林野整理の名の下に伐るやの噂絶えず。また只今の本宮参詣道中に熊野林道の面影を忍ばするものとては、拾い子谷八十町あるのみ」(『柳田國男宛書簡』明治四十四年八月　全集八巻所収)。

◆4　熊野（くまの）——「熊野人」という言葉がある。熊野人はどこに住んでいたか。「古代の熊野の境域が、北に擴つて居り、紀の川・吉野川南部の山地は、大和・吉野へかけて一體に、熊野人の勢力範圍であり、唯海岸に瀛ふ部分が僅に南へ熊野以外の地として延びて居た、と言ふ事が出來る」（折口信夫『大倭宮廷の刱《そう》業期』）。この前に折口は、熊野人を紀伊国の中の一種族であると記している。そしてその住む場所は、時代によって北へ南へと移動があったらしい（南紀伊には、暴威を振るう別の種族がいた）。「熊野人」は吉野の國樔と関わり深い。その源には〝芸能〟があった。

柳田國男は『花祭』で「熊野人」と東三河、山陰を結び付ける。「三河山村の花祭も、遠く岸邊傳ひに遙かなる島山陰から、人知れず入つて來て爰に保存せられ、又進化改良したものであることが判明して來ぬものとも斷言出來ぬのである」。いささか遠慮しながらのこの一文に実は柳田の自信がみえる。彼はこう考えた。「熊野人」は山陰（それはおそらく大黒舞の生まれる源流となった芸能の地）に降《ふ》った。この移動は海路で行われた。そして山陰より持ち帰った芸能を三河の〝山〟に持ち運んだ。「中世以降の熊野移民は、確かにこの三河北境の山地にも來て居た」。

〝移民〟たちはしかし常に「熊野三山」に仕えていた。諸国歴遊の後、彼らは、定住を志したのであるが、今度は逆に、その定住の地より、各地方へ遊芸の旅に出たのである。その「熊野人」の定住の地の一つが三河の山村であったのであろう。「後に行はれた熊野人移住に由つて、直ちに其前にも移住があつたことを、類推することは粗忽かも知らぬが、兎に角に設樂は熊野信仰の入込み得ない土地では無かつた」。獅子舞も萬歳も、「熊野三山」の信仰と関係しているかも知れない。因に「鈴木《ススキ》」姓の分布は熊野信仰の分布と対応している。鈴木は熊野本宮の神官の名である。また熊楠は言う。「今も紀州に予のごとく熊を名とする者多きは、古え熊をトテムとせる民族ありしやらん。蝦夷人が熊を崇めて神とすると考え合わすべし」（『本邦における動物崇拝』　全集二巻所収）。「熊野人」と「蝦夷人」は深い関係にあった。

◆5　**熊野丁字ゴケ**（くまのちょうじゴケ）――この発見の経緯について、「昨年（明治四十一年）十二月朔、予西牟婁郡と東牟婁郡の間なる、拾《ひら》い子谷《こだに》を急ぎ過《よぎ》るとて路傍の僵木《きょうぼく》に躓《つまず》き、足大いに痛み、暫時立ち止まりしが、後進の輩、同じ難に遭わんことを哀しみ、これを除きやるもまた陰徳の一事と存じ、ずいぶん重かりし木を道より遠ざくるうち、その木に丁字《ちょうじ》様の植物少数ながら付きたるを見当たり、嚢子菌なるスパチュラリア、ミトルラなどと早合点して取り収め、帰宅後熟視するに、全く菌でなくて、Buxbaumia の一種と覚しき蘚《こけ》の雌本、見たるところ、いささかも緑葉なく、茎頭に斜瓶状のやや大なる子嚢を戴くのみ。（略）余発見の蘚は、緑葉皆無なれば『葉ナシゴケ』とも名づくべきものなり」（『葉なき蘚について』全集三巻所収）と熊楠は書いた。これが「小生発見の」熊野丁字ゴケである。丁字ゴケは「丁子ゴケ」とも記されるが、「丁字様の植物」とあるから、「丁」の字形をしたコケという意で、熊楠の場合は、「字」を用いるのが正しい（中瀬喜陽）。

◆6　**那智夫須美神社**（なちふすみじんじゃ）――熊野那智大社。夫須美神はイザナミのこと。柳田國男に依れば、那智と本宮は、百年程前は十一月の新嘗祭という古い行事を残していた（那智では四月八日と十一月八日を烏祭と言い、十一月の烏祭の夜を新嘗會と称していた）が、新宮では、もっと古くにこの神事は途絶えてしまった、と言う。新宮の立地するその場所が〝都会〟であったのがいけなかったのか。

那智神社は、深い森の中にある。原生林が残っている。クスノキ、タブノキ、シイ（温暖帯樹林）等、また山頂部にはモミ、ツガ、トチノキ（中間温帯）等――そして、スギ、ツガ、シイの巨樹。その巨樹の下には菌《キノコ》、シダ類が繁茂する。この地で、牧野富太郎は「タキミシダ」を、南方熊楠も「リュウビンタイ」という蘚を発見している。この社については、本宮、新宮より後に出来たものと考えられるが、原始信仰の拠点としては、社の有無は解らないが、最も古い信仰の地であった。新宮の速玉大神（イザナギ）と対を為す夫須美神（イザナミ）を勧請するまでは、妙法山に詣《まい》るためのミソギの場所であったのではないか。熊楠が言うには、本宮も濫伐され、残る那智は、どうしても守らなければならぬ地であった。明治四十四年の出来事である。その三年前、近野神社への諸王子合祀よりやっと守った「拾《ひら》い子谷《こたに》」（野中王子）の一部と那智山の神樹は、熊楠が今に残せしもの。

◆7　**牧野富太郎**（まきのとみたろう　一八六三―一九五七）――文久二年、土佐国高岡郡佐《さ》川《かわ》村に生まる。幼少の頃より草木虫魚に興味を持つ。牧野、二十歳の東京行は「禿山」という存在を知る旅でもあった。土佐には禿山など存在しなかった。牧野は植物学者である。牧野は「植物分類学」のカルロス・リンネの遠い弟子である。牧野も熊楠もともに在野の〝知者〟として世間に周《あまね》く知られたが、牧野からみれば熊楠は植物学者ではなかった。しかしリンネと熊楠はとてもよく似ていた。例えば、リンネは〝魔術〟を信じ、植物と魔術の深い関係を知っていた。リンネは西洋の大奇人であった。

◆8　**託言の神社**（よりことのじんじゃ）――現、田辺市芳養《はや》町に坐す「大神社《おおじんじゃ》」。『紀伊名所図会』に「寄言の宮」の名称が載る。現在の御祭神は天照大神、配神は豊受大神であるが、ここは「芳養王子」、中辺路に入る入口の「海の王子」である。この海の王子は、五来重説「王子＝夷神」を証明する。即ちこの社には、漂着神伝承がある。海より寄り来た神は一体どんな託宣をしたのであろう。この地は室町後期には、湯河氏の支配下にあり、下芳養四か村の産土神として崇敬された。これに対し上芳養八か村の産土神が「芳養八幡神社」である。この八幡社も、石清水より八幡神（応神、神功、ヒメ神）を勧請するまでは「八島志奴美命」という土産神を祀っていた。この神も海の神であろう（奴美はウミと思う）。「託言」の内容はよく解らない。しかし、この漂着せし神の御言葉に、人々は〝奇跡〟を見た。そしてここに王子を祀ったと思う。

◆9 「鬢女郎」（びんじょろう）――「祭禮の行列に加わる稚兒を化粧させて、必ず肩車に乘せて行く風は、紀州熊野地方に多いと述べて置いたが、その一つの例は郷土研究六巻一號に、田邊に近い芳養の大神社、卽ち昔の芳養王子の御社の九月九日の祭に就いて、可なり詳細に報告せられて居る。爰《ここ》では祭の頭人の子の七歳前後の者をビンジョロウと名づけ、肩車に乘せて出ることになつて居る。それ故に今でも此地方のみは、肩車のことをビンジョといふさうである。ビンジョロウは卽ち鬢上﨟で、この様な幼い兒の髪を、この日だけは特別に、成女の如く鬢を上げて結はせたのが、珍しかつたからの名と思はれる」（柳田國男『肩車考』）肩車は神の乗り物である。或いは神に近き人の乗り物である（『一遍聖絵』京極四条釈迦堂の場で一遍が肩車されているのは、群衆からよく見えるようにとの配慮からだけだとは思われない）。女童が成女に扮装して神の乗り物に乗るのは、神の花嫁としての輿《こし》である。その夫となるのは、海の王子である。それは少し残酷に言えば、女童は「人柱」として死ぬのである。海の王子は異形である。異類である。この異類婚姻は、海を和ませ、航海の無事と豊穣を願っての人身御供なのである。

◆10 **闘鶏権現のクラガリ山**――クラガリ山は俗称（或いは熊楠独特の呼び方か）。仮庵《かりほ》山。通称小山。闘鶏神社もまた「海の王子」であった。それが新熊野《いまくまの》社となり、新熊野闘鶏権現社となった。おそらく、その初めは「牟婁の津王子」或いは「田辺王子」と呼ばれていたのではないか。この王子は、仮庵山を背に負い、海に向かっていた。「おそらく湛快は本宮別当の勢力を海に進出させるために田辺に別当屋敷を建てるとき、海辺の若一王子社の社地をえらび、同時に三所権現を勧請して新熊野《いまくまの》権現としたのであろう。そののち湛増のとき「鶏合せ」にちなんで、名を新熊野鶏合権現社としたものと推定する。（略）弁慶（別当の子という）誕生の地ともいっているから、別当屋敷の一部であったらしい。この東南の海辺は神子《みこ》浜で、もと新熊野社の巫の住んだところという」（五来重『紀伊の辺路と熊野詣』）。

◆11　周参見浦（すさみうら）――周参見は、かつて那智山領であった（「後嵯峨上皇院宣」）。周参見の氏神は王子神社（『紀伊続風土記』では「若一王子権現社」と呼ばれている）。和深《わよか》川を遡った山の手に現在鎮座するが、かつては、和深川の川口（口《くち》和深）に在ったのではないかと推定される。周参見には、衣比須《えびす》社・弁財天社（里野）があり、また、見老津《みろず》の海岸には衣比須島があり、夷神を祀る。この島より出でた陸繋島である江須崎は『紀伊続風土記』に『江須崎明神』として一社大明神、一社弁財天、一社千手観音、とある。周参見は正に夷信仰のメッカである。王子神社の旧社地と思われる口和深に今も夷社があるのもその証（『紀伊続風土記』に既に蛭子社が記されているのでこの蛭子が王子と同体であったことが推測される）。王子神社と向き合う格好で「稲積《いなづみ》島」がある。

◆12　稲積島（いなづみじま）――周参見湾口に浮かぶ小島。スダジイの原生林。また「稲積島暖地性植物群落」は国指定天然記念物。その形、牛の眠るに似ているところから、「眠牛島」の別称もあった。海民の守獲神としての「電隅《いなずみ》山王」と弁財天を祀る。『紀伊続風土記』には「電隅山王王子」と記される。この「王子」は、五来重の言うように、海民の神としての夷神が、稲の豊穣神としての稲荷《いなり》神に移行した結果の名であろう。「電隅山王」即ち稲荷神は、弁財天と一対になると、宇賀神《うかじん》という老翁となる。この翁の正体はとぐろを巻いた〝蛇〟である。弁財天は頭上に、身体は蛇、頭は白髪の翁という異形の者を戴く。熊楠は「神社なきゆえ悪行勝手次第なり」と言っているから、神島と同じく、こちらの神も社を持たなかったのであろう。島そのものが、神の坐す場所であった。「稲積島の名は海の中の島名としては奇異の感がある。そのために電隅（いなづみ）のような文字が宛てられたらしいが、海岸の海の『食の根《ケツネ》』としての稲荷がまつられることが多いので、この王子も稲荷信仰があって稲積となったかも知れない」（五来重『紀伊の辺路と熊野詣』）。

◆13　**古座浦の黒島**（こざうらのくろしま）——古座川河口沖、「吉野熊野国立公園」内に在る「九《く》龍島《ろうじま》」を指す。『紀伊続風土記』は「黒島」と記す。紀州藩主が「黒島」をその龍神信仰の故を以て、「九龍島」と書き改めた、と伝えられる。『紀伊名所図会』によれば、九龍島大明神の棟札に「往古黒島と云」（天和六年／一六二〇）と記されていたという。現在、社は九龍《くりゅう》神社と称し、弁財天を祀る。由良町衣奈《えな》にも「黒島」がある。原生林。この辺に「黒島」の名の多きは、龍神信仰に由来するらしい（五来重）。

◆14　**日置川**（ひきがわ）——日置川には、今も河童の伝承が息づく。この辺の人は河童を「ゴーラボーシ」と呼ぶ。近露大橋には、河童の母子像があって、今は川の神として大事に祀られている。近露王子の前を流れる日置川も、ミソギの川として在った。今、そこにかかる橋は北野橋。橋を渡って、「牛馬童子」に行く途中の山道から見る近露王子の小さな森は川と一対になって見える。近露王子は日置川の「水の神」であったか。近露に、「近津湯」（『中右記』）、「近津井」（『源平盛衰記』）の字を当てるのは、それ故か。また「日置」の語源については次の熊楠の一文にヒントがある。「諸国の郡名郷名に日《ひ》置《おき》というのがある。出雲の日置郷については、古風土記に日置伴部が来たり停まりて政《まつりこと》をなせし所とある。その日置部は、古くは『垂仁天皇紀』にも見え、社の名としては同じく『延喜式』に東西の六ヵ国に日置神社がある。今日の仮名遣ではオとヲとの差《ちがい》はあるが、日置のオキはたぶん韓招《からをき》などのヲキで、これも日祀《ひまつり》のことかと思う」（『岩田村大字岡の田中神社について』全集六巻所収）。「ヲキ」は「ヲグ」、招《お》くである。依って日置は、日を招く、という意となる。

◆15　**日高郡**（ひだかぐん）——熊楠の父の故郷、入野《にゅうの》のある所である。道成寺がある場所である。「安珍・清姫」の悲劇の地である。清姫伝承は、中辺路の王子たちと並んでもある。富田《とんだ》川の右岸、もう少し行けば「滝尻王子」という辺に、清姫出生の地・真砂《まなご》があり、清姫の水浴の淵、墓がある。

清姫が逃げる安珍の姿を追って登った杉の大樹もある。この杉、ヒメの執念によって捻《ねじ》れてしまった。故に「清姫の捻木」と呼ばれ、現存する。ここもまた「王子」であったと思う。奇樹の存在がそれを示している。日高川を大蛇となって渡ったヒメが、この地の出身ということは満更作り話とは思えない。御伽草子・『賢學《けんがく》章子』では、この伝承のヒメは幼女である。そこにヒメの神性を見る。キヨヒメは巫女の名である。何故か王子の近くには巫女が住まう。日高の九海士王子の里も巫女の里であった（『道成寺宮子姫傳記』）。

◆16　熊野九十九王子社（くまのくじゅうくおうじしゃ）――「九十九というのは多数ということで、数がきまっていたのではあるまい。それは通る人が木の一枝を手向けて通る柴神《しばがみ》のようなものであろう。この王子は海辺の「辺路」（大辺路）の王子の名をうつしたものであるが、もとは蛭子のように水葬されたものの霊であったろう。その王子の筆頭が熊野修験道では『若一王子』とよばれるようになったとおもう。これと同じく山中の王子は若宮のような荒魂的神霊で、祟りやすい神の意味と思う。したがって五体王子（藤白王子、切目王子、稲葉根王子、滝尻王子、発心門王子）のほかは社殿はなかったのであろうが、これに手向すれば何でも叶えてくれるだろうという」（五来重〔『熊野市史』『平安時代の熊野』〕）。五来重は、海の王子としての夷神も、山の王子としての若宮もともに怨霊性の高い〝御子神〟と解する。そしてこの王子信仰の伝播に〝時宗〟の大きく関わったことを示唆する。

王子信仰と遊行の聖との関係を問うのは五来重と、そして岡見正雄であった。岡見は五来とはまた別の角度からこの問題に取り組んだ。それは中世の語り物（戦記物＋御伽草子）からの照射である。そして王子について、「必ずや王子の生まれたその地には奇跡が起こったと思う。神の影向《ようごう》があったそのシルシとして王子は生まれたのである。そうしてもとより王子は神さまのお子さんである。御子《みこ》である。だからこの奇跡を最もよく知らしめるのが滝尻王子と継桜《つぎざくら》王子の伝承と思う」（岡見正雄

「御伽草子講義ノート」）と言う。滝尻王子と継桜王子の奇跡というのは、奥州平泉の藤原秀衡が、四十過ぎて、子に恵まれず、「熊野権現」に〝願〟かけて、霊験を得たので、妻とともに御礼詣りに「熊野詣」をする。その時、身重の妻は滝尻王子で産気付き、赤子を産み落とす。しかし旅は続けなければならない。仕方なく生まれたばかりの赤ん坊を滝尻王子の裏山の岩窟に置く。しかし野中の里まで来て、赤ん坊のことが気になって仕方ない。それで、桜の一枝を折り、それを地に立て「もしこの桜の枝が根付いたら、赤子は無事と」祈願して、旅を続けた。帰り道、野中に着くと、桜は根を生やし、あまつさえ見事な花を付けていた。滝尻に急いで戻ると、赤ん坊は狼に守られ、岩から滴《したた》る乳を飲んで、まるまる太って元気であった、という物語である。奇跡である。岡見正雄風にこの物語を分析すると以下のようになる。「赤ん坊は突如、秀衡夫婦の前に現われたのである。霊山では赤子の泣き声がするということはよくあった。この赤子を拾った場所が滝尻王子（もしくは継桜王子）なのである。そして、赤子を岩窟に置いて来たことが気に懸って、旅具として携えていた杖を地に挿した。それが桜の樹となった、そこが第二の奇跡の地・継桜王子なのである」。〝奇跡〟がまず最初にあって、その奇跡の地に王子は祀られる。熊野の旅では奇跡は次々起こった。王子は数限りなく増えていった。そして後にこの奇跡の物語を運んだのが、熊野比丘尼《くまのびくに》であり、琵琶法師であり、また時宗の徒であった。

御伽草子「熊野本地」は正に、神の御子の物語である。これは熊野比丘尼の語りであった（この悲劇と一対になる男語り即ち琵琶法師が語った物語が「弁慶の物語」である）。本宮町・大智庵は、琵琶法師の総本山と言われる。『熊野本宮光神山天夜尊御舊跡縁起』はこの庵の伝承を語る。天夜尊とは、光孝天皇の皇子という（蝉丸が延喜帝即ち醍醐天皇の皇子であり、乞食《こつじき》の祖という伝承と同類のものとされる）。「熊野山本宮の傍に、天夜尊の御舊跡あり、大智庵と號す。是日本國中座頭の檀那たるべき旨、則本宮の縁起に見へたり」で始まり、「則枕邊《すなわちまくらべ》を探《さぐ》り見給へば琵琶と杖とあり。杖の長五尺一寸あり、是末代《これまつだい》座頭の杖孩兒拳《ヨソドメ》頭の材にて、五尺一寸に定《さだま》る故縁なり」で終わるこの縁起(『當道秘訣《とうどうひけつ》』巻下所載)は一体何を語るのか。「斯うした事が熊野にのみ残つてゐるのは、或は古く熊野に琵琶法師の集團があつて、賀茂社や祇園社と同じやうに、本宮新宮の兩社で庇護《ひご》したことが在つたのではないかと思ふ。若《も》しさふだとすれば後世に熊野比丘尼《くまのびくに》が繪解《えとき》を生業とした源は、繪解をした琵琶法師の故智に學んだものとして、その聯絡《れんらく》を辿《たど》ることが出來るやうである」(中山太郎『日本盲人史』)。盲人、乞食の祖が「皇子」であること、また、その縁起が〝熊野〟にのみ残っているということは注目すべきである。

◆17 **熊野沿道の諸古社(天皇と王子と森)**――熊楠にとって「王子」とは何であったか。これは五来重の「海の王子」の発見と岡見正雄の〝奇跡〟の宿る場所、それが即ち「王子」という二つの考えから導き出されると思う。まず五来は一つの考え方として、王子――→夷――→稲荷という信仰の流れがあったことを示す。これはイザナギ・イザナミの「水蛭子《ヒルコ》」にまで神話を遡って考えなければならない。この不具の子・水蛭子こそ、王子信仰の源と、五来は言う。そして次に、神武の出自を言う。彼の父はウガヤフキアエズの命、母は玉依姫、祖母は豊玉姫、祖父は山幸彦である。母・祖母は海神の娘であるから、日本の天皇は、海にその故郷があるのである。但し、八分の一だけ、祖父山幸彦の山人の血が流れる(山幸は、ニニギと山神の娘コノハナサクヤヒメとの間の皇子である)。神武という日本の天皇の始祖の血の中に、山人と海民との葛藤《かっとう》が既に認められるのである。つまり山人の血統は海民の血統に圧倒されてしまったのである。この時の信仰が「王子信仰」であった。つまり蛭子《エビス》(夷、それは時として小さ子・少彦名命と同一視される)信仰である。蛭子こそがイザナミ・イザナギの第一皇子であり、王子信仰の別名とも言って良い「若一《わかいち》王子」、その人である。その蛭子、転じて夷信仰（海の豊穣・豊漁）が、山岳信仰が海洋信仰に取って替わる時点で、稲荷信仰（田の豊穣）へと移行した、と見るのである。室町時代初期には、王子＝夷＝稲荷という図式が確立、稲荷信仰は庶民信仰として大発展を遂げている。田辺の稲葉根王子はその名に稲荷と夷（王子）の名を二つ負っている（『二十社註式』）。

熊楠は「スメラミコト」を戴《いただ》いていた。熊楠が、紀伊国の森を守るということ、王子社を死守するということは、スメラミコトの聖域を死守するということと同義なのである。水蛭子（少彦名命）と神武とそしてさらには応神（その母、神功皇后は、新羅聖戦《しらぎせいせん》をもって海のヒメである。応神はオオジン即ちオオジである）を熊楠は守っている。皇統というものを森の中に見ている。但し五来は、中辺路の王子を大辺路の王子ほど重く見ていない。岡見は、逆に王子を山の神の御子とし、森、そして、一本の神樹というものに、その御子が宿られると説いた。これは王子信仰を海より寄り来たる神が、後に山に降るようになった、と考えるからである。そして神の御子は天降られる時、必ずその証《シルシ》として〝奇跡〟を示されたという。その一番の例が「赤子」の泣き声（誕生）であった。熊楠が最も愛した野中王子（継桜王子）を岡見も最も重視していた（秀衡桜と『熊野本地』の伝承参照）。

熊楠は、那智と野中王子と闘鶏神社の森を最も愛した。それは、那智のイザナミ（天皇の母）、野中王子の赤子（山中異常誕生の御子）、闘鶏神社の海の王子ということを考えれば、熊楠が守り抜いたものが何であったかが知れる。

◆18　糸田の猿神社（いとだのさるじんじゃ）――猿神社とは、熊楠独特の言い方か。『紀伊続風土記』には「山王権現社」とある。山王さん（日吉《ひえ》神社）の神使は「猿」である。現在、高山寺に稲荷町の人々によって「申神《さるがみ》さん」として祀られる（中瀬喜陽）。糸田は、明治九年（一八七六）、伊作田村と合併、稲成村となる。熊楠の眠る「高山寺」も、旧糸田村に在る。「糸田の猿神社」の荒廃は、「栗《くり》栖《す》川の神社合祀」と一連のもので、富田川に沿って、小祀とその社叢は破壊された。その最大のものは明治四十一年（一九〇八）、滝尻王子に村内の各社を合祀したものである。十郷《とごう》神社の名のもとに、旧社地の樹々は伐られた。今も滝尻王子の正式名を滝尻王子宮十郷神社というのはそのためである。昭和二十一年（一九四六）、村社は旧社地に復した。熊楠はこの社のタブの木を愛した。「タブ、方言トウグス。これは線香製造に必須の木だ。明治四十年余が発見したほとんど唯一の緑色粘菌アルクリア・グラウカは、この木に限って生ず」（『紀伊田辺湾の生物』全集六巻所収）。

◆19　カラタチバナ――ヤブコウジ科。常緑低木。タチバナ、コウジともいう。小球形の赤い果実を付ける。「寛政七、八年のころ、カラタチバナ大いに賞翫され、一本の価千金に及べるあり、従来、蘭や牡丹の名花百金に到るものあれども、百金を出でし例を聞かず、と『北窓瑣談』に見えたり。そのカラタチバナの本州における自生は、予始めて那智山で見出だせし次に、友人宇井縫蔵氏この神林でも見出だしたり」（『田辺随筆』全集六巻所収）。同様の記述が『神社合併反対意見』にもみえる。「カラタチバナの自生あり。橘春暉の『北窓瑣談』に、この矮木、寛政七、八年ごろ大いに賞翫され、一本の価千金に及べるあり、蘭、牡丹の名花、従来百金に及ぶものあれど、これを踰《こ》えし例を聞かず、と言えり。むかしの書に美濃より出でし由見ゆ。されど今日予が知るところによれば、本島にて紀州那智山と富田川筋の神林のみにありしが、他処のは絶滅して八上社林にばかり存するがごとし」（全集七巻所収）。「富田川筋の神林」とは中辺路の山の王子たちの森を指す。宇井の発見は八上王子でのこと。

◆20　田中神社（たなかじんじゃ）――全国に分布する田中神社というのは、その名の通り、まずは田の中に建てられた社であろう。「多くの森は何程も平地より高からず候へども、平衍なる水田の中に立てる所謂田中の森の如きは、土を置かざれば到底出来まじきこと候、平原地方に所々の小樹林あり、苟《いやし》くも森あれば必ず神あるは日本風景の一特色に有之《これありそうろう》候、小き森にありては森ありて社なしとか壇ありて祠を立てずといふこと地誌の記事によく見え申候」（柳田國男『石神問答』）。「野中の清水」を背にして山間をみると、一区画、田が整然と谷間に伐り開かれてある。そこに社は見えないが、まるでそれは神の田であるように、突如として山中に姿を現わす。恰も祭場のように、人為の跡、美しく浄らかに浅い緑の庭であった。「予は年来岡の田中神社の観察から、向日神は日影を観て地相家相を祭することの神たる由を知りおったところへ件の柳田氏の説を読んで、聖は日知だから、日の向き、日の影を察して地相家相を知る神たる向日神の弟聖神は、暦日の吉凶を卜い知った神で、この二神も父大年神や他の兄弟神と等しく、田家を助け土地開墾に大益あった神と発明したので、わが邦最古の宝典たる『古事記』の内、従来何やら分からなんだことが分かったのだ」（『岩田村大字岡の田中神社について』　全集六巻所収）。

スサノヲ──→大年神──→向日神・聖神という系譜の中に「田中の神」は坐す。「大年神」についてを伊波普猷の『火の神考』で「奥津比売命（大戸比売）＝竈神」の父であることが強調される（この女神は紀伊国名草郡竈山の地に祀られる。竈山は神武上陸の地でもある）。五来重は「聖」は「火知り」であるとした。すると田中の神、向日神は、スサノヲの系譜をきっちりと守った神ということになる。「火」は「日」に対峙する。即ちスサノヲと天照大神の関係である。それでもなお熊楠の言う「暦日の吉凶を卜《うらな》い知った」ということは否定されない。但し、「火の神」と「日の神」の問題は、柳田の「聖＝日知り」説を真直に受け留めたための熊楠の誤りと思う（柳田は『石神問答』で大年神に山の荒ぶる神の性格も見ている）。

しかしまた同時に熊楠は「ヒジリ」を追求、そこに「小童《ひじ》」を見ている。「民間のヒジリという賤民にも聖の字を当てたのは、おそらく後世の仏徒などの業で、このころはヒジリという者はあっても、その業（日の性質を知り占い教える）すでに退歩し、何故にヒジリと呼ぶかがすでに不明に帰していたらしい。中国辺の地名に、小童と書いてヒジと呼ぶがある。（略）このヒジも一種の部落で、たぶんはヒジリの下略であろう。小童と毛坊主とは一見関係がないように見えるが、日知にして念仏に携わらぬ者が残っていたとすれば、やはりまたハカセ（呪誦を事とする賤民の一種）や山伏と同じく、童児を使って因祈禱《よりきとう》などをして生活したに相違ない」（同）。熊楠は、いつも何が本物かを見抜いている。熊楠にとって「ヒジリ」は「日知り」でも「火知り」でもどちらでもよい。「ヒジリ」に卜占の術のあること、ヨリマシとして童子が介在していたことが大切なのである。因に京都の向日神社（向日神とともに神武天皇を祀る）の神主六人部《むとべ》氏は平田学派の重鎮であった（田中神社の現在の御祭神は「白幣」。明治十年布達控に記される――中瀬喜陽報告）。

◆21　**岩田王子**（いわたおうじ）――「すなわち重盛が父の不道をかなしみ死を祈りし名社あり」と熊楠は言うが『平家物語』では、この重盛の祈りの場は本宮・證誠殿《しょうせいでん》の御前とある。その言葉――「重盛が運命をつゞめて、來世の苦輪を助け給へ。兩ケ求願《りやうかくぐはん》、ひとへに冥助《みやうじよ》を仰《あふ》ぐ」（『平家物語』巻第三「醫師《いし》問答」）。但し、彼はその前にこう言う「南無権現金剛童子」。金剛童子は熊野三山の護法神。童形の忿怒形、悪魔を降伏《ごうぶく》するという。重盛は、確かに「王子」に祈っている。そして岩田川が大切なのである。重盛の子、維盛は「熊野参詣」（『平家物語』巻第十）で「岩田河」に着くと、「この河のながれを一度《ひとたび》もわたるものは、悪業煩悩《あくごうぼんのう》無始の罪障《ざいしょう》きゆなる物を」と言う。また『義経記』巻第七にも同様の描写がある。「熊野には岩田河《いはた》、（略）これにて垢離《こり》をかき、權権《ごんげん》を伏拝み奉る。無始の罪障も消滅するなれば」。岩田川は中世、特に大切なミソギの川であったらしい。

岩田王子は、上富田町岩田王子谷にあった王子と推定される。伝承によれば、この王子社には、高さ五十メートル、回り十五メートルの大樟があったという。この大樟、根元の一部が空洞になっていたので、漂泊の民、遊芸人の宿となっていたらしい。老樟、今はない。しかしこの岩田王子の大樟を起点に熊野三山を参詣して帰って来ると丁度七日かかったということを以て「七日詣《なのかまい》りの樟」の名が今に伝えられている（『熊野中辺路　伝説』上）。岩田川には〝奇跡〟が多く伝えられる。その中の一つ——熊野三所権現が「三体の月」となって最初に天降られたのが、この川のほとりのイチイガシの大木、という（『熊野権現御垂跡縁起』）。岩田王子には、「金剛童子」が祀られていたのではないか（五体王子の一つ、稲葉根王子と同一視するのが現在の一般的見方である）。

◆22　**松本神社**（まつもとじんじゃ）——「炭焼き男の姓を採りて松本神社と名づけ、それへ合祀し」と書く熊楠の怒りは、シイノキの森を全滅させることにある。八上王子はシイノキの密生する昼なお暗き森であった。また田中神社は、オカフジの生育地であった。岩田王子もまた、熊野に詣でる人々がここで汗を拭いた、夏でもなお、ひんやりとする森であった。松本神社に合祀されようとした、現上富田町の村社は、みな岩田川（富田川中流）に沿って在った山の王子である（山の王子は川の王子でもある）。

また、この辺、西行が歩き、それを『山家集』に詠《うた》った。「待きつる八上のさくら咲きにけり　あらくおろしえみすの嵐」。『西行物語絵巻　大原本』には八上王子の当時の様が描かれる。「この辺の神林いずれも柯樹《しいのき》多く、柯樹は大木身なるゆえ櫓楫《ろかい》を製し、皮は染料とすれど、神林の産はその質下劣なれば、ただ伐って特種部落の焚料にのみ用いられる、惜しむべきの至りならずや」（『神社合祀反対意見』全集七巻所収）。神の森のシイノキは有用材にあらず、ということを熊楠は婉曲に言っている。また合祀に反対する「盲人」の存在をわざわざ記すのは、中世の熊野詣に盲人多く、本願遂げて病癒《やまいい》やそうとする人々が多くいたことを熊楠が知ってのこと。彼等のためにも「岩田の森」は残さねばならなかった（◆16「熊野九十九王子社」参照）。松本神社は現在、岩田神社へ合祀。

◆23　熊野湛増（くまのたんぞう）――「熊野別当《くまの、べったう》湛増法眼《ほふがん》は、頼朝《よりとも》には外戚の姨聟《をばむこ》也」と始まる『源平盛衰記』下巻・衛巻第四十三「湛増《たんぞう》源氏に同意 附 平家志度《しど》の道場詣 並 成直《しげなほ》降人《かうにん》の事」に湛増のことが詳しく描かれる。湛増は年来、平家の安泰を祈禱していたが、国中の者、ことごとく源氏に心を傾けていた。湛増一人、背いても難あると思うが、さりとて、いまさら平家を去ることもならずと、悩んでいた。そしてその悩みは人の左配するものにあらず、神命に依らん、と思い立ち、田辺の新宮（現闘鶏神社）にて、巫女の託宣を得ることとする。神託あり、「白鳩は白旗に付くと」。即ち、「源氏に付け」と。しかしなお湛増、この託宣、一概に信じる訳にゆかぬと、新宮の御前にて、「赤きは平家、白きは源氏」とて七番の闘鶏を行なう。結果は、赤い鶏は一番も戦わず逃げてしまった。この上は神命に運命を任せんと、熊野三山、金峯、吉野十津川の命知らずの強者どもを集め、再び神（新宮に祀られし若一王子）に祈り、兵船二百余艘を調えて、田辺より出発、源氏の軍勢に加わった。田辺では、弁慶は湛増の子とされる。

◆24　熊野兵（くまのへい）――『太平記』巻第二十二「義助豫州へ下向ノ事」に「熊野人」として出ている。その名――熊野新宮別当湛譽《たんよ》、湯浅入道定佛、山本判官、東《とう》四郎、西四郎。彼らは、馬、鎧、武器（弓矢・太刀・長刀）、食料に至るまで戦さの用意を整えていた。また船を操る術に長《た》けていた。この時（伊予国下向）、その兵船《ひょうせん》、三百余艘とある。また『古今著聞集』によれば、熊野水軍は伊勢の海に出没していたことが記される。巻第十二　四三五「正上座行快海賊を射退くる事」をみると、その戦いの様がよく解る。そこに出て来る武器、蟇目《ひきめ》、神頭《じんどう》は矢鏃《じり》の一種、弁慶の七つ道具を思い出させる。またその戦いの初めに〝言葉〟による言い合いのあること、熊野水軍が、ただの盗人にあらず、ということを示す。彼らは熊野の神に守られていた。海賊に合いし「正上座」という弓の上手の科白《せりふ》――「此邊《このあたり》の海賊は、さだめて熊野だちの奴原《やつばら》にてこそあるらめとおもへば、優如して、これをもて手なみをばみするぞ」。熊野水軍は、その名を名告《なの》れば、その暴挙も大目に見られるという特殊な存在であった。

◆25『後鳥羽院熊野御幸記』（ごとばいんくまのごこうき）――「御幸記」には「出立《でたち》王子」は「幽立王子」と出ている。ハヤ（芳養）王子の次に立ち寄り、「この浜において塩垢離、ミソギをした」と作者京極中納言定家卿（藤原定家）は記《しる》す。また次の「田辺御宿」（現、闘鶏神社か？ 闘鶏神社の旧称に田辺の宮あり。但し中瀬喜陽に依れば「出立王子」を擁《よう》する上野山にあったのではないかという。確かに、そこは、海近く、そして会津川の流れる〝聖地〟を見下す位置にある）でも「塩垢離」をしている。建仁元年（一二〇一）十月十二日の記事。十三日は、秋津王子、山を超えて丸王子（万呂王子）、ミス々山王子（三栖山王子）、ヤカミ王子（八上王子）、稲葉根王子、石田河《いわた》（岩田川）を渡って一瀬王子、アイカ王子（鮎川王子）、そして滝尻王子で宿をとる。「御幸記」の旅は十月五日に始まり、二十六日に終える約二十日の旅であった。旅の初めは、石清水八幡宮・高良社に参り、天王寺、安倍野王子（現、阿倍王子神社）、住吉社等を経て、境王子、大鳥居新王子（現、大鳥神社？）と旅は続き、十月七日、厩戸王子で宿をとっている。

天王寺は「天王子」、王子であろう。また住吉は、イザナギの御子《みこ》住吉三神をもって、大鳥神社は日本武尊をもって、「王子」社であったと思われる。応神天皇を祀る八幡宮の高良社も「若宮」であった（宇佐の高良《こうら》玉垂宮《たまたれぐう》より、八幡神の本性が、高良社にあることが知れる。鍛冶の神、金属神である）。「御幸記」は熊野九十九王子が京より始まることを教える。応神（オオジン→王子）の社《やしろ》から出立していることは興味深い。

◆26 **三栖**《みす》（みす）――現、下三栖に「三栖山王子跡」がある。明治四十二年（一九〇九）八坂神社とともに上三栖の「珠簾《みす》神社」に合祀。江戸期には「影見王子」と呼ばれた。「社辺の谷川にて影をうつし見給ひて此社に鎮座す、故に影見といふこそ」(『紀伊続風土記』)。この王子は王子山の中腹に在ったが、その辺を流れる谷川はやはりミソギの川であったか。中三栖には、小祠、大将軍・妙見社。上三栖には一倉明神社(現、珠簾神社)・大将軍社・弁財天社(現、岩切神社)があった。一倉明神社は三栖三か村の産生神。祝詞松《のりとのまつ》という神樹がある。

◆27　**和歌浦**(わかのうら)――「ここに万葉の昔から歌に詠ぜられた藤白の御坂《みさか》があり、吹上の浦・和歌の浦の美しい展望に熊野詣での道者の感激はひとしおであったろう」(岡見正雄『鑑賞日本古典文学　第二十一巻　太平記』解説)。和歌浦には玉津島明神が鎮座する。『慕帰絵』第七巻第一段に見る、その御姿は、奇怪である。故に神樹である。何本もの松が絡まり合って一本の松の体裁をなし、中央に洞を作り参詣の人は、そこに向かって額付いている。そして枝には多くの絵馬が掛けられている。和歌浦は『万葉集』では「若の浦」と書かれる。ここもまた、「若《ワカ》」と「奇樹」を以て、王子社であった可能性が高い。「熊野詣で」の人々は必ずこの浦に立ち寄ったという岡見正雄の指摘は重要である。古代には、玉津島頓宮が置かれ、天皇は、ここへしばしば行幸した。玉津島明神は「和歌」の神でもあろうが、もっと具体的な呪術がここで行われていたと思われる。海人が住んでいたことから、天皇と海人との特殊な結び付きも想像されよう。聖武天皇は殊の外、この浦の山上から望む風景を愛され、「明光浦」の名を賜われ、玉津島明神を、「明光浦の霊」と見た。また和歌浦は天皇のミソギの聖地であった。「紀ノ国の禊ぎの聖地、そこに牟婁といひ、和歌浦といふ地名があった」(高崎正秀『皇統譜の研究序説』)。

◆28　**渡御前社**(わたるごぜんしゃ)――「新宮中の古社ことごとく合祀し、社地、社殿を公売せり。その極《きよく》鳥羽上皇に奉仕して熊野に来たり駐《とど》まりし女官が開きし古尼寺(妙心寺)をすら、神社と称して公売せんとするに至れり。もっとも如何《いかん》に思わるるは、皇祖神武天皇を古く奉祀せる渡御前《わたるごぜん》の社をも合祀し、その跡地なる名高き滝を神官の私宅に取り込み、藪中の筍《たけのこ》を売り、その収入を私《わたくし》すと聞く」（『白井光太郎宛書簡』コレクション本巻所収）。渡御前社《わたりごぜん》（「わたるごぜん」は熊楠独自の読みである）は「山際地《やまぎわじ》」（現、新宮市新宮）に鎮座。地元では「おわたり様」と呼ばれ、親しまれていた。

『日本書紀』に依れば、神武天皇は、紀國の竈山にまず上陸、そして新宮にやって来て、神倉山に登った、とある。そしてまた海に出、「熊野の荒坂津（亦の名は丹《に》敷《しき》浦）」に至る。神武天皇は、ここで何をウロウロとしているのであろう。神話の時代より熊野の地は、渡らねばならない神の道であった。「まこと、神武天皇の大倭入りには、日下《クサカ》の戦ひに敗退され、『日の神の御子にして、日に向ひて戦ふことふさはず』とあつて、南へ大きく進路を枉《まげ》られ、紀州から熊野の険を越えて吉野に出でなさる——これを従来の歴史観では、戦略上といふことばかりを考へたのであるが、それでは説明のつかない部分が残る。大和入りなさるべき神の子は禊《みそ》ぎを続けなさらなければ天位には即けない、といふ信仰儀礼の鉄則から、これは解釈されなければならなかつた筈である。紀ノ国牟婁《ムロ》の国は、吉野と並んで後々まで歴代の天皇の禊ぎの為の行幸に賑はつたところ。歴史時代——持統天皇《スメミマ》くらゐまで降つても、盛んに紀の牟婁の出湯にお出ましになる。禊ぎすることによつて、偉大な聖人格を獲得なさらなければ、大和国を〈国生み〉する呪術的王者《マジカルキング》たり得ない——さうした古代信仰の生れる基盤を、第一代神武天皇の御上にかけて語部達は説明してゐたのである」（高崎正秀『皇統譜の研究序説』）。神武はミソギのために熊野に上陸した。ここでミソギをせねば大和のカシワラ（聖地）に入ることは出来ないのである。カシワラは樫木の聖林という意であろうがむしろ、奇《くす》しき場所を表わしている。そしてそこには必ずや現実にスメラミコトの天降るための「森」があったのである（高崎正秀『所謂〝紀元節問題〟をめぐって』参照）。

◆29　**法界坊**（ほうかいぼう）――京の「おしょうらいさん」（精霊会）では、施餓鬼《せがき》のことを「法界」さんとも言って、他の仏とは別に膳を据え、箸も麻の茎の長いものを白川女から買って、適当な長さに折って添える。「法界」は「ほかひ」から出た語らしい。「ほかひ人」、「法界坊」とは即ち俗世では乞食《こつじき》のことを言う。「法界」とは職能の名称である。「ものもらい」という方が解りやすいが、これでは乞食の本来持つ祝言《しゅうげん》性が薄れてしまう。おそらく「ホーカイ」は「外界」と思う。外《ほか》の世界の人という意である。ある土地へ、法界さんは「ものもらい」に来る。返礼として、歌舞する者、祝言を述べる者がいる。法界さんは旅人である。〝旅〟することで、彼らは常人にはない力を得ている。熊楠もある意味で法界さんである。熊楠が〝歩く〟ことで得た、多くの知識は、書物の中に埋蔵されたものではない。また同時に隠遁《いんとん》も〝旅〟と同じ呪力を育てる。熊楠は隠者でもあった。旅と隠遁は実はイコールなのである。

◆30　**野中王子**（のなかおうじ）――野中にあるのは「継桜《つぎざくら》王子」である。ここの名称は複雑である。まず熊楠の守った「野中の一方杉」は今は継桜王子に在るが、ごく自然に考えれば「野中の一方杉」という不思議の老杉があるのが、「野中王子」であろう。そして百メートルばかり西に行った所に数代目の「秀衡桜」（即ち継桜という神樹）が在る。ここが、実は本来の継桜王子であったか。しかし元、この奇跡の桜は継桜王子の境内に在ったというから、野中王子と継桜王子は、同じ場所であろう。つまり野中に在るのでその地名によって「野中王子」とも呼び、継桜の奇跡を以《もっ》て、「継桜王子」とも呼ばれた、のではないか。まず奇跡は、枝が一方にだけ張り出された杉の老樹（この枝の向く方向は那智大社である）に始まり、その老樹の一つの空洞に桜が根を下したという二番目の奇跡が起こったのであろう。

　継桜王子の傍に居を構える玉置浅男氏に聞く。「野中王子というのは聞いたことありません。野中に在る王子は昔から継桜王子一社です。私らは〝字神《あざがみ》〟さんと呼んでいます。桜は境内に在ったものが枯れたので、新しく植える時にあちらへ移したのです。一方杉を守ってくれた熊楠は私らにしたら神さんみたいな人です。原敬が悪い。神主はもっと悪い。自分の私腹を肥やすために、神の樹を伐ったんですから」。そして玉置さんはさらに興味深いことを語ってくれた。「王子社の近くに必ず玉置という姓がありますよ。私は祖父から、玉置は王子を守るため、十津川から彼の地に遣わされた者と聞いています。〝玉置〟は、あの玉置山・玉置神社から出た姓です」。王子信仰と玉置氏は深い関係にあるらしい。これはおそらく、玉置山を根拠地とする修験者もまた王子信仰を伝播した一人であることを示すのではないだろうか。吉野十津川と中辺路が結び付く。「野中王子」は「継桜王子」の古称とみてよいと思う。

◆31　**近露王子**（ちかつゆおうじ）――近露王子は日置《ひき》川に面し、旧街道沿いに在り、参拝者にとって最も眺めのよい休息地となったのではないだろうか。この王子も継桜王子、比曽原王子、中ノ河王子（中川王子）、小広王子等とともに近野神社（近野金比羅宮）に、明治四十一年合祀された。戦後継桜王子のように元に復されることなく「碑」のみが往古を語る。碑文の文学は出口王仁三郎のもの。時の村長（昭和九年当時）で大本教の信者であった横矢球男が、王子参拝の出口に頼んでその場で書いてもらったものという。しかし戦前の大本教弾圧の問題を抱え、碑文の字を「横矢珠男筆」と刻し直すことで、生き長らえたという。出口王仁三郎はスサノヲの命の生まれ変わりと称する。近野神社は、今は神官もいず、寂しい限りである。巨樹もない。しかし今もここに合祀された神々は、坐《いま》す。熊楠が望んだように、元の場所に祀るか、各々の神の影向の樹をこの地に新しく根付かせるか、何かをせねばならない。それにしても金比羅宮とは、何という奇縁か。金比羅は海の神であるが、なぜか山に祀られることが多い。海の王子・山の王子とは深い関係にあるように思われる。金比羅も王子

(若宮)と同様、御霊神である。香川県の金刀比羅宮は象頭《ぞうず》山(標高五二一メートル)に鎮座する。この地に流され、無念のうちに死した(天狗と化したとも言われる)崇徳上皇の信仰厚く、それ故、摂社に白峰神社が在る。白峰神社は崇徳の怨霊を祀る社である。崇徳は白河法皇の御子であった。

◆32　**実加賀行者**(じつかがぎょうじゃ)——実利行者。岐阜県坂下に生まれる。木曽御嶽で最初の修行を始める。二十五歳の時木曽御嶽山頂にある三ノ池に住む龍神の託宣によって、出家(明治六年/一八六八)、大峯山に入る。彼の修行の特徴は「滝行」にあった。その修行の地、那智の滝に投身したことで、世に知られた。即身成仏を行った最後の修験者として記憶される。しかし彼にはかなりいかがわしい面もあった。まず秘法「悪魔祓い」は、「蟇目作法」と言われるものであるが、刷毛で梵字を書くことである。これが発展して、刷毛で「猫」の絵を描き、「養蚕」の護符として信者に配っている。実利の正体はよく解らないが、那智山での投身自殺は、人々にこの地の補陀落《ふだらく》渡海《とかい》伝承を思い起こさせたことであろう。彼が熊野に来た理由の中には、既に木曽あるいは日光山などの修験道に熊野の信仰が入り込んでいたからかも知れない。

「那智にも行者(実加賀《じつかが》行者とて明治十三年ごろ滝に投じて死せしもの)の墓を祭るに、線香をその墓前におきあり。詣るもの、銭を投じ線香をとり祭る」(『柳田國男宛書簡』明治四十四年六月 全集八巻所収)。実利に参るものは、銭を出して線香を買うのである。しかし、この銭は一体誰の懐に入るのか。ここでは熊楠は実利を責めない。実利は山の〝鬼〟となって、里人と無言交易をしている。熊楠はこの交易を「鬼市《きし》」と呼ぶ(鬼市に関する論文名は'Silent Trade'『黙市』)。熊楠が実利を実加賀と書くのは、この行者が、白山(加賀)でも修行したと見てのことか。

◆33　**梅若塚**(うめわかづか)——「梅若のものがたり」は、母と子の悲劇である。幼い子が人さらい(商人)にさらわれ行方知れず。母は子を求めて旅をする。しかし尋ねあてたその子は、既に病死して埋葬されていた。この梅若も「ワカ」、王子である。「梅王子といふ神様は關東諸國にもあつて、今では大抵菅原天神と結び付けられて居る」（柳田國男『歳時小記』）。旧暦三月十五日は「梅若様の日」（梅若忌）として神祭が行われたという。小児の無病息災と成育を祈る祭である。柳田は、この祭は、梅花の一枝を採り物として舞いを舞ったことから、「梅若」と結び付けられたものであろうと推測している。梅王子——樹木の名を背ったこの王子は、菅原道真と結び付けられる。道真もまた梅の樹の下に忽然と現われた「梅下童児」であった。梅若即ち梅王子の信仰は古い古い信仰である。

◆**34　大塔峰**（おおとうのみね）——「『太平記』の大塔宮の熊野落ちの物語は案外義経の北国下りから構想を得ているのではないかと思う」（岡見正雄『鑑賞日本古典文学第二十一　太平記』解説）。中辺路を歩いて鮎川王子に近付く辺から、「護良《もりなが》親王の里」という幡がひらめき始める。大塔村がそこに広がる。親王を戴く村の人たちは、今も中世に生きているようである。しかしなぜ、大塔宮即ち護良親王は、奈良坂の般若寺から突如、熊野詣に出たのであろう。それはもちろん戦略的なこともあったと思われるが、田舎山伏の姿にて熊野参詣に見せかけて、由良の湊、藤代（白）王子、和歌の浦、吹上の浜、玉津島、そして切目王子と旅する時、そこには何か別の思いもあったと思われる。森の小祠で神々に祈る親王の姿には王子信仰への熱い想いがみえる。その親王の祈る神々の中に「金剛童子」が出て来る。「結局金剛童子と満山護法は熊野の山野に満ち満ちている精霊を熊野の御子《みこ》神と観じた、一種のアニミズムが存したと思われる」（岡見正雄『前注同』）。金剛童子は修験道の護法神であった。熊野の王子の本地として、大峰の行場の宿々に祀られていたという。

◆**35　弘法の淵**（こうぼうのふち）——『後鳥羽院熊野御幸記』に「臨ㇾ河有ニ深淵一。」とあり、「田邊河云々」と説明がある。河に臨んで「深淵」あり、を熊楠は、弘法大師が臨んで影を留めたという「弘法の淵」に違いないという。この辺、弘法伝説が広く分布。上芳養《かみはや》、日向《ひなた》にある千福寺は、弘法大師が唐から帰朝して後、根本道場を作るため、霊地を求めて巡礼、その結果、日向の地を霊地と定めた、という。なぜ日向の地か。近くに日向明神がある。千福寺はその別当寺という。

日向神については『岩田村大字岡の田中神社について』で詳述される（◆20「田中神社」参照）。「向日神や聖神が天照大神の末でなくて素盞嗚尊《すさのおのみこと》の胤《すえ》だったのも、古ペルー同然、天照大神の末たる方々は常身すでに日神の分体ゆえ、別段天文暦占を学んで身に威光を添うるに及ばず、素盞嗚尊の胤の諸神はこれに反して、特に種々の芸道を身に積んで民に尊ばれんと心懸けたまえるか」。向日神はスサノヲの御子である。王子である。弘法大師伝承を運んだのは、このスサノヲの末裔《みすえ》の遊行の人々なのである。記紀神話から脱落した紀伊のスサノヲは、王子神という形で今に伝えられているのではないか。弘法大師伝承から遊行の民のことを考えたい。「素尊（素盞嗚《すさのお》尊）の行先も亦、淡路とは反対の側、その願ひ望まれた通り妣神の陵近く、相隣りして熊野の地に鎮座されたものと解釈せられてよい」（高崎正秀『続「ひな」の国』）。

◆36　**飯盛神社**（いいもりじんじゃ）――「飯盛」というのは、山と大変関係深い名称である。また塚の名としても全国に分布している。「塚には其最初の趣旨、即ち山の模倣もしくは人工の峯と云ふ意味が、なほ著しく保存せられて居る。富士に對しての多くの富士塚淺間塚の外に、二子山と二子塚、茶臼山と茶臼塚、飯山と飯塚又は飯盛山と飯盛塚のやうに、山に附ける名を塚にも附けて居る」（柳田國男『武藏野の昔』）。「飯盛山又は飯山《いひのやま》など云ふ孤山の崇められたこと」（同『腰掛石』）。「飯盛と云ふ塚は、全國に數多く、飯ノ山又は飯盛山は古代から聞えて居る」（同『大柱直』）。「飯盛」とは、その名の通り飯を盛ること、これに斎串《いくし》又は箸を立てて神の依《よ》り代《しろ》とする神事が今もなお伝わる（例えば死者の枕元に供える一杯飯）。その起源は、土を盛った上に、神樹や立石を立てたことによる。古い神の交通機関であった。「備前国邑久郡朝日村に『王の塚』というものあり、大なる家にて、正中に大なる石室あり、ぐるりに小さき石室あり、みな髑髏を埋めたり。平経盛の墓なりという。平経盛は、敦盛の父で、『頼政集』などになんでもなき和歌残れり。（略）この社（飯盛神社）の社司は合祀大反対にて、小生と交りあり、はなはだ惜しみおれり。（略）」（『柳田國男宛書簡』明治四十四年六月　全集八巻所収）。「オコウベ（御首）様」という愛称は、この髑髏を埋めたという伝承に依るのであろう。経盛が敦盛の父、ということは、この伝承もまた「敦盛伝承」を語って歩いた時衆の徒によって運ばれたのではないか。また「頼政」は「ヨリマサ→ヨリマシ」、神の託宣を得る者の称であった。柳田の言うようにこの「飯盛」は、山の民の伝承の根幹をなす〝名〟なのである。

◆37　**犬養部**（いぬかいべ）――「犬養鷹飼ヲ想像スルハ恐クハ餌取ノ文字ニ拘泥シタル説タリ。尤モ今昔物語ノ『エトリ』ト称スル食肉法師ノ生活ト後世ノ『エタ』ノ生活トハ似タル點アルモ、此トテモ外部ヨリノ称呼ナレバ甲乙ノ先祖トハ言ヒ難シ。始メテ穢多ノ文字ヲ用ヰタル師守記ニ依レバ彼等ガ職業ハ井戸掘ナリ」（柳田國男『所謂特殊部落の種類』）。「エタ」は「エトリ」から来ている。狩猟の民をまず言うた。それが、友なる「犬」や「鷹」という動物の名を自分たちの職掌に付けた。「エタ」に「穢多」の字を用いるは誤り。『師守記』の記述に、犬養部、鷹取部の職能が「井戸掘」ということは、彼らが弘法大師と同じく、一本の杖を持って、水の在り処を見付ける呪術者であったことを語っていると思う。

◆38　**弁慶**（べんけい）――室町時代、弁慶の物語は大衆文学として愛された。なぜこの荒法師は人気者《スター》となったのか。「御伽草子《おとぎぞうし》」の「弁慶物語」は数多く伝えられるが荒筋は大よそ同じ。その中の一つ『武蔵坊絵縁起』（三巻　アイルランド　チェスター・ビーティ図書館蔵）を見てみよう。

㈠「若一王子」に父母七日参籠《さんろう》してやっと生まれた子は異形の子。山中に捨てるが、鬼子は元気に、獣たちとともに「おもひのまゝにあそ」んでいる。（＊鬼子はザンバラ髪で片肌脱いだ姿。色黒し）㈡

神の申し子を求めて熊野山中にやって来た京の五条の大納言、鬼子と出会う。鬼子、「若一殿《わかいちどの》」の名をもらう。（*鬼子滝の傍に坐す）㈢七歳より叡山に入り修行——と思いきや、ここでも大暴れ。周囲の者を傷付ける。㈣とても剃髪など許されぬ身の「若一殿」は自ら髪を剃《そ》る。（*その顔、何となく寂しげ）㈤さらに自ら「戒壇を行道」して「戒」を受けたこととする。（*行道する若一殿の真剣な表情）㈥老僧の袈裟衣を奪う。（*高下駄に長刀を持つ）㈦三条の小鍛冶より、太刀、刀を騙し取る。という具合に、若一殿、盗んだり騙《だま》し取ったりした衣裳、武器を身に付けて、格好だけは一人前の僧となる。これより「弁慶」を名告《なの》る。自らの命名。後、書写山で大暴れ。書写山炎上。（*七つ道具を背負《せお》う弁慶）そして、京へ戻った弁慶、牛若丸と「北野の社（天神）」で初めて会う。斬り合うが、弁慶、どうも分《ぶ》が悪い。五条の橋の再会で、とうとう弁慶、牛若と主従の契を結ぶ。牛若丸の家来《けらい》となってからの弁慶は一転して忠義の人。なぜか牛若は、北山の岩屋に坐《いま》す。最後の場面は「奥州へ下る由《よし》を洛中《らくちゅう》に触れ回る弁慶」。ここで描かれる弁慶、俯《うつむ》き加減で、歩みも遅く元気がない。御曹司牛若のことが気懸りでならないのだ。

京都三条寺町西入ル北側に「弁慶石」なる立石がある。元は奥州に在ったというが、「帰りたい、帰りたい」と言って、京へ戻って来た。しかしその場所が寺であったため、気にくわぬらしく、また「戻りたい、戻りたい」と言った。それで、今の場所に祀《まつ》った、という。この場所の名は弁慶石町、かつて弁慶が住んだ所と伝えられる。弁慶は山で生まれて、洛中で石となった。御伽草子の弁慶は牛若と「北野の社」で出会っている。北野天満宮、菅原道真を祀る社である。『義経記』では、「五条天《てん》神宮《じんぐう》」で出会っている。少彦名《すくなひこな》命を祀る社である。道真は「梅下童子」、少彦名命は、「小さ子（水蛭《ヒル》子《コ》）」であった。みなみな「王子」。梅花の候、京で御子（王子）たちは何かを企む。（（*　）は絵の描写説明）

◆39 『塩尻』（しおじり）――『塩尻』に載る「熊野」に関する記述㈠熊野三所の本縁は伊勢太神であると言うが、「本宮並びに新宮は太神宮なり」とし、那智を三所に並記していない（巻の一／『江談抄』よりの記述）。㈡「熊野新宮毎年九月十六日神輿を船にのせ奉りて渡す次の船に唐児とて幼童に錦繍をきせ紙笠に山鳥の尾をさしてのす其次は神人多くのりて島廻りと號し御船島を漕めくりて丹生山に神輿をうつし十一月十六日歸座の事ありとそ唐児はかたしろなりといふ」（巻の十）。㈢「熊野浦にからすみといふ物あり土にあらす石に非ゝすゝりにてすれば墨のことし色はつやゝかならす書眉石の類か　からすみ浦人波につれてよるをひろひてうると云々」（巻の五十三）。㈣「熊野へまふて侍る人のかたへ手巾を贈り侍りしかその包み紙に書添へ侍る　岩田川清きなかれをむすふ手に　にこるしるしはあらしとそ思ふ」（巻の五十五）。㈤「武蔵坊辨慶か生地は紀州熊野なりとそ但田邊と新宮と兩所に辨慶か生地と傳へし所有新宮舟田の生地に產家柱の楠とて枝逆さまに生下る古大楠あり昔柱を逆に立しか根生しかくの如しと土俗いひつたへ侍る」（巻の六十八）。㈥「田邊に鳥合權現といふ祠あり源平合戰の時別當赤白の鷄を合せて占ひ見し所なりとそ或は新熊野といふ」（同）。㈦「本宮四月十五日御田植祭中其より御山と稱し七尺八四方の山形を架し上に小祠を作りわたせし貞享年中に大坂の僧善心といふもの神輿を制し是に代へ侍りし元祿十六年より又本のことく山形の小祠を昇渡しける其形は京祇園會の山と一般なりとそ」（同）。

『塩尻』の記述を追ってゆくと、熊野信仰の民間伝承の謎が解ける。㈠の記述では、熊野と伊勢の関係が説かれる。五来重は、「王子」は、伊勢路まで続いていたという。「王子」が鍵である。但し熊野の王子の棟梁的存在は「スサノヲ」、伊勢のそれは「天照大神」である。天照大神も、イザナギ・イザナミの御子である。㈡は、唐子《からこ》、幼童、形代《かたしろ》という言葉がキーワードであろう。幼な子は海神の生贄であると同時に神自身となる。㈢は那智黒のことか。海の彼方より寄り来た「丸石」を御神体とする夷信仰がここにみられる。王子の御神体として、この石が祀られた可能性もあろう。㈣は岩田川がミソギの川として特別視されていたことを伝える。㈤は弁慶が「新宮舟田」生まれであるということ、そこに奇形の大楠があった、ということが興味深い。舟田は鮒田村。楠は幹周り「十三尋《ひろ》」もあり、その洞《ほら》に弁慶は生まれた、という。近くに「弁慶のたま石（お手玉石）」、「弁慶の足跡石」があるという（中瀬喜陽『説話世界の熊野　弁慶の土壌』参照）。㈥は現在の社号「闘鶏神社」と元禄頃に呼ばれていたと思われる「新熊野鶏合大権現」の名から、この社が呪術者（卜占をする）の集まる「宿」であったとも推測される。つまり遊行の者、語りの者が、ここで出会い、話をするうちに「物語」を成長させてゆくという時宗の道場のような場所となっていた時期があったのではないか。そして、そこで生まれたのが「弁慶の物語」ではないか。㈦は「御山」、「山形の小祠」が大事。神輿も〃山〃であるが、山形を強調するところに意味がある。

◆40　**丹生明神**（にうみょうじん）――現、日高郡川辺町江川に鎮座。古くは正八幡宮と称したというが、「丹生」の名称の方が古いと思われる。丹砂（辰砂＝水銀と硫黄の化合物）を産した地の産土神は、丹生明神と決まっている。丹生明神は女神。その正式名を丹生都姫《にうつひめ》という。丹生神社の御祭神の中にも八幡大神とともに、丹生都姫命が祀られる。ここへ八幡神を勧請したのは、玉置氏という（応永・天文年間）。『続日本紀』は「丹生明神」の又の名を「真妻《まづま》明神」と記す。真妻は地名であるが、八幡大神と並ぶ時、その〃妻〃ともとれる。八幡大神もまた、鍛冶の神であった。ともに金属の神である。『紀伊名所図会』「真妻山」の項に、「丹生津姫神の遷坐の地にして、真妻の名も、姫神の美称なるべし」とある。

◆41　**高原の王子**（たかはらのおうじ）――「山陰《かげ》木《こ》陰《かげ》に懸《かゝ》りつゝ、嶮《けは》しき所を過《す》ぐるには、鹿瀬《しゝがせ》、蕪坂《かぶらざか》、重點《ちうてん》、高原《たかはら》、瀧尻《たきじり》と志し、石巌《せきがん》四《し》面《めん》に高《たか》うして、青苔《せいたい》上《うへ》に厚《あつ》くむし、萬木《ばんぼく》枝《えだ》を交《まじ》へつゝ、舊草《ふるくさ》道を閉塞《とぢふさ》ぐ。谷河渡《たにがわわた》る時もあり、高峯《たかね》を傳《つた》ふ折《をり》もあり」（『源平盛衰記』上巻・理巻巻九）。富田川と中川の「川合」の地。川合の地には必ず川の神が祀られる。ここにもまた富源《ふげん》神社が鎮座する。御祭神、応神天皇。ここが高原王子か。但し、高原王子は一般に高原熊野神社のことであると語られる。熊野神社の御祭神は速玉大神。創建は応永年間（一三九四―一四二八）と推定される。

熊楠の言う『源平盛衰記』の記述は、下巻・目巻巻四十「維盛入道熊野詣《まうで》附熊野大峯《おほみね》の事」のことか。「明けぬれば峻《けは》しき岩間《いはま》を攀登《よじのぼ》り、下品下生《げほんげしよう》の鳥居《とりゐ》の銘《めい》、御覧《ごらん》ずるこそ嬉《うれ》しけれ。十方佛土之中ヘ以《ハテ》ニ西方ヲ一為スレ望ト九品《ボン》蓮臺之間ニハ雖モニ下品ト一可シレ足リヌと注《しる》し置《お》きたる諷誦《ふじゆ》の文《もん》、憑《たの》もしくこそおぼしけれ。高原の峯《みね》吹《ふ》く嵐《あらし》に身《み》を任《まか》せ、三超《てう》の巌《いはほ》を越《こ》ゆるには、忉《たう》利の雲《くも》も遠《とほ》からず、發心門《ほつしんもん》に著《つ》き給ひ、上品《ぼん》上生《しやう》の鳥居《とりゐ》の額拝《がくをが》み給ひては、流轉生死《るてんしやうじ》の家《いへ》を出《い》でて、即悟無生《そくごむしやう》の室《しつ》に入《い》るとぞ思召《め》す」。

『源平盛衰記』上巻・那巻巻二十一「兵衞佐殿伏木《ふしき》に隠るゝ事附梶原佐殿を助くる事」は、大樹の洞が、隠れ処になる、という話である。このことは、熊楠が『柳田國男宛書簡』（明治四十四年十月全集八巻所収）に書いている。「道に大椋木あり、二に分かれて太子と馬とを包みかくし、隠し奉り、其木すなはち愈《い》え合ひて、太子を助け奉り、終に守屋を亡して、佛法を興し給ひけり。（略）傍に大なる榎木あり、二にわれて天武を大洞に隠し奉いて、後に王子を亡して、天武を亡して、天武位につき給へり」。椋木、榎木の大樹が二つに分かれて、皇子《みこ》をその空《うつほ》に隠すという〝奇跡〟は、選ばれた人にのみ起こる「瑞相《ずいそう》」と『盛衰記』は語る。熊楠はこの〝奇跡〟を「椋と榎と多少 totem（族霊）等の旧風より本邦人に異重されたり、と覚えらるる」という。

◆42 **日高郡比井崎**（ひだかぐんひいざき）――産湯浦（日高郡産湯）を指す。『紀伊名所図会』に次の伝承が記される。「武内宿禰誉田皇子を守護して、日高に来れるとき、此井泉を汲みて、皇子の御産湯に奉りしを以て号く。後世に至り、遂に村名にも呼び来れり。村中古より今に至るまで、難産の憂なきも、此の由縁によれるなるべし。又当初産湯を奉る時の潔火を伝へしものといひて、家々に火を絶す事なく、偶火の消えし家には、比隣に乞ひてこれを用ふ。故に村中絶えて燧を用ゐず。又神を祭るに湯だてをなす事なきも、古の故事といふ」。また、武内宿禰が紀氏の祖という伝承から、「柏《かし》原《わら》」（和歌山市松原）には「武内宿禰誕生井」なるものが存在する。彼の母は紀直の遠祖・菟道《うじ》彦の女、影媛である（父は、比古布都押之信命、又は屋主忍男武雄心命で祭祀者であった）。

『紀伊続風土記』に「誕生井」は次のように記される。「享保年中官命ありて井辺に甃をなし、井欄を鎖して平日汲ことを許さす、傍に碑を建てゝ、武内宿禰誕生井と刻す、境内四囲籬を施し人の妄に入ることを許さす、公子御誕生の時は此井水を御産湯に用ふるを例とす」。「柏原」という地名が気になる。神武の「橿原」、神功皇后の「橿日浦《かしひのうら》」。応神天皇もまた、この地をミソギの地としている。そのためには奇しき森、神樹がなければならない。応神の「産湯井」の傍には、今も榕樹《あこう》の老木があるという。アコウはクワ科の高木。アコギともいう。小枝を傷付けると白乳汁が出る。応神天皇を八幡神とする御子信仰と「王子信仰」とは、ともに古い古い信仰である。そして、この神の御子なる「王子」は、或る時はダイダラボッチのような巨人（スサノヲの系譜）であり、ある時は「小さ子」（少彦名命の系譜）でありそして巨人と小さ子は、山中では、「金太郎の系譜」として、童形異形をを呈するのである。

神社合祀に関する意見（白井光太郎宛書簡）

明治四十五年二月九日朝六時

南方熊楠拝

白井光太郎様

原稿はいろいろ用事多く昨日中に送り上ぐること能わず、昨夜徹暁、只今写しおわり候。難筆ながら、これより清浄に写し得ず、よってそのまま差し上げ候。手痿《な》えて十分に筆を運び廻し得ぬなり。中村〔啓次郎〕氏へ返事の催促出し置きたるゆえ、四、五日中には小生へ何分の返事有之《これある》べく、その間、貴下、本書御精読の上、通じがたきところは御直し下され、さて小生より中村氏の方不調《ふちょう》とならば申し上ぐべく候間、誰にても篤志の議員に話し申し上げられたく候。

しかし準備をも要するなるべければ、中村氏より返事来たらぬうちにも、あらかじめ然るべきに見せ、意中御探り下され、心底から感心、賛同しくるる人あらば、その人に頼み申し上げたく候。

この稿はすこぶる骨折り写せしものにつき、何とぞ失わぬよう願い上げ候。ただし、貴方にて御用に立ち候わば、当方には写し一通あるゆえ、別段御返し下さるに及ばず候。万一不幸にも中村氏も演じくれず、また貴方にも誰も演じ手がなしとならば、止むを得ず小生はこの書を今一度書き直し、『日本及日本人』へ出さんと存じ候。しかるときは、あるいはこの草案御返戻を乞うをも知れず候。しかし、それはまたその節のことに御座候。

右、草々申し上げ候。

小生は誰も彼も演舌《えんぜつ》しくれぬときは、物にならぬまでも紀州侯に一覧しもらわば、何とか仕様もあるべきかとも存じ候。しかし、只今の紀州侯は往日小生親炙《しんしゃ》せし当日と事情も大いに異なるべければ、この田舎でありては何とも推測及ばず候。当県は官公吏ら大いに閉口、小生に取りては大山神社の一事のみ遺憾なるのみ（これは只今かけ合い中に候）、他はこの上大なる合祀励行はなかるべく、また濫伐もまずはなかるべしと存じ候。しかしながら、政府実に合祀を中止しくれぬときは、例のごとく一上一下で請願書出しある諸社は、いつ一挙して全滅さるるか分からず、実にすこぶる不安心に候。いわんや他府県はこれより励行されんとする今日、なにとか全国で中止されんことを望み申すなり。

神社合祀に関する意見（原稿）

最初、明治三十九年十二月原内相が出せし合祀令は、一町村に一社を標準とせり。ただし地勢および祭祀理由において、特殊の事情あるもの、および特別の由緒書あるものにして維持確実なるものは合祀に及ばず、その特別の由緒とは左の五項なり。(1)『延喜式』および『六国史』所載の社および創立年代これに準ずべきもの、(2)勅祭社、準勅祭社、(3)皇室の御崇敬ありし神社（行幸、御幸、奉幣、祈願、殿社造営、神封、神領、神宝等の寄進ありし類）、(4)武門、武将、国造、国司、藩主、領主の崇敬ありし社（奉幣、祈願、社殿造営、社領、神宝等の寄進ありし類）、(5)祭神、当該地方に功績また縁故ありし神社。

神社には必ず神職を置き、村社は年に百二十円以上、無格社は六十円以上の報酬を出さしむ。ただし兼務者に対しては、村社は六十円、無格社は三十円まで減ずるを得。また神社には基本財産積立法を設け、村社五百円以上、無格社二百円以上の現金、またこれに相当する財産を現有蓄積せしむ、とあり。つまり神職もなく、財産、社地も定まらざる廃社同前のもの、また一時流行、運命不定の淫祠、小祠の類を除き、その他在来の神社を確立せしめんと力《つと》めたるもののごとし。

しかるにこの合祀令の末項に、村社は一年百二十円以上、無格社は六十円以上の常収ある方法を立てしめ、祭典を全うし、崇敬の実を挙げしむ、とあり。祭典は従来氏子人民好んでこれを全うし、崇敬も実意のあらん限り尽しおれり。ただ規定の常収ある方法を新たに立てて神社を保存せんとするも、幾年幾十年間にこの方法を確立すべしという明示なく、かつ合祀の処分は、一にこれを府県知事の任意に任せ、知事またこれを、ただただ功績の書上《かきあげ》のみを美にして御褒美に預らんとする郡長に一任せしより、他方の官公吏は、なるべくこれを一時即急に仕上げんとて氏子輩に勧めたるも、金銭は思うままに自由ならず。よって今度は一町村一社の制を厳行して、なるたけ多くの神社を潰すを自治制の美事となし、社格の如何《いかん》を問わず、また大小と由緒、履歴を問わず、五百円積まば千円、千円積まば二千円、それより三千円、和歌山県ごときは五千円、大阪府は六千円まで基本財産を値上げして、即急に積み立つる能わざる諸社は、強いて合祀請願書に調印せしむ。

むかし孔子は、兵も食も止むを得ずんば捨つべし。信は捨つべからず、民《たみ》信なくんば立たず、と言い、恵心僧都は、大和の神巫《みこ》に、慈悲と正直と、止むを得ずんばいずれを棄つべきと問いしに、万止むを得ずんば慈悲を捨てよ、おのれ一人慈悲ならずとも、他に慈悲を行なう力ある人よくこれをなさん、正直を捨つる時は何ごとも成らず、と託宣ありしという。俗にも正直の頭《こうべ》に神宿ると言い伝う。しかるに今、国民元気道義の根源たる神社を合廃するに、かかる軽率無謀の輩をして、合祀を好まざる諸民を、あるいは脅迫し、あるいは詐誘して請願書に調印せしめ、政府へはこれ人民が悦んで合祀を請願する款状《かんじょう》なりと欺き届け、人民へは汝らこの調印したればこそ刑罰を免るるなれと偽言する。かく上下を一挙に欺騙《ぎへん》する官公吏を、あるいは褒賞し、あるいは旌表《せいひょう》するこそ心得ね。さて一町村に一社と指定さるる神社とては、なるべく郡役所、町村役場に接近せる社、もしくは伐るべき樹木少なき神社を選定せるものにて、由緒も地勢も民情も信仰も一切問わず、玉石混淆、人心恐々たり。

拙見をもってすれば、従来神恩を戴き神社の蔭で衣食し来たりし無数の神職のうち、合祀の不法を諤議《がくぎ》せるは、全国にただ一人あるのみ。伊勢四日市の諏訪神社の社司生川《なるかわ》鉄忠氏これなり。この人、四十一年二月以降の『神社協会雑誌』にしばしば寄書して、「神社整理の弊害」を論ぜる、その言諄として道理あり。今その要を撮し、当時三重県における合祀の弊害を列挙せん。いわく、従来一社として多少荘厳なりしもの、合祀後は見すぼらしき脇立小祠となり、得るところは十社を一社に減じたるのみ。いわく、従来大字ごとになし来たれる祭典、合祀後は張り合いなし、するもせぬも同じとて全く祭典を廃せる所多し。いわく、合祀されし社の氏子、遠路を憚り、ことごとく合祀先の社へ参り得ざるをもって、祭日には数名の総代人を遣わすに、多勢に無勢で俘虜降人同然の位置に立つをもって、何のありがたきこともなく早々逃げ帰る。言わば合祀先の一大字のみの祭典を、他の合祀されたる諸大字が費用を負担する訳になり、不平絶えず。いわく、合併社趾の鬱蒼たりし古木は、伐り払われ、売られ、代金は疾《と》くに神事以外の方面に流通し去られて、切株のみ残りて何の功なし。古木などむやみに伐り散らすは人気を荒くし、児童に、従来あり来たりし旧物一切破壊して悔ゆることなかるべき危険思想を注入す。いわく、最も不埒なるは、神殿、拝殿等、訓令の制限に合わぬ点を杉丸太で継ぎ足し、亜鉛葺き等一時弥縫《びほう》をなし、いずれ改造する見込みなり、当分御看過を乞う等で、そのまま放置する。いわく、多年等閑に付し来たれる神社を、一朝厳命の下に、それ神職を置け、基本金を積めと、短兵急に迫られし結果、氏子周章《しゅうしょう》、百方工夫して基本金を積み存立を得たるも、また値上げ、また値上げとなり底止《ていし》するところを知らず。造営までなかなか手が届かぬを定規《ていき》に背くとて無理に合祀するは苛刻《かこく》もはなはだし矣。いわく、神官の俸給を増し与えたりとて、即刻何の効験、化育の功績も目に見えるほど挙がらず。従前と変わりしこともなければ、氏子また策を運らし、俸給を定規より少なく神職に与え、ないよりは増しだろう、ぐずぐず言わば合祀するぞ、と今度は氏子より神職を脅し、実際は割引で与えながら規定の俸給を受けおるような受取証を書かすこと。熊楠いわく、むかしより伊勢人は偽り多しと言うので、仮作の小説たるを明示するため『伊勢物語』と言う書題を設けたと申す。まことに本家だけあって、三重県の御方々《おんかたがた》には格別の智恵がある、和歌山県に行なわるる合祀の弊害はことごとく生川氏の指摘せるところに異ならぬが、神職の俸給を割引して受取書を偽造させるようなものは、いまだ和歌山県に聞き及ばず。しかし、追い追いは出で来るならん。生川氏、結論にいわく、右のごときはただ埒明的《らちあきてき》合祀にて、神社の整理か縮少か将《はた》破壊か、かかる神社と神職とに地方自治の中枢たらんことを望むは間違いもはなはだし、これを神道全体の衰頽と言うべしと断ぜられたるは、まことに末《すえ》を見透せし明ありと嘆息の外なし。

　かくて三重県に続いて和歌山県に合祀の励行始まり、何とも看過しがたきもの多きより、熊楠諸有志と合祀反対の陣を張り、地方および京阪の新聞紙をもってその説を主張すること年あり。明治四十三年三月二十三日、同志代議士中村啓次郎氏衆議院において一場の質問演説をなし、次に四十四年三月三十日大臣官房において、中村氏、平田〔東助〕内相と面会し、熊楠撮《と》り置ける紀州諸名社濫滅名蹟亡滅の写真を示してこのことを論じたるのち、内相よりその年の貴族院にても中村氏同様の質問盛んに起これる由を承知し、また内相も中村氏と同一意見を持し、一時に基本金を積ましめ一村一社の制を励行するを有害と認むれば、四月の地方官会議に再び誤解なからしむるよう深く注意を加うべし、と約束さる。（この四月の地方官会議に多少の訓示ありしは、白井氏、前日井上神社局長より得たる秘密書類の写しで明らかなり。ただし少しも実行されず。）そののち聞くところによれば、四十三年六月ごろ、基本財産完備せずとも維持の見込み確実なる諸神社は合祀に及ばずと令ありしとのことながら、地方郡役所へは達しおらず。さて合祀は年を逐うて強行さる。その結果、去年十二月十九日と今年一月二十日の『読売新聞』によれば、在来の十九万四百社の内より、すでに府県社五、郷社十五、村社五千六百五十二、無格社五万千五百六十六、計五万七千二百三十八社を合併しおわり、目下合併準備中のもの、府県社一、郷社十

二、村社三千五百、無格社一万八千九百、計二万二千四百十三社あり。残れる十一万ばかりの神社もなお減ずべき見込み多ければ、本年度より地方官を督励して一層これを整理し、また一方には神社境内にある社地を整理せしむべし、とその筋の意嚮を載せたり。また当局は、合祀によって郷党の信仰心を高め、おびただしく基本金を集め得たる等、その効果著し、と言明する由を記せり。

そもそも全国で合祀励行、官公吏が神社を勦蕩《そうとう》滅却せる功名高誉とりどりなる中に、伊勢、熊野とて、長寛年中に両神の優劣を勅問ありしほど神威高く、したがって神社の数はなはだ多かり、士民の尊崇もっとも厚かりし三重と和歌山の二県で、由緒古き名社の濫併《らんぺい》、もっとも酷《ひど》く行なわれたるぞ珍事なる。すなわち三重県の合併はもっともはなはだしく、昨年六月までに五千五百四十七社を減じて九百四十二社、すなわち在来社数のわずかに七分一ばかり残る。次は和歌山県で、昨年十一月までに三千七百社を六百社、すなわち従前数の六分一ばかりに減じ、今もますます減じおれり。かかる無法の合祀励行によって、果たして当局が言明するごとき好結果を日本国体に及ぼし得たるかと問うに、熊楠らは実際全くこれに反せる悪結果のみを睹《み》るなり。

よってその九牛の一毛を例示せんに、西牟婁郡川添村は、十大字《おおあざ》、九村社、五無格社、計十四社を滅却伐木して市鹿野《いちがの》大字の村社に合祀し、基本金一万円あるはずと称せしに、実際神林を伐り尽し、神殿を潰し、神田を売却して、得たるところは皆無に近かりし証拠は、その神殿が雨風のために破損を生じ、雨洩りて神体を汚すまでも久しく放置し、神職を詰《なじ》るに、全く修繕費金なしとのことなり。

また日高郡上山路《かみさんじ》村は、大小七十二社を東《ひがし》大字の社に合併し、小さき祠《ほこら》はことごとく川へ流さしむ。さて神体等を社殿へ並べて衆庶に縦覧せしめけるに、合祀を好まぬ狂人あり、あらかじめ合祀行なわるれば必ず合祀社を焼くべしと公言せしが、果たしてその夜、火を社殿に放ち、無数の古神像、古文書、黄金製の幣帛《へいはく》、諸珍宝、什器、社殿と共にことごとく咸陽《かんよう》の一炬《いっきょ》に帰す。惜しむべきのはなはだしきなり。むかし水戸義公は日本諸寺社の古文書を写させ、水災を虞《おそ》れて一所に置かず、諸所に分かち置かれしという。金沢文庫、足利文庫など、いずれも火災少なき辺土に立てられたり。件《くだん》の上山路村の仕方《やりかた》は、火災の防ぎ十分ならぬ田舎地方の処置としては、古人の所為に比してまことに拙き遣方とやいわん。さて焼けたる諸社の氏子へ一向通知せず、言わば神社が七十二も焼けたるは厄介払いというような村吏や神職の仕方ゆえ、氏子ら大いに憤り、事に触れて、一カ月前にも二大字合《がっ》従《しょう》して村役場へ推しかけ荒々しき振舞いありし。件の社の焼跡へ、合祀されたるある社の社殿を持ち来たり据えたるに、去年秋の大風に吹き飛ばされ、今に修覆成らず。人心合祀を好まず、都会には想い及ばざる難路を往復五、六里歩まずば参り得ぬ所ゆえ、大いに敬神の念を減じ、参らぬ神に社費を納めぬは自然の成行きなり。

熊野は本宮、新宮、那智を三山と申す。歴代の行幸、御幸、伊勢の大廟よりはるかに多く、およそ十四帝八十三回に及べり。その本宮は、中世実に日本国現世の神都のごとく尊崇され、諸帝みな京都より往復二十日ばかり山また山を踰《こ》えて、一歩三礼して御参拝ありし。後白河帝が、脱位ののち本宮へ御幸三十二度の時御前にて、

『玉葉』　忘るなよ雲は都を隔つともなれて久しき三熊野の月

巫祝《みこ》に託して、神詠の御答えに、

暫くもいかが忘れん君を守《も》る心くもらぬ三熊野の月

また後鳥羽上皇は、本宮焼けてのちの歳の内に遷宮《せんぐう》侍りしに参りあいたまいて、

『熊野略記』　契りあらば嬉しくかかる折にあひぬ忘るな神も行末の空

万乗の至尊をもって、その正遷宮の折にあいたまいしを、かくばかり御喜悦ありしなり。しかるに、在来の社殿、音無《おとなし》川の小島に在《おわ》せしが、去る二十二年の大水に諸神体、神宝、古文書とともにことごとく流失し、只今は従来の地と全く異なる地に立ちあり。万事万物新しき物のみで、露軍より分捕の大砲など社前に並べあるも、これは器械で製造し得べく、また、ことにより外国人の悪感を買うの具とも成りぬべし。

これに反し、流失せし旧社殿跡地の周囲に群生せる老大樹林こそ、古え、聖帝、名相、忠臣、勇士、貴嬪《きひん》、歌仙が、心を澄ましてその下に敬神の実を挙げられたる旧蹟、これぞ伊勢、八幡の諸廟と並んでわが国の誇りともすべき物なるを、一昨夏神主の社宅を造るとて目星《めぼし》き老樹ことごとく伐り倒さる。吾輩故障を容れしに、氏子総代、神主と一つ穴で颺《よう》

言揚《げん》々として、むかしよりかかる英断の神官を見ず、老樹を伐り倒さば跡地を桑畑とする利益おびただしとて、その時伐採り見て哭《な》きし村民を嘲ること限りなし。その神主は他国の馬骨で、土地に何の関係なければ惜し気もなくかかる濫伐を遂げ、神威を損じ、たちまち何方へか転任し、今日誰が何と小言吐くも相手なければ全く狐に魅《つま》まれしごとし。その前にも本宮の神官にして、賽銭か何かを盗み、所刑《しょけい》されし者あり。あるいは言わん、衣食足りて礼を知り、小人究すれば濫するは至当なり。賽銭を盗み、神林を伐りて悪くば、神官に増俸すべし、と。これ取りも直さず、世道の標準たるべき神聖の職にある人が、みずからその志操を忘却して乞盗に儔《たぐ》うるものなり。平田篤胤が世上の俗神職の多くを誇《そし》りて、源順朝臣が『倭名抄』に巫覡《ふげき》を乞盗部に入れたるを至当とせるを参考すべし。

次に新宮には、ちょうど一昨年中村氏が議会へこのことを持ち出さぬ前にと、万事を打ち捨てて合祀を励行し、熊野の開祖高倉下命《たかくらじのみこと》を祀れる神倉社とて、火災あるごとに国史に特書し廃朝仰せ出でられたる旧社を初め、新宮中の古社ことごとく合祀し、社地、社殿を公売せり。その極《きょく》鳥羽上皇に奉仕して熊野に来たり駐《とど》まりし女官が開きし古尼寺をすら、神社と称して公売せんとするに至れり。もっとも如何《いかが》に思わるるは、皇祖神武天皇を古く奉祀せる渡御前《わたるごぜん》の社をも合祀し、その跡地なる名高き滝を神官の私宅に取り込み、藪中の筍《たけのこ》を売り、その収入を私《わたくし》すと聞く。さてこの合祀に引き続き、この新宮の地より最多数すなわち六名の大逆徒を出し、その輩いずれも合祀の最も強く行なわれたる三重と和歌山県の産なるは、官公吏率先して破壊主義と悖逆《はいぎゃく》の例を実示せるによる、と悪評しきりなり。大逆管野某女が獄中より出せる状に、房州の某処にて石地蔵の頭を火炙《ひあぶ》りにせしが面白かりし由を記せるなど考え合わすべし。

ことに苦々しきは、只今裁判進行中の那智山事件にて、那智の神官尾崎とて、元は新宮で郡書記たりし者が、新宮の有力家と申し合わせて事実なき十六万円借用の証文を偽造し、一昨年末民有に帰せる那智山の元国有林を伐採し尽して三万円の私酬を獲んと謀り、強制伐木執行に掛かる一刹那検挙されたるにて、このこともし実行されなば那智滝は水源全く涸れ尽すはずなりしなり。この他に熊野参詣の街道にただ一つむかしの熊野の景色の一斑を留めたる大瀬の官林も、前年村民本宮に由緒ありと称する者に下げ戻されたり。二千余町歩の大樹林にて、その内に拾《ひら》い子谷《こだに》とて、熊野植物の模範品多く生ぜる八十町長しという幽谷あり。これも全くの偽造文書を証拠として山林を下げ戻されたるにて、只今大阪から和歌山県に渉り未曽有の大獄検挙中なり。これらはいずれも神社合祀の励行より人民また神威を畏れず、一郡吏一村役人の了見次第で、古神社神領はどうでもなる、神を畏るるは野暮の骨頂なり、われも人なり、郡村吏も人なり、いっそ銘々に悪事のありたけを尽そうでないかという根性大いに起これるに出づ。

むかし京都より本宮に詣るに、九十九王子とて歴代の諸帝が行幸御幸の時、奉幣祈願されし分社あり。いずれも史蹟として重要なる上、いわゆる熊野式の建築古儀を存し、学術上の参考物たり。しかるにその多くは合祀で失われおわる。一、二を挙げんに、出立《でたち》王子は定家卿の『後鳥羽院熊野御幸記』にも見るごとく、この上皇関東討滅を熊野に親しく祈らんため、御譲位後二十四年一回ずつ参詣あり、毎度この社辺に宿したまい(御所谷《ごしょたに》と申す)、みずから塩垢離取らせて御祈りありしその神社を見る影もなく滅却し、その跡地は悪童の放尿場となり、また小ぎたなき湯巻《ゆまき》、襁褓《むつき》などを乾すこと絶えず。それより遠からず西の王子と言うは、脇屋義助が四国で義兵を挙げんと打ち立ちし所なり。この社も件の出立王子と今一大字の稲荷社と共に、劣等の八坂神社に合祀して三社の頭字《かしらじ》を集めて八立《やたて》稲《いね》神社と称せしめたるも、西の王子の氏子承知せず、他大字と絶交し一同社費を納めず、監獄へ入れると脅すも、入れるなら本望なり、大字民七十余戸ことごとく入獄されよと答え、祭日には多年恩を蒙りし神社を潰すような神職は畜生にも劣れりとて、坊主を招致し経を読ませ祭典を済ます。神か仏かさっぱり分からず。よって懲らしめのため神社跡地の樹林を伐り尽さしめんと命ぜしも、この神林を伐ればたちまち小山崩れて人家を潰す上、その下の官道を破るゆえ、事行なわれず。ついに降参して郡衙《ぐんが》より復社を黙許せり。

また南富田《みなみとんだ》村の金刀比羅《ことひら》社は、古え熊野の神ここに住みしが、海近くて波の音聒《やかま》しとて本宮へ行けり。熊野三景の一とて、眺望絶佳の丘上に七町余歩の田畑山林あり。地震海嘯《つなみ》の節大用ある地なり。これを無理に維持困難と詐称して他の社へ合祀せしめしも、村民承知せず、結党して郡衙に訴うること止まず、ついに昨年末県庁より復社を許可す。可笑《おか》しきは合祀先の神社の神職が、神社は戻るとも神体は還しやらずとて、おのれをその社の兼務させくれるべき質《しち》に取りおる。しかるに真正の神体は合祀のみぎり先方へ渡さず隠しありしゆえ、復社の一刹那すでに帰り居たまう。燕石十襲《じっしゅう》でこの神主の所行笑うに堪えたり。この他にも合祀の際、偽神体を渡し、真の神体を隠しある所多しと聞く。

かつて薩摩の人に聞きしは、太閤本願寺僧をしてその国を細作せしめしより、島津大いに恨み一向宗を厳禁せしも、士庶のその宗旨を奉ずる者、弥陀仏像を柱の中に収め朝夕看《かん》経《きん》して維新後に及べり、と。白石が岩松氏に与えたる書翰にも、甲州の原虎胤が信玄より改宗を勧められて肯《がえ》んぜず相模に走りしことや、内藤如安、高山友祥が天主教を止めず、甘んじて呂宋《ルソン》に趣きしことを論じて、こは宗教上の迷信厚きに過ぎしのみなるべからず、実は祖先来自分が思い込んで崇奉する宗旨を、何の訳もなく、当時の執政当局者に気に入らぬという一事のみのゆえに、たちまち棄てて顧みずとは、いかにも人間らしく、男らしくも、武士らしくもないと思い詰めたる意気の上より出でたることならん、と言えり。

上述の村民らの志も、また愛国抗外心の一原素として強いて咎むべからざるにや。また西行の『山家集』に名高き八《や》上王子《かみのおうじ》、平重盛が祈死で名高き岩田王子等も、儼然として立派に存立しおるを、岩田村役場の直前なる、もと炭焼き男の庭の鎮守たりし小祠を村社と指定し、これに合併し、その跡の神林（シイノキの大密林なり、伊藤篤太郎博士の説に、支那、日本にのみ見る物なれば、もっとも保護されたしとのこと）、カラタチバナなどいう珍植物多きを伐り尽して、村吏や二、三の富人の私利を営まんと巧みしを、有志の抗議で合祀は中止したが、無理往生に差し出さしめたる合祀請願書は取り消さざるゆえ、何時亡びるか分からず。全国に目下合祀準備中のもの二万二千余あると、当局が得々と語るは、多くはこの類の神社暴滅に罹《かか》らんとするものと知らる。モンテスキューいわく、虐政の最も虐なるは法に執《しゅう》して虐を行なうものなり、と。吾輩外国人の書を読み、かかる虐政行なわれたればこそ仏国に大不祥の事変を生出せるなれと、余所事《よそごと》に聞き流したる当時を、今となって反って恋しく思うなり。

次に熊野第二の宮と呼ばるる高原王子は、八百歳という老大樟あり。その木を斲《けず》りて神体とす。この木を伐らせ、コミッションを得んとする役人ら、毎度合祀を勧めしも、その地に豪傑あり、おもえらく、政府真に合祀を行なわんとならば、兵卒また警吏を派して一切人民の苦情を払い去り、一挙して片端から気に入らぬ神社を潰して可なり。しかるに、迂遠千万にも毎々旅費日当を費やし官公吏を派し、その人々の、あるいは脅迫し、あるいは甘言して請願書に調印を求むること、怪しむに堪えたり。必竟合祠の強行は政府の本意にあらじ、小役人私利のためにするところならんとて、五千円の基本金を一人して受け合う。さてその金の催促に来るごとに、役人を近村の料理屋へ連れ行き乱酔せしめ、日程尽き、役人忙《あわ》て去ること毎度なり。そのうちに基本金多からずとも維持の見込み確かならば合祀に及ばずということで、この社は残る。

次の十丈《じゅうじょう》の王子は、役場からその辺の博徒二人に誨《おし》えて、汝らこの社に因縁ある者と称えて合祀を願い出でよ、しかる時は酬《むく》ゆるに神林の幾分を与うべしとのことで、終《つい》に合祀す。件の悪党、自分にくれた物と思い、その樹林を伐採して売りしを、盗伐と称え告訴し、二人入獄、一人は牢死せり。官公吏が合祀を濫用して姦を勧め、史蹟名勝を滅せし例は、この他にも多く、これがため山地は土崩れ、岩墜ち、風水の難おびただしく、県庁も気がつき、今月たちまち樹林を開墾するを禁ずるに及べり。しかれども合祀依然行なわれおれば、この禁令も何の功なからん。かかる弊害は、紀州のみならず、埼玉、福島、岡山、鳥取諸県よりも聞き及ぶ。

合祀濫用のもっともはなはだしき一例は紀州西牟婁郡近野村で、この村には史書に明記せる古帝皇奉幣の古社六つあり（近露王子、野中王子、比曽原王子、中川王子、湯川王子、小広王子）。一村に至尊、ことにわが朝の英主と聞こえたる後鳥羽院の御史蹟六つまで存するは、恐悦に堪えざるべきはずなるに、二、三の村民、村吏ら、神林を伐りて営利せんがため、不都合にも平田内相すでに地方官を戒飭《かいちょく》し、五千円を積まずとも維持確実ならば合祀に及ばずと令したるはるか後に、いずれも維持困難なりと詐《いつわ》り、樹木も地価も皆無なる禿山頂へ、その地に何の由緒なき無格社金毘羅社というを突然造立し、村中の神社大小十二ことごとくこれに合祀し、合祀の日、神職、衆人と神体を玩弄してその評価をなすこと古道具に異ならず。この神職はもと負荷人足《にもちにんそく》の成上りで、一昨冬妻と口論し、妻首縊《くく》り死せる者なり。かくて神林伐採の許可を得たるが、その春日社趾には目通り一丈八尺以上の周囲ある古老杉三本あり。

また野中王子社趾には、いわゆる一方杉とて、大老杉、目通り周囲一丈三尺以上のもの八本あり。そのうち両社共に周囲二丈五尺の杉各一本は、白井博士の説に、実に本邦無類の巨樹とのことなり。またこれら大木の周囲にはコバンモチというこの国希有の珍木の大樹あり。托生蘭《たくせいらん》、石松《なんかくらん》類《るい》等に奇物多し。年代や大いさよりいうも、珍種の分布上より見るも、本邦の誇りとすべきところなる上、古帝皇将相が熊野詣りごとに歎賞され、旧藩主も一代に一度は必ずその下を過《よぎ》りて神徳を老樹の高きに比《よそ》え仰がれたるなり。すべてかかる老大樹の保存には周囲の状態をいささかも変ぜざるを要することなれば、いかにもして同林の保存を計らんと、熊楠ら必死になりて抗議し、史蹟保存会の白井、戸川〔残花〕二氏また、再度まで県知事に告げ訴うるところあり。知事はその意を諒とし、同林伐採を止めんとせしも、属僚輩かくては県庁の威厳を損ずべしとて、その一部分ごとに一方杉に近き樹林を伐らしめたり。過ちを改めざるを過ちと言うとあるに、入らぬところに意地を立て、熊楠はともあれ他の諸碩学の学問上の希望を容れられざりしは遺憾なり。かくのごとく合祀励行のために人民中すでに姦徒輩出し、手付金を取りかわし、神林を伐りあるき、さしも木の国と呼ばれし紀伊の国に樹木著しく少なくなりゆき、濫伐のあまり、大水風害年々聞いて常事となすに至り、人民多くは淳樸の風を失い、少数人の懐が肥ゆるほど村落は日に凋落し行くこそ無残なれ。

これより予は一汎に著《あら》われたる合祀の悪結果を、ほぼ分項して記さんに、

第一、神社合祀で敬神思想を高めたりとは、政府当局が地方官公吏の書上《かきあげ》に瞞《だま》されおるの至りなり。電車鉄道の便利なく、人力車すら多く通ぜざる紀州鄙地の山岳重畳、平沙渺茫たる処にありては、到底遠路の神社に詣づること成らず。故に古来最寄りの地点に神明《しんめい》を勧請《かんじょう》し、社を建て、産土神《うぶすながみ》として朝夕参り、朔望《さくぼう》には、必ず村中ことごとく参り、もって神恩を謝し、聖徳を仰ぐ。『菅原伝授鑑』という戯曲三段目に、白太夫なる百姓老爺《ろうや》が七十の賀に、三人の娵《よめ》が集《つど》い来て料理を調うる間に、七十二銅と嫁に貰える三本の扇を持ち、末広《すえひろ》の子供の生い先、氏神へ頼んだり見せたりせんとて、いまだその社を知らざる一人の娘を伴い参詣するところあり。田舎には合祀前どの地にも、かかる質樸にして和気靄々《あいあい》たる良風俗あり。平生農桑《のうそう》で多忙なるも、祭日ごとに嫁も里へ帰りて老父を省《せい》し、婆は三升樽を携えて孫を抱きに娘の在所へ往きしなり。かの小窮窟な西洋の礼拝堂に貴族富豪のみ車を駆《は》せて説教を聞くに、無数の貧人は道側に黒麪包《バン》を咬んで身の不運を嘆《かこ》つと霄《しょう》壌《じょう》なり。かくて大字ごとに存する神社は大いに社交をも助け、平生頼みたりし用談も祭日に方《かた》つき、麁闊《そかつ》なりし輩も和熟親睦せしなり。只今のごとく産土神が往復山道一里乃至《ないし》五里、はなはだしきは十里も歩まねば詣で得ずとあっては、老少婦女や貧人は、神を拝し、敬神の実を挙げ得ず。

前述一方杉ある近野村のごとき、去年秋、合祀先の禿山頂の社へ新産婦が嬰児とその姉なる小児を伴い詣るに、往復三里の山路を歩みがたく中途で三人の親子途方に暮れ、ああ誰かわが産土神《うぶすながみ》をかかる遠方へ拉《と》り去れるぞと嘆くを見かねて、一里半ばかりその女児を負い送り届けやりし人ありと聞く。西牟婁郡三川豊川村は山嶽重畳、一村の行程高野山を含める伊都郡《いとごおり》に等しと称す。その二十大字三十二社を減じて、ことごとく面川《めんこ》の春日社に併せ、宮木をことごとく伐りて二千余円に売りながら、本社へは八百円しか入らず。さてその神主田辺へ来たり毎度売婬女に打ち込み、財産差押えを受けたり。この村は全く無神になり、また仏寺をも潰しおわり、仏像を糞担桶《こえたんご》に入れ、他の寺へ運ばしむ。村長家高《いえたか》某という者、世に神仏は無用の物なり、万事村長の言をさえ遵奉せば安寧浩福なりとの訓えなり。

白石の『藩翰譜』に、秋田氏暴虐なりしを述べて、その民の娘、年長じても歯を黒め得ざりしと言えるをさえ苛政の例《ためし》に覚えしが、今はまた何でもなき郡吏や一村長の一存で、村民が神に詣で名を嬰児に命ずる式すら挙げ得ざるも酷《ひど》し。その状あたかも十七世紀に、英国内乱に際し、旧儀古式を全廃し、セントポール大寺観を市場と化し、その洗礼盆で馬を浴せしめ、愚民嗷語《こうご》して、われは神を信ぜず、麦粉と水と塩を信ずと言い、僧に向かいて汝自身の祈禱一俵を磨場《つきや》に持ち往き磨《ひ》いて粉にして朝食を済ませよなど罵りしに同じ。『智度論』に、恭敬は礼拝に起こると言えり。今すでに礼拝すべき神社なし、その民いかにして恭敬の何物たるを解せんや。すでに恭敬を知らぬ民を作り、しかして後日長上に従順ならんことを望むるは、矛盾のはなはだしきにあらずや。かく敬神したきも、敬神すべき宛所《あてどころ》が亡われおわりては、ないよりは優れりという心から、いろいろの淫祀を祭り、蛇、狐、天狗、生霊《いきりょう》などを拝し、また心ならずも天理教、金光教など祖先と異なる教に入りて、先祖の霊牌を川へ流し、田畑を売りて大和、備前の本山へ納め、流浪して市街へ出で、米搗きなどして聊生《りょうせい》する者多く、病を治するとて大食して死する者あり、腐水を呑んで失心するもあり。改宗はその人々の勝手次第なるも、かかる改宗を余儀なくせしめたる官公吏の罪冥々裡《めいめいり》にはなはだ重し。合祀はかくのごとく敬神の念を減殺《げんさつ》す。

　第二に、神社合祀は民の和融を妨ぐ。例せば、日高郡御坊《ごぼう》町へ、前年その近傍の漁夫が命より貴ぶ夷子《えびす》社を合併せしより、漁夫大いに怒り、一昨夏祭日に他大字民と市街戦を演じ、警吏等の力及ばず、ついに主魁九名の入監を見るに及び、所の者ことごとく合祀の余弊に懲《こ》り果てたり。わが邦人宗教信仰の念に乏しと口癖に言うも、実際合祀を濫用して私利を計る官公吏や、不埒千万にも神社を潰して大悦する神職は知らず、下層の民ことに漁夫らは信心はなはだ堅固なる者にて、言わば兵士に信心家多きごとく、日夜板《いた》一枚の命懸けの仕事する者どもゆえ、朝夕身の安全を蛭子《えびす》命に禱り、漁に打ち立つ時獲物あるごとに必ずこれに拝詣し報賽《ほうさい》し、海に人落ち込みし時は必ずその人の罪を祓除《ふつじょ》し、不成功なるごとに罪を懺悔して改過し、尊奉絶えざるなり。しかるに海幸《うみさち》を守る蛭子社を数町乃至《ないし》一、二里も陸地内に合併されては、事あるごとに祈願し得ず、兵卒が将校を亡《うしな》いしごとく歎きおり、ために合祀の行なわれたる漁村にはいろいろの淫祀が代わりて行なわれており、姦人の乗じて私利を営むところとなる。これ角《つの》を直《ただ》さんとして牛を殺せるなり。

学者や富豪に奸人多きに引きかえ、下民は常に命運の薄きを嘆くより、したがって信心によって諦めを啓《ひら》かんとする念深く、何の道義論哲学説を知らぬながらに、姦通すれば漁利空《むな》し、虚言すれば神罰立ちどころに至ると心得、ために不義に陥らぬこと、あたかも百二十一代の至尊の御名を暗誦せずとも、誰も彼も皇室を敬するを忘れず、皇族の芳体を睨《にら》めば眼が潰るると心得て、五歳の髫齓《ちょうしん》も不敬を行なわぬに同じ。むつかしき理窟入らずに世が治まるほど結構なることなく、分に応じてその施設あるは欧米また然り。フィンランド、ノルウェーなどには、今も地方に吹いたら飛ぶような木の皮で作った紙製〔マヽ〕の礼拝堂あり。雪中に一週に一度この堂に人を集め、世界の新聞を報じ、さて郵便物の配布まで済ませおる。老若男女打ち集い歓喜限りなし。別に何たるむつかしき説法あるにあらず。英国なども、漁村には漁夫水手《かこ》相応の手軽き礼拝堂あり。これに詣る輩むつかしき作法はなく、ただ命の洗濯をするまでなり。はなはだしきは、コーンウォール州に、他州人の破船多くて獲物多からんことを祈り、立てた寺院すらあるなり。それは過度ならんも、漁夫より漁神を奪い、猟夫より山神を奪い、その祀を滅するは治道の要に合わず。いわんや、山神も海神もいずれもわが皇祖の御一家たるにおいてをや。神威を滅するは、取りも直さず、皇威に及ぼすところありと知るべし。

西洋に上帝を引いて誓い、また皇帝を引いて誓うこと多し。まことに聞き苦しきことなり。わが国にも『折焚く柴の記』に、何かいうと八幡神などの名を引いて誓言する老人ありしを、白石の父がまことに心得悪しき人なりと評せしこと出でたり。されば、梵土には表面梵天を祀る堂なし。これ見馴れ聞き馴るるのあまり、その威を瀆《けが》すを畏れてなり。近ごろ水兵などが、畏き辺《あた》りの御名を呼ばわりて人の頭を打ち、また売婬屋で乱妨《らんぼう》などするを見しことあり。言わば大器小用で、小さき民や小さき所には、たとい誓言するにも至尊や大廟の御名を引かず、同じく皇室御先祖の連枝《れんし》ながらさまで大義に触れざる夷子《えびす》社や山の神を手近く引くほどの準備は縦《ゆる》し置かれたきことなり。教育到らざる小民は小児と均《ひと》しく、知らずして罪に陥るようのこと、なるべく防がれたし。故に、あまりに威儀厳重なる大神社などを漁夫、猟師に押しつくるは事件の基なり。

また日高郡原谷《はらたに》という所でも、合祀の遺恨より、刀で人を刃せしことあり。東牟婁郡佐《さ》田《だ》および添《そえ》の川《かわ》では、一昨春合祀反対の暴動すら起これり。また同郡高田《たかだ》村は、白昼にも他村人が一人で往きかぬるさびしき所なり。その南檜杖《みなみひつえ》大字の天王の社は、官幣大社三輪《みわ》明神と同じく社殿なく古来老樹のみ立てり。しかるに、社殿あらば合祀を免ると聞き、わずか十八戸の民が五百余円出し社殿を建つ。この村三大字各一社あり。いずれも十分に維持し来たりしを、四十一年に至り一村一社の制を振り舞《まわ》し、せっかく建てたる社殿を潰し他の大字へ合祀を命じたるに、何の大字一つへ合祀すべきか決せず。四十三年二月末、郡長その村の神社関係人一同を郡役所へ招き、無理に合祀の位置を郡長に一任と議決せしめ、その祝賀とて新宮町の三好屋で大宴会、酒二百八十余本を飲み一夜に八十円費やさしめ、村民大不服にて合祀承諾書に調印せず。総代輩困却して逃竄《とうざん》し、その後召喚するも出頭せず。よって警察所罰令により一円ずつの科料を課せり。かくて前後七回遠路を召喚されしも、今に方つかずと、神社滅亡を喜悦するが例なるキリスト教徒すら、官公吏の亡状を厭うのあまり告げ来たれり。これらにて、合祀は民の和融を妨げ、加えて官衙の威信をみずから損傷するを知るべし。

第三、合祀は地方を衰微せしむ。従来地方の諸神社は、社殿と社地また多くはこれに伴う神林あり、あるいは神田あり。別に基本財産というべき金なくとも、氏子みな入費を支弁し、社殿の改修、祭典の用意をなし、何不足なく数百年を面白く経過し来たりしなり。今この不景気連年絶えざる時節に、何の急事にあらざるを、大急ぎで基本財産とか神社の設備とか神職の増俸とかを強いるは心得がたし。あるいは大逆徒出でてより、在朝者、神社を宏壮にし神職に威力を賦して思想界を取り締らしめんとて、さてこそ合祀を一層励行すといえど、本県ごとき神武帝の御古社を滅却したり、新宮中の諸古社をことごとく公売したりせるのちに、その地より六人という最多数の大逆徒を出せるを見る者、誰かその本末の顚倒に呆れざらん。また、只今ごとき無慙無義にして神社を潰して自分の俸給を上げんことのみ勖《つと》め、あるいは枯損木と称して枯損にあらざる神木を伐り売るような神職が、何を誦し何を講じたりとて、人民はこれ狼が説法して羊を欺き、猫が弾定に入ると詐《いつわ》って鶏を攘《ぬす》まんとするに等しと嘲弄し、何の傾聴することかあらん。まのあたり古社、旧蹟を破壊して、その惜しむに足らざるを示し、さて一方に無恥不義きわまる神職をして破壊主義の発生を妨遮せしめんとするは、娼妓に烈女伝を説かしめ、屠者に殺生禁断を主張せしむるに異ならず。

むかし隋の煬帝《ようだい》、父を弑し継母を強姦し、しかして仏教を尊信することははなはだし。車駕一たび出で還らず、身凶刃に斃る。後世、仏者曲説保護せんとするも、その弁を得ず、わずかにこれこの菩薩濁世に生まれて天子すら悪をなすべからざるの理を実証明示せるなりと言う。嗚呼《ああ》今の当局もまた後日わずかにかの人々は宰相高官すら神社を滅却すればその罪の到来する、綿々として断えず、国家の大禍をなすを免れずという理を明証せる権化の再誕なりと言われて安んぜんとするか。今日のごとき不埒な神職に愛国心や民の元気を鼓吹せしめんと謀るは、何ぞ梁の武帝が敵寇至るに沙門を集めて『摩訶般若心経』を講じて虜《とりこ》となり餓死せしに異ならん。むかし張角乱を作《な》せしとき、漢廷官人の不心得を諷して向翔と言える人、兵を将《ひき》い河上に臨み北向して『孝経』を読まば賊必ず自滅すべし、と言えり。また北狄《ほくてき》が漢地を犯せし時、太守宋梟、涼州学術少なし、故にしばしば反す、急に『孝経』を多く写させ家々習読せしめば乱たちまち止みなん、と言えり。神社合祀で危険思想を取り締らんとするは、ほとんどこの類なり。

和歌山県の神主の総取締りする人が新聞で公言せしは、神社は正殿、神庫、幣殿、拝殿、着到殿、舞殿、神餐殿、御饌殿、御炊殿、盛殿、斎館、祓殿、祝詞屋《のっとや》、直殿、宿直所、厩屋、権殿、遙拝所の十八建築なければ設備全しと言うべからずとて、いかに神林大いに茂り四辺神さびたる神社を見るも、設備足らずとてこれを滅却す。今時かかる設備全き神社が、官国幣社を除きて何所《いずく》にかあるべき。真に迂儒《うじゅ》が後世に井田《せいでん》を復せんとし、渡天の律僧がインドより支那に帰りて雪中裸かで水で肛門を浄むるに等しき愚説なり。神殿は絶えず破損し通すものにあらず。用いようによりては地方に大利潤あるべき金銭を、この不景気はなはだしき世にかかる何の急用なき備えに永久蓄積せしむるは、世間財理の融通を障《さえぎ》り、不得策のはなはだしきで、地方に必要の活金《いきがね》を地下に埋め投ずに同じ。神社の基本金いかに殖えるとも、土地がそれ相応に繁昌せずば何の甲斐あらん。いわんや、実際地方には必ず多少の姦徒あり、種々方策してこの基本金を濫用し去らんとする輩多きをや。一昨年の『和歌山新報』によれば、有田郡奥山村の白山社を生石《おいし》神社に併せ、社趾の立木売却二千五百円を得、合祀費用三百五十円払いて、残り二千百五十円行方不明、石磴《いしだん》、石燈籠、手水鉢等はことごとく誰かの分捕りとなる。かかる例多きゆえ、『紀南新報』に、今の合祀の遣《や》り方では、故跡旧物を破壊して土俗を乱して得るところは狸一疋くらいに止まる、いっそ郡村の役所役場より比較的正直確実なる警察署に合祀処分を一任しては如何《いかん》、と論ぜる人ありしは明論なり。

また従来最寄りの神社参詣を宛て込み、果物、駄菓子、鮓《すし》、茶を売り、鰥寡《かんか》貧弱の生活を助け、祭祀に行商して自他に利益し、また旗、幟《のぼり》、幕、衣裳を染めて租税を払いし者多し。いずれも廃社多きため太《いた》く職を失い難渋おびただし。村民もまた他大字の社へ詣るに衣服を新調し、あるいは大いに修補し、賽銭も恥ずかしからぬよう多く持ち、はなはだしきは宿り掛けの宿料を持たざるべからず。以前は参拝や祭礼にいかに多銭を費やすも、みなその大字民の手に落ちたるに、今は然らず、一文失うも永くこの大字に帰らず、他村他大字の得《とく》となる。故に参詣自然に少なく、金銭の流通一方に偏す。西牟婁郡南富田《みなみとんだ》の二社を他の村へ合祀せしに、人民他村へ金落とすを嫌い社参せず騒動す。よって県庁より復社を命ぜしに、村民一同大悦しておのおの得意の手伝いをなし、三時間にして全く社殿を復興完成せり。信心の集まる処は、金銭よりも人心こそ第一の財産と知らるなれ。

日高郡三又《みつまた》大字は、紀伊国で三つの極寒村の第一たり。十人と集まりて顔見合わすことなしという。ここに日本にただ三つしかなきという星の神社あり。古え明星この社頭の大杉に降《くだ》りしを祭る。祭日には、十余里界隈、隣国大和よりも人郡集し、見世物、出店おびただしく、その一日の上り高で神殿を修覆し貯蓄金もできしなり。しかるを村吏ら強制して、至難の山路往復八里距てたる竜神大字へ合祀せしむ。さて従前に比して社費は二、三倍に嵩《かさ》むゆえに、樵夫、炭焼き輩払うことならず、払わずば社殿を焼き払い神木を伐るべしと遉られ、常に愁訴断えず。西洋には小部落ごとに寺院、礼拝堂あり、男女群集して夜市また昼市を見物し、たとい一物を買わずとも散策運動の便《たより》となり、地方繁栄の外観をも増すが常なるに、わが邦にはかかる無謀の励行で寂寥たる資材をますます貧乏せしむるも怪しむべし。

すべて神社の樹木は、もとより材用のために植え込み仕上げたるにあらざれば、枝が下の方より張り、節多く、伐ったところが価格ははなはだ劣る。差し迫りしこともなきに、基本金を作ると称し、ことごとくこれを伐らしむるほどますます下値となる。故に神林ことごとく伐ったところが何の足しに成らず、神社の破損は心さえ用うれば少修理で方《かた》つくものなれば、大破損を待って遠方より用材を買い来て修覆するよりは、従来ごとく少破損あるごとにその神社の林中より幾分を伐ってただちにこれを修めなば事済むなり。置かば立派で神威を増し、伐らば二束三文の神林を、ことごとく一時に伐り尽させたところが、思うほどに売れず、多くは焚料《たきもの》とするか空しく白蟻を肥やして、基本金に何の加うることなき所多し。金銭のみが財産にあらず、殷紂は宝玉金銀の中に焚死し、公孫瓚は米穀の中に自滅せり。いかに多く積むも扱いようでたちまちなくなる、殆《あやう》きものは金銭なり。神林の樹木も神社の地面も財産なり。火事や地震の節、多大の財宝をここに持ち込み保全し得るは、すでに大倉庫、大財産なり。確固たる信心は、不動産のもっとも確かなるものたり。信心薄らぎ民に恒心なきに至らば、神社に基本金多く積むとも、いたずらに姦人の悪計を助長するのみ。要するに人民の好まぬことを押しつけて事の末たる金銭のみを標準に立て、千百年来地方人心の中点たり来たりし神社を滅却するは、地方大不繁昌の基なり。

第四に、神社合祀は国民の慰安を奪い、人情を薄うし、風俗を害することおびただし。さて神社崇敬云々と言いおる由。すでに神を奉祀して神社といい、これを崇敬する以上は、神社は宗教内のものたること明らけし。仏を祀る仏寺、キリストを拝する耶蘇教寺と何の異あらん。『大阪毎日新聞』で見しに、床次《とこなみ》内務次官は神社を宗教外の物と断言し、さて神社崇敬憲法第二十八条すでに信仰の自由を公許さる。神道に比べて由緒はるかに劣れる天理教、金光教すら存立を許しおれり。神祇は、皇祖皇宗およびその連枝また末裔、もしくは一国に功勲ありし人より下りて一地方一村落に由緒功労ありし人々なり。人民これを崇敬するは至当のことなり。神霊は見るべからず、故に神社を崇拝するは耶蘇徒が十字架や祭壇を敬するに同じ。床次次官、先年欧米を巡廻し帰りて、その諸国いずれも寺院、礼拝堂多きを教化の根本と嘆賞せり、と聞く。わが神社何ぞ欧米の寺院、礼拝堂に劣らんや。ただそれ彼方《かなた》には建築用材多く、したがって偉大耐久の寺院多し。わが国は木造の建築を主とすれば、彼方ごとき偉大耐久のもの少なし。故に両大神宮を始め神社いずれも時をもって改造改修の制あり。欧米人の得手勝手で、いかなる文明開化も建築宏壮にして国亡びて後までも伝わるべきもののなきは真の開化国にあらずなどいうは、大いに笑うべし。バビロン、エジプト等久しく建築物残りて国亡びなんに、どれほどの開化ありたりとてその亡民に取りて何の功あらん。中米南米には非凡の大建築残りて、誰がこれを作りしか、探索の緒《いとぐち》すらなきもの多し。外人がかかる不条理をいえばとて、縁もなき本邦人がただただ大妓になるべき意気な容姿なきは悦ぶに足らずと憂うると異ならず。娘が芸妓にならねば食えぬようになりなんに、何の美女を誇り悦ぶべき。欧米論者の大建築を悦ぶは、これ「芸が身を助くるほどの不仕合せ」を悦ぶ者たり。

ただし、わが国の神社、建築宏大ならず、また久しきに耐えざる代りに、社ごとに多くの神林を存し、その中に希代の大老樹また奇観の異植物多し。これ今の欧米に希《まれ》に見るところで、わが神社の短処を補うて余りあり。外人が、常にギリシア・ローマの古書にのみ載せられて今の欧米に見る能わざる風景雅致を、日本で始めて目撃し得、と歎賞措《お》かざるところたり。欧州にも古えは神林を尊び存せしに、キリスト教起こりて在来の諸教徒が林中に旧教儀を行なうを忌み、自教を張らんがために一切神林を伐り尽せしなり。何たる前見の明ありて、伐木せしにあらず、我利のために施せし暴挙たり。それすら旧套を襲いて在来の異神の神林をそのまま耶蘇教寺の寺林とし、もってその風景と威容を副えおる所多し。市中の寺院に神林なく一見荒寥たるは、地価きわめて高く、今となって何とも致し方なきによる。これをよきことと思いおるにはあらじ。されば菊池幽芳氏が、欧州今日の寺院、建築のみ宏壮で樹林池泉の助けなし、風致も荘麗も天然の趣きなければ、心底から人心をありがたがらせ清澄たらしむることすこぶる足らず、と言えるは言の至れるなり。後年日本富まば、分に応じて外国よりいかなる大石を買い入れても大社殿を建て得べし。千百年を経てようやく長ぜし神林巨樹は、一度伐らば億万金を費やすもたちまち再生せず。熊沢伯継の『集義書』に、神林伐られ水涸《か》れて神威竭《つ》く、人心乱離して騒動絶えず、数百年して乱世中人が木を伐るひまなきゆえ、また林木成長して神威も暢るころ世は太平となる、といえり。止むを得ぬことといわばそれまでなれど、今何の止むを得ぬこともなきに、求めて神林を濫伐せしめ、さて神林再び長じ神威人心の復帰するまで、たとい乱世とならずとも数百年を待たねばならぬとあっては、当局者の再考を要する場合ならずや。

神社の社の字、支那では古く二十五家を一社とし、樹を植えて神を祭る。『白虎通』に、社稷に樹あるは何の故ぞ、尊んでこれを識して民人をして望んでこれを敬せしむ、これに樹《う》うるにその地に産する木をもってす、とある由。大和の三輪明神始め熊野辺に、古来老樹大木のみありて社殿なき古社多かりし。これ上古の正式なり。『万葉集』には、社の字をモリと訓《よ》めり。後世、社木の二字を合わせて木ヘンに土（杜字）を、神林すなわち森としたり。とにかく神森ありての神社なり。昨今三千円やそこらの金を無理算段して神社の設備大いに挙がると称する諸社を見るに、すでに神林の蓊鬱《おううつ》たるなきゆえ、古えを忍ぶの神威を感ずのという念毛頭起こらず。あたかも支那の料理屋の庭に異ならず。ひたすら維持維持と言いて古制旧儀に背き、ブリキ屋根から、ペンキ塗りの鳥居やら、コンクリートの手火鉢、ガスの燈明やらで、さて先人が心ありて貴重の石材もて作り寄進せしめたる石燈籠、手水鉢、石鳥居はことごとく亡われ、古名筆の絵馬はいつのまにやら海外へ売り飛ばされ、その代りに娼妓や芸者の似顔の石板画や新聞雑誌の初刊付録画を掛けておる。外人より見れば、かの国公園内の雪隠か動物園内の水茶屋ほどの蕞爾《さいじ》たる軽き建築ゆえ、わざわざこんな物を見に来るより、自国におりて広重や北斎のむかしの神社の浮世絵を集むるがましと長大息して、去りて再び来たらず。

邦人はまた急に信仰心が薄くなり、神社に詣るも家におるも感情に何の異《かわ》りなく、その上合祀で十社二十社まるで眼白《めじろ》鳥が籠中に押し合うごとく詰め込まれて境内も狭くなり、少し迂闊《うかつ》とすれば柱や燈架《ガスとうだい》に行き中《あた》り、犬の屎《くそ》を踏み腹立つのみ。稲八金天大明権現《いなはちこんてんだいみょうごんげんの》王子《おうじ》と神様の合資会社で、混雑千万、俗臭紛々難有味《ありがたみ》少しもなく、頭痛胸悪くなりて逃げて行く。小山健三氏、かつて日本人のもっとも快活なる一事は休暇日に古社に詣り、社殿前に立ちて精神を澄ますにあり、と言いしとか。かかることはむかしの夢で、如上の混成社団に望むべくもあらず。およそいかなる末枝小道にも、言語筆舌に述べ得ざる奥儀あり。いわんや、国民の気質品性を幾千年養成し来たれる宗教においてをや。合祀は敬神思想を盛んにすと口先で千度説くも何の功なきは、全国で第二番に合祀の多く行なわれたる和歌山県に、全国最多数の大逆徒と、無類最多数の官公吏犯罪（昨年春までに二十二人）を出し、また肝心の神職中より那智山事件ごとき破廉恥の神官を出せるにて知るべし。また近年まで外国人口を揃えて、日本人は一種欧米人に見得ざる謹慎優雅の風あり、といえり。

封建の世に圧制され、鎖国で閑《ひま》多かりしゆえにもあるべけれど、要は到る処神社古くより存立し、斎忌《ものいみ》の制厳重にして、幼少より崇神の念を頭から足の先まで浸潤せることもっともその力多かりしなり。(このことは、明治三十年夏、ブリストル開会の英国科学奨励会人類学部発会の日、部長の演説に次いで、熊楠、「日本斎忌考《ゼ・タブー・システム・イン・ジャパン》」と題し、読みたり。)

神社の人民に及ぼす感化力は、これを述べんとするに言語杜絶す。いわゆる「何事のおはしますかを知らねども有難さにぞ涙こぼるる」ものなり。似而非《えせ》神職の説教などに待つことにあらず。神道は宗教に違いなきも、言論理窟で人を説き伏せる教えにあらず。本居宣長などは、仁義忠孝などとおのれが行なわずに事々しく説き勧めぬが神道の特色なり、と言えり。すなわち言語で言い顕わし得ぬ冥々の裡に、わが国万古不変の国体を一時に頭の頂上より足趾《あしゆび》の尖《さき》まで感激して忘るる能わざらしめ、皇室より下凡民《ぼんみん》に至るまで、いずれも日本国の天神地祇の御裔《みすえ》なりという有難《ありがた》さを言わず説かずに悟らしむるの道なり。古来神殿に宿して霊夢を感ぜしといい、神社に参拝して迷妄を闢《ひら》きしというは、あたかも古欧州の神社神林に詣でて、哲士も愚夫もその感化を受くること大なるを言えるに同じ。別に神主の説教を聴いて大益ありしを聞かず。真言宗の秘密儀と同じく、何の説教講釈を用いず、理論実験を要せず、ひとえに神社神林その物の存立ばかりが、すでに世道人心の化育に大益あるなり。八年前、英ヘンリー・ダイヤー、『大日本』という書を著わし、欧米で巡査の十手《じって》を振らねば治まらぬ群集も、日本では藁の七五三縄《しめなわ》一つで禁を犯さず、と賞賛せり。この感化力強き七五三縄は、今や合祀のためにその権威を失いつつあるなり。合祀が人情を薄うし風俗を乱すこと、かくのごとし。

第五に、神社合祀は愛国心を損ずることおびただし。愛郷心は愛国心の基なり、とドイツの詩聖は言えり。例せば、紀州地方より海外に出稼ぐ者多きが、つねに国元へ送金するに、まずその一部分をおのが産土神に献じ、また出稼ぎ地方の方物異産を奉り、故郷を慕うの意を表す。西牟婁郡朝来《あっそ》村は、従来由緒もっとも古き立派な社三つありしを、例の五千円の基本金に恐れてことごとく伐林し、只今路傍に息《いこ》うべき樹林皆無となれり。その諸神体を、わずかに残れる最劣等の神社に抛り込み、全村無神のありさまにて祭祀も三年来中止す。故にその村から他処へ奉公に出る若者ら、たまたま自村に帰るも面白味なければとて永く帰省せず。芳養《はや》村も由緒ある古社を一切合祀せしゆえ、長さ三里ばかりの細長き谷中の小民、何の楽しみもなく村外へ流浪して還らぬ者多く、その地第一の豪農すら農稼に人を傭うに由なく非常に困り、よって人気《にんき》直しに私《わたくし》に諸社を神体なしに再興せり。もって合祀がいかに愛郷心を殺減するかを見るべし。神職が無慙不義にして、私慾のために諸神社を検挙し撲滅するより、愛国心など説くも誰も傾聴せぬは、上にすでに述べたり。例せば、西牟婁郡高瀬という大字の神職は、かつて監守盗罪で処刑されたる者なり。自分の社へ他の諸社を合祀せしめて、その復旧を防がんと念を入れて自大字の壮丁を傭い、他大字の合祀趾の諸社殿を破壊せしめしに、到る処他大字の壮漢に逆撃されて大敗し、それより大いに感情を悪くし、すでに復社したる社二、三あり。君子交り絶えて悪声を放たずと言うに、自己の些細な給料を増さんとて、昨日まで奉祀して衣食の恩を受けたる神の社殿を、人を傭いてまでも滅却せんとする前科者の神職あるも、昭代の逸事か。

また日高郡矢田村の大山神社は、郡中一、二を争う名社にて、古え国司がこの郡で三社のみを官知社として奉幣せるその一なり。その氏子の一人、その社の直下に住む者おのが神職として日勤する劣等の社が村役場に近きを村社と指定し、村民が他の諸社を大山神社へ合祀せんとて作りし願書を変更して、大山神社を件《くだん》の劣等の社へ合祀せんと請うごとく作り、合祀を強行せしめんとしたるに、熊楠は祖先が四百年来この社を奉祀し来たり、かつ徳川吉宗公以降幕府より毎々修補あり、旧藩侯よりも社家十人までも置かれたる大社にて、只今の社殿、廻廊等、善尽《つく》せる建築はことごとく自分一族の寄進に係る由緒あるをもって抗議を申し込み、県知事大いにその意を諒とし、すでに一年四、五十円の入費で存置を認可しおるに、郡村の小吏ら今に明治三十九年の勅命のみを振り舞《まわ》し、その後の訓示、内達等を一切知らぬまねして、基本金を桎梏《せめどうぐ》として合祀を迫ること止まず。かかる不埒の神職が少々の俸給を増し得んとて、祖先来四百年以上奉崇し来たれる古社を滅却せんとする心もて愛国心など説きたればとて、誰かこれを信ぜん。こんな小人は日和次第でたちまち敵軍のために自国をも売るべし。要するに人民の愛国心を滅却するのははなはだしきは、我利一偏の神職、官公吏の合祀の遣り方なり。今も日高郡などは、一村に指定神社の外の社を存置せんとせば、その大字民はその大字の社の社費と、それからまた別に指定神社すなわち大字外の社の社費を、二重に負担せざるべからず。これ三十九年の勅令の定むるところなりとて人民を苦しめ、ために大字限り保存し得べき名社を、止むを得ず合併せしむるなり。大山神社ごときは、県知事すでにその独立を許可されしも、郡吏この二重負担の恐るべきを説きて、まさに合併せんと力《つと》めおれり。

第六に、神社合祀は土地の治安と利益に大害あり。むかし孔子に子貢が問いけるは、殷の法に灰を衢《まち》に棄つる者を刖罪《あしきり》に処せるは苛酷に過ぎぬか、と。孔子答えていわく、決して苛酷ならず、灰を衢に棄つれば風吹くごとに衣服を汚し、人々不快を懐《いだ》く、自然に喧花《けんか》多く大事を惹き起こさん、故に一人を刑して万人慎むの法なり、と。西洋諸国、土一升に金一升を惜しまず鋭意して公園を設くるも、人々に不快の念を懐かしめず、民心を和《やわ》らげ世を安んぜんとするなり。わが邦幸いに従来大字ごとに神社あり仏閣ありて人民の労働を慰め、信仰の念を高むると同時に、一挙して和楽慰安の所を与えつつ、また地震、火難等の折に臨んで避難の地を準備したるなり。今聞くがごとくんば、名を整理に借りてこれら無用のごとくして実は経世の大用ある諸境内地を狭めんとするは、国のためにすこぶる憂うべし。

近ごろ本邦村落の凋落はなはだしく、百姓稼穡《かしょく》を楽しまず、相率《ひき》いて都市に流浪し出で、悪事をなす者多し。これを救済せんとて山口県等では貧踊りをすら解禁し、田中正平氏らはこれを主張す。かかる弊事多きことすら解禁して村民を安んぜんとするも、盆踊りは年中踊り通すべきものにあらず。さて一方には神社ごとき清浄無垢在来通りで何の不都合なき本邦固有特色の快楽場を滅却せしめ、富人豪族が神社跡に別荘を立て、はなはだしきは娼妓屋を開きなどするに、貧民の婦女児童は従来と異《かわ》り、また神社に詣でて無邪気の遊戯を神林中に催すを得ず。大道に匍匐《ほふく》して自転車に傷つけられ、田畑に踏み込んで事を起こし、延いて双方親同士の争闘となり、郷党二つに分かれて大騒ぎし、その筋の手を煩わすなどのこと多きは、取りも直さず、灰を市に棄つるを禁ぜずして国中争乱絶えざるを致すと同じく、合祀励行の官公吏は、故《ことさ》らに衢に灰を撒きて、人民を争闘せしむるに同じ。従来誰も彼も往きて遊び散策し、清浄の空気を吸い、春花秋月を愛賞し得たる神社の趾が、一朝富家の独占に帰するを見て、誰かこれを怡《よろこ》ばん。貧人が富人を嫉《ねた》むは、多くかかることより出づるなり。危険思想を慮る政府が、かかる不公平を奨励すべきにあらず。

また佐々木忠次郎博士は昨年十月の『読売新聞』に投書し、欧米には村落ごとに高塔ありて、その地の目標となる、わが邦の大字ごとにある神林は欧米の高塔と等しくその村落の目標となる、と言えり。漁夫など一丁字なき者は海図など見るも分からず、不断山頂の木また神社の森のみを目標として航海す。洪水また難破船の節、神林目的に泳ぎ助かり、洪水海嘯《つなみ》の後に神林を標準として地処の境界を定むる例多し。摂州三島郡、また泉州一円は合祀濫伐のため神林全滅し、砲兵の演習に照準を失い、兵士は休息と露営に事を欠き、止むを得ず田畑また沙浜においてするゆえ、日射病の患者とみに多くなれり、と聞く。はなはだしきは合祀伐木のため飲料水濁り、また涸れ尽せる村落あり。

また同じく佐々木博士の言えるごとく、政府は田畑山林の益鳥を保護する一方には、狩猟大いに行なわれ、ややもすれば鳥獣族滅に瀕せり。今のごとく神林伐り尽されては、たとい合祀のため田畑少々開けて有税地多くなり、国庫の収入増加すとも、一方には鳥獣絶滅のため害虫の繁殖非常にて、ために要する駆虫費は田畑の収入で足らざるに至らん。去年十二月発表されたる英国バックランド氏の説に、虫類の数は世界中他の一切の諸動物の数に優ることはるかなり。さて多くの虫類は、一日に自身の重量の二倍の草木を食い尽す。馬一疋が一日に枯草一トン（二百七十貫余）を食すと同じ割合なり。これを防ぐは鳥類を保護繁殖せしむるの外なし。また水産を興さんにも、魚介に大害ある虫蟹を防いで大悪をなさざらしむるものは鳥類なり、と言えり。されば近江辺に古来今に至るまで田畑側に樹を多く植えあるは無用の至りとて浅智の者は大笑いするが、実は害虫駆除に大功あり、非常に費用を節倹するの妙法というべし。和歌山県には従来胡燕《おにつばめ》多く神社に巣くい、白蟻、蚊、蠅を平らぐることおびただし。近来合祀等のためにははなはだしく少なくなれり。熊楠在欧の日、イタリアの貧民蠅を餌として燕を釣り食らうこと大いに行なわれ、ために仏国へ燕渡ること少なくなり、蚊多くなりて衛生を害すとて、仏国よりイタリアへ抗議を申し込みしことあり。やれ蚊が多くなった、熱病を漫布するとて、石油や揮発油ごとき一時的の物を買い込み撒きちらすよりは、神社の胡燕くらいは大目に見て生育させやりたきことなり。

また和歌山辺に蟻吸《ありすい》という鳥多かりし。これは台湾の鯪《せんざんこう》鯉、西大陸の食蟻獣《ありくい》、濠州のミルメコビウス（食蟻袋獣）、アフリカの地豚《アルド・ワルク》と等しく、長き舌に粘液あり、常に朽木の小孔に舌をさし込めば、白蟻輩大いに怒りてこれを螫《さ》さんと集まるところを引き上げ食い尽す。日本の蟻吸のことはよく研究せぬゆえ知らぬが、学者の説に、欧州に夏渡り来る蟻吸と日本へ夏渡るものとは別種と認むるほどの差違なしとのことなれば、多分同一種で少々毛色くらい異《かわ》るならん。さて欧州のものは、一夏に十乃至《ないし》二十二卵を生む。日本のものも必ず少なくとも十や十五は生むならん。保護さえ行き届かば、たちまち毎夏群至して繁殖し、白蟻を全滅はせずとも従来ごとくあまりの大害を仕出さぬよう、その兇勢を抑制するの功はありなん。しかるに何の考えもなく神林を切り尽し、または移殖私占させおわりたるゆえ、この国ばかりに日が照らぬと憤りて去りて他邦へ行き、和歌山辺へ来たらず。ために白蟻大いに繁昌し、ついに紀三井寺から和歌山城の天主閣まで食い込み、役人らなすところを知らず天手古舞《てんてこまい》を演じ、硫黄で燻べんとか、テレビン油を撒かんとか、愚案の競争の末、ついにこのたび徳川侯へ払い下げとなったが、死骸を貰うた同前で行く先も知れておる。

むかし守屋大連《もりやのおおむらじ》は神道を頑守して仏教を亡ぼさんとし、自戮せられて啄木鳥《てらつつき》となり、天王寺の伽藍を啄《つつ》き散らせしというが、和歌山県当局は何の私怨もなきに、熊楠が合祀に反対するを悪《にく》み、十八昼夜も入監せしめたから、天、白蟻を下し、諸処を食い散らされたものと見える。ただ惜しむべきは、和歌山城近くに松生院《しょうしょういん》とて建築が国宝になっておる木造の寺がある。この寺古え讃岐にありしとき、その戸を担架として佐藤継信負傷のままこの寺にかつぎ込みしという。これも早晩城から白蟻が入り来たり、食い崩さるることならん。蟻吸のことは学者たちの研究を要す。今は和歌山辺に見えず、田辺近傍へは少々渡るなり。合祀が民利に大害あること、かくのごとし。

第七に、神社合祀は史蹟と古伝を滅却す。史蹟保存が本邦に必要なるは、史蹟天然物保存会の主唱するところなれば、予の細説を要せず。ただし、かの会よりいまだ十分に神社合祀に反対の意見を公けにされざるは大遺憾なり。よって少しく管見を述べんに、久米〔邦武〕博士の『南北朝史』に見えたるごとく、南北朝分立以前、本邦の土地は多くは寺社の領分たり。したがって、著名の豪族みな寺社領より起これり。近江の佐々木社より佐々木氏、下野の宇都宮の社司より宇都宮氏、香椎・宇佐の両社領より大友氏勃興せるがごとし。しかるに、今むやみに合祀を励行し、その跡を大急ぎに滅尽し、古蹟、古文書、什宝、ややもすれば精査を経ずに散佚亡失するようでは、わが邦が古いというばかりで古い証拠なくなるなり。現に和歌山県の県誌編纂主裁内村義城氏は新聞紙で公言すらく、今までのような合祀の遣り方では、到底確実なる郷土誌の編纂は望むべからざるなり、と。すでに日高郡には大塔宮が熊野落ちのおり経過したまえる御遺蹟多かりしも、審査せぬうちに合祀のために絶滅せるもの多しという。有田郡なども南朝の皇孫が久しく拠りたまえる所々を合祀のために分からぬことと成り果てたしたり。

また一汎人は史蹟と言えば、えらい人や大合戦や歌や詩で名高き場所のみ保存すべきよう考うるがごときも、実は然らず。近世欧米で民俗学《フォルクスクンテ》◆1大いに起こり、政府も箇人も熱心にこれに従事し、英国では昨年の政事始めに、斯学の大家ゴム氏に特に授爵されたり。例せば一箇人に伝記あると均しく、一国に史籍あり。さて一箇人の幼少の事歴、自分や他人の記憶や控帳に存せざることも、幼少の時用いし玩具や貰った贈り物や育った家の構造や参詣せし寺社や祭典を見れば、多少自分幼少の事歴を明らめ得るごとく、地方ごとに史籍に載らざる固有の風俗、俚謡、児戯、笑譚、祭儀、伝説等あり。これを精査するに道をもってすれば、記録のみで知り得ざる一国民、一地方民の有史書前の履歴が分明するなり。わが国の『六国史』は帝家の旧記にして、華冑《かちゅう》の旧記、諸記録は主としてその家々のことに係る。広く一国民の生い立ちを明らめんには、必ず民俗学の講究を要す。

紀州日高郡産湯《うぶゆ》浦という大字の八幡宮に産湯の井あり。土伝《いいつたえ》に、応神帝降誕のみぎり、この井水を沸《わ》かして洗浴し参らせたりという。その時用いたる火を後世まで伝えて消さず。村中近年までこの火を分かち、式事に用いたり。これは『日本紀』と参照して、かの天皇の御史跡たるを知るのみならず、古えわが邦に特に火を重んずる風ありしを知るに足れり。実に有記録前の歴史を視るに大要あり。しかるに例の一村一社制でこの社を潰さんとせしより、村の小学校長津村孫三郎と檀那寺の和尚浮津真海と、こは国体を害する大事とて大いに怒り、百七、八十人徒党して郡役所に嗷訴し、巨魁八人収監せらるること数月なりしが、無罪放免でその社は合祀を免れたり。その隣村に衣奈《えな》八幡あり。応神帝の胞衣《えな》を埋めたる跡と言い伝え、なかなかの大社にて直立の石段百二段、近村の寺塔よりはるかに高し。社のある山の径三町ばかり全山樹をもって蔽われ、まことに神威灼然たりしに、例の基本財産作るとて大部分の冬青林《もちのき》を伐り尽させ、神池にその木を浸して鳥黐《とりもち》を作らしむ。基本金はどうか知らず、神威すなわち無形の基本財産が損ぜられたることおびただし。これらも研究の仕様によりては、皇家に上古胞衣《えな》をいかに処理せられしかが分かる材料ともなるべきなり。その辺に三尾川《みおかわ》という所は、旧家十三、四家あり、毎家自家の祖神社あり、いずれも数百年の大樟樹数本をもって社を囲めり。祖先崇拝の古風の残れるなり。しかるに、かかる社十三、四を一所に合集せしめ、その基本財産を作れとて件の老樟をことごとく伐らしむ。さて再びその十数社をことごとく他の大字へ合併せしめたり。

和歌山市近き岩橋村に、古来大名が高価の釜壺を埋めたりと唄う童謡あり。熊楠ロンドンにありし日、これを考えてかの村に必ず上古の遺物を埋めあるならんと思い、これを徳川頼倫侯に話せしことあり。侯、熊楠の言によりしか否は知らず、数年前このことを大学連に話し、大野雲外氏趣き掘りしに、貴重の上古遺品おびただしく発見せり、と雑誌で見たり。英国のリップル河辺の民、昔より一の丘上に登り一の谷を見れば英国無双の宝物を得べしという古伝あり。啌《うそ》と思い気に掛くる人なかりしに、七十二年前、果たしてそこよりアルフレッド大王時代およびその少しのちの古銀貨計七千枚、外に宝物無数掘り出せり。紀州西牟婁郡滝尻王子社は、清和帝熊野詣りの御旧蹟にて、奥州の秀衡建立の七堂伽藍あり。金をもって装飾せしが天正兵火に亡失さる。某の木の某の方角に黄金を埋めたりという歌を伝う。数年前その所を考え出し、夜中大なる金塊を掘り得て逐電せる者ありという。

かかる有実の伝説は、神社およびその近地にもっとも多し。素人には知れぬながら、およそ深き土中より炭一片を得るが考古学上非常の大獲物であるなり。その他にも比類のこと多し。しかるに何の心得なき姦民やエセ神職の私利のため神林は伐られ、社地は勝手に掘られ、古塚は発掘され、取る物さえ取れば跡は全く壊《やぶ》りおわるより、国宝ともなるべく、学者の研究を要する古物珍品不断失われ、たまたまその道の人の手に入るも出所が知れぬゆえ、学術上の研究にさしたる功なきこと多し。合祀のためかかる嘆かわしきこと多く行なわるるは、前日増田于信氏が史蹟保存会で演《の》べたりと承る。大和には武内宿禰の墓を畑とし、大阪府には敏達帝の行宮趾を潰せり、と聞く。かかる名蹟を畑として米の四、五俵得たりとて何の穫利ぞ。木戸銭取って見世物にしても、そんな口銭《こうせん》は上がるなり。また備前国邑久《おく》郡朝日村の飯盛《いいもり》神社は、旧藩主の崇敬厚かりし大なる塚を祭る。中央に頭分《かしらぶん》を埋め、周囲に子分《こぶん》の尸《しかばね》を埋めたる跡あり。俗に平経盛の塚という。経盛の塚のみならば、この人敦盛という美少年の父たりしというばかりで、わが国に何の殊勲ありしとも聞かざれば、潰すもあるいは恕すべし。しかるにこの辺に神軍《かみいくさ》の伝説のこり、また石鏃《いしのやのね》など出る。墓の構造、埋め方からして経盛時代の物にあらず。故に上古の墳墓制、史書に載らざる時代の制を考うるに、はなはだ有効の材料なり。これも合祀のため荒寥し、早晩畑となりおわるならん。

　古い古いと自国を自慢するが常なる日本人ほど旧物を破壊する民なしとは、建国わずか百三十余年の米国人の口よりすら毎々嗤笑の態度をもって言わるるを聞くなり。されば誰の物と分からずとも、古えの制度風俗を察すべき物は、みな保存しさえすれば、即急に分からずとも、追い追いいろいろの新発見も出るなり。和歌山市の岡の宮という社は、元禄ごろまでは九頭《くず》大明神と仏説に九頭の竜王を祭れるごとき名にて誰も気に留めざりしに、その社の隅にありし黒煤《くろすす》けたる箱の書付から気がつき、この地は『続日本紀』に見えたる通り、聖武天皇が紀伊国岡の宮に駐《とど》まりたまいしという御旧蹟なるを見出だせしゆえ、今の名に改めたるなり。昨年一月拝承するに、皇族二千余方《かた》の内ただ四百九十方のみ御墓の所在知れある由。神社はもっとも皇族に関係深ければ一切保存して徐々に詮議すべきに、無茶苦茶に乱滅しおわるは、あたかも皇族華冑の遺跡が分からぬうちに乱滅するは結句厄介払いというように相聞こえ、まことに恐懼憤慨の至りなり。合祀が、史蹟を乱すと、風俗制度の古えを察するに大害あること、かくのごとし。

第八、合祀は天然風景と天然記念物を亡滅す。このことまた史蹟天然物保存会の首唱するところなれば、小生の蛇足を俟《ま》たず。しかし、かの会より神社合祀に関して公けに反対説の出でしを聞かぬが遺憾なれば、少々言わんに、西牟婁郡大内川《おおうちがわ》の神社ことごとく日置川《ひきかわ》という大河の向いの大字へ合わされ、少々水が出れば参詣途絶す。その民、神を拝むこと成らぬよりヤケになり、天理教に化する者多く、大字内の神林をことごとく伐らんと願い出でたり。すでに神社なければ神林存するも何かせんとの意中もっともなところもあるなり。かかる例また少なからず、大いに風景を損ずることなり。定家卿なりしか俊成卿なりしか忘れたり、和歌はわが国の曼陀羅《まんだら》なりと言いしとか。小生思うに、わが国特有の天然風景はわが国の曼陀羅ならん。前にもいえるごとく、至道は言語筆舌の必ず説き喩《さと》し解せしめ得べきにあらず。その人善心なくんば、いかに多く物事を知り理窟を明らめたりとて何の益あらん。されば上智の人は特別として、凡人には、景色でも眺めて彼処《かしこ》が気に入れり、此処《ここ》が面白いという処より案じ入りて、人に言い得ず、みずからも解し果たさざるあいだに、何となく至道をぼんやりと感じ得（真如）、しばらくなりとも半日一日なりとも邪念を払い得、すでに善を思わず、いずくんぞ悪を思わんやの域にあらしめんこと、学校教育などの及ぶべからざる大教育ならん。かかる境涯に毎々到り得なば、その人三十一字を綴り得ずとも、その趣きは歌人なり。日夜悪念去らず、妄執に繋縛《けいばく》さるる者の企て及ぶべからざる、いわゆる不言《いわず》して名教中の楽土に安心し得る者なり。無用のことのようで、風景ほど実に人世に有用なるものは少なしと知るべし。ただし、小生はかかることを思う存分書き表わし得ず、その辺は察せられんことを望む。

またわが国の神林には、その地固有の天然林を千年数百年来残存せるもの多し。これに加うるに、その地に珍しき諸植物は毎度毎度神に献ずるとて植え加えられたれば、珍草木を存すること多く、偉大の老樹や土地に特有の珍生物は必ず多く神林神池に存するなり。三重県阿田和《あたわ》の村社、引作《ひきつくり》神社に、周囲二丈の大杉、また全国一という目通り周囲四丈三尺すなわち直径一丈三尺余の大樟あり。これを伐りて三千円とかに売らんとて合祀を迫り、わずか五十余戸の村民これを嘆き、規定の神殿を建て、またさらに二千余円を積み立てしもなお脅迫止まず。合祀を肯《がえ》んぜずんば刑罰を加うべしとの言で、止むを得ず合祀請願書に調印せるは去年末のことという。金銭の外を知らずと嘲らるる米国人すら、カリフォルニアの巨柏《ビッグトリー》など抜群の注意して保存しおり。二十二年ばかり前、予が訪いしニューゼルシー州の一所に、フサシダの一種なる小草を特産する草原などは、兵卒が守りおりたり。英国やドイツには、寺院の古槲《かしわ》、老水松《いちのき》をことごとく謄記して保護を励行しおるに、わが邦には伐木の励行とは驚くの外なし。されば例の似而非《えせ》神職ら枯槁せぬ木を枯損木として伐採を請願すること絶えず。

むかしは熊野の梛《なぎ》は全国に聞こえ渡れる名木で、その葉をいかに強く牽《ひ》くも切れず、夫《おっと》に離れぬ守りに日本中の婦女が便宜してその葉を求め鏡の裏に保存し、また武士の金打《きんちょう》同様に女人はこの梛の葉を引きて誓言せり。定家卿が後鳥羽上皇に随い熊野に詣りし時の歌にも、「千早振る熊野の宮のなぎの葉を変はらぬ千代の例《ため》しにぞ折る」とあり。しかるに濫伐や移栽のために三山に今は全滅し、ようやく那智社境内に小さきもの一本あり。いろいろ穿鑿せしに、西牟婁郡の鳥巣《とりのす》という浦の社地小丘林中におびただしく自生せり。これも合祀されたから、早晩全滅ならん。すなわち熊野の名物が絶えおわるなり。オガタマノキは、神道に古く因縁深き木なるが、九州に自生ありというが、その他に大木あるは紀州の社地のみなり。合祀のため著しく減ぜり。ツグノキ、バクチノキなどは半熱帯地の木で、田辺付近の神林にのみ多かりしが、合祀のため今わずかに一、二株を存す。熊野の名産ナンカクラン、ガンゼキランその他希珍の托生蘭類も多く合祀で絶える。ワンジュ、キシュウスゲなど世界有数の珍なるも、合祀で全滅せんとするをわずかに有志の注意で止めおる。タニワタリ、カラタチバナ、マツバランなど多様の園芸植物の原産も合祀で多く絶えんとす。

熊楠は帰朝後十二年紀州におり、ずいぶん少なからぬ私財を投じ、主として顕微鏡的の微細植物を集めしが、合祀のため現品が年々滅絶して生きたまま研究を続け得ず。空しく図画と解説の不十分なもののみが残存せり。ウォルフィアというは顕花植物の最微なるものなるが、台湾で洋人が採りしと聞くのみ。和歌浦辺の弁天の小祠の手水鉢より少々予見出だしたる以後見ることとなし。ウォフィオシチウムなる微細の藻は多種あるが、いずれも拳螺旋状《さざいのまきかた》をなす。西牟婁郡湊村の神楽神社《かぐらのやしろ》辺の小溜水より得たるは、従来聞かざる珍種で、蝸牛《かたつむり》のごとく平面に螺旋す。かくのごとく微細生物も、手水鉢や神池の石質土質に従っていろいろと珍品奇種多きも、合祀のために一たび失われてまた見る能わざる例多し。紀州のみかかる生物絶滅が行なわるるかと言うに然らず。伊勢で始めて見出だせしホンゴウソウという奇草は、合祀で亡びんとするを村長の好意でようやく保留す。イセデンダという珍品の羊歯《しだ》は、発見地が合祀で畑にされ全滅しおわる。スジヒトツバという羊歯は、本州には伊勢の外宮にのみ残り、熊野で予が発見せしは合祀で全滅せり。

日本の誇りとすべき特異貴重の諸生物を滅し、また本島、九州、四国、琉球等の地理地質の沿革を研究するに大必要なる天然産植物の分布を攪乱雑糅《ざつじゅう》、また秩序あらざらしむるものは、主として神社の合祀なり。本多〔静六〕博士は備前摂播地方で学術上天然植物帯を考察すべき所は神社のみといわれたり。和歌山県もまた平地の天然産生物分布と生態を研究すべきは神林のみ。その神林を全滅されて、有田、日高二郡ごときは、すでに研究の地を失えるなり。本州に紀州のみが半熱帯の生物を多く産するは、大いに査察を要する必要事なり。しかるに何の惜しげなくこれを滅尽するは、科学を重んずる外国に対して恥ずべきの至りなり。あるいは天然物は神社と別なり、相当に別方法をもって保存すべしといわんか。そは金銭あり余れる米国などで初めて行なわれるべきことにて、実は前述ごとく欧米人いずれも、わが邦が手軽く神社によって何の費用なしに従来珍草奇木異様の諸生物を保存し来たれるを羨むものなり。

近く英国にも、友人バサー博士ら、人民をして土地に安着せしめんとならば、その土地の事歴と天産物に通暁せしむるを要すとて、野外博物館《フィールドミユゼウム》を諸地方に設くるの企てありと聞く。この人明治二十七年ころ日本に来たり、わが国の神池神林が非常に天産物の保存に益あるを称揚しおりたれば、名は大層ながら野外博物館とは実は本邦の神林神池の二の舞ならん。外人が鋭意して真似《まね》んともがく所以《ゆえん》のものを、われにありては濫《みだ》りに滅却し去りて悔ゆるなからんとするは、そもそも何の意ぞ。すべて神社なき社跡は、人民これを何とも思わず、侵掠して憚るところなし。例せば、田辺の海浜へ去年松苗二千株植えしに今はすなわち絶えたり。その前年、新庄《しんじょう》村の小学校地へ桃と桑一千株紀念のため栽えたりしも、一月内にことごとく抜き去らる。故に欧米にも、林地には必ず小さき礼拝堂や十字架を立てるなり。

かくのごとく神社合祀は、第一に敬神思想を薄うし、第二、民の和融を妨げ、第三、地方の凋落を来たし、第四、人情風俗を害し、第五、愛郷心と愛国心を減じ、第六、治安、民利を損じ、第七、史蹟、古伝を亡ぼし、第八、学術上貴重の天然紀念物を滅却す。

当局はかくまで百方に大害ある合祀を奨励して、一方には愛国心、敬神思想を鼓吹し、鋭意国家の日進を謀ると称す。何ぞ下痢を停めんとて氷を喫《くら》うに異ならん。かく神社を乱合し、神職を増置増給して神道を張り国民を感化せんとの言なれど、神職多くはその人にあらず。おおむね我利我慾の徒たるは、上にしばしばいえるがごとし。国民の教化に何の効あるべき。かつそれ心底から民心を感化せしむるは、決して言筆ばかりのよくするところにあらず。支那に祭祀礼楽と言い、欧州では美術、音楽、公園、博物館、はなはだしきは裸体の画像すら縦覧せしめて、遠廻しながらひたすら一刻たりとも民の邪念を払い鬱憤を発散せしめんことに汲々たり。いずれも人心慰安、思慮清浄を求むるに不言不筆の感化力に須《ま》たざるべからざるを知悉すればなり。わが国の神社、神林、池泉は、人民の心を清澄にし、国恩のありがたきと、日本人は終始日本人として楽しんで世界に立つべき由来あるを、いかなる無学無筆の輩にまでも円悟徹底せしむる結構至極の秘密儀軌たるにあらずや。加之《しかのみならず》、人民を融和せしめ、社交を助け、勝景を保存し、史蹟を重んぜしめ、天然紀念物を保護する等、無類無数の大功あり。

しかるを支那の王安石ごとき偏見で、西湖を埋むるには別にその土泥を容るべき大湖を穿たざるべからざるに気づかず、利獲のみ念じ過ぎて神林を亡《うしな》えば、これ田地に大有害の虫菑《ちゅうさい》を招致する所以《ゆえん》なるを思わず、非義饕餮《とうてつ》の神職より口先ばかりの陳腐な説教を無理に聞かせて、その聴衆がこれを聞かぬうちから、はや彼輩の非義我慾に感染すべきを想わざるは無念至極なり。この神職輩の年に一度という講習大会の様子を見るに、(1)素盞嗚尊《すさのおのみこと》と月読尊《つきよみのみこと》とは同神か異神か、(2)高天の原は何方《いずかた》にありや、(3)持統天皇、春過ぎての歌の真意如何《いかん》など、呆れ返ったことを問いに県属が来るに、よい加減な返事を一、二人の先達がするを、十余人が黙して聞きおるなり。米の安からぬ世に、さりとは無用の人のために冗職を設けることと驚き入るばかりなり。かかる人物は、当分史蹟天然物保存会の番人として神社を守らしめ、追い追いその人を撰み、その俸給を増さんことこそ願わるれ。世に喧伝する平田内相報徳宗にかぶれ、神社を滅するは無税地を有税地となすの近道なりとて、もっとも合祀を励行されしという。いずくんぞ知らん、その報徳宗の元祖二宮氏は、田をむやみに多く開くよりは、少々の田を念入れて耕せ、と説きしにあらずや。たとい田畑開け国庫に収入増したりとて、国民元気を喪い、我利これ勗《つと》め、はなはだしきは千百年来の由緒あり、いずれも皇室に縁故ある諸神を祀れる神社を破壊、公売するより、見習うて不届き至極の破壊主義を思いつくようでは、国家に取りて何たる不祥事ぞ。

近ごろ英国高名の勢力家で、しばしば日本学会でわが公使、大使に対し聖上の御為《おんため》に乾盃を上ぐる役を勧めたる名士よりの来状にいわく、むかし外夷種がローマ帝国を支配するに及び、政略上よりキリスト教に改宗してローマ在来の宗教が偶像を祭るは罪深しとてこれを厳禁したのは、人民に親切でも何でもなく、実は古教の堂塔に蔵せる無数の財宝を奪うて官庫に充《み》てんがためなりし。よって古教亡びてまもなくローマ帝国の民元気沮喪し四分八裂して亡滅しぬ。露国もまた彼得《ペートル》帝以来不断西欧の文化を輸入し、宗教興隆と称して百姓ども仕来りの古儀旧式を撲滅せんとしたが、百姓にも五分の魂《たましい》なかなか承知せず、今に古儀旧法を墨守する者ははなはだ多く、何でもなき宗儀作法の乖背《かいはい》から、民心帝室を離れ、皇帝を魔王《サタン》と呼ぶに及び、これが近世しばしば起こる百姓乱や虚無党や自殺倶楽部《クラブ》の有力なる遠因となれり。盛邦、近年神道を興すとて瑣末な柏手《かしわで》の打ち様や歩き振りを神職養成と称して教えこみ、実は所得税を多く取らんために神職を増加し、その俸給を増さしめ、売れ行きの悪い公債証書を売りつけんために無理早速に神社基本金を積ましむる算段と思わる。財政の紊《みだ》れたるは救う日もあるべし。国民の気質が崩れては収拾し得べからず。われ貴国のために深くこれを惜しむ、とあり。岡目《おかめ》八目《はちもく》で言いたいままの放語と思えど、久しく本邦に在留せし英人が、木戸、後藤諸氏草創の難に思い比べて、禁ぜんとして禁じ得ざる激語と見えたり。とにかく、かかる評判が外国著名の人より発せらるるは、近来日本公債が外国市場で非常に下落せるに参照してははなはだ面白からず。

正直の頭《こうべ》に宿るという神を奉祀する神職と、何の深い念慮なき月給取りが、あるいは脅迫あるいは甘言もて強いて人民に請願書に調印せしめ、さて政府に向かっては人民合祀を好んで請願すといい、人民に向かっては政府の厳命なり、違《たが》わば入獄さすべしとて二重に詐偽を行ないながら、褒美に預かり模範吏と推称せらるるは、これ民を導くに詐《いつわ》ることをもってするものにて、詐りより生ずることは必ず堂々と真面目一直線に行ない遂げぬものなり。すでに和歌山県ごときは、一方に合祀励行中の社あると同時に、他の一方には復社を許可さるるあり。この村には一年百円を費やさざれば古社も保存を許されぬに、かの村には一年二十円内外を払うて、しかも月次幣帛料を受くる社二、三並び存置さるるあり。今では前後雑糅、県庁も処分に持て余しおるなり。かかれば到底合祀の好結果は短日月に見るを得ざる、そのうちに人心離散、神道衰頽、罪悪増長、鬱憤発昂、何とも名状すべからざるに至らんことを杞憂す。

結局神社合祀は、内、人民を堕落せしめ、外、他国人の指嘲を招く所以《ゆえん》なれば、このこといまだ全国に普及せざる今日、断然その中止を命じ、合祀励行で止むを得ず合祀せし諸社の跡地完全に残存するものは、事情審査の上人民の懇望あらばこれが復旧を許可し、今後新たに神社を建てんとするものあらば、容易に許可せず、十二分の注意を加うることとし、さてまことに神道興隆を謀られなんには、今日自身の給料のために多年奉祀し、衣食し来たれる神社の撲滅を謳歌欣喜するごとき弱志反覆の俗神職らに一任せず、漸をもってその人を撰み、任じ、永久の年月を寛仮し規定して、急がず、しかも怠たらしめず、五千円なり一万円なり、十万、二十万円なり、その地その民に、応分に塵より積んで山ほどの基本財産を積ましめ、徐々に神職の俸給を増し、一社たりとも古社を多く存立せしめ、口先で愛国心を唱うるを止めて、アウギュスト・コムトが望みしごとく、神職が世間一切の相談役という大任に当たり、国福を増進し、聖化を賛翼し奉ることに尽力殛瘁《きょくすい》するよう御示導あらんことを為政当局に望むなり。

右は請願書のようなれど、小生はかかる永たらしき請願書など出すつもりなし。何とぞ愛国篤志の人士が一人たりともこれを読んでその要を摘み、効目《ききめ》のあるよう演説されんことを望む。約は博より来たるというゆえ、心中存するところ一切余さず書き綴るものなり。

〔右の白井光太郎宛書簡および神社合祀に関する意見（原稿）は、原文を見出だし得なかったので、乾元社版全集第八巻所収のものを底本とし、乾元社および岡書院で作製された写本二種を参照し、明らかに誤植・脱字と認められる箇所を訂補するにとどめた。なお、明治四十五年、『日本及日本人』に四回にわたり「神社合併反対意見」が連載された。これは未完で、内容も右の「原稿」と重複するところが多い。〕

（平凡社版『南方熊楠全集』第七巻529～565頁）

《語注》

◆1　近世欧米で民俗学《フォルクスクンデ》――アンジェロ・デ・グベルナチスの『植物の神話学』は、風俗、俚謡、児戯、笑譚、祭儀、伝説の宝庫である。「森」の項を見てみよう。「我々は人類発生の木のことについては既によく検討した。森にはこのような木が寄り集まることにより、不可思議な生物がいろいろと棲みつくことになった。これらの生物は形は人間とほぼ同じではあるが、その力たるや超人的なものなのである。森の深い闇が恐らくは神秘を創造し、それを保持し、それを隠すのに役立ったのだろう。フィレンツェの田舎では今尚その出自が不明で疑わしい子供、即ち私生児のことを macchiajolo、即ち macchia（深くて入り難い森）で生まれた者と呼んでいる。ドルイド僧（古代ケルト人、即ちガリア人の宗教を司った僧）や古代ゲルマン人たちは森の中に寺院を建て、自らの宗教秘儀を執り行なっていた（我々はタキトゥスがもたらした貴重な教えを忘れはしなかった。彼の語るところに依ると、古代ゲルマン人たちは森を寺院のようにみなしていて、そこに常に神がいると信じていたのである）。モンテ＝カシノの有名な修道院はアポロを祭る異教の寺院の跡に建てられたものだが、このアポロの寺院は密生した森のまん中に聳えていたのだった」（『la mythologie des plantes』第一巻　小堂裕訳）。「私生児」とは即ち「森で生まれた赤子」。フィレンツェの森の奇跡——これは正に日本の深山《みやま》で神の御子《みこ》が誕生するという〝伝説〟と瓜二《うりふた》つである。「ブルガリアの俗謡では、森は風が吹くことがなくとも、白い髪をもつ龍にちょっと一触れ触れただけで根こそぎになるとされるが、この龍は黄金の手押し車にその妻を乗せ、そして黄金の揺籃にその子供たちを乗せてわたって行くのである。これらの白い髪の龍は雪の降る冬を表わし、その妻たちとは彼らが葬る夏の日々であり、その子供たちは彼らが蘇らせる春の日々のことであろう」（同）。

　森には「龍」が住んでいる。龍は森の神である。そして、その妻と子供たちとともに「季節」を支配している。日本の「山」にも龍神伝説は多い。白髪《シラガ》というのも多いに気に懸《かか》るところである。「黄金の手押し車」、「黄金の揺籃」、これは「山の民」のシルシとしての黄金と乗り物を表わすものであろう。「富《とみ》（黄金）」を積《つ》んだ桃太郎の車を思い出してもいい。そして日本の山神も季節即ち〝時〟を支配する。山の女神・コノハナサクヤの寿命支配もその一例。

「森が暴露することのできる大奥義とは、今やどのようなものでありえようか。僅かばかりの例外を除いて、それが男根に関わるある奥義であろう、ということは容易に推察できる。パラサニアス（スパルタ人。ペルシア戦争時のギリシア軍将軍）に依ると、ラコニアにはある聖なる森があり、その中、軍神を祭った寺院の傍で、年に一度祭礼が執り行われたが、これには女は参加することができなかった。また、ボイアチアでは別の聖なる森のまん中で、鍛冶神・ヘーパイストスの子供たちで、古くはプリュギアの産土《うぶすな》であった、カベイローの娘たち、デーメーテールとペルセポネーに敬意を表すために、カベイロスの奥義（アテナイでは勃起した男根を持つヘルメス像が、この秘密の儀式の中心に据《す》えられた）が執り行われたが、これには奥義を極めた者だけが参加することを許されていたのである。私にはここで問題になっているのは男根に関わる【諸々の】奥義である可能性が高いように思われる。神話の中の森は、それが暗い夜を表わすのみならず、冬もしくは唸り声をあげる黒い雲をも表わすときに、とりわけ雄弁なものとなるのだ。神話の中の森がブルガリアの俗詩のイメージの中で我々の眼に映じてくるのは、とりわけこうした側面に於いてである」（同）。ブルガリアの森もまた日本の「山」と同じく「再生の装置」である。男根はその象徴。しかし実権は冥界の女神たちが握る。デーメーテールもペルセポネーも日本の山姥である。彼女たちがいなくては「再生」は不可能である。グベルナチスは「森の思想」においても熊楠に多大な影響を与えている。

河出文庫版《南方熊楠コレクション》は、熊楠の著作をテーマ別に編集して全五巻（『南方マンダラ』『南方民俗学』『浄のセクソロジー』『動と不動のコスモロジー』『森の思想』）にまとめた文庫オリジナルシリーズです。詳細な解題と語注を付すことで、熊楠を身近な存在として読めるように配慮しました。

各収録著作の末尾には、その底本と該当頁数を明記しました。

本巻底本：平凡社版『南方熊楠全集』（一九七一－七五）第二・三・五－七・九巻、別巻一、南方文枝『父 南方熊楠を語る』（日本エディタースクール出版部、一九八一）

＊

本書は《南方熊楠コレクション》第五巻として、一九九二年に刊行されました。

南方熊楠《みなかたくまぐす》コレクション
森《もり》の思《し》想《そう》

一九九二年 三 月一〇日 初版発行
二〇一五年 四 月三〇日 新装版初版発行
二〇二四年 一 月三〇日 新装版5刷発行

著　者　南方熊楠《みなかたくまぐす》
編　者　中沢新一《なかざわしんいち》
発行者　小野寺優
発行所　株式会社河出書房新社
〒一五一－〇〇五一
東京都渋谷区千駄ヶ谷二－三二－二
電話〇三－三四〇四－八六一一（編集）
〇三－三四〇四－一二〇一（営業）
https://www.kawade.co.jp/

ロゴ・表紙デザイン　粟津潔
印刷・製本　中央精版印刷株式会社

Printed in Japan ISBN978-4-309-42065-3

南方マンダラ

南方熊楠　中沢新一〔編〕　42061-5

日本人の可能性の極限を拓いた巨人・南方熊楠。中沢新一による詳細な解題を手がかりに、その奥深い森へと分け入る《南方熊楠コレクション》第一弾は、熊楠の中心思想＝南方マンダラを解き明かす。

南方民俗学

南方熊楠　中沢新一〔編〕　42062-2

近代人類学に対抗し、独力で切り拓いた野生の思考の奇蹟。ライバル柳田國男への書簡と「燕石考」などの論文を中心に、現代の構造人類学にも通ずる、地球的規模で輝きを増しはじめた具体の学をまとめる。

浄のセクソロジー

南方熊楠　中沢新一〔編〕　42063-9

両性具有、同性愛、わい雑、エロティシズム——生命の根幹にかかわり、生成しつつある生命の状態に直結する「性」の不思議をあつかう熊楠セクソロジーの全貌を、岩田準一あて書簡を中心にまとめる。

動と不動のコスモロジー

南方熊楠　中沢新一〔編〕　42064-6

アメリカ、ロンドン、那智と常に移動してやまない熊楠の人生の軌跡を、若き日の在米書簡やロンドン日記、さらには履歴書などによって浮き彫りにする。熊楠の生き様そのものがまさに彼自身の宇宙論なのだ。

郵便的不安たちβ　東浩紀アーカイブス1

東浩紀　41076-0

衝撃のデビュー「ソルジェニーツィン試論」、ポストモダン社会と来るべき世界を語る「郵便的不安たち」など、初期の主要な仕事を収録。思想、批評、サブカルを郵便的に横断する闘いは、ここから始まる！

サイバースペースはなぜそう呼ばれるか＋　東浩紀アーカイブス2

東浩紀　41069-2

これまでの情報社会論を大幅に書き換えたタイトル論文を中心に九十年代に東浩紀が切り開いた情報論の核となる論考と、斎藤環、村上隆、法月綸太郎との対談を収録。ポストモダン社会の思想的可能性がここに！

正法眼蔵の世界

石井恭二　41042-5

原文対訳「正法眼蔵」の訳業により古今東西をつなぐ普遍の哲理として道元を現代に甦らせた著者が、「眼蔵」全巻を丹念に読み解き、簡明・鮮明に道元の思想を伝える究極の道元入門書。

文明の内なる衝突　9.11、そして3.11へ

大澤真幸　41097-5

「9・11」は我々の内なる欲望を映す鏡だった！　資本主義社会の閉塞を突破してみせるスリリングな思考。十年後に奇しくも起きたもう一つの「11」から新たな思想的教訓を引き出す「3・11」論を増補。

日本

姜尚中／中島岳志　41104-0

寄る辺なき人々を生み出す「共同体の一元化」に危機感をもつ二人が、日本近代思想・運動の読み直しを通じて、人々にとって生きる根拠となる居場所の重要性と「日本」の形を問う。震災後初の対談も収録。

退屈論

小谷野敦　40871-2

ひとは何が楽しくて生きているのだろう？　セックスや子育ても、じつは退屈しのぎにすぎないのではないか。ほんとうに恐ろしい退屈は、大人になってから訪れる。人生の意味を見失いかけたら読むべき名著。

心理学化する社会　癒したいのは「トラウマ」か「脳」か

斎藤環　40942-9

あらゆる社会現象が心理学・精神医学の言葉で説明される「社会の心理学化」。精神科臨床のみならず、大衆文化から事件報道に至るまで、同時多発的に生じたこの潮流の深層に潜む時代精神を鮮やかに分析。

定本　夜戦と永遠　上

佐々木中　41087-6

『切りとれ、あの祈る手を』で思想・文学界を席巻した佐々木中の第一作にして主著。重厚な原点準拠に支えられ、強靭な論理が流麗な文体で舞う。恐れなき闘争の思想が、かくて蘇生を果たす。

道徳は復讐である　ニーチェのルサンチマンの哲学

永井均　40992-4

ニーチェが「道徳上の奴隷一揆」と呼んだルサンチマンとは何か？　それは道徳的に「復讐」を行う装置である。人気哲学者が、通俗的ニーチェ解釈を覆し、その真の価値を明らかにする！

なぜ人を殺してはいけないのか?

永井均／小泉義之　40998-6

十四歳の中学生に「なぜ人を殺してはいけないの」と聞かれたら、何と答えますか？　日本を代表する二人の哲学者がこの難問に挑んで徹底討議。対話と論考で火花を散らす。文庫版のための書き下ろし原稿収録。

イコノソフィア

中沢新一　40250-5

聖なる絵画に秘められた叡智を、表面にはりめぐらされた物語的、記号論的な殻を破って探求する、美術史とも宗教学とも人類学ともちがう方法によるイコンの解読。聖像破壊の現代に甦る愛と叡智のスタイル。

後悔と自責の哲学

中島義道　40959-7

「あの時、なぜこうしなかったのだろう」「なぜ私ではなく、あの人が？」誰もが日々かみしめる苦い感情から、運命、偶然などの切実な主題、そして世界と人間のありかたを考えて、哲学の初心にせまる名著。

集中講義 これが哲学！　いまを生き抜く思考のレッスン

西研　41048-7

「どう生きたらよいのか」――先の見えない時代、いまこそ哲学にできることがある！　単に知識を得るだけでなく、一人ひとりが哲学するやり方とセンスを磨ける、日常を生き抜くための哲学入門講義。

軋む社会　教育・仕事・若者の現在

本田由紀　41090-6

希望を持てないこの社会の重荷を、未来を支える若者が背負う必要などあるのか。この危機と失意を前にし、社会を進展させていく具体策とは何か。増補として「シューカツ」を問う論考を追加。

対談集　源泉の感情

三島由紀夫　40781-4

自決の直前に刊行された画期的な対談集。小林秀雄、安部公房、野坂昭如、福田恆存、石原慎太郎、武田泰淳、武原はん……文学、伝統芸術、エロチシズムと死、憲法と戦後思想等々、広く深く語り合った対話。

道元

和辻哲郎　41080-7

『正法眼蔵』で知られる、日本を代表する禅宗の泰斗道元。その実践と思想の意味を、西洋哲学と日本固有の倫理・思想を統合した和辻が正面から解きほぐす。大きな活字で読みやすく。

神の裁きと訣別するため

アントナン・アルトー　宇野邦一／鈴木創士〔訳〕　46275-2

「器官なき身体」をうたうアルトー最後の、そして究極の叫びである表題作、自身の試練のすべてを賭けて「ゴッホは狂人ではなかった」と論じる三十五年目の新訳による「ヴァン・ゴッホ」。激烈な思考を凝縮した二篇。

クマのプーさんの哲学

J・T・ウィリアムズ　小田島雄志／小田島則子〔訳〕　46262-2

クマのプーさんは偉大な哲学者⁉　のんびり屋さんではちみつが大好きな「あたまの悪いクマ」プーさんがあなたの抱える問題も悩みもふきとばす！　世界中で愛されている物語で解いた、愉快な哲学入門！

人間の測りまちがい　上・下　差別の科学史

S・J・グールド　鈴木善次／森脇靖子〔訳〕　46305-6　46306-3

人種、階級、性別などによる社会的差別を自然の反映とみなす「生物学的決定論」の論拠を、歴史的展望をふまえつつ全面的に批判したグールド渾身の力作。

ロベスピエール／毛沢東　革命とテロル

スラヴォイ・ジジェク　長原豊／松本潤一郎〔訳〕　46304-9

悪名たかきロベスピエールと毛沢東をあえて復活させて最も危険な思想家が〈現在〉に介入する。あらゆる言説を批判しつつ、政治／思想を反転させるジジェクのエッセンス。独自の編集による文庫オリジナル。

アンチ・オイディプス 上・下 資本主義と分裂症

G・ドゥルーズ／F・ガタリ 宇野邦一〔訳〕 46280-6 46281-3

最初の訳から二十年目にして“新訳”で贈るドゥルーズ＝ガタリの歴史的名著。「器官なき身体」から、国家と資本主義をラディカルに批判しつつ、分裂分析へ向かう本書は、いまこそ読みなおされなければならない。

意味の論理学 上・下

ジル・ドゥルーズ 小泉義之〔訳〕 46285-1 46286-8

『差異と反復』から『アンチ・オイディプス』への飛躍を画する哲学者ドゥルーズの主著、渇望の新訳。アリスとアルトーを伴う驚くべき思考の冒険とともにドゥルーズの核心的主題があかされる。

記号と事件 1972−1990年の対話

ジル・ドゥルーズ 宮林寛〔訳〕 46288-2

『アンチ・オイディプス』『千のプラトー』『シネマ』などにふれつつ、哲学の核心、政治などについて自在に語ったドゥルーズの生涯唯一のインタヴュー集成。ドゥルーズ自身によるドゥルーズ入門。

差異と反復 上・下

ジル・ドゥルーズ 財津理〔訳〕 46296-7 46297-4

自ら「はじめて哲学することを試みた」著と語るドゥルーズの最も重要な主著、全人文書ファン待望の文庫化。一義性の哲学によってプラトン以来の哲学を根底から覆し、永遠回帰へと開かれた不滅の名著。

千のプラトー 上・中・下 資本主義と分裂症

G・ドゥルーズ／F・ガタリ 宇野邦一／小沢秋広／田中敏彦／豊崎光一／宮林寛／守中高明〔訳〕 46342-1 46343-8 46345-2

ドゥルーズ／ガタリの最大の挑戦にして、いまだ読み解かれることのない二十世紀最大の思想書、ついに文庫化。リゾーム、抽象機械、アレンジメントなど新たな概念によって宇宙と大地をつらぬきつつ生を解き放つ。

哲学の教科書 ドゥルーズ初期

ジル・ドゥルーズ〔編著〕 加賀野井秀一〔訳注〕 46347-6

高校教師だったドゥルーズが編んだ教科書『本能と制度』と、処女作「キリストからブルジョワジーへ」。これら幻の名著を詳細な訳注によって解説し、ドゥルーズの原点を明らかにする。

ディアローグ　ドゥルーズの思想

G・ドゥルーズ／C・パルネ　江川隆男／増田靖彦〔訳〕　46366-7

『アンチ・オイディプス』『千のプラトー』の間に盟友パルネとともに書かれた七十年代ドゥルーズの思想を凝縮した名著。『千のプラトー』のエッセンスとともにリゾームなどの重要な概念をあきらかにする。

ニーチェと哲学

ジル・ドゥルーズ　江川隆男〔訳〕　46310-0

ニーチェ再評価の烽火となったドゥルーズ初期の代表作、画期的な新訳。ニーチェ哲学を体系的に再構築しつつ、「永遠回帰」を論じ、生成の「肯定の肯定」としてのニーチェ／ドゥルーズの核心をあきらかにする著。

批評と臨床

ジル・ドゥルーズ　守中高明／谷昌親〔訳〕　46333-9

文学とは錯乱／健康の企てであり、その役割は来たるべき民衆＝人民を創造することなのだ。「神の裁き」から生を解き放つため極限の思考。ドゥルーズの思考の到達点を示す生前最後の著書にして不滅の名著。

フーコー

ジル・ドゥルーズ　宇野邦一〔訳〕　46294-3

ドゥルーズが盟友への敬愛をこめてまとめたフーコー論の決定版。「知」「権力」「主体化」を指標にフーコーの核心を読みときながら「外」「襞」などドゥルーズ自身の哲学のエッセンスを凝縮させた比類なき名著。

知の考古学

ミシェル・フーコー　慎改康之〔訳〕　46377-3

あらゆる領域に巨大な影響を与えたフーコーの最も重要な著作を気鋭が42年ぶりに新訳。伝統的な「思想史」と訣別し、歴史の連続性と人間学的思考から解き放たれた「考古学」を開示した記念碑的名著。

ピエール・リヴィエール　殺人・狂気・エクリチュール

M・フーコー編著　慎改康之／柵瀬宏平／千條真知子／八幡恵一〔訳〕　46339-1

十九世紀フランスの小さな農村で一人の青年が母、妹、弟を殺害した。青年の手記と事件の考察からなる、フーコー権力論の記念碑的労作であると同時に希有の美しさにみちた名著の新訳。

著訳者名の後の数字はISBNコードです。頭に「978-4-309」を付け、お近くの書店にてご注文下さい。